Ulrich Golze

# VLSI-Entwurf eines RISC-Prozessors

Ulrich Golze
unter Mitarbeit von Peter Blinzer, Elmar Cochlovius,
Michael Schäfers und Klaus-Peter Wachsmann

# VLSI-Entwurf eines RISC-Prozessors

Eine Einführung in das Design großer Chips
und die Hardware-Beschreibungssprache
VERILOG HDL

CIP-Codierung angefordert

Umschlaggestaltung: Klaus Birk, Wiesbaden

Gedruckt auf säurefreiem Papier

ISBN 978-3-322-89010-8        ISBN 978-3-322-89009-2 (eBook)
DOI 10.1007/978-3-322-89009-2

# Vorwort

Die Kunst, eine Schaltungsidee in ein Chip umzusetzen, hat sich ständig gewandelt. Während früher die elektrischen, physikalischen und geometrischen Aufgaben im Vordergrund standen und später vor allem Gatternetzlisten konstruiert wurden, so ist seit kürzerem der Entwurf mit programmiersprachenähnlichen *Hardware-Beschreibungssprachen* (HDL) in den Mittelpunkt des digitalen Schaltungsentwurfs gerückt. Der HDL-Entwurf ist ein Schwerpunkt dieses Buches.

Während erfolgreiche kleine Entwürfe heute keine Kunst mehr darstellen, ist das Design-Team um so mehr gefordert beim Entwurf *großer* realer Schaltungen. Der zweite Schwerpunkt besteht daher im *vollständigen* Entwurf eines realen modernen *RISC-Prozessors*, dessen Effizienz einer SPARC vergleichbar ist.

Nach einer auch an der volkswirtschaftlichen Bedeutung des Chip-Entwurfs als Schlüsseltechnologie orientierten Einleitung gibt Kapitel 2 einen Überblick über den VLSI-Entwurf (Very Large Scale Integration, Höchstintegration). Das dritte Kapitel führt in moderne RISC-Prozessoren ein und bereitet grobe Entwurfsentscheidungen vor. Um der zentralen Rolle der Hardware-Beschreibungssprachen gerecht zu werden, enthalten Kapitel 4 eine knappe und Kapitel 11 eine ausführliche Einführung in die HDL VERILOG und in typische Modellierungstechniken. Die zahlreichen Beispiele sind zusammen mit einem Übungssimulator auf der beiliegenden Diskette enthalten.

Der zu entwerfende RISC-Prozessor TOOBSIE wird in Kapitel 5 extern spezifiziert durch sein Verhalten, seine Befehle und durch einen HDL-Interpreter als Referenz. Die interne Spezifikation im nächsten Kapitel legt dann eine Grobarchitektur fest. Das zentrale HDL-Modell ist das Grobstrukturmodell, das ebenfalls auf der Diskette in 🖪 3 vollständig und ablauffähig vorhanden ist. Die Pipeline dieses Modells als Datenpfad wird im Kapitel 7 erläutert.

Das Grobstrukturmodell erlaubt eine halbautomatische Umsetzung in ein konkretes Gattermodell, das auf der Bauteilbibliothek des Halbleiterherstellers aufbaut und von diesem zur Fertigung akzeptiert wird. Das Gattermodell wird im Kapitel 8 beispielhaft synthetisiert. Kapitel 9 schließlich behandelt die Themen Test, Testbarkeit, Testautomat und Testboard und verrät, ob der tatsächlich gefertigte Prozessor auch funktioniert. Ein allgemeiner Ausblick beschließt den Einführungsband.

Dieses Lehr- und Arbeitsbuch wendet sich an Informatiker, Elektrotechniker, aber auch Manager, an Praktiker, die Chips entwerfen oder entwerfen lassen. Es führt ein in

- den modernen VLSI-Entwurf;

- den Semi-Custom-Entwurf großer Chips;

- die Hardware-Beschreibungssprache VERILOG HDL;

- den Entwurf eines modernen, realen RISC-Prozessors;

- die HDL-Modellierung großer Entwürfe;

- Spezifikation, Verhalten, Struktur, HDL-Modell, Gattermodell, Test und Testbarkeit.


## Zum Hintergrundband

Als Lehrbuch ist dieser Einführungsband selbständig und abgeschlossen. Experten möchten den Entwurf eines RISC-Prozessors gleichwohl an ausgewählten Stellen oder sogar vollständig „bis ins letzte Bit" verstehen oder ihn als Basis für die Entwicklung eigener CAD-Werkzeuge oder Entwurfsmethoden verwenden. Auf den Experten wartet ein Hintergrundband. Sein Kapitel H2 enthält eine detaillierte Spezifikation aller RISC-Befehle, Kapitel H3 listet das bereits auf der Diskette in ▣2 vorhandene Interpreter-Modell mit Simulationsergebnis. Kapitel H4 kommentiert zum Grobstrukturmodell die Controller, die Systemumgebung und erste Simulationen, vor allem aber ist das umfangreiche HDL-Modell selbst abgedruckt. Kapitel H5 kommentiert und enthält alle graphischen „Schematics" des Gattermodells.

Bilder und Tabellen sind je Kapitel gemeinsam durchnumeriert. E2, H2 und ▣2 beziehen sich auf das zweite Kapitel des Einführungsbuches, des Hintergrundbandes bzw. der Diskette, wobei der Vorsatz E, H bzw. 🖫 innerhalb eines Werkes natürlich entfällt.

## Das Team eines großen Projektes

Ein Projekt dieser Größe entsteht im Team, schwieriger noch, in sich ändernden Teams. Das Bild zeigt eine Hierarchie ohne „oben" und „unten" und jede Ebene ohne ersten und letzten Platz. Ohne die Assistenten des zweiten Ringes wäre das Projekt nicht zustande gekommen. Die Studenten des dritten Ringes haben sich besonders intensiv engagiert. Peter Blinzer ist durch ungewöhnlichen Einsatz faktisch vom äußeren in den mittleren Ring übergewechselt.

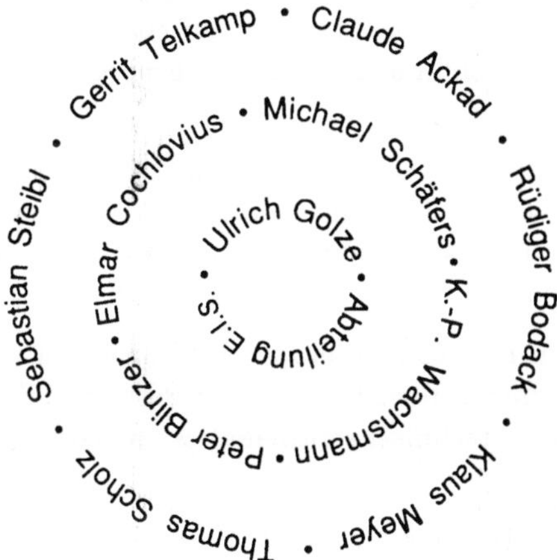


Es begann mit einer Idee von Michael Schäfers, die der Autor nicht nur aus Kostengründen für undurchführbar erklärte. Ersterer hat dann mit Klaus-Peter Wachsmann den Versuchsprozessor und Vorläufer TOOBSIE1 entworfen. Später lag die tägliche Projektleitung bei Michael Schäfers und auch bei Klaus-Peter Wachsmann. Zusammen mit Elmar Cochlovius, der später hinzukam, haben sie die externe und interne Spezifikation mit allen architektonischen Finessen erarbeitet (Kapitel 5 und 6).

Die Dokumentation eines großen Projektes ist oft unbeliebt, oft aber auch projektentscheidend. Elmar Cochlovius hat (nicht nur diese) Aufgabe geleitet; er hat selbst dokumentiert, und - weit schwieriger - andere zum Dokumentieren motiviert als Basis für dieses Buch. Über den konkreten Chip-Entwurf hinaus haben alle drei Assistenten promotionswürdige Beiträge zur Entwurfsmethodik geleistet (Kapitel 10). Stellvertretend seien Forschungen von Elmar Cochlovius zur High-Level-Spezifikation mit Statecharts genannt.

Peter Blinzer, Rüdiger Bodack, Klaus Meyer und Sebastian Steibl haben die VERILOG-Modelle ausgearbeitet, insbesondere das Grobstrukturmodell, und sie kommentiert (Kapitel 7, H3, H4, 💾2 und 💾3). Peter Blinzer war auch die treibende Kraft beim Gattermodell (Kapitel 8 und H5).

Gerrit Telkamp hat einfache und aufwendige Testboards konzipiert, gebaut und den Prozessor im Testautomaten und auf dem Board getestet. Er hat mit Peter Blinzer das Kapitel 9 zum Test vorbereitet. Letzterer hat den Produktionstest erarbeitet.

Claude Ackad hat als Buch im Buch die ausführliche VERILOG-Einführung entworfen (Kapitel 4 und 11) und sich als „TÜV" unserer Dokumentation unbeliebt gemacht. Thomas Scholz entwickelt Konzepte für Betriebssysteme verschiedener Testboards.

Matthias Bodenstein hat bis zum letzten Bild nicht die Lust an der Graphik verloren. Jürgen Hannken-Illjes hat auf dem Postscript-Klavier mit Methoden der Mustererkennung technische Schematics in möglichst buchreife Bilder transformiert.

Karsten Dageförde, Matthias Mansfeld, Gerrit Mierse, Frank Prielipp, Jörg Reitner, Heiko Stuckenberg und Dirk Wodtke haben auf dem (unsichtbaren) vierten Ring wichtige Beiträge geleistet.

## Danksagung

Dies Projekt wurde an der Abteilung Entwurf integrierter Schaltungen (E.I.S.) der TU Braunschweig durchgeführt. Es wurde ermöglicht durch die Unterstützung der Fa. LSI Logic, des ESPRIT-Projektes EUROCHIP, des Niedersächsischen Ministeriums für Wissenschaft und Kultur (MWK) und des

Bundesministeriums für Bildung und Wissenschaft (BMBW) sowie der Stiftung Volkswagenwerk, denen vor allem auch für die Projektfinanzierung mit einem natürlichen Logarithmus von etwa 14 zu danken ist.

Besonderer Dank gilt der Fa. Wellspring Solutions, die den Simulator VeriWell für VERILOG den Lesern dieses Buches kostenlos zur Verfügung gestellt hat. Er ist - unter Ausschluß jeglicher Gewähr - auf der beiliegenden Diskette enthalten; Nutzerkreis und Anwendungszweck unterliegen keinen Einschränkungen.

Ohne die Ermutigung und Kritik des Verlages VIEWEG wäre dies Werk nicht entstanden.

Früher hielt ich Widmungen in Büchern für überflüssig, bis ich selbst begann, für meine Bücher meine Familie zu vernachlässigen: für B, C und F.


Braunschweig, Dezember 1994 Ulrich Golze

# Inhalt

## HDL-Modelle für Schaltungen und Architekturen - Eine begleitende Einführung ............ 315

## DISKETTE

Raum für Notizen:

Raum für Notizen:

# 1 Einleitung

Kaum etwas ist spannender, als einen großen Chip nach vielen Mannmonaten Entwurfszeit vom Halbleiterhersteller gefertigt zurückzubekommen und ihn zum ersten Mal auszuprobieren. Kaum etwas ist erfreulicher, als wenn er auf Anhieb funktioniert (und kaum etwas ist frustrierender ...). Die Wahrscheinlichkeit für diesen angestrebten Fall des *first time right* ist heute bei geübten Design-Teams in einer bekannten Technologie und in einer guten CAD-Umgebung sehr groß. Gleichwohl gibt es über die Jahre gesehen einen Wettlauf derart, daß einerseits die größtmöglichen Chips und Schaltungen immer komplexer werden und damit immer fehleranfälliger und daß andererseits die Entwurfsmethodik und die entwurfsunterstützenden CAD-Werkzeuge immer mächtiger und ausgefeilter werden. Dieses Rennen ist keinesfalls entschieden, ja, bei großen Schaltungen hinkt die Entwurfsmethodik den technologischen Möglichkeiten deutlich hinterher.

Auch Laien wissen heute um die Bedeutung der Elektronik mit dem Chip-Entwurf als Schlüsseltechnologie. In Zahlen erlangte 1992 die Elektronik mit einem Markt von $ 1.000 Mrd. bereits einen Anteil von 10% am weltweiten Bruttosozialprodukt. Hieran sind die Halbleiter mit etwa $ 80 Mrd. beteiligt [Courtois 1993].

Im Jahre 2000 wird die Elektronik mit prognostizierten $ 3.000 Mrd. voraussichtlich sogar die führende Industriebranche überhaupt sein. Davon werden dann etwa 43% auf die Datenverarbeitung entfallen, 22% auf die Konsumelektronik, 14% auf die Telekommunikation, 12% auf die Industrieelektronik und 6% auf die Autoelektronik, um nur die wichtigsten großen Anwendungsbereiche zu nennen [Courtois 1993]. Von Bedeutung sind daher nicht nur die absoluten Umsatzzahlen für integrierte Schaltungen (ICs), sondern vor allem die Größe des davon abhängigen Elektronikmarktes.

An den Umsätzen mit integrierten Schaltungen sind kunden- oder *applikationsspezifische ICs (ASICs)* mit etwa 18% beteiligt, bei steigender Tendenz [Eschermann 1993]. Dieses Buch beschäftigt sich mit dem Entwurf von ASICs oder Chips, die ein Anwender für eine ganz bestimmte Applikation selbst entwickelt, im Unterschied zu Standardschaltungen wie Speichern oder Mikroprozessoren, die in meist hohen Stückzahlen angeboten werden. (Während entwurfsmethodisch gesehen kein grundsätzlicher Unterschied zwischen ASICs und Standardschaltungen besteht, rechtfertigen letztere einen hohen Entwurfs- und Optimierungsaufwand und werden anders vermarktet.)

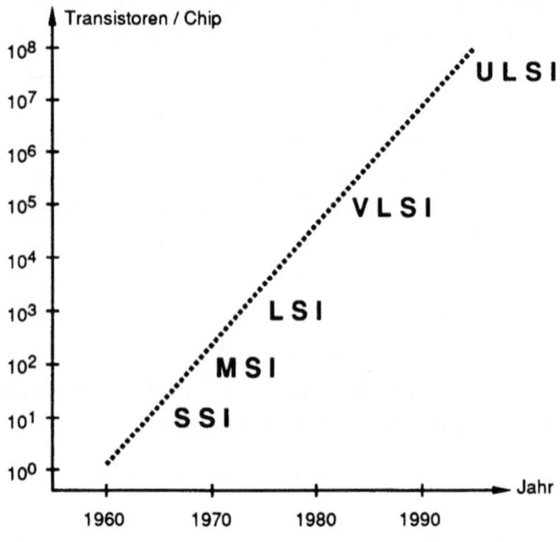


**Bild 1.1**  Integrationsdichte

*VLSI* steht für „Very-Large-Scale-Integration" oder höchstintegrierte Schaltungen mit einer *Integrationsdichte*, die bis zu einer Million Transistoren auf einem Chip erlaubt. Nach den historischen Vorgängern der Small-, Medium- und Large-Scale-Integration (SSI, MSI und LSI in Bild 1.1) ist als VLSI-Nachfolger die *ULSI*-Technologie (U für „Ultra") mit $10^8$ Transistoren je Chip in Ansätzen bereits Wirklichkeit geworden. Mehr noch als der Stand der

Technologie mit einer bestimmten Integrationsdichte ist der *Trend* der Mikroelektronik charakteristisch, für den wir den Namen *ALSI* vorschlagen: „Always-Larger-Scale-Integration". Denn nach einer bekannten Vorhersage von Moore in den 60er Jahren hat sich über viele Jahrzehnte hinweg die Integrationsdichte in jeweils weniger als zwei Jahren verdoppelt.

Maßgeblich für den exponentiellen Anstieg der Funktionen je Chip ist in erster Linie die ständige Verkleinerung der integrierten Transistoren; von einigen Mikrometern Anfang der 80er Jahre bis heute etwa 0,5 µm effektiver Strukturbreite, wobei als technologische Grenze derzeit 0,3 bis 0,2 µm vorhergesehen werden. Aber auch die Zunahme der Zuverlässigkeit der einzelnen Schaltelemente, die trotz der ständigen Miniaturisierung sogar eine Vergrößerung der sinnvollen Chip-Fläche ermöglichte, trug zur wachsenden Chip-Komplexität bei.

Der Chip-Entwurf als die Kunst, eine Schaltungsidee in ein funktionsfähiges Stück Silizium umzusetzen, hat sich in den letzten 30 Jahren ständig gewandelt. Vom Beginn der Integration von Transistoren um 1960 bis in die späteren 70er Jahre lag der Chip-Entwurf in der Hand sehr erfahrener Elektrotechniker und Halbleitertechnologen, die eine Fülle von Regeln beherrschen mußten. Auch heute noch werden diese Fachleute bei der Entwicklung immer leistungsfähigerer Technologien oder beim Entwurf analoger Schaltungen benötigt.

Im digitalen Bereich gab es etwa 1978 einen entscheidenden Wandel, als nämlich Carver Mead und Lynn Conway [Mead, Conway 1980] eine *Entkopplung* zwischen Entwurf und technischer Realisierung ermöglichten, indem sie, einem kleinsten gemeinsamen Nenner gleich, eine einfache, für die meisten Halbleiterhersteller anwendbare Schnittstelle definierten. Diese Mead-Conway-Bewegung führte an den amerikanischen Universitäten mit geeigneter nationaler Förderung zu einer raschen Popularisierung des Chip-Entwurfs. („Nur" fünf Jahre später wurde mit dem E.I.S.-Projekt in Deutschland eine ähnliche Bewegung gestartet...)

Damit hatte sich die Schnittstelle zwischen Anwender und Hersteller ein erstes Mal „nach oben" in Richtung höherer Abstraktion bewegt. Es galt nun, im *vollkundenspezifischen* Entwurf alle Einzelheiten einer Schaltung vor allem geometrisch zu entwerfen und so die Transistoren zu dimensionieren sowie Teilschaltungen topologisch möglichst sinnvoll zu *Layouts* zusammenzusetzen, um sie dann durch einen *Analogsimulator* zu verifizieren. Ein

Layout ist eine maßstabsgetreue, wenn auch stark vergrößerte Vorlage für die zu fertigenden Strukturen.

Auch wenn dieser geometrische Entwurf und die Entwicklung geeigneter geometrischer CAD-Werkzeuge eine oft geradezu ästhetische Befriedigung verschafften, blieb die Entwicklung größerer Schaltungen eine extrem zeitaufwendige Angelegenheit.

Ab etwa der Mitte der 80er Jahre wurde das Arbeitspferd des VLSI-Entwurfs der *halbkundenspezifische (Semi-Custom-)*Entwurfsstil. Indem die Anwenderschnittstelle wiederum wesentlich nach oben wanderte, werden beim Semi-Custom-Entwurf ausgereifte Bibliothekszellen, typischerweise Logikgatter, Addierer usw., zu logischen Schaltplänen (*Gatternetzlisten, Schematics*) zusammengesetzt und *logisch simuliert*. Die Umsetzung in ein geometrisches Layout geschieht durch effiziente *Plazierungs- und Verdrahtungsprogramme*. In der Regel hat der Designer nichts mehr mit einzelnen Transistoren zu tun,

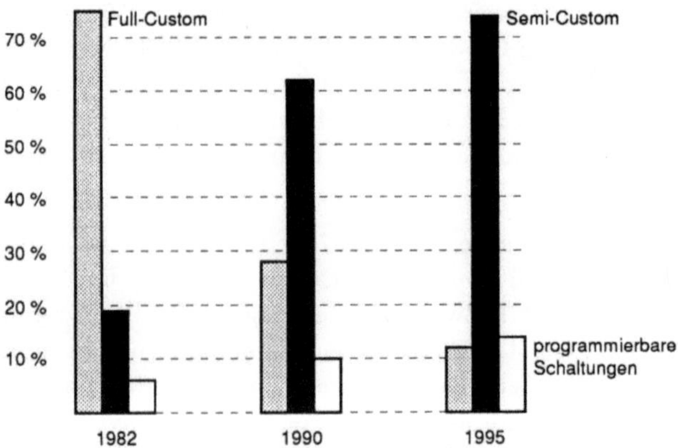


**Bild 1.2**   Anteil des Semi-Custom-Entwurfs am ASIC-Umsatz

ja, er kennt meist nicht einmal den inneren Aufbau der verwendeten Bibliothekszellen. Den dominanten Anteil des Semi-Custom-Entwurfs am ASIC-Markt demonstriert Bild 1.2 [Elektronik 1991], wobei die programmierbaren Schaltungen von der Entwurfsmethodik fast auch dem Semi-Custom-Bereich zugeordnet werden können.

Aber auch auf der Gatterebene wurden große Schaltungen schließlich zu unübersichtlich, so daß in den letzten Jahren in den Semi-Custom-Entwurf *Hardware-Beschreibungssprachen* (Hardware Description Languages, *HDL*) vorgedrungen sind. HDLs sind höhere Programmiersprachen, erweitert um Konstrukte zur Parallelität und Zeit sowie hardware-nahe Datenstrukturen. Sie erlauben eine Schaltungsbeschreibung auf unterschiedlich hohen Abstraktionsebenen, beginnend mit einer ersten Verhaltensspezifikation des zu lösenden Problems, die in schrittweiser hierarchischer Verfeinerung immer mehr Hardware-Struktur einführt, bis die Gatterebene erreicht ist. Auf jeder Ebene ist eine HDL-Beschreibung nicht nur eine präzise Dokumentation, sondern sie kann auch ausgeführt oder *simuliert* werden. Ist ein HDL-Modell konkret genug, kann es manuell oder mit einer *Logiksynthese* in ein plazier- und verdrahtbares Gattermodell umgesetzt werden. Die Forschungen zur *High-Level-Synthese* versuchen, auch den HDL-Einstieg in die Synthese nach oben zu verschieben.

Die moderne Rechnerarchitektur beschäftigt sich nicht mehr wie früher nur mit den Bauteilen eines Rechners, sondern ist viel enger „nach oben" mit passenden Befehlssätzen, Compilern und Betriebssystemen und „nach unten" mit geeigneten Methoden und Strukturen des Chip-Entwurfs verzahnt. Indem sich der VLSI-Entwurf nach oben und der Rechnerentwurf (auch) nach unten entwickelt haben, sind sich beide Gebiete sehr nahe gekommen, ja, sie überdecken sich in vielen Teilen.

Die wohl durchgreifendste Veränderung im Bereich der Rechnerarchitektur war im letzten Jahrzehnt das Aufkommen der RISC-Prozessoren. Diese sind gekennzeichnet durch relativ einfache, homogene Befehlssätze, die sich besonders günstig in Pipelines parallel ausführen lassen.

Dieses Buch behandelt den modernen halbkundenspezifischen VLSI-Entwurf, indem in einem großen durchgängigen Beispiel ein RISC-Prozessor fertigungsreif entwickelt wird. Dabei handelt es sich nicht um einen Spielzeug-Prozessor oder ein kleineres Lehrbuchbeispiel. Die folgende Kurzspezifikation wird dem weniger erfahrenen Leser später erläutert.

Es geht um den Semi-Custom-Entwurf eines 32-Bit-RISC-Prozessors. Die zugrunde liegende Technologie ist ein $0{,}7\mu$-CMOS-Prozeß für ein Gate-Array mit 2 Metallagen (Sea-of-Gates), es werden etwa 210.000 Transistoren verwendet. Es wird ein RISC-typischer Drei-Operanden-Load-Store-Befehlssatz realisiert. Es werden 30 MIPS (Millionen Instruktionen pro Sekunde) angestrebt, wobei durchschnittlich weniger als 1 CPI (Taktzyklen pro Instruktion) aufgewendet werden. Die verwendete klassische von-Neumann-Architektur ermöglicht zwar eine niedrige Pin-Zahl des Prozessor-Chips, hat aber den Nachteil eines Flaschenhalses in Form eines gemeinsamen Daten- und Befehlsbusses zum Hauptspeicher. Dieser Nachteil wird durch einen Multi-Purpose-Instruction-Cache auf dem Chip aufgefangen. Weitere wesentliche Architekturmerkmale sind eine fünfstufige Pipeline, ein Branch-Target-Cache, eine flexible Behandlung von Sprungverzögerungen und ein transparenter Forwarding-Mechanismus. Schließlich sollen durch Scanpath-Techniken mit Signaturregistern und durch diverse Interrupt-Mechanismen eine gute Testbarkeit auf der Hardware- und Software-Ebene erreicht werden.

Berechtigt ist die Frage, warum es ein so großes Beispiel sein muß und warum es gerade ein RISC-Prozessor sein soll. Die Realisierung einer kleineren Schaltung ist heute leicht möglich. Verschiedene, teilweise gute Lehrbücher behandeln die bisher angeschnittenen Einzelfragen auf individuelle Weise, oft in akademisch interessanter Breite. Wir jedoch zielen auf den Entwurf *größerer* Schaltungen. Ähnlich wie im Software-Entwurf läßt sich der Entwurf im Großen schlecht lehren. Jeder, der ein großes Projekt wirklich mitgemacht hat, wird dies bestätigen. *Learning by doing* ist die beste, im Chip-Design oft aber eine zu teure Erfahrung. Als zweitbeste Methode empfehlen wir daher das *Learning by watching doing*, das Studium eines tatsächlich erfolgreich durchgeführten größeren Projektes.

Damit unterscheiden wir uns von anderen Lehrbüchern, damit wählen wir aber auch den dornigen Weg, viele, teils langweilige Details behandeln zu müssen und etwas zu präsentieren, was nie fertig und vollkommen, nie fehlerfrei sein wird - ein Merkmal *aller*, auch erfolgreicher großer Entwürfe. Andererseits darf und muß der Leser selbst auswählen, ob er nur einen ersten Ein- und Überblick erhalten möchte, ob er das gewählte Projekt auf einer hohen funktionalen Ebene nachvollziehen möchte oder ob er die wesentlichen Architekturkomponenten verstehen möchte, ob er beispielhaft und punktuell Teile der HDL-Beschreibung oder später gar der Gatternetzliste untersuchen möchte, oder ob er schließlich den Gesamtentwurf „bis ins letzte Bit" studieren oder als Ausgangspunkt und Rohmaterial für eigene weiterführende Untersuchungen verwenden möchte.

Wir sind stolz, unseren Entwurf des Prozessors TOOBSIE *vollständig* offenzulegen. Denn akademische Institutionen haben meist nicht die Mittel und Ausdauer für einen großen Entwurf, während erfolgreiche industrielle Entwurfsteams sich zu den Details aus naheliegenden Wettbewerbsgründen in

Schweigen hüllen. Gerade bei der Fortentwicklung von CAD-Werkzeugen und der allgemeinen Entwurfsmethodik werden jedoch reale große Beispiele als Ausgangspunkt oft dringend benötigt.

Einen RISC-Prozessor als großes Beispiel haben wir gewählt, obwohl RISC-Architekturen wegen ihres Erfolges forschungsmäßig „ausgeknautscht" sind. Grundlegende Kenntnisse zur Funktionsweise eines (Nicht-RISC-)Rechners sind jedoch weit verbreitet, so daß nicht zu viele Voraussetzungen vermittelt werden müssen.

Auch wenn wir einen Prozessor mit einigen neuen Architekturvarianten entwickelt haben, der nachweislich mit einem heutigen SPARC-Prozessor mithält (und es morgen bestimmt nicht mehr tun wird), wollen wir keineswegs in Konkurrenz mit dem Markt treten. Vielmehr haben wir mit dem RISC-Prozessor ein großes Beispiel durchgeführt, das sowohl vom Datenfluß seiner Pipeline als auch von der komplexen Steuerung der Pipeline-Ausnahmen und von den Caches her für viele andere Entwürfe hilfreich sein mag. Anders als beispielsweise ein Video-Chip mit ebenfalls vielen Transistoren, aber relativ einfachen Algorithmen für breite Datenströme ist unser Beispiel inhärent so komplex, daß sich eine Modellierung und Verifikation mit einer Hardware-Beschreibungssprache fast zwingend ergeben.

Dieses Buch soll Kenntnisse und Erfahrungen vermitteln über

- den VLSI-Entwurf halbkundenspezifischer ASICs;

- die Architektur von RISC-Prozessoren und von Caches (intelligenter Speicher auf dem Chip);

- CAD-Werkzeuge zum Chip-Entwurf, insbesondere die Hardware-Beschreibungssprache VERILOG-HDL;

- den Entwurf *größerer* Schaltungen.

Es handelt sich weder um ein Buch über die Grundlagen des VLSI-Entwurfs noch um ein Werk über Rechnerarchitektur noch um einen Vergleich diverser Hardware-Beschreibungssprachen, denn jedes Thema für sich erfordert (und besitzt) eigene Lehrbücher. Der vorliegende Ansatz besteht darin, dem Leser viele Aspekte eines großen Projektes gleichzeitig zu bieten, dabei nicht die Theorie in den Vordergrund zu stellen, aber auch nicht bei kleinen Beispielen stehen zu bleiben, die im Großen oft unrealistisch anzuwenden sind.

Als Zielgruppe dieses Buches stellen wir uns Informatiker, Elektrotechniker, aber auch Manager vor, kurz Praktiker, die Chips entwerfen oder entwerfen lassen. Wir hoffen, daß sich sowohl der Anfänger mit Grundkenntnissen in Rechensystemen und im Programmieren als auch der Entwurfsspezialist interessante Teile auswählen können.

Hierzu enthält der vorliegende Einführungsband Grundlagen und eine ausführliche Übersicht zur HDL VERILOG. Zunächst wird der Prozessor TOOBSIE durch einen Befehlssatz extern spezifiziert und durch einen ablauffähigen HDL-Interpreter präzisiert, mit dem man ihn ein erstes Mal ausprobieren kann. Anschließend wird in einer internen Spezifikation die grobe Prozessorarchitektur aus Pipelines, Caches, Registerbank, Forwarding und anderem festgelegt, wiederum zunächst verbal und dann in einem bereits recht umfangreichen Grobstrukturmodell auf HDL-Basis. In diesem Modell, das schon eine ziemlich genaue Vorhersage des späteren Rechners erlaubt, steckt der kreative Kern des Entwurfs.

Die Umsetzung der internen Spezifikation in ein Grobstrukturmodell wird für einige Komponenten beispielhaft erläutert, ebenso wie die anschließende Umsetzung in ein Gattermodell. Parallel zum Chip-Entwurf wird der praktische Test des Prozessors nach seiner Fertigung vorbereitet, zunächst durch Testmuster für einen Testautomaten und dann durch eine Systemumgebung mit Hauptspeicher und Peripherie für einen Dauertest.

Die beiliegende Diskette enthält neben der ausführlichen VERILOG-Einführung (Kapitel 🖫 1) sowohl das Interpreter-Modell (🖫 2) als auch das vollständige Grobstrukturmodell (🖫 3) in VERILOG. Der Leser kann so mit Hilfe seines PCs intelligent in den teils umfangreichen Modellen stöbern; er kann mit dem Simulator VeriWell die zahlreichen kleinen und mittleren Beispiele sowie das Interpreter-Modell ausprobieren (ohne Gewähr); insbesondere Angehörige einer der über 400 akademischen Institutionen, die dem europaweiten Projekt EUROCHIP angeschlossen sind, können auch das Grobstrukturmodell simulieren.

In einem Hintergrundband für den Entwurfsspezialisten sind neben einer ausführlichen Dokumentation der Befehle (Kapitel H2) die Modelle vollständig abgedruckt und zusätzlich erläutert (H3 bis H5); dies gilt vor allem auch für das recht umfangreiche Gattermodell mit immerhin etwa 150 graphischen Schematics, das auf der Bibliothek des Halbleiterherstellers LSI Logic basiert.

Die Diskette enthält für den wirklich Interessierten ein Betriebssystem für das Grobstrukturmodell und umfangreiche Simulationsexperimente, die wir allerdings ohne Kommentar beifügen, da sie nicht zum engeren Ziel unseres Buches gehören (Kapitel 4).

TOOBSIE steht übrigens für TU Braunschweig Integrated Engine und erinnert nur zufällig an Dustin Hoffmans vergnüglichen Streifen TOOTSIE.

# Der Entwurf von VLSI-Schaltungen

In diesem Kapitel sollen nach einer kurzen Einleitung in die Technologie und die Entwurfsstile grundsätzliche Vorüberlegungen zum Entwurf von VLSI-Schaltungen angestellt werden. Dazu gehören die Abstraktionsebenen beim Entwurf ebenso wie das Verhalten eines Modelles und seine Struktur mit hierarchischer Zerlegung. Vor allem aber bedingt ein größerer Entwurf eine sorgfältige zeitliche und methodische Projektplanung, insbesondere die Gliederung in Phasen und Meilensteine mit zu erwartenden Modellen und Dokumenten.

## 2.1  Technologische Grundlagen und Entwurfsstile

Ein digitales Chip kann heute halbkundenspezifisch entworfen werden ohne tiefere Kenntnisse über die beteiligte Halbleitertechnologie oder die elektrischen Eigenschaften der verwendeten Transistoren und Grundschaltungen. Darum verweisen wir zu den technologischen und elektrischen Grundlagen im wesentlichen auf entsprechende Lehrbücher [Fabricius 1990, Mukherjee 1986].

Etwa 2 von 3 anwendungsspezifischen Schaltungen basieren auf der CMOS-Technologie (Complementary MOS), wobei die Schichten **Metall**, **Oxid** und **Silizium** im Chip dem MOS-Transistor seinen Namen gaben und das „C" den Einsatz zweier sich komplementär ergänzender Transistortypen andeutet, den p- und den n-Transistor. Statt Metall wird heute allerdings meist Polysilizium verwendet. Die CMOS-Technologie wird auf absehbare Zeit das Arbeitspferd des digitalen Schaltungsentwurfs bleiben, gefolgt von der bipolaren Technik mit etwa 1/5 aller Entwürfe, den BiCMOS-Schaltungen, bei denen CMOS um bipolare Treiber erweitert wird, und in kleinem Umfang den schnellen Galliumarsenid-Schaltungen. CMOS-Chips zeichen sich durch eine hohe Integrationsdichte, brauchbare Schaltgeschwindigkeit und sehr niedrigen Leistungsverbrauch aus.

Einen Überblick über unterschiedliche Arten digitaler Schaltungen und Entwurfsstile zeigt Bild 2.1. Schon im Kapitel 1 hatten wir die *Standardschaltungen* wie beispielsweise Speicherbausteine aus der Zielsetzung dieses Buches ausgegrenzt, für die sich aufgrund hoher Stückzahlen ein besonders hoher Entwurfsaufwand lohnt.

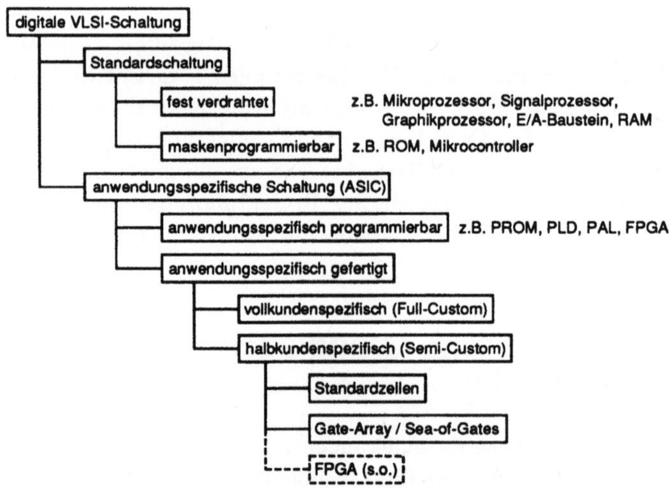


**Bild 2.1**   Einordnung digitaler Schaltungen

Bei *vollkundenspezifischen* oder *Full-Custom-Schaltungen* werden Entwurf und Fertigung ganz vom Anwender bestimmt. Bild 2.2 zeigt hierzu einen CMOS-Inverter räumlich, als *Layout* und als Zusammenschaltung eines p- und eines n-Transistors. Ohne die Anordnung im einzelnen verstehen zu müssen, reicht es für unsere Zwecke zu erkennen, daß Schaltungen in *Schichten* oder *Layers* aufgebaut sind und daß ein Layout eine maßstabsgetreue Vergrößerung für die vom Halbleiterhersteller zu fertigenden Schichten darstellt. In der räumlichen Darstellung ist übrigens die Verdrahtung auf der Metallschicht nur symbolisch angedeutet. Der Full-Custom-Designer kann die beteiligten Transistoren geometrisch und damit elektrisch dimensionieren und sie geometrisch besonders platzsparend anordnen und verbinden. Ein vollkundenspezifischer Entwurf ermöglicht optimale Ergebnisse, der Entwurfsaufwand ist jedoch sehr hoch, bei großen Schaltungen meist zu hoch.

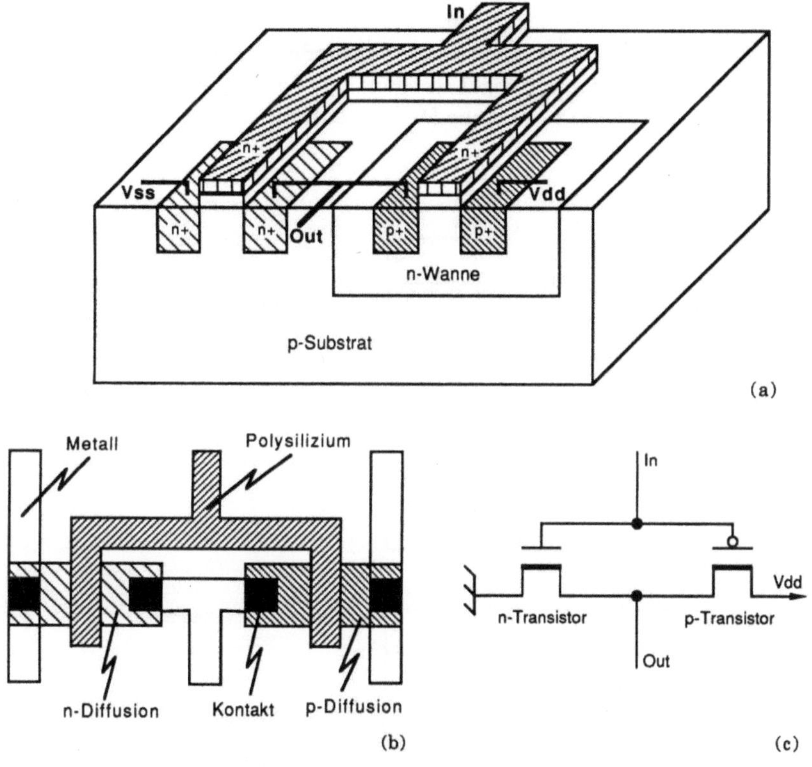


**Bild 2.2** CMOS-Inverter (a) räumlich, (b) Layout, (c) Schaltkreis

Bei den *halbkundenspezifischen Standardzell-Schaltungen* hängt die Fertigung aller Schichten immer noch ganz von der Anwendung ab, entwurfsmethodisch werden jedoch nur noch geometrisch normierte Bibliotheksschaltungen oder Standardzellen verwendet, die sich automatisch und relativ platzsparend auf dem Chip anordnen und verbinden lassen. Der Designer „sieht" statt Transistoren und Layouts nur noch die Standardzellen als kleinste Einheiten, die er logisch, aber nicht mehr topologisch zu größeren Schaltungen zusammensetzt und vor der Fertigung durch eine Logik- und Timing-Simulation auf ihre Richtigkeit überprüft. Er braucht beispielsweise nicht zu wissen, wie die Zelle innen aus welchen Transistoren aufgebaut ist. Plazierungs- und Verdrahtungswerkzeuge gruppieren die meist gleichhohen Standardzellen zu Standardreihen wie in Bild 2.3a, zwischen denen ein variabel großer Platz für elektrische Verbindungen ist. Es gibt mehrere Normierungen und Anordnungen solcher Standardzellen, zumal heute auf zwei bis drei oder sogar noch mehr Metallebenen auch über die Zellen hinweg verdrahtet werden kann.

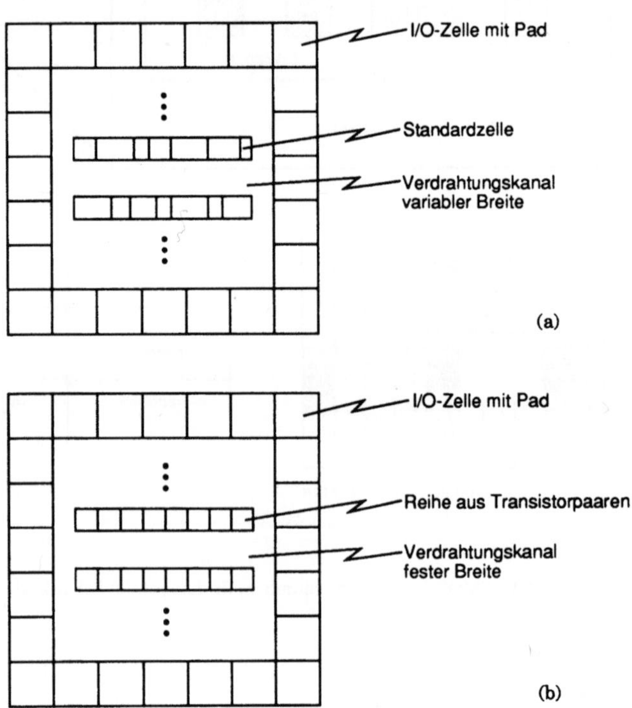


**Bild 2.3**   Beispiele für Anordnungen bei (a) Standardzellen, (b) Gate-Arrays

Die Entwurfsmethode für Standardzellen, nämlich die Entwicklung einer simulierten logischen Netzliste aus Bibliothekszellen, läßt sich ebenso auf *Gate-Array-* und *Sea-of-Gates-Schaltungen* anwenden. Der wesentliche Unterschied besteht nur in der Fertigung, wo bereits reguläre Felder von Transistoren vorgefertigt sind und lediglich auf den zwei bis drei Metallebenen anwendungsspezifisch verdrahtet werden. Ältere Gate-Arrays mit nur einer Metallebene sind wie in Bild 2.3b in Reihen angeordnet, die zunächst einmal lokal zu Bibliothekszellen verdrahtet werden (Bild 2.4) und dann in Verdrahtungskanälen mit jetzt allerdings fester Breite zu größeren Schaltungen zusammengesetzt werden. Mehrere Metallebenen dagegen erlauben es, die ganze Chip-Fläche gleichmäßig mit Transistoren zu besetzen und darüber die Verdrahtung vorzunehmen. Solche Sea-of-Gates werden oft ebenfalls als Gate-Arrays bezeichnet.

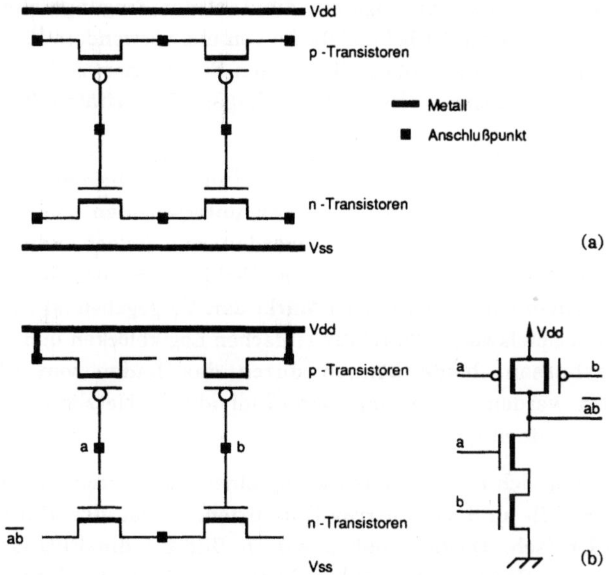


**Bild 2.4**   Transistorreihen (a) Gate-Array-Master, (b) verdrahtetes NAND

Die CAD-Werkzeuge zur Plazierung und Verdrahtung können dann die Chipfläche variabel in tatsächlich genutzte Transistoren und Verdrahtung aufteilen. Den Designer interessiert wiederum nur die Funktion vorgegebener

Bibliothekszellen, die er logisch verbindet und zeitlich simuliert. Die dichte Besetzung mit Transistoren ermöglicht darüber hinaus eine relativ günstige Einbeziehung von regulären Speicherstrukturen.

Die Größe eines Gate-Array-Masters wird in *Gatteräquivalenten* gemessen, die aufgrund der Verdrahtung mehr oder weniger nutzbar sind. Der Prozessor TOOBSIE beispielsweise findet auf einem Master mit 100.000 Gatteräquivalenten entsprechend 400.000 Transistoren Platz, von denen 53.000 Gatteräquivalente genutzt wurden.

Die Bibliotheken des Semi-Custom-Entwurfs werden vom Halbleiterhersteller angeboten und enthalten typischerweise Logikgatter wie AND, NOR oder XOR, Komplexgatter wie AND-OR-Invert, Treiber, Latches und Flipflops, Ein- und Ausgabezellen für die Pads, Multiplexer und einfache arithmetische Funktionen wie Addierer oder Zähler. Variiert wird über die Treiberstärke für Ausgangslasten, die Verzögerungszeit, die Zahl der Eingänge, die Bit-Breite und ähnliches. Abschnitt 8.1 behandelt die von uns verwendete LSI-Bibliothek. Zu jeder Zelle gibt ein Datenblatt alle für den Einsatz notwendige Information wie Symbol und Funktion, Zeitverhalten, Eingangskapazitäten, Treiberstärke, Gatteräquivalente usw.

Fertigungstechnisch sind auch die anwendungsspezifischen programmierbaren Bausteine Standardschaltungen (zu unterscheiden von Standardzellschaltungen), entwurfsmethodisch werden sie jedoch vom Anwender personalisiert. Insbesondere die FPGAs (Field-Programmable Gate-Arrays) stellen heute einen stark wachsenden Markt dar. Vorgegeben ist wie in Bild 2.5 ein Feld von beispielsweise 500 relativ einfachen Logikblöcken und ein Netz von Verbindungsbussen; beide können durch das Laden von 0/1-Mustern programmiert werden, so daß man eine individuelle Netzliste aus individuellen Logikbausteinen erhält.

Beschränkt man sich auf die Entwicklung einer simulierten Netzliste wie bei den Standardzell- und Gate-Array-Entwürfen, so ist der Entwurfsprozeß praktisch identisch. Deshalb haben wir in Bild 2.1 die FPGAs auch noch einmal bei den Semi-Custom-Schaltungen angedeutet, obwohl sie nicht gefertigt werden. Allerdings geben die Logikblöcke und ihre Verbindungsbusse so starke Randbedingungen vor, daß die automatische Plazierung und Verdrahtung oft noch zu unbefriedigenden Ergebnissen kommt. Sind beispielsweise die Logikblöcke wie beim XILINX 4000 auf 9 Eingänge beschränkt, so lohnt es sich, dies schon beim Entwurf zu berücksichtigen.

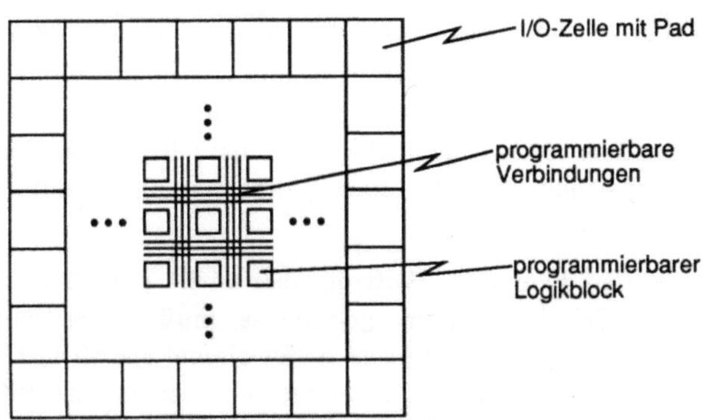



**Bild 2.5** Typischer Aufbau eines FPGA

## 2.2 Der Entwurfsprozeß

Der Entwurf einer VLSI-Schaltung besteht darin, eine *Spezifikation* des *Verhaltens* oder der *Funktion* einer noch nicht existierenden Schaltung zu *implementieren* unter Beachtung von *Anforderungen* an Geschwindigkeit, Chip-Größe, Leistungsaufnahme, Kosten, Zuverlässigkeit usw.

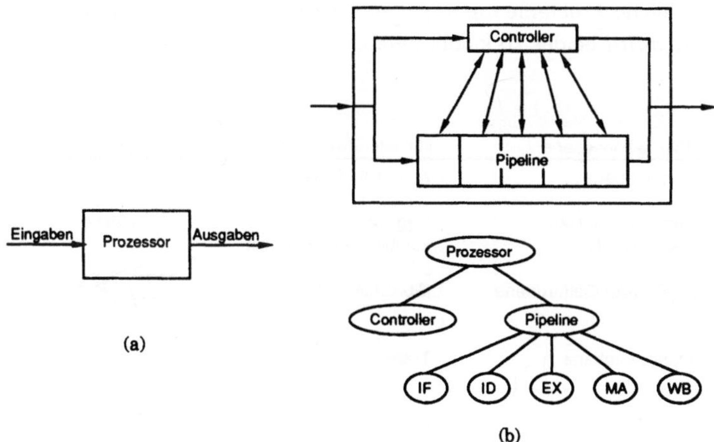



**Bild 2.6** Schaltungsbeispiel (a) Verhalten, (b) Struktur

Beim Verhalten sehen wir eine (Teil-)Schaltung als „Black-Box" wie in Bild 2.6a an, von der wir nur die Ein- und Ausgänge benutzen dürfen, nicht aber ihre innere Struktur kennen. Natürlich kann eine Black-Box trotz gleicher Eingaben unterschiedliche Ergebnisse liefern, da im Inneren meist Zustände gespeichert sind; dies kann jedoch nur über die Ein- und Ausgänge beobachtet werden.

In vielen Fällen kennt der Auftraggeber nicht einmal das Verhalten der gewünschten Schaltung ganz genau, es muß daher vom Designer in Abstimmung mit dem Auftraggeber zuerst einmal spezifiziert werden. Bei der anschließenden Implementierung zerlegt der Designer das Problem in immer feinere Strukturen, um schließlich beim Semi-Custom-Entwurf als Lösung eine *hierarchische Struktur* aus den vorgegebenen Bibliothekszellen eines Halbleiterherstellers zu erhalten, die das gewünschte Verhalten aufweist (Bild 2.6b).

Bei einer solchen hierarchischen Zerlegungsstruktur hat außer den Blättern jeder Knoten des zugehörigen Baumes ein Verhalten, das durch die darunter angegebenen Knoten strukturiert ist, d.h. durch eine Zusammensetzung von mehreren Teilverhalten implementiert wird. So ist das Verhalten des Prozessors in Bild 2.6 implementiert durch eine Struktur aus Controller und Pipeline, das Verhalten der Pipeline ist zerlegt in Pipeline-Stufen IF, ID usw. Es ist die Kunst des Entwerfens, in einem Wechselspiel von Verhalten und Struktur solche Probleme *top-down* zu zerlegen, Bäume *bottom-up* aufzubauen oder im *Jojo-Stil* beides zu kombinieren.

| Abstraktionsebene | kleinste Strukturen | Beispiel |
|---|---|---|
| Systemebene | Architekturblöcke | Pipeline |
| Register-Transfer- oder RTL-Ebene | Register, kombinatorische Logik | d = a&c \| d |
| Logik- oder Gatterebene | Bibliothekszellen | |
| Transistorebene | Transistoren | |
| Layout-Ebene | Geometrien | |

**Bild 2.7**  Abstraktionshierarchie

Von dieser Zerlegungshierarchie unterscheiden wir die *Abstraktions-hierarchie* mit den Abstraktionsebenen von Bild 2.7. So werden wir für unseren RISC-Prozessor TOOBSIE zunächst auf der *Systemebene* die Grob-architektur spezifizieren und die Spezifikation der Befehle sogar mit einem ausführbaren HDL-Interpreter-Modell festlegen; auf der *Register-Transfer-* oder *RTL-Ebene* werden wir in einem Grobstrukturmodell den Daten- und Kontrollfluß im einzelnen festlegen als Vorgabe für ein Gattermodell auf der *Logik-* oder *Gatterebene*.

Alle drei Modelle werden eine hierarchische Zerlegungsstruktur aufweisen, die der Zerlegungsstruktur der höheren Abstraktionsebenen zwar ziemlich ähnlich sein wird, aber nicht übereinzustimmen braucht. Deshalb muß auch das Verhalten der einzelnen Modelle wechselseitig *verifiziert* werden, was meist durch Simulation geeigneter Testprogramme geschieht. Der *Test* der gefertigten Schaltung ist eine mit der Verifikation eng verwandte Aufgabe.

Schließlich gibt es noch die nur beim vollkundenspezifischen Entwurf und für Plazierungs- und Verdrahtungswerkzeuge interessierenden *Transistor-* und *Layout-Ebenen*. Da wir uns auf den halbkundenspezifischen Entwurf beschränken, ergänzen wir auch nicht wie andernorts Verhalten und Struktur („was?" und „wie?") um die Geometrie („wo?").

Schaltungen mit 100.000 Transistoren und mehr benötigen neben einer sinn-vollen Methodik des hierarchischen Entwurfs auf mehreren Abstraktions-ebenen eine massive Unterstützung durch *CAD-Werkzeuge*, d.h. eine Umgebung aufeinander abgestimmter Software-Programme.

Ein *Silicon-Compiler*, der jede echte Verhaltensspezifikation vollautomatisch in einen effizienten Chip umsetzt, wird auch auf längere Sicht ein Traum bleiben. Auch die *High-Level-Synthese*, die von gut strukturierten Beschrei-bungen oberhalb der RTL-Ebene ausgeht, hat sich trotz intensiver Forschung im professionellen Bereich bisher nicht durchgesetzt. Dagegen gibt es für bestimmte Problemklassen beispielsweise in der Bildverarbeitung befriedigende Synthesewerkzeuge. Ausgereift sind vor allem die *Logiksynthese* zwischen der RTL- und der Logikebene und die automatische *Plazierung und Verdrahtung* bei der Abbildung auf die Layout-Ebene.

Selbstverständlich gibt es auf allen Abstraktionsebenen graphische oder textuelle *Editoren* zur hierarchischen Erfassung und Änderung der Modelle. Neben einer Vielzahl von kleineren Spezialwerkzeugen stehen im modernen Chip-Entwurf die *Simulatoren* im Mittelpunkt, die auf allen Ebenen das

Verhalten so exakt vorhersagen, daß die Schaltung in der Regel nur einmal gefertigt zu werden braucht.

Als Eingabesprache für die Simulatoren und damit als Basis aller Entwurfsmodelle haben sich die im ersten Kapitel erwähnten Hardware-Beschreibungssprachen (HDL) durchgesetzt, deren wesentliche Merkmale wir im folgenden noch einmal zusammenfassen.

- Eine HDL ist eine „klassische" höhere Programmiersprache wie C, erweitert um Konstrukte zur Parallelität und Zeit sowie hardware-nahe Datenstrukturen;

- insbesondere unterstützt eine HDL die hierarchische Entwurfsmethodik;

- HDL-Modelle können ausgeführt oder simuliert werden;

- HDL-Modelle sind präzise und eindeutig (was noch keine eindeutige Schaltung festlegt);

- HDL-Modelle stellen eine präzise Dokumentation dar;

- HDL-Modelle sind die Basis für eine anschließende manuelle oder automatische Synthese (deren Ergebnis wieder ein HDL-Modell sein kann);

- eine HDL kann durchgängig von der obersten Systemebene bis zur untersten Logikebene eingesetzt werden;

- auch Mixed-Mode-Darstellungen sind effizient einsetzbar, indem beispielsweise in nur einem Modell ein Controller als reiner Verhaltensalgorithmus formuliert ist, ein Teil der Pipeline dagegen auf der Gatterebene;

- Mixed-Mode-Modelle vermeiden den (zu) hohen Simulationsaufwand reiner Gattermodelle und ermöglichen trotzdem das Austesten von detaillierten Teilschaltungen.

Modelle in der HDL VERILOG stehen im Mittelpunkt dieses Buches zum Entwurf eines RISC-Prozessors. Einen zusätzlichen Überblick zur Entwurfsmethodik gibt [Cochlovius etal. 1993].

## 2.3    Die Entwurfsphasen

Kaum etwas ist schwieriger zu lehren als die Kunst (und der Frust) beim Entwurf *großer* Projekte, seien es nun große Software-Projekte oder große VLSI-Schaltungen. Es ist sicher nicht damit getan, kleine Lehrbuchbeispiele in Perfektion zu studieren und zu hoffen, daß die Übertragung ins Große schon irgendwie klappen wird. Auch (an sich richtige) Weisheiten klingen losgelöst vom großen Beispiel oft banal und selbstverständlich und werden daher nicht ernst genug genommen.

Die beste, aber leider auch teuerste Ausbildungsmethode ist die Teilnahme an einem großen Entwurfsprojekt oder gar dessen Leitung. Nur dort können die vielfältigen Erfahrungen zur terminlichen (Fehl-)Planung, zur Teamarbeit bis hin zur Gruppendynamik, zu den Schwierigkeiten bei der Abstimmung der Schnittstellen, beim Wechsel von Mitarbeitern und beim oft hoffnungslos erscheinenden Kampf um stets aktuelle Dokumentation erfahren und erlitten werden.

Für die zweitbeste Methode halten wir es, ein großes Projekt gründlich zu studieren. Auf die Schwierigkeiten, überhaupt an die Unterlagen eines solchen Projektes zu kommen, und die Langeweile, die beim Lesen aller Einzelheiten droht, haben wir hingewiesen. Während wir in diesem Buch zurückhaltend mit nicht erprobten Theorien, Varianten und klugen akademischen Ratschlägen sind, hoffen wir, dem Leser einen realistischen Eindruck geben zu können und ihm bei der Entwicklung seines eigenen „Instinktes" helfen zu können.

Die Durchführung eines großen Projektes ersetzt nicht die Erfahrungen im Kleinen. Wir empfehlen sogar ausdrücklich vorab einen nicht zu kleinen Trainingsentwurf. Er macht mit der vorhandenen CAD-Entwurfsumgebung und der Bibliothek und dem Prozeß des Halbleiterherstellers vertraut. Möglicherweise können Erfahrungen zu speziellen Architekturen gesammelt werden wie in unserem Fall den RISC-Architekturen. Idealerweise übt das Design-Team dabei bereits die Zusammenarbeit. Der Trainingsentwurf, den wir übrigens anhand eines kleineren Prozessors TOOBSIE1 durchgeführt haben, darf durchaus „quick-and-informal" sein - die dabei auftretenden Schwierigkeiten fördern die Akzeptanz einer strikteren Projektorganisation und die Einhaltung gemeinsamer Absprachen.

Ähnlich wie im Software-Engineering sollen jetzt Projektphasen mit Begleit-
dokumenten und Modellen definiert werden. Folgende Vorteile sind zu
erwarten.

- Der Entwurfsprozeß ist besser strukturiert;

- die Modelle und Dokumente am Ende einer Phase bekommen einen
  höheren Stellenwert;

- ein „formalisiertes Gruppengedächtnis" erhöht die Effizienz der Teamarbeit, verbessert die Entwurfssicherheit und macht Entscheidungen
  besser nachvollziehbar;

- die Entwurfszeit kann besser kontrolliert werden.

Von Nachteil ist möglicherweise die Behinderung eines kreativen Entwurfsprozesses, da neue und gute Ideen grundsätzlich schwer planbar sind. Nur
scheinbar kosten Dokumentation und Projektverwaltung mehr Zeit.

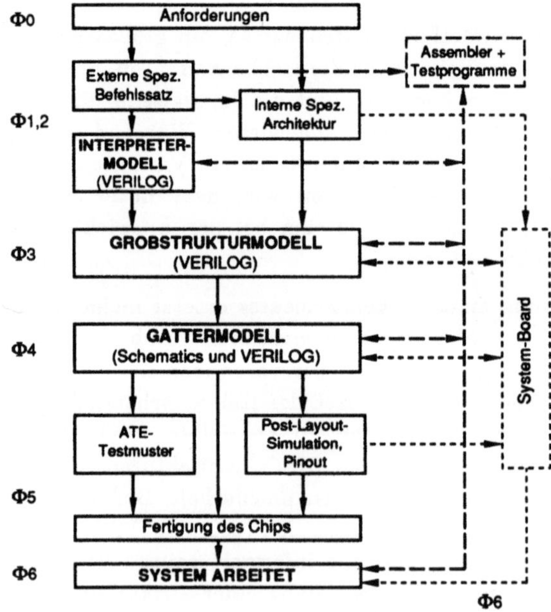


**Bild 2.8**  Entwurfsablauf für den Prozessor TOOBSIE

Aus dem Software-Engineering bekannte Phasen werden nun an die Besonderheiten des Hardware-Entwurfs und speziell des Semi-Custom-Entwurfs angepaßt. Die sequentielle Anordnung der folgenden Phasen, an deren Ende oft ein Prozessormodell, zumindest aber ein Dokument steht, erweckt den Eindruck eines einmaligen Durchlaufs der Reihe nach. Tatsächlich können sich aber die Phasen zur Erhöhung der Effizienz überlappen, indem ein Teil des Teams eine spätere Phase vorbereitet, während ein anderer Teil eine frühere Phase zu Ende führt. Ein deutliches Beispiel ist die Vorbereitung einer System- und Testumgebung, deren Einzelheiten noch gar nicht feststehen (*Hardware-Software-Codesign*).

Auch Phasenwiederholungen sind zu erwarten, wenn später entdeckte Fehler oder spätere Verbesserungen die Aktualiserung früherer Phasen erzwingen (sollten). Dabei sind die Kosten umso höher, je weiter der Entwurf bereits gediehen ist. Bild 2.8 faßt die geplanten Phasen und Dokumente des Entwurfsablaufs zusammen.

## Φ0    Die Vorlaufphase

In dieser Phase werden Ideen gesammelt und diskutiert. Es werden Anforderungen an den Prozessor und seine Architektur formuliert und die Methodik und Projektorganisation festgelegt. Die Vorlaufphase ist in den Kapiteln 2 und 3 festgehalten.

## Φ1    Die Phase der externen Spezifikation und des Interpreter-Modells

Es soll das für den Anwender des Prozessors von außen sichtbare Verhalten spezifiziert werden. Das Verhalten ist vor allem durch den Befehlssatz gegeben.

Neben einer verbalen Erläuterung der Befehle wird ein Interpreter zur Ausführung beliebiger Programme aus diesen Befehlen erstellt. Der Interpreter dient für spätere Modelle als Referenz oder *Golden Device*. Da das äußere Verhalten an keine bestimmte innere Struktur gebunden ist, kann der Interpreter beliebig und abstrakt realisiert sein.

Für den Interpreter müssen geeignete Testprogramme entwickelt werden. Größere solche Testprogramme werden von einem Compiler, zumindest aber

einem Assembler generiert. Der zu verwendende Assembler wird auch
Testmuster oder Simulations-Stimuli für alle späteren Modelle erzeugen.

## Φ2      Die Phase der internen Spezifikation

Unter der internen Spezifikation wollen wir die Vorgabe wesentlicher Architekturmerkmale des RISC-Prozessors verstehen wie Datenpfad, Pipeline,
Register und Caches, Hauptbusse, Interrupts, Prozessorsteuerung und vor
allem ein Timing. Dies soll wie bei der Software-Spezifikation so detailliert
erfolgen, daß eine Implementierung grob vorgezeichnet ist.

Die Spezifikation wird ergänzt durch Überlegungen zur Effizienz, zur Testbarkeit und zur Plausibilität des Entwurfs. Es hängt vom konkreten Projekt ab,
ob die interne Spezifikation die Vorgabe eines erfahrenen Auftraggebers ist,
der bereits die wesentlichen Architekturmerkmale entschieden hat oder ob die
interne Spezifikation Lösungen darstellt zur allgemeinen Entwurfsaufgabe:
realisiere den Befehlssatz aus Phase Φ1 mindestens mit der Effizienz x, wobei
die Kosten höchstens y sind.

## Φ3      Die Phase des Grobstrukturmodells

Die interne Spezifikation wird in dieser Phase in ein Modell in der Hardware-
Beschreibungssprache VERILOG umgesetzt. Es hat nach außen ein möglichst
ähnliches Verhalten wie das Interpreter-Modell, enthält aber bereits die
wesentlichen Komponenten der späteren Implementierung auf der Gatterebene.

Für die Verifikation, d.h. den Nachweis der Ähnlichkeit mit dem Interpreter-
Modell, werden die dort verwendeten Testprogramme im Grobstrukturmodell
erneut ausgeführt und müssen in den wesentlichen Punkten die gleichen
Ergebnisse liefern. Die Testprogramme werden in der Regel aber auch noch
erweitert, um beispielsweise typische kritische Situationen der gewählten
Pipeline-Realisierung testen zu können.

In dieser Phase stellt sich die wesentliche Frage, wie detailliert und hardware-
nahe modelliert wird. Dies entspricht der Frage, wieviele Modelle zwischen
dem obersten Interpreter-Modell und dem untersten Gattermodell geschaffen
werden sollen. Offensichtlich lassen sich auch Strukturen wie ein Cache
wiederum als äußeres Verhalten mit leicht verständlichen abstrakten Algo-

rithmen beschreiben oder als feinere, anschließend leichter realisierbare Struktur mit Registern, Multiplexern usw.

Mehr noch: es sind beliebige Mischformen oder Mixed-Mode-Modelle denkbar, die manche Schaltungsteile mehr durch abstraktes Verhalten, andere durch eine detailliertere Struktur darstellen. Dieses Pendeln zwischen Verhalten und Struktur spiegelt das tatsächliche *Werden* eines Entwurfs wieder.

Davon zu unterscheiden sind jedoch die mehr „amtlichen" Modelle als verabschiedete Meilensteine. Da deren wechselseitige Verifikation und das Aufrechterhalten ihrer Konsistenz einen erheblichen Aufwand darstellen, sollten nicht zu viele Modelle offiziell geführt werden. In diesem Sinne haben wir uns für das Interpreter-Modell, das Grobstrukturmodell und das Gattermodell entschieden, obwohl in der ursprünglichen Phasenplanung mindestens ein weiteres Modell vorgesehen war.

## Φ4 Die Phase des Gattermodells

Das Grobstrukturmodell dient als Basis für den schrittweisen Entwurf einer Netzliste aus Gattern und Bibliotheksbausteinen des Halbleiterherstellers LSI Logic.

Wünschenswert wäre es einerseits, das Gattermodell direkt in der HDL VERILOG zu beschreiben, da diese Sprache Gatterbeschreibungen durchaus unterstützt. Als für die Fertigung verbindliche Eingabesprache ist jedoch der „Schematic-Entry" LSED von LSI vorgegeben. Diese bietet zum einen den Vorteil der graphisch besseren Darstellbarkeit zumindest im Detail, zum andern kann die Anbindung an die früheren VERILOG-Modelle und die Verifikation gegenüber diesen erreicht werden durch eine automatische Rückübersetzung des Gattermodells in eine VERILOG-Netzliste. Damit erhalten wir zwei im wesentlichen äquivalente Gattermodelle: das „normale" Gattermodell als graphische Netzliste und das rückübersetzte VERILOG-Gattermodell.

Auch die Simulation und Verifikation des Gattermodells benötigt Testprogramme, die wiederum aus den Programmen der früheren Modelle abgeleitet werden. Darüber hinaus erwartet der Halbleiterhersteller neben der Gatternetzliste Testmuster für seinen *Produktionstest*, mit denen er nach der Fertigung in einem Testautomaten (Automatic Test Equipment, *ATE*) die Korrektheit der gefertigten Schaltung überprüft. Da der Halbleiterhersteller die Einhaltung dieser Testmuster - und nur diese - gewährleistet, sind sie entscheidend dafür, daß die gefertigte Schaltung das Gewünschte leistet.

Während im allgemeinen Fall die ATE-Testmuster auf der Gatterebene neu und zeitaufwendig entwickelt werden müssen, ist es in unserem Falle eines RISC-Prozessors ausreichend, aus den vorhandenen funktionalen Testprogrammen ATE-Muster abzuleiten und sie um einige zusätzliche Muster zu erweitern. Dabei müssen eine Reihe testerspezifischer Restriktionen beachtet werden.

Außerdem sollen die Muster für den Produktionstest eine möglichst hohe *Fehlerüberdeckung* aufweisen. Die Fehlerüberdeckung bedeutet den Prozentsatz aller erkannten Fehler eines Fehlermodells. Das gebräuchlichste Fehlermodell ist das Stuck-at-Modell, das als Fehler alle Situationen zuläßt, in denen genau ein Ein- oder Ausgang eines Gatters ständig einen konstanten Signalwert trägt, sich also nicht seiner Funktion entsprechend ändert. Zur Berechnung der Fehlerüberdeckung wird ein Fehlersimulator verwendet.

## Φ5    Die Phase der Fertigung

Nach der Auftragserteilung wird das Gattermodell mit seinen ATE-Testmustern dem Halbleiterhersteller zur Fertigung übergeben. Zur Fertigung im weiteren Sinne gehört zunächst das Plazieren und Verdrahten der Gatternetzliste. Die Bibliothekselemente werden mit dem „Fleisch" lokal verdrahteter Transistoren ausgefüllt (Bild 2.4) und platzsparend auf dem Chip-Layout angeordnet. Die platzsparende Anordnung soll vor allem eine möglichst kurze anschließende Verdrahtung ermöglichen.

Die Länge der tatsächlich in der Verdrahtung gewählten Verbindungen stellt einen zusätzlichen, bisher nicht exakt vorhersehbaren Laufzeitfaktor dar. Diese Laufzeiten werden dem Kunden mitgeteilt und in sein Gattermodell eingebaut. In einer *Post-Layout-Simulation* muß dann die Korrektheit des Entwurfs noch einmal kritisch untersucht werden. Die Beachtung relativ konservativer Regeln beim Entwurf des Gattermodells macht schlechte Überraschungen zu diesem Zeitpunkt jedoch relativ unwahrscheinlich.

Schließlich wird das plazierte und verdrahtete Layout gefertigt, auf dem ATE getestet und dem Kunden mit Gehäuse ausgeliefert (Bild 2.9).

**Bild 2.9** Gefertigte Prototypen des RISC-Prozessors TOOBSIE

## Φ6   Die Phase des Tests und der Anwendung in einer Systemumgebung

Der beim Halbleiterhersteller gefertigte und im Produktionstest überprüfte Chip wird ausgeliefert. Verfügen wir als Auftraggeber ebenfalls über ein Testgerät (ATE), so kann die Schaltung dort erneut und intensiv getestet werden. Dies werden wir allerdings in der Regel nur bei den ersten Prototypen tun, nicht dagegen bei einer Serienfertigung.

Derartige ATE-Tests laufen jedoch meist nur verlangsamt ab und können auch nur relativ kurze Testprogramme anwenden. Stattdessen soll die

Schaltung auch „richtig" laufen, was wir zunächst auf einem *System-* oder *Testboard* tun, das dem späteren Einsatz in einem realen System nahekommt. Es wird daher auch als *Systemumgebung* bezeichnet.

Gerade die Phase $\Phi 6$ des Systemtests überlappt sich stark mit früheren Phasen, wie Bild 2.8 zeigt. Mit der Entwicklung der Testmuster und des Testboards kann bereits parallel zur Phase $\Phi 1$ begonnen werden, auch wenn viele Einzelheiten noch offen gelassen werden müssen. Das Grobstrukturmodell, spätestens aber das Gattermodell bestimmt das Timing und das Protokoll der Schnittstellen des Boards.

Umgekehrt stellt das Board Minimalanforderungen an den Prozessor hinsichtlich Treiberstärken, zulässiger Last und Flankensteilheit unter Last (Slew-rate), die sich an zulässigen Parametern der Bausteine des Halbleiterherstellers orientieren müssen. Diese Daten fließen daher in das Gattermodell ein.

Kurz vor der Fertigung in Phase $\Phi 5$ schließlich werden der Gehäusetyp und die Zuordnung der logischen Ein- und Ausgänge zu den physikalischen Pins des Chips (*Pinout*) festgelegt. Erst zu diesem Zeitpunkt können der Prozessorsockel, seine Verdrahtung und damit das Board fertiggestellt werden.

Jedes Modell baut auf dem vorhergehenden auf. Das Interpreter-Modell als erstes Modell muß sich allerdings mit der halbformalen Spezifikation des Befehlssatzes begnügen. Zusammen mit der einheitlichen Teststrategie ergibt sich der Vorteil, daß jedes Modell relativ zum vorigen verifiziert werden kann. Treten dann beispielsweise im Grobstrukturmodell Fehler auf, so liegen sie nicht an der Funktionalität des Befehlssatzes. Dieses Vorgehen schränkt mögliche Fehlerquellen ein. Selbstverständlich sind andere Phasenmodelle denkbar.

Vorhandene und brauchbare CAD-Werkzeuge sollen eingesetzt werden. Dies gilt vor allem für den HDL-Simulator VERILOG, den Fehlersimulator VERIFAULT sowie die Entwurfsumgebung MDE der Fa. LSI Logic für den Logiksimulator, die Plazierung und Verdrahtung und andere Werkzeuge.

Ein vorläufiger Zeitplan zu Beginn der Arbeiten sah die Eckdaten der Tabelle 2.10 vor. Hierfür war eine Vergrößerung des Design-Teams erforderlich. Es wurden vier Studenten mit Vorkenntnissen aus den Bereichen VLSI-Entwurf, Prozessor-Architektur und Hardware-Beschreibungssprachen gewonnen, so daß das Design-Team auf sieben Personen anwuchs. Es zeigte

| Phase | Dauer |
|---|---|
| $\Phi 0$ | 4 Wochen |
| $\Phi 1$ | 6 Wochen |
| $\Phi 2$ | 8 Wochen |
| $\Phi 3$ | 6 Wochen |
| $\Phi 4$ | 8 Wochen |
| $\Phi 5$ | 4 Wochen |
| $\Phi 6$ | keine Aussage |

**Tabelle 2.10**  Vorläufiger Zeitplan

sich, daß die Dokumentation mit wachsender Teamgröße an Bedeutung gewann. Dies hat speziell bei der Spezifikation des Prozessors zu Problemen geführt. Einerseits wurde eine detaillierte Spezifikation als Vorgabe an die Designer gefordert. Andererseits wünschten sich auch die neuen Teammitglieder Mitspracherechte. Allerdings sind Messungen der tatsächlich aufgewendeten Arbeitszeit in einer universitären Umgebung nur mit Vorbehalt möglich, da die Teammitglieder auch mit anderen Aufgaben beschäftigt sind.

# RISC-Architekturen

RISC-Prozessoren sind einfach und schwierig zugleich. Einfach sind sie vom Befehlsumfang her, wie schon die Abkürzung RISC für *Reduced Instruction Set Computer* beinhaltet, es gibt deutlich weniger Spezialbefehle und Befehlsvarianten als bei den CISC-Rechnern (Complex Instruction Set Computer). Schwierig sind sie durch eine höhere Parallelität und indem sie nur im Zusammenspiel mit abgestimmten Compilern ihre Überlegenheit entfalten.

Wir haben einleitend betont, daß dies kein Fachbuch über RISC-Prozessoren sein soll wie etwa [Bode 1990] oder das hervorragende Werk [Hennessy, Patterson 1990, 1994]. Vielmehr wollen wir einen RISC-Prozessor als verständliches und wesentliches Beispiel für einen großen VLSI-Entwurf in allen Phasen entwerfen. Wir möchten den Leser ermutigen: es reichen grundlegende Kenntnisse der klassischen und allseits bekannten von-Neumann-Rechner mit Rechenwerk (ALU und Register) und Steuerwerk (Controller, Befehlszähler, Instruktions- und Statusregister), die mit einem Hauptspeicher für Programm und Daten und der Ein-/Ausgabe kommunizieren. Der Leser wird nach dem Studium unseres RISC-Beispiels die meisten Merkmale moderner RISC-Prozessoren kennen.

Die folgenden wesentlichen RISC-Merkmale müßten eigentlich parallel gelesen werden, da sie alle voneinander abhängen. Nicht alle Merkmale sind in jedem RISC-Rechner anzutreffen. Die meisten Eigenschaften werden in den folgenden Kapiteln vertieft.

1. *Wenige, einfache Befehle.* Diese im Namen RISC angedeutete Eigenschaft ermöglicht effizientes Pipelining (Merkmale 4 und 6). Es werden nach statistischen Analysen nur oft benötigte Befehle realisiert, seltenere

werden vom Compiler synthetisiert (9). Dies und die Beseitigung von Pipeline-Hemmnissen (5) wie Datenabhängigkeit oder Sprungproblemen begünstigen angepaßte Compiler und spezielle Hardware (8,9). Einfache Befehlssätze ermöglichen ein einfaches Befehlsformat (2) und werden auch erreicht durch eine Beschränkung der Speicheroperationen auf die Befehle Load und Store (3). CISC-Rechner haben stattdessen viele komplexe Befehle.

2.  *Festes und schmales Format.* Die einfachen Befehle (1) haben grundsätzlich konstante Länge und passen in ein Wort des Prozessors bzw. Speichers. Sie beschränken sich auf wenige Formate innerhalb des Wortes. Dies unterstützt effiziente festverdrahtete Steuerungen und einfache schnelle Pipelines (4,6,7) sowie effiziente Caches und Registerfelder (8). Der Anwender erwartet jedoch Compiler, die ihm den Komfort der klassischen CISC-Rechner mit unterschiedlichen Befehlswortlängen und vielen komplexen Befehlsformaten erhalten (9).

3.  *Load/Store-Eigenschaft.* Hauptspeicherzugriffe sind langsam und teuer. Grundsätzlich arbeiten die RISC-Befehle daher nur mit den Registern auf dem Prozessor-Chip (6,8). Explizit greifen nur die Befehle Load und Store auf den Speicher zu. Außerdem werden natürlich die Befehle selbst aus dem Speicher geholt, aber selbst diese Speicherzugriffe können durch Befehls-Caches wesentlich reduziert werden (6,8). Befehle ohne langsamen Speicherzugriff ermöglichen gleichmäßiges, durchsatzförderndes Pipelining (4,6). Ein effizienter Compiler sorgt für die Einengung auf Load-Store-Befehle und die Vermeidung vieler Pipeline-Hemmnisse (5,9). Im Gegensatz dazu verknüpfen CISC-Befehle Speicherinhalte direkt miteinander und mit den Registern.

4.  *Pipelining.* Die Bearbeitung eines Befehls wird in möglichst gleichgroße Abschnitte zerlegt, beispielsweise Fetch, Decode und Execute. In einer solchen dreistufigen Pipeline wird der erste Befehl ausgeführt und gleichzeitig der zweite dekodiert und der dritte geholt (Bild 3.1). Während der einzelne Befehl drei Zyklen lang die Pipeline durchläuft, entsteht bei einer gut balancierten und eingeschwungenen Pipeline ein Durchsatz von CPI=1 (CPI: Cycles Per Instruktion, Zyklen pro Befehl).

Dieser hohe Durchsatz (6) wird gefördert durch einfache, ähnliche und einfach formatierte Befehle (1,2,3), die sich fest verdrahtet bearbeiten lassen (7). Verschiedene Pipeline-Hemmnisse (5) drohen den CPI in die

Höhe zu treiben, können aber durch zusätzliche Hardware (8) und intelligente Compiler (9) gemindert, ja sogar auf CPI<1 gedrückt werden (6).

```
Takt            ohne Pipeline                       mit Pipeline

 1                  F 1                    F1
 2                  D 1                    F2      D1
 3                  E 1                    F3      D2      E1
 4                  F 2                    F4      D3      E2
 5                  D 2                    F5      D4      E3
 6                  E 2                            D5      E4
 7                  F 3                                    E5
 8                  D 3
 9                  E 3
10                  F 4
11                  D 4
12                  E 4                    F12
13                  F 5                    F13     D12
14                  D 5                    F14     D13     E12
15                  E 5                    F15     D14     E13

              F = Fetch, D = Decode, E = Execute
```

**Bild 3.1**  Dreistufige Pipeline

5. *Beseitigung von Pipeline-Hemmnissen.* Es besteht *Datenabhängigkeit*, wenn beispielsweise ein Befehl in Pipeline-Stufe 2 den Inhalt des Registers R benötigt, während der vorige Befehl in der 3. Stufe noch sein Ergebnis in R zurückschreibt; Datenabhängigkeit kann durch ein festverdrahtetes *Forwarding* oder den Compiler (9) vermieden werden.

Weil ein Load-Befehl typischerweise länger als einen Zyklus auf den Hauptspeicher zugreift, steht das Ergebnis dem folgenden Befehl nicht zur Verfügung. Bei einem solchen *Delayed-Load* kann der Compiler (9) oft Abhilfe schaffen.

Auch genommene Sprünge bringen den ruhigen Pipeline-Fluß durcheinander, da sich der nachfolgende (falsche) Befehl schon in der Pipeline aufhält. Ein compiler-optimiertes *Delayed-Branch* (9) oder gar nach (8) ein Cache für Sprungbefehle (*Branch-Target-Cache*) erhalten den hohen Pipeline-Durchsatz (4,6).

6. *Hoher Durchsatz.* Durch eine geschickte Kombination aller Eigenschaften und Maßnahmen (1-5,7-9) wird ein Durchsatz von durchschnittlich weniger als einem Maschinenzyklus je Befehl angestrebt (CPI<1).

7.  *Keine Mikroprogrammierung.* Die einfachen und fest formatierten Befehle
    erlauben eine fest verdrahtete, einfache und einstufige Dekodierung,
    sparen mithin Zeit und Chipfläche (1,2,6). Ein guter Übersetzer führt
    komplexe Befehle auf effiziente Sequenzen einfacher Befehle zurück und
    ersetzt so die Mikroprogrammierung (9).

8.  *Caches und Register.* Register mit mehreren Ports für Mehrfachzugriffe
    und verschiedene Caches als Zwischenspeicher auf dem Chip zwischen
    Hauptspeicher und Prozessor (Daten-, Befehls- und Sprung-Caches) mit
    passenden Einlagerungs- und Ersetzungsstategien „ölen" die Pipeline,
    helfen Pipeline-Hemmnisse vermeiden und steigern die Effizienz beacht-
    lich (4,5,6). Es steht ein relativ großes Feld von Mehrzweckregistern -
    typischerweise 32 und mehr - zur Verfügung, die für den Programmierer
    bzw. Compiler sichtbar sind. Operationen haben drei Operanden, die
    Quelloperanden werden typischerweise nicht überschrieben.

9.  *Angepaßter Compiler.* Die hohe Bedeutung eines maßgeschneiderten, mit
    der gewählten speziellen RISC-Architektur harmonierenden Compilers ist
    bei allen Punkten offensichtlich geworden (1-8). Gleichwohl werden wir im
    folgenden geeignete Compiler-Eigenschaften einfach voraussetzen, da wir
    uns auf den eigentlichen VLSI-Entwurf konzentrieren wollen.

## 3.1   Ein einfacher RISC-Prozessor

Um endlich einmal konkret zu werden, wird nun ein einfacher RISC-
Prozessor TOOBSIE1 mit mehreren der zuvor genannten Eigenschaften
skizziert. Der später ausführlich entworfene große RISC-Prozessor TOOBSIE
wird eine Weiterentwicklung dieses „Low-Cost-Prozessors" sein. Während
dieser Abschnitt für den Leser als Übung und Einstieg dient, hatte das Design-
Team des großen Prozessors zu Trainingszwecken zuvor den TOOBSIE1
entwickelt.

Die im nächsten Abschnitt auszuwählende Architektur für den neuen Pro-
zessor wird in jedem Fall die Eigenschaften von TOOBSIE1 umfassen. Der
Leser findet gleichsam den Anschluß an die Vorerfahrungen des Design-
Teams. Die folgende Beschreibung ist nur als Überblick gedacht, bei der
Spezifikation von TOOBSIE werden die Funktionen und Komponenten aus-
führlicher erläutert.

TOOBSIE1 ist ein 32-Bit-RISC-Prozessor. Er ist gekennzeichnet durch ein RISC-typisches, einheitliches, 32 Bit breites Befehlsformat. Er hat eine Load-Store-Architektur, d.h. die Kommunikation mit dem Hauptspeicher erfolgt nur mit den Befehlen Load und Store. Operationen werden nur auf Registern, nicht aber auf Speicherplätzen ausgeführt. Die existierenden Befehle gliedern sich in die vier Klassen der Tabelle 3.2.

| Klasse | Bedeutung |
| --- | --- |
| ALU | arithmetische und logische Operationen auf Registern |
| LD/ST | Speicherzugriffe (Load/Store) |
| CTR | Sprünge (Control-Transfers) (bedingt und unbedingt) |
| Spezial | Spezialbefehle zu Spezialregistern wie dem Programmzähler PC |

**Tabelle 3.2**  Befehlsklassen von TOOBSIE1

Im einzelnen gibt es für TOOBSIE1 die Befehle der Tabelle 3.3.

| Befehlsklasse | Befehl | Bedeutung |
| --- | --- | --- |
| ALU | ADD | Add |
| | ADDC | Add with carry |
| | SUB | Subtract |
| | SUBC | Subtract with carry |
| | AND | And |
| | OR | Or |
| | XOR | Exclusive or |
| | LSL | Logical shift left |
| | LSR | Logical shift right |
| | ASR | Arithmetic shift right |
| | LDH | Load high |
| LD/ST | LD | Load (register from memory) |
| | ST | Store (register into memory) |
| CTR | BCC | Branch conditional |
| | CALL | Call (subroutine) |
| | HALT | Halt |
| Spezial | LRFS | Load register from special register |
| | SRIS | Store register into special register |

**Tabelle 3.3**  Befehle von TOOBSIE1

Der Befehlsumfang und die Architektur des Low-Cost-Prozessors TOOBSIE1
sind eingeschränkt. Es gibt keine allgemeinen Shift-Befehle, sondern nur
Verschiebungen um ein oder zwei Bit, und keine verdrahtete Multiplikation.
Der Entwurf ist mit etwa 16.000 Gatteräquivalenten eines Gate-Arrays
realisiert.

Die Anforderungen an die Systemumgebung sind gering, indem eine
klassische von-Neumann-Architektur realisiert ist, bei der es für Befehle und
Daten nur einen gemeinsamen Bus zum Hauptspeicher gibt.

Der Prozessor führt seine Befehle mit Ausnahme der LD/ST-Befehle in einem
Taktzyklus aus. Das Busprotokoll ist für den Anschluß von statischen
Speichern konzipiert. Solche SRAM-Speicher erlauben bei einer angestrebten
Taktrate von 25 MHz hinreichend schnelle Speicherzugriffe. Diese sind nötig,
da im Prozessor Befehlszwischenspeicher (Caches) fehlen und deshalb die
Busbandbreite voll genutzt werden muß.

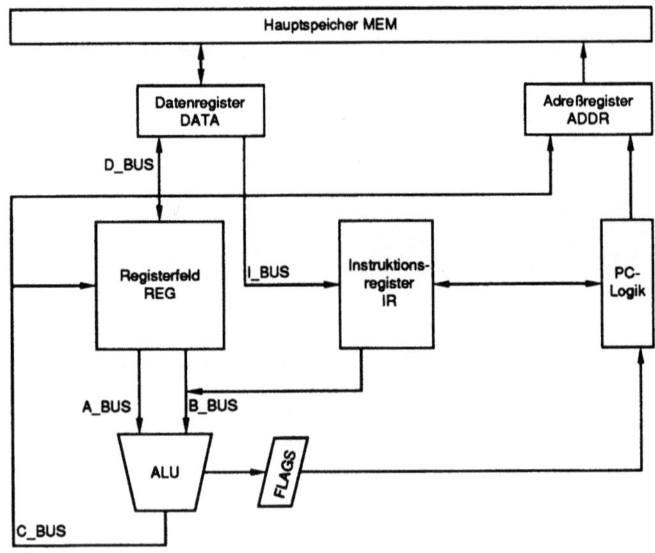


**Bild 3.4** Der Datenpfad von TOOBSIE1

Der Datenpfad von TOOBSIE1 in Bild 3.4 wird im folgenden erläutert.

- Die *Schnittstelle zum Hauptspeicher* läuft über ein Datenregister DATA zum Lesen und Schreiben und ein Adreßregister ADDR, das nur zum Speicher übermittelt wird.

- Das *Instruktionsregister* IR hält den gerade gültigen Befehl.

- Das *Registerfeld* besteht aus 16 Mehrzweckregistern der Breite 32 Bit. Es ist vollständig für den Programmierer sichtbar. Die Registeradressen sind 5 Bit breit (1 Bit für spätere Erweiterungen des Feldes). Das Registerfeld hat einen Schreib-Lese-Port und einen davon unabhängigen Lese-Port. Pro Taktzyklus sind auf jeden Port zwei Zugriffe möglich.

- Die *arithmetisch-logische Einheit* ALU ist eine einfache und platzsparende Manchester-Carry-ALU in Bit-Slice-Technik. Sie besteht aus allgemeinen Funktionsblöcken und einer Carry-Chain. Die Funktionsblöcke erlauben Shift-Operationen um 1 oder 2 Bit. Die ALU führt auch Adreßberechnungen bei LD/ST-Befehlen aus.

- Die *PC-Logik* kann unabhängig vom übrigen Datenpfad Adreßberechnungen ausführen. Ein eigener Addierer für die Auswertung der relativen Sprungdistanz und ein Inkrementierer für die Erhöhung des Programmzählers PC um 1 laufen parallel.

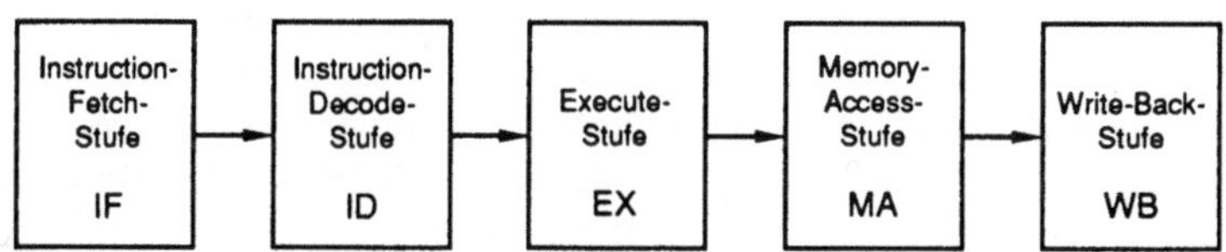

**Bild 3.5**  Die Pipeline von TOOBSIE1

Der Datenpfad ist wie in Bild 3.5 eingebettet in eine fünfstufige Pipeline aus der Instruction-Fetch-Stufe IF, der Instruction-Decode-Stufe ID, der Execute-Stufe EX, der Memory-Access-Stufe MA und der Write-Back-Stufe WB. Die einzelnen Stufen haben folgende Aufgaben.

IF   In der Instruction-Fetch-Stufe werden die Befehle aus dem Speicher geholt von der Adresse, die der PC vorgibt. Der PC wird auf die Adresse des nächsten Befehls eingestellt, und der geladene Befehl wird über den I_BUS der nächsten Pipeline-Stufe ID übergeben.

ID   In der Instruction-Decode-Stufe werden die Befehle dekodiert. Ab hier werden die Befehle unterschiedlich behandelt, indem geeignete Steuersignale für andere Pipeline-Stufen gesetzt werden.

     Für Befehle, die in der Execute-Stufe EX zwei Operanden aus dem Registerfeld benötigen, werden diese auf den A_BUS und B_BUS gelegt. Der EX-Stufe wird die Art des Befehls mitgeteilt.

     Liegt ein unbedingter Sprung vor, so wird dies sofort der Instruction-Fetch-Stufe IF gemeldet. Handelt es sich um einen bedingten BCC-Sprung, so wird die Sprungbedingung anhand der Flags überprüft und das Ergebnis (Sprung ausführen oder nicht) an die IF-Stufe weitergeleitet.

     Beim Befehl HALT dürfen keine neuen Befehle mehr von der Pipeline angenommen werden, so daß die vorderen Pipeline-Stufen anzuhalten sind.

EX   In der Execute-Stufe arbeitet die arithmetisch-logische Einheit ALU. Die Operanden vom A_BUS und B_BUS werden gemäß den Steuersignalen verknüpft, und das Ergebnis wird auf den C_BUS gelegt. Falls gewünscht, aktualisiert die ALU die Flags.

MA   Die Memory-Access-Stufe greift entweder auf den Speicher zu oder leitet das Ergebnis der EX-Stufe lediglich an die folgende Write-Back-Stufe WB weiter. Bei einem LD/ST-Befehl entnimmt die MA-Stufe die Adresse dem C_BUS und gibt sie an das Adreßregister ADDR für den Hauptspeicher weiter. Beim Befehl ST (Store) leitet sie die zu speichernden Daten vom D_BUS an das Datenregister DATA für den Hauptspeicher weiter. Beim Befehl LD (Load) dagegen entnimmt sie die vom Hauptspeicher kommenden Daten dem Datenregister DATA und legt sie auf den C_BUS.

WB   Die Write-Back-Stufe schreibt gegebenenfalls Ergebnisse vom C_BUS in das Registerfeld.

Für die Pipeline ist ein *Forwarding-Mechanismus* sinnvoll, falls beispielsweise ein Befehl Y den Inhalt eines Registers A benötigt, obwohl der Befehl X unmittelbar vor Y das Register A verändert. Ohne Forwarding würde der neue Wert von A noch in der Pipeline stecken. Das Forwarding greift im Bedarfsfall Ergebnisse direkt hinter der EX-Stufe oder der MA-Stufe ab.

Der Prozessor unterstützt einen *Delayed-Branch*, indem nach einem CTR-Sprungbefehl auch noch der im Programmtext folgende Befehl ausgeführt wird, unabhängig davon, ob der Sprung genommen wird. Diese nachfolgende Position ist der *Delay-Slot*, der Befehl im Delay-Slot ist die *Delay-Instruktion*. In der Pipeline vergeht nämlich zwischen der Erkenntnis, daß ein Sprung auszuführen ist, und dem Holen des anzuspringenden Befehls ein Taktzyklus (Delay). Während dieses Delay wurde die Delay-Instruktion ohnehin geladen. Durch die Ausführung der Delay-Instruktion bleibt die Pipeline besser ausgelastet.

## 3.2  Auswahl einer Prozessorarchitektur

Wir befinden uns bereits in der Vorlaufphase beim Entwurf des RISC-Prozessors TOOBSIE, in der wir auch Anforderungen an die Rechnerarchitektur formulieren (Abschnitt 2.3). Ausgehend vom Modell TOOBSIE1 des vorigen Abschnitts mit fünfstufiger Pipeline werden wir zunächst mögliche architektonische Erweiterungen sammeln und bewerten, aus denen anschließend eine unter den gegebenen Randbedingungen realisierbare Teilmenge ausgewählt wird.

An dieser Stelle sei daran erinnert, daß TOOBSIE primär ein Beispiel für einen größeren Semi-Custom-Entwurf darstellen soll. Läge unser Schwerpunkt auf der Rechnerarchitektur, insbesondere auf der Entwicklung eines besonders effizienten neuartigen RISC-Prozessors, wären an dieser Stelle umfangreiche zusätzliche Forschungen notwendig. Beispielsweise müßte ein geeigneter Compiler mitentwickelt und optimiert werden, und es wären umfangreiche statistische Simulationen auf der Systemebene sinnvoll. Stattdessen beschränken wir uns auf eine relativ oberflächliche, heuristische Auswahl einiger bekannter RISC-Prinzipien, die wir allerdings an manchen Stellen um eigene Ideen erweitern. Die folgenden knapp skizzierten und bewerteten Architekturmerkmale setzen Fachkenntnisse voraus; der ungeübte Leser wird jedoch bei der Entwurfsspezifikation in den Kapiteln 5 und 6 in die tatsächlich ausgewählten Merkmale ausführlicher eingeführt.

## 3.2.1  Vorschläge für Erweiterungen der Architektur

Die folgende Liste faßt Vorschläge für zusätzliche Architekturmerkmale gegenüber dem Grundmodell TOOBSIE1 zusammen. Sie ist in keiner Weise nach Prioritäten oder Realisierbarkeit geordnet.

### 1        Dynamisch anforderbare Registerblöcke

Die „Multi-Windows" [Scholz, Schäfers 1995] basieren auf den in [Quammen etal. 1989] als „Threaded Windows" bezeichneten Konzept. Es werden bis zu 1024 Mehrzweckregister in Blöcken fester Größe verwaltet. Die Blöcke werden zur Laufzeit dynamisch nach Bedarf belegt. Durch das Abweichen von einem festen Belegungsschema, wie es beispielsweise beim RISC-Prozessor aus Berkeley in Form eines Ringpuffers verwirklicht wurde [Katevenis 1985], kann das aufwendige Sichern und Laden von Registern erheblich reduziert werden. Weitere Vorteile sind die Flexibilität bei Prozeßwechseln und Interrupts und eine bessere Ausnutzung, da weniger Verschnitt anfällt. Von Nachteil sind eine komplexe Steuerlogik und ein hoher Platzbedarf auf dem Chip.

### 2        Pseudo-Harvard-Architektur und Multi-Purpose-Cache

Bei diesem Vorschlag gibt es prozessorintern für Befehle und übrige Daten getrennte Busse. Extern hat der Prozessor aber für Befehle und übrige Daten nur einen 32-Bit-Bus, und natürlich einen weiteren für die Hauptspeicheradresse. Bei dieser „Pseudo-Harvard-Architektur" ist ein Befehls-Cache auf dem Chip sinnvoll. Vorteilhaft sind eine einfachere Kontrollogik als bei einem Daten-Cache und eine erhöhte Performance aufgrund verbesserter Parallelität. Nachteilig könnte sich ein Verlust an Performance durch zu kleine Caches auswirken, falls aus Kostengründen keine größeren möglich sind.

Eine Cache-Variante besteht darin, nicht wie in einem normalen Befehls-Cache jede referenzierte Adresse einzulagern, sondern nur die Befehle, die aufgrund eines LD/ST-Zugriffes eine Verklemmung mit der IF-Stufe hervorgerufen haben (Reduced-Instruction-Buffer, RIB-Modus [Jove, Cortadella 1989]). Beim nächsten Zugriff auf einen solchen Befehl braucht die IF-Stufe dann nicht zu warten. Dieses Merkmal ist forschungsmäßig interessant, relativ einfach und erhöht ohne zusätzliche Voraussetzungen die Performance. Als Nachteil ist zu sehen, daß der Cache nur eingeschränkt genutzt wird. Die Kombination beider Cache-Modi ergibt den *Multi-Purpose-Cache* MPC.

## 3   Branch-Target-Cache

Ein Cache am Adreßbus speichert die Adressen von Sprungbefehlen und Sprungzielen sowie die Delay-Instruktionen nach den Sprüngen [Schäfers 1993, 1994]. Bei erneutem Auftreten eines solchen Sprunges kann auf das Laden der Delay-Instruktion verzichtet werden. Als Vorteil ergeben sich interessante Überlegungen zur Performance. Von Nachteil ist die komplexe Steuerlogik.

## 4   Interrupts, virtuelle Adressierung und Kernel/User-Mode

Bei einem Interrupt muß der Status der Pipeline gesichert werden. Es gibt verschiedene Interrupt-Prioritäten. Für die Realisierung eines Interrupt-Mechanismus spricht, daß er zu einem „richtigen" Prozessor einfach dazugehört. Es gibt interessante Fragestellungen wie die Interrupt-Verzögerungszeit bei Echtzeitanwendungen. Nachteilig sind der relativ hohe Implementierungsaufwand und die schwierige Testbarkeit sowie die Verständlichkeit in einem Lehrbuch.

Auf diesem Merkmal können weitere nützliche Konzepte aufsetzen wie eine *virtuelle Adressierung* und ein *Kernel / User-Mode*. Eine Unterstützung virtueller Adressen erfordert im allgemeinen, daß im Cache virtuelle statt physikalischer Adressen gehalten werden und eine externe Memory-Management-Unit Speicherbereichs-Tabellen verwaltet und Interrupts auslöst. Vorteilhafterweise ist bei einem vorhandenen Interrupt-Konzept wenig zusätzlicher Aufwand erforderlich.

Der Kernel/User-Mode unterscheidet zwischen dem Kernel-Mode, bei dem der gesamte Befehlssatz zur Verfügung steht, und dem User-Mode, in dem es beispielsweise nur einen eingeschränkten Adreßbereich und keine speziellen Cache-Befehle gibt. Dies ist ein in der Praxis wichtiges und relativ einfach zu implementierendes Konzept.

5        Superskalare Pipeline und eine leistungsfähigere
         Speicheransteuerung

Moderne Speicherbausteine besitzen meist einen schnellen Burst-Modus, mit
dem die durchschnittliche Datenübertragungsrate erhöht werden kann. Dies
setzt eine leistungsfähigere Speicherschnittstelle voraus. Dadurch wird es
möglich, zwei Instruktionen pro Zyklus zu laden und dann durch parallele
duplizierte Pipeline-Stufen, beispielsweise parallele ALUs, auszuführen
(superskalares System). Von Vorteil ist natürlich der Performance-Gewinn,
auch ergeben sich interessante Fragestellungen durch die Erhöhung der
Parallelität. Nachteilig wirkt sich aus, daß entweder ein komplexerer
Compiler und damit überhaupt ein neuer Compiler oder aber eine deutlich
komplexere Hardware-Steuerung erforderlich werden.


6        Effizientere ALU

Neben der Instruction-Fetch-Stufe, deren Laufzeit stark durch die Speicherzugriffszeit bestimmt ist, hat sich bei TOOBSIE1 die ALU als Nadelöhr
herausgestellt. Daher ist eine schnellere ALU wünschenswert, auch ist an
zusätzliche Befehle etwa für die Multiplikation oder Division zu denken. Auch
ein Barrel-Shifter ist sinnvoll.


7        Asynchrone Pipeline

Die Laufzeit eines Schrittes einer Pipeline-Stufe variiert nicht nur über die
Stufen, sondern auch über verschiedene Anwendungen einer Stufe. Während
eine synchrone Pipeline-Steuerung sich nach dem langsamsten Fall richten
muß, kann eine asynchrone, also vom Takt unabhängige Kopplung der Stufen
je nach statistischer Variation Performance-Gewinne erbringen. Von Nachteil
wäre sicher die bekannt schwierige Realisierung und Verifikation eines
solchen Konzeptes.


## 3.2.2  Bewertung der Vorschläge

Wir beginnen mit einigen grundsätzlichen Gesichtspunkten zur Bewertung
von Architekturmerkmalen.

- Im Sinne einer Kosten-Nutzen-Analyse soll die zusätzliche *Chipfläche* eines Vorschlags gegen den Gewinn an *Performance* abgewogen werden. Derartige Analysen können jedoch recht zeitaufwendig werden.

- Es soll die voraussichtliche zusätzliche *Entwurfsdauer* berücksichtigt werden.

- Der voraussichtliche *didaktische Nutzen* eines Merkmals soll beachtet werden. Dies kann zu Fragen führen wie: „Was ist die kleinste sinnvolle superskalare Erweiterung (mehrere parallele ALUs)?" oder „Wie sieht ein kleinster sinnvoller Branch-Target-Cache aus?" Das zusätzliche Merkmal sollte im Falle des Scheiterns nicht den ganzen Entwurf gefährden können, indem es beispielsweise abschaltbar ist.

- Folgende Grundsatzüberlegung wurde diskutiert: soll der Prozessor eine hohe *reale* oder *potentielle* Performance erreichen? Unter realer Performance wird die tatsächlich von TOOBSIE erreichte Leistung verstanden; die potentielle Performance eines Merkmals ist der Leistungszuwachs, der beispielsweise in einem kommerziellen Projekt unter voller Ausnutzung der modernsten Technologie, der maximal möglichen Chipfläche und ohne Beschränkungen beim Entwicklungsaufwand erreichbar wäre. Beispielsweise bringt ein Cache als Gate-Array-Realisierung mit 16 Einträgen real wenig, seine Berücksichtigung bereitet jedoch eine erhebliche potentielle Leistungssteigerung vor, indem er später durch einen Full-Custom-Cache mit 256 Einträgen ausgetauscht wird.

  Für eine Konzentration auf reale Performance spricht, daß Performance-Aussagen nachprüfbar sind, daß unter den gegebenen Randbedingungen die maximal mögliche Leistung angestrebt wird und daß „Wenn-Dann-Versprechungen" vermieden werden.

  Für eine potentielle Performance spricht, daß ein anspruchsvolles Feature interessant bleibt, auch wenn es beschnitten wird, und daß eine Extrapolation der Performance möglicherweise realistisch ist.

Neben den gerade aufgeführten grundsätzlichen Kriterien wird in der Tabelle 3.6 versucht, in einer Art Abstimmung die vorgeschlagenen Architekturmerkmale nach bestimmten pragmatischen Kriterien zu bewerten. Obwohl diese Tabelle teilweise spekulativ und im Team nicht unumstritten ist, gibt sie doch gewisse Anhaltspunkte.

| Architektur-merkmal für TOOBSIE | allgemeine Komplexität (1 einfach ... 6 komplex) | Implementierungs-aufwand (1 einfach ... 6 aufwendig) | Nutzen (1 hoch ... 6 niedrig) | nur sinnvoll ... | TOOBSIE1 komplett (1) ... gar nicht (6) übernehmbar | Merkmal kann abgeschaltet werden | weitere Hinweise |
|---|---|---|---|---|---|---|---|
| 1 Dynamisch anforderbare Register-blöcke | 4 | 4 | 2 | - | 2 | ja | [Qua...89] [Scholz, Schä...95] |
| 2 Pseudo-Harvard-Architektur, Multi-Pur-pose-Cache | 1 | 2 | 2 | falls gemeinsam | 2 | Cache ja | [Hill et al. 86] |
| 3 Branch-Target-Cache | 3 | 3 | 3 | - | 2 | ja | [Lee...84] [Man...93] |
| 4 Interrupts, virtuelle Adressierung, Kernel/User-Mode | 4 | 4 | 1 | mit geeignetem Betriebs-system | 3 | ja | [Furber 89] |
| 5 Effizientere Speicher-schnittstelle, duplizierte Pipeline-Stufen | 5 | 5 | 2 | - | 6 | schwer | |
| 6 Effizientere ALU | 2 | 2 | 1 | - | 2 | nein | |
| 7 Asynchrone Pipeline-Kopplung | 6 | 5 | 2-5 | - | 2-5 | nein | |

**Tabelle 3.6**  Bewertung der Vorschläge

Die getrennte Betrachtung der einzelnen Vorschläge reicht nicht aus, vielmehr ist das effiziente Zusammenspiel der Einzelkomponenten entscheidend [AM29000 1988]. Beispielsweise wird bei einer ausgefeilten Speicherschnittstelle, die den schnellen Burst-Mode von DRAM-Bausteinen unterstützt, der Nutzen eines Cache geringer als bei einer weniger leistungsfähigen Speicheransteuerung.

In einem zweiten Bewertungsschritt werden daher die einzelnen Vorschläge paarweise miteinander verglichen (wobei auch das bei gründlicher Betrachtungsweise nicht ausreicht). In Tabelle 3.7 bedeutet + eine positive wechselseitige Ergänzung und Abhängigkeit, — dagegen eine negative gegenseitige Behinderung. Eine Unabhängigkeit ist durch o markiert. Die Diagonale enthält weitere Bemerkungen. Die sehr knapp gehaltene Tabelle ist nur als ergänzende Anregung für den Fachmann gedacht.

|  | 1 Dynamisch anforderbare Registerblöcke | 2 Pseudo-Harvard Architektur | 3 Branch-Target Cache | 4 Interrupts | 5 Effizientere Speicherschnittstelle | 6 Erweiterung des Befehlssatzes | 7 Virtuelle Adressen, Kernel/User-Mode |
|---|---|---|---|---|---|---|---|
| 1 Dynamisch anforderbare Registerblöcke | Zu teuer, da ineffiziente Gate-Array-Implementierung (--) |  |  |  |  |  |  |
| 2 Pseudo-Harvard-Architektur | 1 unterstützt Prozeduraufrufe, 2 setzt aber kleinen Working-Set voraus (--) | Multi-Purp.-Cache zur Vermeidung von Pipeline-Verklemmungen |  |  |  |  |  |
| 3 Branch-Target-Cache | viele Prozeduraufrufe bedeuten auch viele Sprünge (+) | 1+3 großer Platzbedarf, sonst keine Beeinflussung (o) | gut, falls viele Sprünge |  |  |  |  |
| 4 Interrupts | 1 hat unabhängige Registerbänke (++) | kein Problem, da Cache nicht zum Prozessor-Status gehört (o) | 3 invalid setzen (o) | externe/interne Signale lösen Context-Switch aus |  |  |  |
| 5 Effizientere Speicherschnittstelle | 1 gut bei großem Working-Set; dies wird auch von 5 unterstützt (++) | Speicherhierarchie unnötig bei schnellem Speicher (--) | 3 ist immer von Vorteil, egal, wie schnell der Speicher ist (-) | beim Sichern und Laden des Status ist schneller Speicher gut (++) | 1-Zyklus-Operationen mit SRAMs oder mit Page-Mode |  |  |
| 6 Erweiterung des Befehlssatzes | 1 erfordert LD/ST-Instr. für Blöcke von Registern, >1-Zyklus-Befehle! (o) | 2 erfordert Flush-Instr., >1-Zyklus-Befehle! (-) | 3 invalid setzen (o) | zusätzliche Befehle nötig | kein Einfluß | — |  |
| 7 Virtuelle Adressen, Kernel/User-Mode | Prozeßwechsel teuer, da 1 großen Status bedeutet | externe MMU, da sonst TLB auf Chip nötig (--) | 3 invalid setzen | nur im Kernel-Mode auf Interrupt-Befehle Zugriff (o) | 7 erfordert Übersetzung und macht 5 schwieriger (-) | zusätzliche Befehle zur Modus-Wahl nötig | Multitasking, Multiuser, d.h. geschützte Bereiche |

**Tabelle 3.7**  Abhängigkeiten der Vorschläge und weitere Bemerkungen

Einige Vorschläge werden aufgrund interner Wechselwirkungen in Einzelmerkmale aufgeteilt, nämlich der vierte Vorschlag, der in die Merkmale *Interrupts* sowie *virtuelle Adressen und Kernel / User-Mode* aufgeteilt wird, und der fünfte Vorschlag, der auf eine *effizientere Speicherschnittstelle* reduziert wird.

Einige Erweiterungen haben keine direkten Auswirkungen auf andere Vorschläge und werden daher in Tabelle 3.7 nicht mehr berücksichtigt, etwa die Merkmale *duplizierte Pipeline-Stufen*, *effizientere ALU* oder die *asynchrone Pipeline-Kopplung.* Stattdessen wird über das neue Merkmal *Erweiterung des Befehlssatzes* nachgedacht.

### 3.2.3  Zusammenfassung der geplanten Erweiterungen

Ausgehend von den angedeuteten Vor- und Nachteilen werden nach weiteren Untersuchungen folgende Architekturmerkmale für TOOBSIE verabschiedet.

- *Pseudo-Harvard-Architektur:* Dies ist die zentrale Erweiterung hinsichtlich Performance, aber auch Platzbedarf. Da Daten und Instruktionen über den gleichen Bus aus dem Speicher geladen werden, können sie das Laden von Instruktionen blockieren. Auf dem Chip wird ein zusätzlicher Prozessor-Speicher-Pfad zur Umgehung solcher Pipeline-Hemmnisse implementiert. Dies wird von einem Multi-Purpose-Cache MPC unterstützt, dessen Ladestrategie konfiguriert werden kann.

  Im Normalmodus arbeitet der MPC als normaler Instruction-Cache. Er ist mit beispielsweise 16 Zeilen mit je zwei Einträgen relativ klein. Er reduziert Pipeline-Hemmnisse und erhöht auch bei langsamen Speichern die Performance. Ein kleiner Cache kann allerdings schlechter sein als gar keiner, wobei die Ersetzungsstrategie eine wesentliche Rolle spielt.

  Im RIB-Modus arbeitet der MPC als Reduced-Instruction-Buffer [Jove, Cortadella 1989]. Hier werden gezielt die genannten Pipeline-Hemmnisse vermindert. Im Gegensatz zum Normalmodus können im RIB-Modus 50-60% der Pipeline-Hemmnisse aufgelöst werden [Mansfeld 1993]. Auch ist selbst ein kleiner RIB-Cache nicht schlechter als überhaupt keiner. Der Nachteil ist, daß für die etwa 70-80% der Befehle, die keine Load-Store-Befehle sind, ein schneller Speicher benötigt wird. Bei einem schnellen Prozessor mit langsamem Speicher ist daher der normale Befehls-Cache im Vorteil.

- *Branch-Target-Cache (BTC):* Dieser Cache speichert Adressen von Sprungbefehlen mit ihren Sprungzielen und Sprungbedingungen, die nachfolgende Delay-Instruktion und History-Bits. Er beobachtet den Adreßbus, fängt Hauptspeicherzugriffe auf Sprungbefehle ab und legt stattdessen selbst das Sprungziel auf den Instruktionsbus. Durchsatzfördernd werden Sprungbefehle aus der Pipeline ausgeblendet. Bereits kleine Caches mit beispielsweise 16 Einträgen erbringen deutliche

Einsparungen [Schäfers 1993, 1994]. Allerdings erfordert die Realisierung eine kompliziertere Logik für den Programmzähler.

- *Interrupts:* Dieses für einen realen Prozessor wichtige Merkmal soll möglichst einfach implementiert werden. Als Varianten kommen ein festes Vektorbasisregister oder das Abgreifen der Interrupt-Adresse vom Datenbus in Frage. Das Hauptproblem ist dabei die Sicherung des Pipeline-Status.

  *Virtuelle Adressen* sollen nicht auf dem Chip in physikalische umgesetzt werden, sondern extern.

- *Kernel-/User-Mode:* Diese Unterscheidung ist bedeutsam für Betriebssysteme und die Sicherheit beim Multitasking.

- Eine *effizientere ALU* erhöht den Durchsatz. Ein Barrel-Shifter ist wegen der hohen Kosten üblicherweise nicht RISC-typisch. Aufgrund der Bibliothek des Halbleiterherstellers ist ein eigener Shifter als fertige Makro-Zelle jedoch vertretbar.

- *Befehlssatz:* Der bestehende Befehlssatz des ersten Entwurfs soll aufgeräumt und neu codiert werden. Die zusätzlichen Merkmale erfordern einige wenige neue Befehle wie einen Cache-Flush, Interrupts etc. Darüber hinaus sind keine Erweiterungen wie Multiplikations- oder Divisions-Befehle geplant, da diese mit Hilfe von Software-Interrupts in Software ausgeführt werden können.

# Kurze Einführung in VERILOG

Dieses Kapitel verschafft dem Leser anhand mehrerer kleiner Beispiele einen ersten Überblick über die Hardware-Beschreibungssprache VERILOG. Zusammen mit der ausführlichen Einführung in Kapitel 11, die je nach Bedarf parallel zum übrigen Buch genutzt werden kann, und mit dem Übungssimulator VeriWell auf der beiliegenden Diskette werden alle Grundlagen und Konzepte zum Verständnis der VERILOG-Modelle des Prozessors TOOBSIE gelegt. Es ist wahrscheinlich und empfehlenswert, daß der Leser mindestens eine strukturierte Programmiersprache wie Pascal, Modula-2 oder C kennt; VERILOG ist insbesondere C sehr ähnlich.

VERILOG unterstützt sowohl Strukturbeschreibungen als Netze von Gattern, Komponenten und Modulen als auch algorithmische Verhaltensmodelle mit Variablen, Fallunterscheidungen (if, case), Schleifen (for, while) und Prozeduren (function, task) sowie Mischformen davon (Abschnitt 2.2).

```
module count;                       // dies ist ein Kommentar     // 00
integer I;                                                        // 01
                                                                  // 02
initial                                                           // 03
begin                                                             // 04
  $display ("Starting the simulation...");                       // 05
  for (I=1; I <= 3; I=I+1)                                        // 06
    $display ("Durchlauf %d", I);                                 // 07
  $display ("Finished.");                                         // 08
end                                                               // 09
endmodule                                                         // 10
```

**Bild 4.1**  Ein einfacher Modul

In VERILOG sind *Module* die grundlegenden Einheiten für Gatter, Zähler,
CPUs oder ganze Rechner. Sie lassen sich hierarchisch schachteln. Der Modul
count in Bild 4.1, begrenzt von module und endmodule, gibt die Zahlen 1 bis 3
auf dem Bildschirm aus. In Zeile 1 wird die Zählvariable I definiert. Die
(zusammengesetzte) Anweisung nach initial wird genau einmal ausgeführt.
Die Anweisungen display geben jeweils eine Zeichenkette aus. Wie in C wird I
mit %d ganzzahlig ausgegeben. // startet einen Kommentar bis zum Zeilen-
ende. begin ist wie alle reservierten Wörter kleingeschrieben und verschieden
von Begin und BEGIN. Die Anweisungen innerhalb des Anweisungsverbundes
von begin bis end werden sequentiell, also der Reihe nach ausgeführt. Der
Simulator VERILOG-XL liefert Bild 4.2 als Ergebnis.

```
VERILOG-XL 1.6b   Jul  8, 1994  16:15:52
  * Copyright Cadence Design Systems, Inc. 1985, 1988.   *
  *      All Rights Reserved.        Licensed Software.   *
  * Confidential and proprietary information which is the *
  *       property of Cadence Design Systems, Inc.        *
Compiling source file "bsp1.v"
Highest level modules:
count

Starting the simulation...
Durchlauf          1
Durchlauf          2
Durchlauf          3
Finished.
9 simulation events
CPU time: 0.3 secs to compile + 0.0 secs to link + 0.0 secs in simulati
End of VERILOG-XL 1.6b    Jul  8, 1994  16:15:54
```

**Bild 4.2**  Ausgabe zu Bild 4.1

Der Modul maximum in Bild 4.3 berechnet das Maximum zweier Zahlen A und
B und übergibt das Ergebnis in MAX. Die *Parameterliste* hinter dem Modulnamen enthält die Variablen, die der Modul von außen bekommt (A und B)
bzw. an andere Module liefert (MAX). Zusätzlich muß für jede Variable ihre
Richtung input oder output deklariert werden; bei inout ist beides der Fall. In
den Zeilen 4 bis 6 werden die Variablentypen deklariert. Außer integer gibt es
wire, reg, real, event sowie time.

Wir gehen hier nur auf den Unterschied zwischen wire und reg ein, die
übrigen werden in Kapitel 11 erläutert. Ein *Wire* vom Typ wire stellt eine
Verbindung zwischen mehreren Punkten einer Schaltung dar und entspricht
einer Leitung. Ein *Register* des Typs reg entspricht einer Speicherzelle zum

Schreiben und Lesen von Binärwerten. Dies ist bei einem Wire nicht möglich, der nur bidirektional zwischen Enden verbindet.

wire und reg sind *hardwarenahe* Typen; beide vertreten Worte aus mehreren Bits, wobei jedes Bit nicht nur die Werte 0 und 1, sondern auch z und x annehmen kann: z bedeutet den hochohmigen Zustand, und x steht für unbestimmt; treiben mehrere Quellen einen Wire unterschiedlich, so ist das Ergebnis x. Für beide Typen kann ihre Bit-Breite angegeben werden durch zwei Intervallgrenzen in eckigen Klammern *vor* der Variablendefinition. A[31] greift auf Bit 31 von A zu.

Die Anweisung always führt die nachfolgende (zusammengesetzte) Anweisung immer wieder aus. Erreicht der Simulator die Bedingung

$$@ \ (A \ or \ B) \ ,$$

so wird erst dann ein neuer Schleifendurchlauf gestartet, wenn sich mindestens eine der Variablen A oder B geändert hat seit dem Zeitpunkt, als der Simulator die Bedingung erreichte.

```
module maximum (A, B, MAX);          // Bestimmung des Maximums    // 00
input          A,                                                  // 01
               B;                                                  // 02
output         MAX;                                                // 03
wire   [31:0]  A,                                                  // 04
               B;                                                  // 05
reg    [31:0]  MAX;                                                // 06
                                                                   // 07
always @ (A or B)                                                  // 08
begin                                                              // 09
  if (A > B)                                                       // 10
    MAX = A;                                                       // 11
  else                                                             // 12
    MAX = B;                                                       // 13
  $display ("new maximum is %d", MAX);                             // 14
end                                                               // 15
endmodule                                                         // 16
```

**Bild 4.3**  Schnittstelle, Variable, always und @

Bild 4.4 zeigt den Modul parallel_blocks. Im Gegensatz zu üblichen Programmiersprachen mit sequentiellem Programmablauf arbeiten die Komponenten einer realen Schaltung alle parallel. Hierfür stellt VERILOG etliche Konstrukte bereit.

Die beiden initial-Blöcke in parallel_blocks werden parallel ausgeführt. Dies bedeutet, daß sie *in beliebiger Reihenfolge*, dann aber nur *nacheinander*,

ausgeführt werden. Der Programmierer darf sich nicht auf eine bestimmte
Reihenfolge verlassen. Bei mehrfacher Ausführung des gleichen Programms
wird jedoch stets die gleiche Reihenfolge gewählt. Weiterhin ist garantiert, daß
die Anweisungen innerhalb eines Blockes sequentiell bearbeitet werden, ohne
daß in der Zwischenzeit ein anderer Block bearbeitet wird, bis eine *Zeitkontrolle*
erreicht wird: @ (*Bedingung*), # (*Verzögerung*) und wait (*warten auf*).

```
module parallel_blocks;           // zwei parallele           // 00
                                  // Anweisungsbloecke         // 01
initial                                                        // 02
begin                                                          // 03
  $display ("Ja");                                             // 04
  $display ("Ja");                                             // 05
end                                                            // 06
                                                               // 07
initial                                                        // 08
begin                                                          // 09
  $display ("Nein");                                           // 10
  $display ("Nein");                                           // 11
end                                                            // 12
                                                               // 13
endmodule                                                      // 14
```

**Bild 4.4**  Zwei parallele Blöcke


Daher sind als Simulationsergebnisse möglich

```
        Ja Ja Nein Nein
```

oder

```
        Nein Nein Ja Ja     ,
```

nicht aber

```
        Ja Nein Nein Ja     ,
        Ja Nein Ja Nein
```

und ähnliche Mischformen. Zur Vertiefung des überaus grundlegenden
Parallelitätsbegriffes wird auf Kapitel 11 verwiesen.

Bild 4.5 zeigt eine einfache ALU (Arithmetic Logical Unit) für die Operationen
Addition, Multiplikation, UND, logisches UND (das logische UND ist wahr,
wenn sowohl in A als auch in B mindestens ein Bit 1 ist), Modulo und Schiebe-
nach-links. Die Eingaben für die ALU sind der Opcode und die beide
Operanden. Nach der Variablendefinition werden die Operationsnamen mit
einem `define an eine Bit-Kombination gebunden. `define entspricht dem

#define in C. Solche Ersetzungen gelten ab der Deklaration bis zum Ende des Quelltextes, also auch über Modulgrenzen hinaus.

Die allgemeine Form einer Konstanten ist

<Bitbreite> '<Basis> <Ziffern> .

Die Angabe der <Bitbreite> der Konstante ist optional, defaultmäßig wird der kleinste notwendige Wert genommen. Für die <Basis> sind b (Basis 2), o (Basis 8), d (Basis 10), h (Basis 16) bzw. B, O, D und H erlaubt, der Default ist 10. 'h12 etwa erzeugt eine 5 Bit breite Konstante.

```
module alu (OPCODE, A, B, RESULT); // ALU-Implementierung      // 00
input           OPCODE,                                        // 01
                A,                                             // 02
                B;                                             // 03
output          RESULT;                                        // 04
wire    [2:0] OPCODE;                                           // 05
wire    [31:0] A,                                              // 06
                B;                                             // 07
reg     [31:0] RESULT;                                         // 08
                                                               // 09
`define ADD     3'b000            // 0                          // 10
`define MUL      'b001            // 1                          // 11
`define AND     3'o2              // 2                          // 12
`define LOGAND 3'h3               // 3                          // 13
`define MOD     4                 // 4                          // 14
`define SHL     3'b101            // 5                          // 15
                                                               // 16
`define SIMULATION_TIME 100                                    // 17
                                                               // 18
function [31:0] calculate_result;                              // 19
input [2:0] OPCODE;                                            // 20
case (OPCODE)                                                  // 21
   `ADD:     calculate_result = A + B;                         // 22
   `MUL:     calculate_result = A * B;                         // 23
   `AND:     calculate_result = A & B;                         // 24
   `LOGAND:  calculate_result = A && B;                        // 25
   `MOD:     calculate_result = A % B;                         // 26
   `SHL:     calculate_result = A << B;                        // 27
   default: $display ("Unimplemented Opcode: %d!", OPCODE);    // 28
endcase                                                        // 29
endfunction                                                    // 30
                                                               // 31
always  @ (OPCODE or A or B)                                   // 32
   RESULT = calculate_result(OPCODE);                          // 33
                                                               // 34
initial                          // zu always aequivalenter    // 35
   forever                       // initial-Block              // 36
   begin                                                       // 37
     @ (RESULT);                                               // 38
     $display ("Opcode= %d, A= %d, B= %d: RESULT= %d",         // 39
       OPCODE, A, B, RESULT);                                  // 40
   end                                                         // 41
                                                               // 42
initial                                                        // 43
begin                                                          // 44
   $display ("Simulation starts...");                          // 45
   # `SIMULATION_TIME;              // Simulationsende          // 46
```

```
    $display ("Simulation ended.");                              // 47
    $finish;                                                     // 48
end                                                              // 49
endmodule                                                        // 50
```

**Bild 4.5**  Eine einfache ALU

Der always- und die zwei initial-Blöcke der ALU werden parallel im oben
erklärten Sinne ausgeführt, d.h. die Ausführungsreihenfolge ist beliebig. Der
erste initial- entspricht einem always-Block, da er eine mit forever konstruierte
Endlosschleife enthält. Der zweite initial-Block beendet die Simulation mit finish,
nachdem er `SIMULATION_TIME Zeiteinheiten gewartet hat.

Sobald sich A, B oder OPCODE ändern, ruft der always-Block die Funktion
calculate_result auf. Die Fallunterscheidung case wählt mit dem 3 Bit breiten
OPCODE die zu berechnende Funktion aus. case entspricht dem switch in C;
ein break ist nicht notwendig. Es wird höchstens ein case-Fall ausgeführt. Das
Ergebnis liefert die Funktion über ihren Namen. Dabei kann die Anzahl der
Ergebnis-Bits vor dem Funktionsnamen angegeben werden.

Die Operationen in Tabelle 4.6 entsprechen denen in C, auf den Unterschied
zwischen == und === sowie deren Negation wird später eingegangen.

| Operationsgruppe | Bedeutung |
| --- | --- |
| +, -, *, /, % | Arithmetik |
| <, <=, >, >= | Vergleich |
| ==, !=, ===, !== | Gleichheit |
| !, &&, \|\| | bit-weise Operatoren |
| ~, &, \|, ^ | logische Operatoren |
| ?: | Auswahl |
| <<, >> | Shift |

**Tabelle 4.6**  Operationen

Für den Test der ALU in Bild 4.5 würde ein Modul benötigt, der A, B und
OPCODE mit Testwerten belegt. Beispielsweise müßte für A=3 und B=2 beim
OPCODE=0 (`ADD) das Ergebnis RESULT=5 entstehen, mit OPCODE=5 (`SHL)
dagegen RESULT=12.

Das nächste Beispiel in Bild 4.7 instanziiert Untermodule. Es entsteht eine
hierarchische Struktur von Modulen. Es gibt zwei Modultypen one_bit_adder

und four_bit_adder. Die Signale CARRY_OUT und SUM werden mit { und } zu einer neuen, 2 Bit breiten Variablen zusammengeklammert. Dieser Komposition wird in einer always-Schleife die Summe von A, B und CARRY_IN zugewiesen, sobald sich eine der drei Variablen ändert. Der four_bit_adder implementiert die Addition zweier 4 Bit breiter Variablen durch vierfache Instanziierung des one_bit_adder. Dabei werden ein 5 Bit breites Ergebnis erzeugt und ein Flag gesetzt, falls das Ergebnis 0 ist. In den Zeilen 30 und 31 wird ein weiterer, in VERILOG vordefinierter Modul nor instanziiert. CARRY reicht Überträge weiter.

```
module one_bit_adder (A, B, CARRY_IN, SUM, CARRY_OUT);      // 00
input           A,                                          // 01
                B,                                          // 02
                CARRY_IN;                                   // 03
output          SUM,                                        // 04
                CARRY_OUT;                                  // 05
reg             SUM,                                        // 06
                CARRY_OUT;                                  // 07
                                                            // 08
always @ (A or B or CARRY_IN)                               // 09
   {CARRY_OUT, SUM} = A + B + CARRY_IN;                     // 10
endmodule                                                   // 11
                                                            // 12
                                                            // 13
module four_bit_adder (A4, B4, SUM5, NULL_FLAG);            // 14
input           A4,                                         // 15
                B4;                                         // 16
output          SUM5,                                       // 17
                NULL_FLAG;                                  // 18
                                                            // 19
wire     [3:0]  A4,                                         // 20
                B4;                                         // 21
wire     [4:0]  SUM5;                                       // 22
wire     [2:0]  CARRY;                                      // 23
                                                            // 24
one_bit_adder Bit0 (A4[0], B4[0],      1'b0, SUM5[0], CARRY[0]);   // 25
one_bit_adder Bit1 (A4[1], B4[1], CARRY[0], SUM5[1], CARRY[1]);    // 26
one_bit_adder Bit2 (A4[2], B4[2], CARRY[1], SUM5[2], CARRY[2]);    // 27
one_bit_adder Bit3 (A4[3], B4[3], CARRY[2], SUM5[3], SUM5[4]) ;    // 28
                                                            // 29
nor nor_for_zeroflag (NULL_FLAG,                            // 30
   SUM5[0], SUM5[1], SUM5[2], SUM5[3], SUM5[4]);            // 31
endmodule                                                   // 32
```

**Bild 4.7**  Instanziierung von Untermodulen

Die one_bit_adder sind Untermodule des Moduls four_bit_adder. Es können auch völlig voneinander getrennte Module ohne gemeinsamen Hauptmodul nebeneinander gesetzt werden.

```
case (WERT)                                            // 00
  3'b000: $display ("000");                            // 01
  3'b001: $display ("001");                            // 02
  3'b0?0: $display ("0?0");                            // 03
  3'bz00: $display ("z00");                            // 04
  default:$display ("nicht definiert");                // 05
endcase                                                // 06
                                                       // 07
casez (WERT)                                           // 08
  3'b000: $display ("000");                            // 09
  3'b001: $display ("001");                            // 10
  3'b0?0: $display ("0?0");                            // 11
  3'bz00: $display ("z00");                            // 12
  default:$display ("nicht definiert");                // 13
endcase                                                // 14
```

**Bild 4.8**  case und casez

Als letztes Beispiel wird der Unterschied zwischen case und casez erläutert
(Bild 4.8). Beide stellen eine *Auswahlanweisung* dar. Wie erwähnt können
Wires und Register an jeder Bit-Position neben den üblichen Werten 0 und 1
auch x (unbestimmt) und z (hochohmig) annehmen. Das hochohmige z wird
z.B. bei Tristate-Bussen eingesetzt als Ersatz für eine unterbrochene Leitung.

casez unterscheidet sich von case nur in der Behandlung von z-Bits in der
Auswahlvariablen. Ist dort ein Wert z, so wertet case die Bedingung nur dann
als erfüllt, wenn das Auswahlmuster an der Stelle ein z oder ein ? hat. casez
dagegen ignoriert diese Stelle und wertet nur die übrigen Bits aus. Das
„Wildcard" ? steht für einen beliebigen Wert außer x. Das Verhalten der beiden
Auswahlanweisungen verdeutlicht die Tabelle 4.9.

| Auswahlvariable | Auswahlmuster | Vergleich mit case | Vergleich mit casez |
|:---:|:---:|:---:|:---:|
| 3'b000 | 3'b000 | 1 | 1 |
| 3'b000 | 3'b001 | 0 | 0 |
| 3'b000 | 3'b00z | 0 | 1 |
| 3'b000 | 3'b00? | 0 | 1 |
| 3'b000 | 3'b00x | 0 | 0 |
| 3'b00z | 3'b000 | 0 | 1 |
| 3'b111 | 3'b1z1 | 0 | 1 |
| 3'b01z | 3'b1z1 | 0 | 0 |
| 3'b01z | 3'b01z | 1 | 1 |
| 3'b??? | 3'b??x | 0 | 1 |

**Tabelle 4.9**  Auswertungen mit case und casez

Eine ähnliche Unterscheidung machen == und === bzw. != und !==. Der Vergleich mit == ist nur dann 1, wenn in beiden Seiten kein x oder z vorkommt und die Seiten bit-weise gleich sind. Enthält eine Seite ein x oder z, so liefert == den Wert x. Auch != liefert in diesem Fall übrigens x. Dagegen vergleicht === beide Seiten bit-weise, wobei x und z wörtlich verglichen werden. Dieses Verhalten erläutert Tabelle 4.10.

| linke Seite | rechte Seite | Vergleich mit | | | |
|:---:|:---:|:---:|:---:|:---:|:---:|
| | | == | != | === | !== |
| 1 | 1 | 1 | 0 | 1 | 0 |
| 0 | 1 | 0 | 1 | 0 | 1 |
| 1 | x | x | x | 0 | 1 |
| 0 | x | x | x | 0 | 1 |
| x | x | x | x | 1 | 0 |
| z | x | x | x | 0 | 1 |
| z | 1 | x | x | 0 | 1 |
| z | z | x | x | 1 | 0 |

**Tabelle 4.10**  Vergleichen

In den HDL-Modellen des Prozessors TOOBSIE haben wir uns um einen einheitlichen VERILOG-Stil und Konventionen für bessere Verständlichkeit bemüht. Darauf geht die Einführung in den Kapiteln 11 und ⌹1 ein. Weitere Ausführungen und interessante Einflußfaktoren auf den verwendeten Modellierungsstil finden sich in [Schäfers etal. 1993].

# Externe
# Spezifikation
# des Verhaltens

Der RISC-Prozessor TOOBSIE wird extern und intern spezifiziert. Die externe Spezifikation in diesem Kapitel gibt die Sicht des Prozessors „von außen", wie sie sich beispielsweise für den Anwendungsprogrammierer (bzw. den Compiler und das Betriebssystem) darstellt. Dazu gehören vor allem die Befehle. Die interne Spezifikation im nächsten Kapitel 6 enthält wesentliche Vorgaben und Entscheidungen zur Struktur, Architektur und Effizienz des Prozessors. Sie ist daher die Vorgabe für den Designer des Prozessors, ist aber auch für den Anwender von Interesse, da sie scheinbar willkürliche Eigenheiten der externen Spezifikation erklärt.

Die externe Spezifikation enthält alle zur Programmierung notwendigen Details. Dazu gehören die Bedeutung und die Auswirkungen aller Befehle. Der Programmierer wird über den Interrupt-Mechanismus und die Unterstützung von Betriebssystemen informiert. Hinzu kommen Auswirkungen der geplanten Architektur wie beispielsweise der Delay-Slot, der Prozessor-Modus und das Speicherkonzept.

Die interne Spezifikation beschreibt den Prozessor aus der Sicht des Designers und gibt einen groben Entwurfsweg vor. Hierzu gehören Vorgaben für den internen Aufbau, etwa die Caches, die Realisierung des Befehlssatzes auf einem Datenpfad und die Organisation als Pipeline-Struktur sowie eine Beschreibung der Prozessorkontrolle.

Das Ergebnis der externen Spezifikation wird in Abschnitt 5.3 in einem Interpreter festgehalten, der als *Golden Device* die Semantik aller Befehle festlegen soll. Der Interpreter ist in der HDL (Hardware-Beschreibungssprache) VERILOG des vorigen Kapitels formuliert, obwohl auf dieser hohen

Ebene typische HDL-Eigenschaften wie die Parallelität noch gar nicht benötigt werden.

Die interne Spezifikation aus Kapitel 6 ist die Grundlage für einen großen Entwurfsschritt in den Kapiteln 7 und H4, wo die Spezifikation in einem umfangreichen *Grobstrukturmodell* auf HDL-Basis präzisiert wird und schon zahlreiche Hardware-Aspekte berücksichtigt werden. Im Grobstrukturmodell wird von den Eigenschaften der HDL intensiv Gebrauch gemacht.

Während wir die externe und interne Spezifikation theoretisch trennen, werfen die internen Details auch bei der externen Spezifikation bereits ihre Schatten voraus. Pragmatisch gesehen weiß der Designer bereits bei der externen Spezifikation, daß es eine Pipeline, Caches etc. geben wird.

## 5.1　Der RISC-Prozessor arbeitet

Ein Systementwickler bettet den RISC-Prozessor in eine Systemumgebung ein. Dazu gehören software-mäßig zumindest ein Assembler, später auch ein Betriebssystem und ein Compiler, hardware-mäßig zuallererst Vorbereitungen für den Test durch einen Testautomaten, dann ein Testboard für einen Realzeittest und schließlich die volle Peripherie.

Viele den Systementwickler interessierende Implementierungsdetails, beispielsweise das Gehäuse, die Pin-Belegung oder das genaue Timing, sind in der Spezifikation noch nicht genau festgelegt, da sie stark von der späteren Realisierung des Prozessors abhängen.

Trotzdem ist es im Sinne eines *Hardware-Software-Codesign* sinnvoll, bereits parallel zum Prozessorentwurf mit der Entwicklung der Systemumgebung zu beginnen. Hierzu gehören insbesondere ein Assembler und ein Testboard. Da diese in [Mierse 1994] und Kapitel 9 dokumentiert sind, gehen wir hier nur kurz darauf ein.

### 5.1.1　Der Assembler

Der Übungsentwurf des ersten RISC-Prozessors TOOBSIE1 hat gezeigt, wie mühsam bereits die Codierung kleiner Testprogramme per Hand ist. Daher sind die Entwicklung und der Einsatz eines Assemblers schon jetzt sinnvoll. Es wird ein konfigurierbarer Assembler für typische RISC-Architekturen entwickelt [Mierse 1994], der sich schnell auf alle gängigen RISC-Architekturen übertragen läßt. Er besitzt folgende Merkmale.

- Es gibt eine wohldefinierte Eingabegrammatik;

- Syntax- und Code-Spezifikation sind parametrisierbar;

- Zielsysteme sind die VERILOG-Modelle und der Prozessor selbst;

- der Assembler ist unabhängig von der Systemumgebung.

Das Eingabeformat kommt bekannten Formaten anderer Prozessoren möglichst nahe. Es berücksichtigt die RISC-typischen Aspekte und genügt dem Drei-Operanden-Schema:

Operation   Zielregister, Quellregister1, Quellregister2   bzw.

Operation   Zielregister, Quellregister1, Konstante   .

Eine konfigurierbare Code-Erzeugung ist sinnvoll, da diese sich noch ändern kann. Die Bit-Muster, aber auch die Syntaxregeln müssen leicht modifizierbar sein. Die Erfahrung mit TOOBSIE1 zeigt allerdings, daß die Dekodierung der Befehle im Prozessor kein Nadelöhr darstellt und wenig Kosten verursacht. Dies ist im einfach aufgebauten RISC-typischen Befehlssatz begründet. Daher ist die Codierung nicht sehr kritisch und kann schon früh festgelegt werden.

Der Assembler soll den Code für mehrere Zielsysteme erzeugen. In den frühen Entwurfsphasen bedient er die verschiedenen VERILOG-Modelle wie den Interpreter oder das Grobstrukturmodell mit einer kommentierten ASCII-Eingabedatei. Die letzten Phasen, etwa der Test des Gattermodells oder des fertigen Prozessors, erfordern unkommentierten Binärcode. Es ist ein wichtiger Teil der Teststrategie, daß beide Eingaben vom gleichen Assembler erzeugt und damit zusätzliche Fehlerquellen ausgeschlossen werden (Bild 2.8).

Weiter unterstützt der Assembler „synthetische" Befehle, die der Anwender sich zusätzlich definieren kann. Mit diesen redundanten Befehlen läßt sich bei sinnvoller Anwendung die Lesbarkeit von Assemblerprogrammen entscheidend erhöhen.


## 5.1.2  Das Testboard

Einen Höhepunkt des Entwurfs stellt die Demonstration des korrekt arbeitenden Prozessors dar. Diese erfolgt zunächst nicht in einem kompletten

System, sondern mit Hilfe eines Testboards. Dieses Board kann bereits parallel zum Prozessorentwurf konzipiert werden (Kapitel 9).

Das Testboard ist ein rudimentärer Ein-Platinen-Rechner mit TOOBSIE als CPU. Zusätzlich sind eine PC-Schnittstelle und ein statischer Speicher mit Speicherlogik vorhanden. An das Testboard ist ein PC angeschlossen, der zur Spannungsversorgung und zum Initialisieren des Speichers dient. Nach dem Laden des Programms wird TOOBSIE gestartet. Während und nach der Abarbeitung wird der Speicherinhalt vom PC gelesen und ausgewertet.

Das Konzept des Boards ist durch ein flexibles Timing, ein flexibles Speicherprotokoll und eine noch nicht spezifizierte Pin-Belegung des Prozessor-Chips gekennzeichnet.

## 5.2   Der Befehlssatz

In diesem Abschnitt wird der Befehlssatz des RISC-Prozessors spezifiziert. Dazu werden die Befehle und ihre Formate vorgestellt. Die Befehle sind in die Klassen LD/ST, CTR, ALU und Spezial eingeteilt. Die vollständige Beschreibung aller Befehle im Detail findet sich im Kapitel H2. Das grundlegende Verständnis solcher im einzelnen recht einfachen Befehle ist beim Leser sicher bereits vorhanden. Wir widmen uns daher vor allem den Details und Ausnahmen.

Mit den Erfahrungen aus dem ersten RISC-Entwurf spezifizieren wir jetzt die Befehlswortbreite einheitlich zu 32 Bit und ein Registerfeld von 32 Mehrzweckregistern mit je 32 Bit Breite. Nach [Huck, Flynn 1989] reicht ein Satz von etwa 8 Registern aus, um lokale Variable innerhalb einzelner Prozeduren ziemlich optimal allozieren zu können. Darüber hinaus können nur prozedurübergreifende Mechanismen zur Register-Allozierung (beispielsweise Registerfenster) für eine Erhöhung des Durchsatzes sorgen. 32 Register erlauben typischerweise eine Prozedurschachtelung bis zur Tiefe 4. Dies deckt einen signifikanten Anteil von Programmen ab [Katevenis 1985] und stellt einen guten Kompromiß zwischen Platzbedarf und Durchsatz dar [Kane 1987].

Wir definieren zunächst in Bild 5.1 einige logische Befehlsformate. Die Vielfalt der Formate dient nur dem besseren Verständnis. Sie werden bei der späteren Implementierung zu wenigen RISC-typischen Formaten zusammengefaßt.

## Speicherzugriffe und Adressierung

### F1: Relativ mit Indexregister

| Opcode | RC | RA | | RB |
|---|---|---|---|---|

31        24      19     14                 5        0

### F2: Relativ mit Offset

| Opcode | RC | RA | Offset14 |
|---|---|---|---|

31        24      19     14                          0

### F3: Absolute Adresse

| Opc. | Address30 |
|---|---|

31 30                                                0

### F4: PC-relativ mit Offset

| Opcode | CC | Offset19 |
|---|---|---|

31        24      19                                 0

## Operationen ohne Speicherzugriff

### F5: Register

| Opcode | DEST | SRCA | | SRCB |
|---|---|---|---|---|

31        24      19     14                 5        0

### F6: Register mit Immediate

| Opcode | DEST | SRCA | Immediate14 |
|---|---|---|---|

31        24      19     14                          0

### F7: Immediate

| Opcode | DEST | Immediate19 |
|---|---|---|

31        24      19                                 0

### F8: Spezial

| Opcode | RC | SA | |
|---|---|---|---|

31        24      19     14                          0

### F9: Spezial

| Opcode | SC | | RB |
|---|---|---|---|

31        24      19                        5        0

### F10: Diverses

| Opcode | | Imm4 |
|---|---|---|

31        24                                4        0

### F11: Diverses

| Opcode | |
|---|---|

31        24                                         0

**Bild 5.1**  Befehlsformate

Die Formatbezeichnungen in Bild 5.1 haben folgende Bedeutung, die weiter
unten erläutert wird:

| | |
|---|---|
| Opcode | Befehlscode |
| RA, RB, RC | Adressen von Mehrzweckregistern, die bei Speicherzugriffen und Spezialbefehlen als Quelle, Ziel, Speicheradresse oder Index verwendet werden |
| Offset n | Konstante zur Adreßmodifikation, Ziel eines bedingten Sprungs o.ä., Bit-Breite n |
| Address30 | absolute Adresse |
| CC | Code einer Sprungbedingung (Condition Code) |
| SRCA, SRCB, DEST | Adressen von Quell- und Zielregistern bei arithmetisch-logischen Operationen |

| | |
|---|---|
| Immediate n | direkte Konstanten bei arithmetisch-logischen Operationen, beim Software-Interrupt o.ä., Bit-Breite n |
| Imm n | Kurzschreibweise für Immediate n |
| SA, SC | Adressen von Spezialregistern |

**Darauf aufbauend und zusätzlich verwenden wir:**

| | |
|---|---|
| REG | Registerfeld (Mehrzweckregister) |
| rA, rC | Register REG[RA], REG[RC] |
| rB | Register REG[RB] oder Offset14 verlängert um 00, 01, 10 oder 11 (abhängig vom Opcode) |
| cc | Sprungbedingung zu CC |
| srcA, dest | Register REG[SRCA], REG[DEST] |
| srcB | Register REG[SRCB] oder Immediate14 (abhängig vom Opcode) |
| sA, sC | Spezialregister zu SA und SC |
| MEM[n] | externer Speicherplatz n |
| N, Z, C, V | Status-Flags |

| | |
|---|---|
| SREG | Spezialregister; diese sind: |
| PC | Programmzähler |
| RPC | Rücksprungadresse |
| LPC | letzter PC |
| SR | Statusregister |
| VBR | Vektorbasisregister |
| HWISR | Hardware-Interrupt-Statusregister |
| EXCSR | Exception-Statusregister |
| SWISR | Software-Interrupt-Statusregister |
| HWIRPC | Hardware-Interrupt-Return-PC |
| EXCRPC | Exception-Return-PC |
| SWIRPC | Software-Interrupt-Return-PC |
| HWIADR | Hardware-Interrupt-Adresse |
| EXCADR | Exception-Adresse |

**Schließlich benötigen wir einige übliche Operatoren für Register oder Speicherplätze A und B sowie einen Ausdruck expr über Registern:**

| | |
|---|---|
| A ← expr | Zuweisung |
| A ↔ B | Austausch |
| A>>B | A um B Stellen nach rechts schieben |
| A<<B | A um B Stellen nach links schieben |
| A>>>B | A um B Stellen rechtsherum rotieren |
| {A,B} | Konkatenation |
| A \| B | bit-weises logisches Oder |
| A & B | bit-weises logisches Und |
| A^B | bit-weises logisches Exklusiv-Oder |
| ~A | 1er-Komplement |

A + B                    Addition
A - B                    Subtraktion

Bei der Verwendung von + ist die übliche Problematik zu beachten, ob Operanden unterschiedlicher Breite vorzeichenbehaftet zu erweitern sind.

## 5.2.1  Die Klasse LD/ST der Load- und Store-Befehle

Diese Befehle erfordern neben dem Laden des Befehls selbst noch einen weiteren Speicherzugriff. Sie tauschen Daten verschiedener Breite mit dem Speicher aus. Ein Prozessorwort ist 32 Bit breit (Quad-Byte Q), daneben gibt es das 16 Bit breite Halbwort mit zwei Byte (Double-Byte D) und das 8 Bit breite Byte (B).

Speicheradressen bei Wortzugriffen sind immer auf Wortgrenzen ausgerichtet, das heißt die beiden niedrigstwertigen Bits sind 0. Bei Halbwortzugriffen ist das niedrigstwertige Bit 0. Vorsicht ist geboten, wenn bestimmte Konstanten aus Platzgründen ohne niedrigstwertige 00 gespeichert sind und daher bei der Auswertung um 00 verlängert werden müssen.

LD/ST-Befehle benutzen die drei Adreßoperanden rA, rB und rC. Während rA und rC sich auf die Registeradressen RA und RC beziehen, ist rB abhängig vom Opcode entweder das Mehrzweckregister REG[RB] oder eine 14 Bit breite Konstante Offset14, die abhängig vom Opcode um 00, 01, 10 oder 11 verlängert wird.

Der Speicher wird auf vier verschiedene Arten adressiert. Bei der *relativen Adressierung mit Indexregister* (Format F1 in Bild 5.1) wird die Speicheradresse aus der Summe der Mehrzweckregister rA und rB bestimmt, die als Basis- und Indexregister dienen. Die *relative Adresse mit Offset* (Format F2) ist die Summe des Registers rA und des Offset, der wiederum mit rB bezeichnet wird. Dieser Modus erlaubt einfache Array-Zugriffe, Stack-Manipulationen und die Verwaltung lokaler Variablen. rC ist bei Store-Befehlen das Quellregister, bei Load-Zugriffen das Zielregister. Da es sich um einen *Delayed-Load* handelt (Kapitel 3), enthält das Zielregister erst im nächsten Schritt den geladenen Wert.

Die LDU-Befehle bewegen Worte, Halbworte oder Bytes (unsigned), die LDS-Varianten bewegen Werte mit Vorzeichen (signed). Dies ist kein Unterschied bei Worten, bei Halbworten und Bytes dagegen werden die höherwertigen Bits entsprechend dem Vorzeichen gesetzt. Tabelle 5.2 spezifiziert die LD/ST-

Befehle. Wird ein Teilwort bewegt, ist seine Position im Speicherwort durch
Varianten des Opcode bestimmt.

| Mnem. | Name | Format | Bedeutung |
|---|---|---|---|
| LDU | Load unsigned | F1,2 | rC ← MEM[rA+rB] (Wort) |
| LDU.D | Load unsigned double byte | F1,2 | rC ← MEM[rA+rB] (Halbwort) |
| LDU.B | Load unsigned byte | F1,2 | rC ← MEM[rA+rB] (Byte) |
| LDS | Load signed | F1,2 | rC ← MEM[rA+rB] (Wort) |
| LDS.D | Load signed double byte | F1,2 | rC ← MEM[rA+rB] (Halbwort) höherwertige Bits entsprechend Vorzeichen |
| LDS.B | Load signed byte | F1,2 | rC ← MEM[rA+rB] (Byte) höherwertige Bits entsprechend Vorzeichen |
| ST | Store | F1,2 | MEM[rA+rB] ← rC |
| ST.D | Store double byte | F1,2 | MEM[rA+rB] ← rC (niederwertiges Halbwort) |
| ST.B | Store byte | F1,2 | MEM[rA+rB] ← rC (niedrigstwertiges Byte) |
| SWP | Swap | F1,2 | rC ↔ MEM[rA+rB] |

**Tabelle 5.2**  Spezifikation der Befehle Load und Store der Klasse LD/ST

## 5.2.2  Die Klasse CTR der Sprungbefehle

Die CTR-Befehle (Control-Transfers, Sprünge) beeinflussen den Kontrollfluß
des Programms, indem sie den Programmzähler PC verändern. Direkt nach
einem CTR-Befehl steht in einem *Delay-Slot* eine *Delay-Instruktion*, die vor
dem Sprung oder dem abgelehnten Sprung ausgeführt wird. Im Fall der
ANNUL-Option .A wird die Delay-Instruktion allerdings ignoriert, falls die
Sprungbedingung nicht erfüllt ist. *CTR-Befehle dürfen nicht direkt aufeinander folgen.*

Tabelle 5.3 spezifiziert die Sprungbefehle. Die *absolute Adresse* Address30
(Format F3 in Bild 5.1) wird nur vom Befehl CALL verwendet. Da nur 32-Bit-
Worte angesprungen werden, wird die absolute Adresse um 00 verlängert.
Damit wird der volle Bereich der $2^{30}$ Speicherwörter entsprechend einem $2^{32}$
Byte großen Adreßraum abgedeckt. Da nur der CALL-Befehl diese Adressie-
rungsart nutzt, reichen zwei Bits für seinen Opcode aus.

Für die Unterstützung von Hochsprachen ist die *PC-relative Adressierung mit
Offset* wichtig (Format F4). Bedingte Sprünge (BCC-Befehle) enthalten eine 19
Bit breite Konstante Offset19, die als relative Sprungadresse interpretiert wird.
Die Distanz enthält ein Vorzeichen und wird um 00 verlängert. Danach wird
sie zum PC addiert. Damit ergibt sich eine Überdeckung von $\pm 2^{20}$ Byte.

| Mnem. | Name | Format | falls cc | dann |
|---|---|---|---|---|
| BGT | Branch on greater than | F4 | ~((N ^ V) \| Z) | PC ← PC + {Offset19,00} |
| BLE | Branch on less or equal | F4 | (N ^ V) \| Z | PC ← PC + {Offset19,00} |
| BGE | Branch on greater or equal | F4 | ~(N ^ V) \| Z | PC ← PC + {Offset19,00} |
| BLT | Branch on less than | F4 | (N ^ V) & ~Z | PC ← PC + {Offset19,00} |
| BHI | Branch on higher | F4 | ~(C \| Z) | PC ← PC + {Offset19,00} |
| BLS | Branch on lower or same | F4 | C \| Z | PC ← PC + {Offset19,00} |
| BPL | Branch on plus | F4 | ~N | PC ← PC + {Offset19,00} |
| BMI | Branch on minus | F4 | N | PC ← PC + {Offset19,00} |
| BNE | Branch on not equal | F4 | ~Z | PC ← PC + {Offset19,00} |
| BEQ | Branch on equal | F4 | Z | PC ← PC + {Offset19,00} |
| BVC | Branch on overflow clear | F4 | ~V | PC ← PC + {Offset19,00} |
| BVS | Branch on overflow set | F4 | V | PC ← PC + {Offset19,00} |
| BCC | Branch on carry clear | F4 | ~C | PC ← PC + {Offset19,00} |
| BCS | Branch on carry set | F4 | C | PC ← PC + {Offset19,00} |
| BT | Branch on true | F4 | true | PC ← PC + {Offset19,00} |
| BF | Branch on false | F4 | false | |
| XXX.A | .A-Option | F4 | | bei allen vorstehenden Befehlen wird die Delay-Instruktion ausgeführt; mit der Option .A wird die Delay-Instruktion jedoch nicht ausgeführt, falls kein Sprung erfolgt |
| CALL | Call | F3 | | RPC ← PC, PC ← {Address30,00} Delay-Instruktion ausführen |
| JMP | Jump | F9 | | PC ← rB Delay-Instruktion ausführen (zugleich synthetischer Befehl, Abschnitte 5.2.4 und 5.2.5) |
| RET | Return | F9 | | PC ← rB Delay-Instruktion ausführen (zugleich synthetischer Befehl) |
| SWI | Software interrupt | F10 | | PC ← VBR \| {1,Imm4,000} Prozessorzustand sichern |
| RETI | Return from interrupt | F11 | | gesicherten Prozessorzustand wiederherstellen |
| HALT | Halt | F11 | | halten und Reset abwarten |

**Tabelle 5.3**  Spezifikation der Sprungbefehle der Klasse CTR

Programm-Traces [Huck, Flynn 1989, Mansfeld 1993] haben ergeben, daß in mehr als 99% aller Fälle PC-relative Sprünge innerhalb dieser Distanz liegen. Falls das Sprungziel außerhalb der Reichweite liegen sollte, läßt sich durch

Verneinung der Sprungbedingung ein relativer Sprung immer durch den „dualen" Sprung und einen CALL-Befehl ersetzen.

Während ein Unterprogramm durch einen CALL aufgerufen wird, erfolgt der Rücksprung aus dem Unterprogramm mit dem *synthetischen* CTR-Befehl RET (Return). Er heißt synthetisch, weil er gar nicht zum RISC-Befehlssatz des Prozessors gehört, sondern vorhandene Befehle in besser lesbarer Form zusammenfaßt. So steht RET, wie in den Abschnitten 5.2.4 und 5.2.5 näher erläutert, für einen Spezialbefehl SRIS (Store register into special register), der die irgendwo gespeicherte Rücksprungadresse in den Programmzähler PC kopiert.

Konkret muß RISC-typisch nach einem CALL das Rücksprungziel selbst gesichert werden, nämlich die Nachfolgeadresse des Delay-Slots. Zwar wird diese beim CALL automatisch in das Spezialregister RPC (Return-PC) übernommen, muß dann aber mit dem Spezialbefehl LRFS Rb, RPC (Load register from special register) in ein beliebiges Mehrzweckregister Rb gesichert werden. Die Rückkehr aus dem Unterprogramm erfolgt dann wie erwähnt mit RET Rb.

Der synthetische CTR-Befehl JMP (Jump) erlaubt Sprünge zu einer Adresse, die in einem Register steht (Abschnitt 5.2.5). Schließlich gibt es noch zwei CTR-Befehle SWI und RETI für die Durchführung von Interrupts, die in Abschnitt 5.2.6 genauer beschrieben werden, sowie den CTR-Befehl HALT.

Wir wollen verschiedene Begriffe noch einmal zusammenfassen. Der Prozessor arbeitet mit *Befehlen* oder *Instruktionen*.

Spezielle Befehle sind *Sprünge*, die als *Control-Transfers* den Fluß eines Programms kontrollieren. Gleichbedeutend ist der Begriff *CTR-Befehl* oder kurz *CTR*.

Ein Sprung kann *bedingt* sein und ist dann ein *BCC(-Befehl)*: BGT, BLE usw. (Der BCC-Befehl Branch on carry clear trägt übrigens auch die Abkürzung BCC; da er explizit selten verwendet wird, sind Verwechslungen nicht zu erwarten.)

Die *unbedingten* Sprünge umfassen CALL, JMP, RET, SWI, RETI und HALT. Da JMP und RET als synthetische Befehle auf den Spezialbefehl SRIS zurückgeführt werden, wird bei der Betrachtung unbedingter Sprünge oft gleich von SRIS gesprochen; allerdings ist SRIS nur dann ein CTR-Befehl, wenn er sich auf den Programmzähler bezieht: SRIS PC, Rb (Abschnitte 5.2.4 und 5.2.5). HALT wird bei unbedingten Sprüngen nicht immer mitbetrachtet, da er kein sehr typischer CTR-Befehl ist.

## 5.2.3  Die Klasse ALU der arithmetisch-logischen Befehle

Die ALU-Befehle benötigen den Speicher nicht. Sie benutzen die drei Operanden srcA, srcB und dest. Während srcA und dest sich auf die Registeradressen SRCA und DEST beziehen, ist srcB abhängig vom Opcode entweder das Mehrzweckregister REG[SRCB] oder eine 14 Bit breite Konstante Immediate14. Daher gibt es die Register-Operanden mit zwei Quellregistern (Format F5 in Bild 5.1) und die Register-Operanden mit Immediate und einem Register (F6). Außerdem gibt es den ausschließlichen Immediate-Operanden (F7).

Negative Zahlen werden als 2er-Komplement dargestellt. Daher werden bei Immediate14 die verbleibenden höherwertigen Bits entsprechend dem Vorzeichen der Konstante gesetzt.

Die logischen Operationen werden bit-weise auf 32 Bit breiten Datenwörtern ausgeführt. Der Shift- oder Rotationsbetrag ist durch REG[SRCB] bestimmt.

Mit Ausnahme des LDH-Befehls können die ALU-Befehle die .F-Option benutzen, bei der die Flags des Operationsergebnisses für nachfolgende Sprünge ins Statuswort übernommen werden. Die vier Flags werden gemäß Tabelle 5.4 berechnet, die ALU-Befehle spezifiziert Tabelle 5.5.

| Flag | Name | Berechnung | für ALU-Befehle mit .F-Option |
|---|---|---|---|
| N | Negative | dest[31] | alle |
| Z | Zero | ~(\|dest[31,0]) | alle |
| C | Carry | dest[32]<br>~dest[32]<br>srcA[srcB-1]<br>0<br>undefiniert | ADD, ADDC, LSL<br>SUB, SUBC<br>LSR, ASR, ROT, falls srcB > 0<br>LSR, ASR, ROT, falls srcB = 0,<br>sonst |
| V | Overflow | Carry[32] ^ Carry[31]<br>undefiniert | ADD, ADDC, SUB, SUBC<br>sonst |

**Tabelle 5.4**  Berechnung der Flags

| Mnem. | Name | Format | Bedeutung |
|---|---|---|---|
| ADD | Add | F5,6 | dest ← srcA + srcB |
| ADDC | Add with carry | F5,6 | dest ← srcA + srcB + C |
| SUB | Subtract | F5,6 | dest ← srcA - srcB |
| SUBC | Subtract with carry | F5,6 | dest ← srcA - srcB - C |
| AND | And | F5,6 | dest ← srcA & srcB |
| OR | Or | F5,6 | dest ← srcA \| srcB |
| XOR | Exclusive or | F5,6 | dest ← srcA ^ srcB |
| LSL | Logical shift left | F5,6 | dest ← srcA << srcB |
| LSR | Logical shift right | F5,6 | dest ← srcA >> srcB |
| ASR | Arithmetic shift right | F5,6 | dest ← srcA >> srcB<br>höchstwertige Bits gemäß Vorzeichen |
| ROT | Rotate | F5,6 | dest ← srcA >>> srcB |
| XXX.F | .F-Option | | für alle obigen Befehle wird das Flag-Register entsprechend dest gesetzt |
| LDH | Load high | F7 | dest ← {Immediate19,0...0}<br>die höchstwertigen Bits von dest werden durch Immediate19 ersetzt |

Tabelle 5.5  Spezifikation der ALU-Befehle

## 5.2.4  Befehle der Klasse Spezial

Die Spezial-Befehle der Tabelle 5.6 dienen dem Datenaustausch zwischen Mehrzweckregistern und Spezialregistern (Formate F8 und F9 in Bild 5.1). Der Zugriff auf Spezialregister ist abhängig vom Prozessormodus.

| Mnem. | Name | Format | Bedeutung |
|---|---|---|---|
| LRFS | Load register from special reg. | F8 | rC ← sA<br>rC Mehrzweckregister, sA Spezialregister |
| SRIS | Store register into special reg. | F9 | sC ← rB<br>sC Spezialregister, rB Mehrzweckregister<br>(auch als synthetische CTR-Befehle<br>Jump und Return verwendbar für sC=PC) |
| CLC | Clear cache | F11 | die Caches werden auf ungültig gesetzt |

Tabelle 5.6  Spezifikation der Befehle der Klasse Spezial

Im Prozessormodus KERNEL_MODE sind auf alle 13 Spezialregister Schreib- und Lesezugriffe erlaubt. Im USER_MODE dagegen sind auf die Spezial-

register PC, RPC und LPC Schreib- und Lesezugriffe erlaubt. Auf das Statusregister SR sind Lesezugriffe ganz erlaubt, Schreibzugriffe dagegen nur auf
die niedrigstwertigen 4 Bits SR[3..0], Schreibzugriffe auf höherwertige Bits von
SR bleiben ohne Auswirkung. Auf die übrigen Spezialregister kann im
USER_MODE nicht zugegriffen werden. Erfolgt im USER_MODE ein uner-
laubter Zugriff auf ein Spezialregister, wird die Exception PRIVILEGE_
VIOLATION ausgelöst.

Außerdem gibt es den Kontrollbefehl CLC mit dem operandenlosen Format F11
zur Kontrolle der Caches.

## 5.2.5  Synthetische Befehle

Die synthetischen Befehle sind Verknüpfungen einiger bereits spezifizierter
Befehle, die mit bestimmten Operanden eine zusätzliche und häufig ver-
wendete Bedeutung annehmen und so die Lesbarkeit der Programme erhöhen.
Beispielsweise hat der Befehl XOR R0, R0, R0 keine Auswirkungen auf den
Prozessorzustand und kann daher als NOP (no operation) eingesetzt werden.
Dabei wird die RISC-typische Besonderheit ausgenutzt, daß das Mehrzweck-
register R0 konstant den Wert 0 enthält. Schreibzugriffe sind zwar erlaubt,
haben aber keine Auswirkungen auf R0.

Die synthetischen Befehle Jump und Return wurden bereits im Abschnitt 5.2.2
eingeführt. Tabelle 5.7 zeigt die Rückführung auf Standardbefehle in
Assembler-Schreibweise.

| Mnem. | Name | Realisierung |
|---|---|---|
| CLR | Clear | XOR Rd, R0, R0 |
| NEG | Negate | SUB Rd, R0, Rb |
| NOP | No operation | XOR R0, R0, R0 |
| NOT | Inversion bitwise | XOR Rd, Ra, -1 |
| JMP | Jump | SRIS PC, Rb |
| RET | Return from subroutine | SRIS PC, Rb |

**Tabelle 5.7**  Synthetische Befehle

## 5.2.6  Externe Spezifikation der Interrupts

Interrupts unterbrechen den normalen Befehlsstrom und führen zu einer Interrupt-Routine. Nach deren Bearbeitung kehrt der Prozessor in das alte Programm zurück. Die Behandlung externer Interrupts muß *transparent* sein, indem nach dem Wiedereintritt in das alte Programm der stattgefundene Interrupt nicht mehr zu erkennen ist.

Der Prozessorstatus, der das Statusregister und die Rücksprungadresse umfaßt, wird bei einem Interrupt in Spezialregistern und den Mehrzweck-registern R28 bis R31 gesichert. Daher gibt es auch noch zwei Sätze von *Schattenregistern* für R28 bis R31, die in Abhängigkeit von der Interrupt-Ebene eingeblendet werden.

Es gibt *externe* oder *Hardware-Interrupts* (Hwi), die durch einen anderen Systembaustein ausgelöst werden, und *interne*, durch den Prozessor selbst ausgelöste Interrupts. Letztere unterteilen sich in *Exceptions* (Exc) und *Software-Interrupts* (Swi). Eine Exception wird durch einen Fehler bei der Ausführung eines Befehls automatisch ausgelöst (z.B. ein CTR-Befehl in einem Delay-Slot oder eine Privilege Violation), während ein Software-Interrupt durch den Befehl SWI ausgelöst wird.

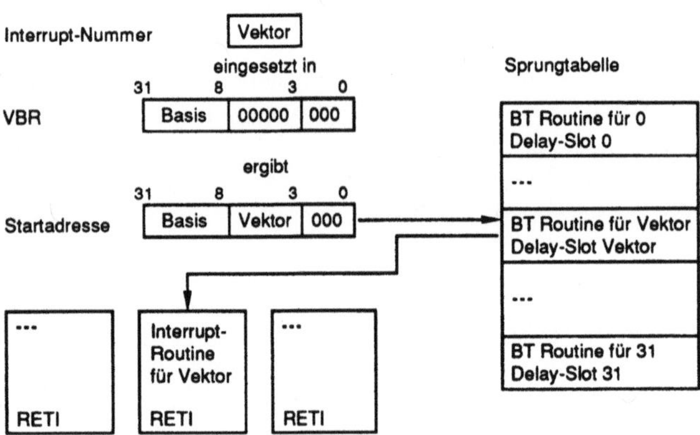


**Bild 5.8**  Sprungziel eines Interrupts

Die Software kann die unterschiedliche Bedeutung und Priorität der einzelnen Interrupts unterscheiden, indem die Interrupts auf vorher festgelegte

Behandlungsroutinen verzweigen. Hardware-Interrupts müssen sich bei einer Interrupt-Anforderung durch ihre individuelle Interrupt-Nummer identifizieren. Die Nummern der übrigen Interrupts sind entweder fest verdrahtet oder im Operationscode enthalten. Aus der Interrupt-Nummer läßt sich die Startadresse der Behandlungsroutine berechnen.

Zur Unterstützung des Betriebssystems ist ein Vektorbasisregister VBR implementiert, das die schnelle Zuordnung der Behandlungsroutine ermöglicht. Diese Zuordnung ist frei programmierbar. Eine Verknüpfung der Interrupt-Nummer mit dem VBR liefert die Adresse der Behandlungsroutine.

Der Inhalt des VBR - die Basis - bezeichnet für jeden Interrupt die Anfangsadresse einer Tabelle im Speicher. Diese Tabelle enthält für jeden der 32 möglichen Interrupts den Beginn seiner Behandlungsroutine bestehend aus einem BT (Branch on true, immer ausgeführter Sprung) mit Delay-Slot, also 2 Wörtern oder 8 Bytes. Daher haben die Bits 0 bis 2 des VBR konstant den Wert 0. Der zu einem Interrupt gehörige Eintrag in der Tabelle wird durch dessen Nummer 0...31 indiziert. Diese Nummer wird als 5 Bit breiter Vektor codiert und in die Bits 3 bis 7 des VBR eingesetzt. Dies ergibt die Sprungadresse (Bild 5.8).

| Typ | Vektor | Bedeutung |
| --- | --- | --- |
| Hwi | 00000 | BUS_ERROR |
| 00xxx | 00001 | PAGE_FAULT |
| | 00010 | MISS_ALIGN |
| | 00011 | wird vom Betriebssystem (OS) festgelegt |
| | 00100 | wird vom OS festgelegt |
| | 00101 | wird vom OS festgelegt |
| | 00110 | wird vom OS festgelegt |
| | 00111 | wird vom OS festgelegt |
| Exc | 01000 | Delay-Instruktion ist CTR-Befehl |
| 01xxx | 01001 | PRIVILEGE_VIOLATION |
| | 01010 | ILLEGAL_INSTRUCTION |
| | 01011 | UNIMPLEMENTED_INSTRUCTION |
| | 01100 | reserviert |
| | 01101 | reserviert |
| | 01110 | reserviert |
| | 01111 | PANIC |
| Swi | 1xxxx | wird vom OS festgelegt |
| 1xxxx | | |

**Tabelle 5.9**  Interrupt-Nummern

Die vorhandenen Interrupts und ihre Nummern faßt Tabelle 5.9 zusammen.
Die Befehle SWI und RETI gehören zur Klasse CTR und haben daher einen
Delay-Slot. Die Hardware-Interrupts und Exceptions haben keinen Delay-Slot,
sie sind ja aber auch keine Instruktionen und haben keinen Opcode.

## 5.3   Ein Interpreter als VERILOG-HDL-Modell

Zur Präzisierung des zuvor spezifizierten Befehlssatzes wird ein Modell des
externen Prozessorverhaltens in Form eines Interpreters entwickelt. Das
Verhalten ist die Funktion, die den Speicherinhalt vor der Ausführung eines
Anwendungsprogramms in den Speicherinhalt nach dessen Ausführung
überführt. Dies ist eine grobe Verhaltenssimulation, die alle Timing-Eigenschaften des späteren Prozessors außer acht läßt. Bild 5.10 zeigt die Bedeutung
dieses Interpreter-Modells als Referenzmodell (*Golden Device*).

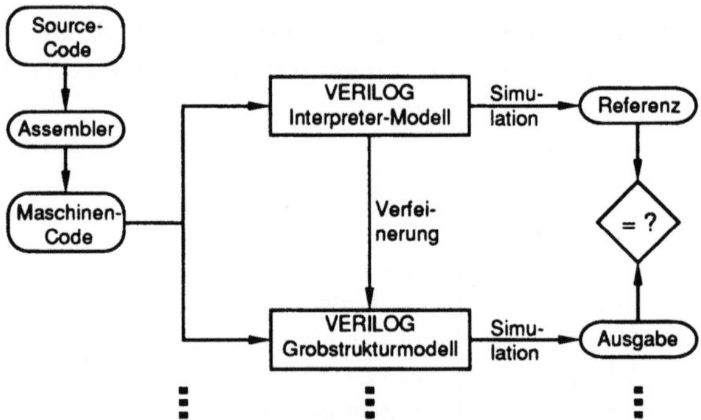


**Bild 5.10**   Das Interpreter-Modell als Referenz

Allerdings sind die Simulationsergebnisse nicht wie im Bild 5.10 angedeutet
gleich, sondern nur in kanonischer Weise „ähnlich", da beispielsweise noch
keine Caches berücksichtigt werden. Solche Mängel werden aus pragmatischen Gründen in Kauf genommen. Diese Ähnlichkeit wird uns von Modell zu
Modell begleiten, denn eine formale Gleichheit der Ergebnisse wäre nur am
Ende des Entwurfs oder gar nach der Fertigung des Prozessors mit unver-
tretbar hohem Aufwand zu erreichen. Stattdessen wollen wir unsere Modelle

ja gerade schrittweise verfeinern, was sich auch in feineren Simulationsergebnissen ausdrückt.

Einige Besonderheiten des Prozessors, die sich auf das Verhalten auswirken,
werden allerdings jetzt schon modelliert, etwa die Datenabhängigkeit oder der
Delay-Slot. Diese Merkmale sind zum jetzigen Zeitpunkt unmotiviert und
werden „künstlich" nachgebildet. Andere später eingeführte Merkmale fehlen
noch: so sind nicht alle Spezialregister implementiert, der Kernel-/User-Mode
wird nicht überwacht, und es gibt keine Schattenregister für Software-
Interrupts. Das Modell ist unter folgenden Gesichtspunkten entworfen:

- abstraktes Verhalten (z.B. kein Timing und keine Hardware-Komponenten);

- leicht zu modifizieren;

- übersichtlich durch hierarchischen Aufbau;

- Trennung von Prozessor und Testumgebung.

Das Programm ist in der Hardware-Beschreibungssprache VERILOG
geschrieben. Im folgenden wird zunächst ein Überblick gegeben über seine
Modularisierung und typische Entwurfsmerkmale, dann werden die Module
mit ihren Tasks und Funktionen beschrieben. Es folgt eine Einführung in
Anwendungen des Modells mit einem Beispiel. Das Modell selbst findet sich
auf der Diskette in Kapitel ▦2 und im Hintergrundband in H3.


## 5.3.1  Modellüberblick

Das Modell gliedert sich in den Systemmodul RISC2_System und den Testmodul RISC2_Test, die sich nebeneinander auf der obersten Hierarchie-Ebene
befinden. Der Testmodul verwaltet die Ein- und Ausgabe des Prozessors. Dies
sind auch schon die einzigen Module entsprechend der Tatsache, daß das
Verhaltensmodell des Prozessors noch keine Hardware-Komponenten enthält.
Bild 5.11 zeigt die verwendeten Tasks und Funktionen.

Der Systemmodul enthält alle Tasks und Funktionen zur Simulation des
Prozessors, der Testmodul verwaltet die Ein- und Ausgabe des Prozessors und
stößt jeweils einen Arbeitsschritt an.

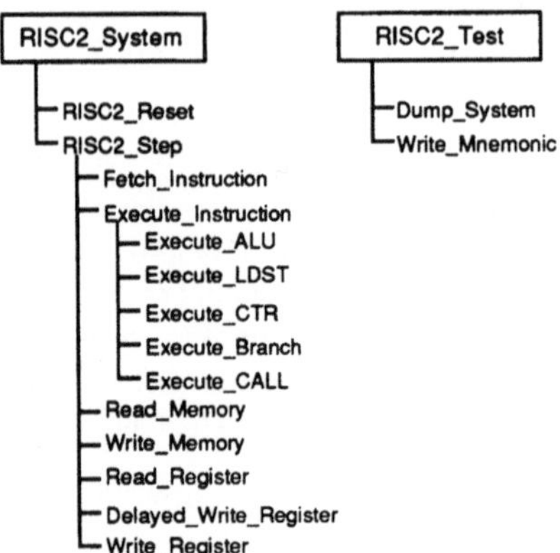


**Bild 5.11**   Module, Tasks und Funktionen des Interpreter-Modells

Bei diesem Interpreter wird auf die Modellierung eines Zeitverhaltens vollständig verzichtet. Ein einfaches Zeitverhalten würde von dem späterer Modelle zu stark abweichen, das spätere Timing exakt zu simulieren, wäre dagegen unnötig aufwendig und vor allem zu Beginn des Entwurfs nicht vorhersagbar. Dennoch gibt es einen „Takt" pro Befehl.

Durch die geplante und im nächsten Kapitel spezifizierte Pipeline-Architektur ergeben sich allerdings zwei Besonderheiten, die bereits im Verhaltensmodell berücksichtigt werden sollten, nämlich die Datenabhängigkeit und der Delay-Slot.

Datenabhängigkeit besteht, wenn beispielsweise auf einen Load-Befehl mit Zielregister R ein anderer Befehl mit Quellregister R folgt. Aus Gründen, die erst bei der Implementierung verständlich werden, ist eine solche Befehlsfolge nicht zulässig.

Um dieses Prozessorverhalten nachzubilden, wird ein FIFO-Speicher eingeführt, in den im Beispiel der Load-Befehl das Ergebnis schreibt. Erst nach dem nächsten Befehl wird das Ergebnis von dort in R geschrieben.

Der Delay-Slot wird „künstlich" erzeugt, indem anstelle eines einzigen Programmzählers PC ein FPC (Fetch-PC) und ein NPC (Next-PC) verwendet werden. Diese beiden Register werden wie ein FIFO-Speicher verwendet: der FPC enthält die Adresse des nächsten Befehls, der NPC die des übernächsten. Nachdem ein Befehl mit dem FPC geholt wurde, wird der NPC in den FPC geschoben und NPC wird um 1 erhöht. Dadurch wird die Verzögerung durch die spätere Pipeline nachgebildet.

Wird ein Sprung mit Delay-Instruktion ausgeführt, wird der NPC nicht erhöht, sondern auf das Sprungziel gesetzt. Die Delay-Instruktion wird dann

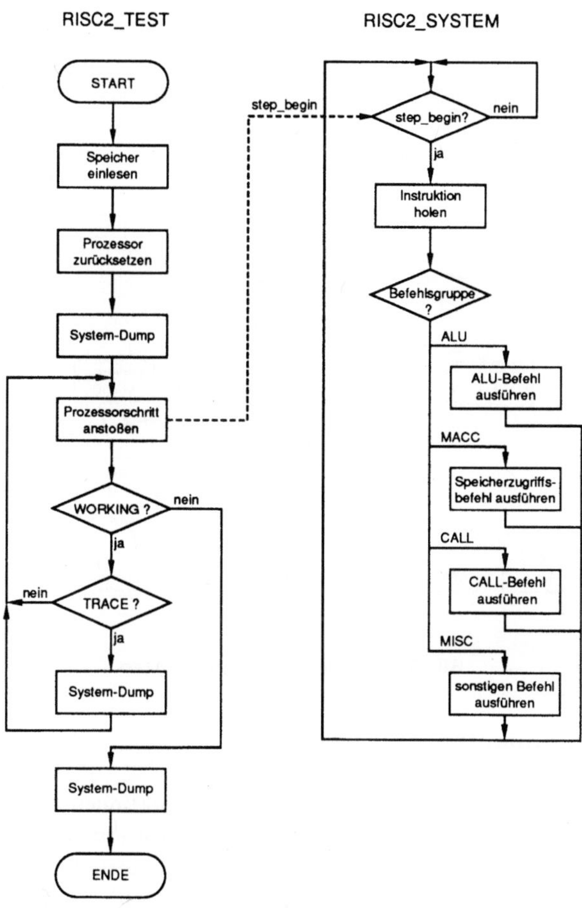


**Bild 5.12** Flußdiagramm des Interpreters

vom FPC geholt und der übernächste Befehl vom NPC. Entsprechend wird bei einer Annullierung der Delay-Instruktion verfahren.

Das Flußdiagramm in Bild 5.12 zeigt den Arbeitsablauf des Interpreters. Der
doppelte „Start" entspricht der Parallelität des System- und des Testmoduls.
Bild 5.13 zeigt die Aufrufabhängigkeiten der Tasks und Funktionen.

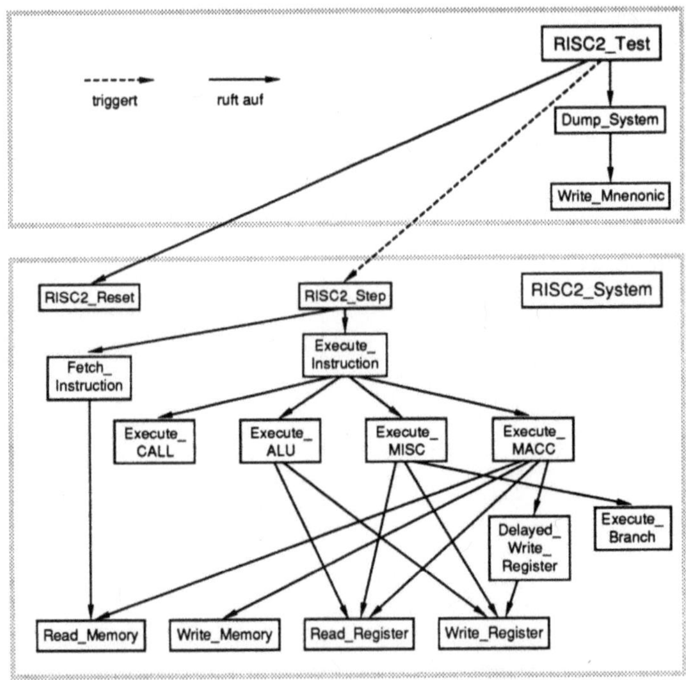


**Bild 5.13**  Aufrufgraph des Interpreters

## 5.3.2  Komponenten des Modells

Im Systemmodul RISC2_System werden die Instruktionen aus dem Speicher
geholt, dekodiert und ausgeführt. Zur Dekodierung werden die Instruktionen
in die vier Gruppen ALU, MACC, MISC und CALL unterteilt. Die ALU-Gruppe
enthält arithmetische und logische Befehle, die MACC-Gruppe Befehle zum
Speicherzugriff (Memory Access), die CALL-Gruppe nur den CALL-Befehl und
die MISC-Gruppe enthält sonstige Befehle. Die vier Gruppen werden jedoch
nur im Verhaltensmodell verwendet, sie ergeben sich aus den zwei höchstwertigen Bits des Opcode gemäß Tabelle 5.14.

| Bits 31  30 | Gruppe | Befehle |
|---|---|---|
| 0   0 | MACC | LDU, LDS, ST, SWP |
| 0   1 | ALU | ADD, SUB, ... |
| 1   0 | CALL | CALL |
| 1   1 | MISC | BGT, ..., SWI, RETI, HALT, LDH, LRFS, SRIS, CLC |

**Tabelle 5.14**   Codierungsgruppen im Interpreter-Modell

## Task RISC2_Reset

Der Prozessor wird in einen definierten Ausgangszustand versetzt. Initialisiert werden der Systemstatus, der Programmzähler PC (intern der Fetch-PC und der Next-PC) und die Flags. Alle anderen Register, insbesondere die Mehrzweckregister, bleiben undefiniert.

## Task RISC2_Step

Beim ersten Schritt nach einem Reset wird der Prozessorstatus von `STARTED auf `WORKING geändert. Nur im Status `WORKING werden

- der FIFO-Speicher abgearbeitet (Abschnitt 5.3.1),

- eine Instruktion mit Fetch_Instruction aus dem Speicher geholt und

- die geladene Instruktion mit Execute_Instruction abgearbeitet.

## Task Fetch_Instruction

Das Instruktionsregister IR wird mittels Read_Memory aus dem Speicher geladen, und die Adresse, von der die Instruktion geholt wurde, wird im LPC (Last-PC) abgelegt. Der FPC wird auf den NPC gesetzt, von dem die Instruktion beim nächsten Mal geholt werden soll. Dies ist bei einem Sprung nicht die auf den FPC folgende Adresse. Anschließend wird der NPC inkrementiert oder auf das Ziel eines genommenen Sprunges gesetzt.

## Task Execute_Instruction

Diese Task besteht aus einer einzigen case-Anweisung. Hier wird lediglich nach den zwei höchstwertigen Bits des Opcode unterschieden, um welche

Gruppe es sich handelt. Dekodiert werden die vier Gruppen ALU, MACC, MISC
und CALL. Für jede Befehlsgruppe gibt es eine eigene Task, zu der
Execute_Instruction verzweigt.

## Task Execute_ALU

Hier werden die ALU-Befehle ausgeführt. Die Daten werden aus den Registern
geholt und miteinander verknüpft. Außerdem werden in Abhängigkeit vom
Opcode die Flags gesetzt. Write_Register schreibt das Ergebnis in das Zielregister. Die Datenabhängigkeit braucht hier nicht berücksichtigt zu werden,
weil es in diesem Fall später ein Forwarding geben wird.

## Task Execute_MACC

Zuerst werden die Quell- und Zieladresse für den Speicherzugriff berechnet.
Bei einer Load- oder Swap-Operation ist die Datenabhängigkeit zu berücksichtigen, weshalb statt Write_Register jetzt Delayed_Write_Register verwendet
wird.

## Task Execute_MISC

In dieser Task werden die BCC-Befehle und die Operationen SWI, RETI, HALT,
LDH, LRFS, SRIS und CLC ausgeführt. Handelt es sich um einen BCC-Befehl,
wird zur Task Execute_Branch verzweigt. Der Befehl CLC wird ignoriert, denn
er hat auf das Verhalten des Prozessors auf dieser Ebene keinen Einfluß.

## Task Execute_Branch

Um die Task Execute_MISC nicht zu überlasten, sind die bedingten Sprünge in
diese Task ausgelagert worden. Soll der Sprung ausgeführt werden, wird der
NPC auf die errechnete Adresse gesetzt, andernfalls ist zu prüfen, ob der
Delay-Slot annulliert werden soll. In diesem Fall wird der FPC auf den alten
NPC gesetzt, und NPC wird inkrementiert.

## Task Execute_CALL

Beim CALL-Befehl handelt es sich um einen unbedingten Sprung, zusätzlich wird aber der NPC im RPC (Return-PC) abgelegt. Indem die Sprungadresse in den NPC geschrieben wird, erhält auch der CALL-Befehl einen Delay-Slot.

## Funktion Read_Memory

Diese Funktion liest wahlweise ein Byte, Halbwort oder Wort ab der gegebenen Speicheradresse. Dazu wird zunächst ein vollständiges 32-Bit-Wort aus dem Speicher geholt, wobei die beiden niedrigstwertigen Bits der Adresse unberücksichtigt bleiben. Dann wird der gewünschte Teil des 32-Bit-Wortes gewählt.

## Task Write_Memory

Hier wird analog zu Read_Memory vorgegangen. Zuerst wird ein komplettes 32-Bit-Wort aus dem Speicher gelesen. Dann wird es teilweise oder vollständig durch die zu schreibenden Daten ersetzt und wieder in den Speicher zurückgeschrieben.

## Funktion Read_Register

Der Inhalt des angegebenen Registers wird gelesen. Bei R0 ist das Ergebnis immer 0.

## Task Delayed_Write_Register

Bei einem Load-Befehl muß das Schreiben der Daten in das Register verzögert werden. Dazu wird das Register zunächst in einen ungültigen Zustand gebracht. Anschließend werden die Daten in den FIFO-Speicher geschrieben. Dies ist notwendig, um die Datenabhängigkeit zu modellieren, die bei einem auf einen Load-Befehl folgenden ALU-Befehl auftritt. Erst mit dem nächsten Prozessorschritt wird der Registerinhalt aus dem FIFO-Speicher ausgelesen und in das eigentliche Register geschrieben. Dieses Phänomen wurde in Abschnitt 5.3.1 erläutert.

## Task Write_Register

Die übergebenen Daten werden in das angegebene Register geschrieben.


Der Testmodul RISC2_Test besteht aus einer Initialisierungs-Routine und zwei
Tasks. In der Initialisierungs-Routine werden zunächst ein Anwendungs-
programm in den Arbeitsspeicher des Prozessors gelesen, der Prozessor
zurückgesetzt und der Speicher sowie die Register des Prozessors ausgegeben.
Dann löst eine Schleife jeweils einen Prozessorschritt aus, indem sie das Event
RISC2_System.step_begin triggert, sofern kein Fehler aufgetreten oder der
Prozessor angehalten worden ist. Bei jedem Schritt können zusätzlich Arbeits-
speicher und Register ausgegeben werden.


## Task Dump_System

Diese Task gibt den Arbeitsspeicher und die Prozessorregister aus, wobei die
Ausführlichkeit mit Schaltern eingestellt werden kann (Abschnitt 5.3.3).


## Task Write_Mnemonic

Weil die Ausgabe der Mnemonics nicht im Systemmodul geschehen soll, muß
an dieser Stelle noch einmal eine vollständige Dekodierung des Instruktionsregisters vorgenommen werden. Dieser Mehraufwand ergibt eine saubere
Trennung des Prozessorverhaltens und der Test- und Debug-Funktionen.


## 5.3.3  Anwendung des Modells

Mehrere Schalter steuern die Ausgaben einer Modellsimulation:

| STEP | 0 | keine Pause |
|------|---|-------------|
|      | 1 | nach jedem Befehl wird auf eine Benutzereingabe gewartet |
| TRACE | 0 | Dump nur nach Halt |
|      | 1 | Dump nach jedem Befehl |

Den Umfang eines Dump kann man mit folgenden Schaltern steuern:

| MEMDUMP | 0 | keine Ausgabe des Arbeitsspeichers |
|---------|---|-------------------------------------|
|         | 1 | Ausgabe des Arbeitsspeichers |

REGDUMP  0     keine Ausgabe der Prozessorregister
         1     Ausgabe der Prozessorregister

ACCDUMP  0     keine Ausgabe der Speicherzugriffe
         1     Ausgabe der Speicherzugriffe

Welcher Speicherbereich bei einem Dump ausgegeben wird, kann mit
MDUMPLO (Memory Dump Low) und MDUMPHI (Memory Dump High) festgelegt werden. Weiterhin kann der Dateiname des zu simulierenden
Maschinenprogramms PROGRAM angegeben werden. Mit MEMSIZE kann
man die Speichergröße in Bytes einstellen.

Das Interpreter-Modell wird gestartet mit

```
verilog interpreter.v
```

An einem kleinen Beispiel soll die Ausgabe mit ihren Schaltern erläutert
werden. Das Programm in Bild 5.15 verdreifacht eine gegebene positive ganze
Zahl.

```
              OR       R01, R00, 0        ; R01 = 0
              LDU.Q    R02, R00, input    ; R02 = *input
              NOP                         ; Datenabhaengigkeit
loop:         SUB.F    R02, R02, 1        ; R02--
              BNE      loop               ; if (R02!=0) goto loop
              ADD      R01, R01, 3        ; R01+=3 (delayed)
              ST.Q     R01, R00, output   ; *output = R01
              HALT

input:        dc.q 2
output:       ds.b 4
```

**Bild 5.15**  Assemblerprogramm zur Verdreifachung

```
44080000 // 000               OR       R01, R00, 0        ; R01 = 0
0E100008 // 004               LDU.Q    R02, R00, input    ; R02 = *input
49000000 // 008               NOP                         ; Datenabhaengigkeit
6A108001 // 00c loop:         SUB.F    R02, R02, 1        ; R02--
FC07FFFF // 010               BNE      loop               ; if (R02!=0) goto loop
60084003 // 014               ADD      R01, R01, 3        ; R01+=3 (delayed)
2E080009 // 018               ST.Q     R01, R00, output   ; *output = R01
FF000000 // 01c               HALT
         // 020
00000002 // 020 input:        dc.q 2
XXXXXXXX // 024 output:       ds.b 4
```

**Bild 5.16**  Maschinencode zu Bild 5.15

Die Zahl wird aus dem Speicher gelesen und auf Null heruntergezählt. Bei
jeder Iteration wird zu einem Register der Wert 3 addiert. Wichtig ist das NOP

in der dritten Zeile, damit das Load nicht direkt von einer darauf aufbauenden ALU-Operation gefolgt wird. Danach übersetzt der Assembler das Programm:

```
rasm -a -fh beispiel.in beispiel.exe
```

Die Schalter des Assemblers sollen nicht erläutert werden. Bild 5.16 zeigt die Ausgabe des Assemblers, die als Eingabe für den Interpreter dient.

Im Verilog-Programm interpreter.v können jetzt die Ausgabeparameter eingestellt werden. Zunächst sollen nur die Speicherzugriffe für einen Trace ausgegeben werden. Die Einstellung in Bild 5.17 führt nach jedem Befehl einen Dump durch und gibt dabei keinen Speicher, keine Register, aber die Speicherzugriffe aus. Mit dieser Einstellung erhält man das Ergebnis in Bild 5.18.

```
`define STEP     0     // 0: kein $stop, 1: $stop nach jedem Befehl       i0027
`define TRACE    1     // 0: Dump nach HALT, 1: Dump nach jedem Befehl    i0028
`define MEMDUMP  0     // 0: kein Memory-Dump, 1: Memory-Dump             i0029
`define REGDUMP  0     // 0: kein Register-Dump, 1: Register-Dump         i0030
`define ACCDUMP  1     // 0: kein Access-Dump, 1: Access-Dump             i0031
`define MEMSIZE  'h100 // System-Arbeitsspeichergroesse in Bytes          i0032
```

**Bild 5.17**  Ausgabeparameter für einen Trace

```
Highest level modules:
RISC2_System
RISC2_Test

RISC2 Interpreter
Executing program: beispiel.exe
RESET state
Step 1 completed
 -Memory Accesses
  ADDR: 00000000  DATA: 44080000   OR      instruction fetched
Step 2 completed
 -Memory Accesses
  ADDR: 00000004  DATA: 0e100008   LDU     instruction fetched
  ADDR: 00000020  DATA: 00000002   QBYTE   load initiated
Step 3 completed
 -Memory Accesses
  ADDR: 00000008  DATA: 49000000   XOR     instruction fetched
Step 4 completed
 -Memory Accesses
  ADDR: 0000000c  DATA: 6a108001   SUB.F   instruction fetched
Step 5 completed
 -Memory Accesses
  ADDR: 00000010  DATA: fc07ffff   BNE     instruction fetched
Step 6 completed
 -Memory Accesses
  ADDR: 00000014  DATA: 60084003   ADD     instruction fetched
Step 7 completed
 -Memory Accesses
  ADDR: 0000000c  DATA: 6a108001   SUB.F   instruction fetched
Step 8 completed
 -Memory Accesses
  ADDR: 00000010  DATA: fc07ffff   BNE     instruction fetched
Step 9 completed
 -Memory Accesses
  ADDR: 00000014  DATA: 60084003   ADD     instruction fetched
Step 10 completed
 -Memory Accesses
```

```
   ADDR: 00000018  DATA: 2e080009   ST       instruction fetched
   ADDR: 00000024  DATA: 00000006   QBYTE    stored
Step 11 completed
 -Memory Accesses
   ADDR: 0000001c  DATA: ff000000   HALT     instruction fetched
L875 "interpreter.v": $finish at simulation time 12
Data structure takes 183496 bytes of memory
1007 simulation events
CPU time: 0 secs to compile + 0 secs to link + 0 secs in simulation
```

**Bild 5.18**  Kurzes Simulationsergebnis zu Bild 5.15 bis 5.17

Das korrekte Ergebnis von 2 mal 3 wird in die Adresse 24 geschrieben. Ein zweiter Programmlauf mit einem wesentlich längeren Ergebnis und mehr Informationen zum Debuggen des Modells finden sich auch in den Kapiteln 2 bzw. H3.

# 5.4  Spezifikation der Teststrategie

Wir streben eine durchgängige Teststrategie an, indem funktionale Testprogramme für das Interpreter-Modell über das Grobstrukturmodell und das Gattermodell bis hin zum gefertigten Chip eingesetzt werden (Bild 2.8). Da sich die Modelle jedoch zunehmend verfeinern, müssen weitere Testprogramme hinzukommen, beispielsweise für den Test des Kernel/User-Modes, der im Interpreter-Modell noch nicht unterstützt wird.

Diese Testprogramme sind kleine Assembler-Programme, die mit dem TOOBSIE-Assembler in einen für die Modelle oder den Chip lesbaren Maschinencode übersetzt werden. Für jedes der Modelle wird ein Hauptspeicher simuliert, aus dem der Prozessor Programme und Daten lesen kann und in den Ergebnisse geschrieben werden können. Entsprechend arbeitet auch der gefertigte Prozessor-Chip.

Eine durchgängige Teststrategie erleichtert das Vergleichen der Testergebnisse. Die Testprogramme müssen nur gegenüber dem Interpreter-Modell als Golden Device überprüft werden. Treten in einem anderen Modell Fehler auf, kann das nicht am Testprogramm liegen, so daß sich die Fehlersuche auf das Modell beschränken kann. Die durchgängige Teststrategie erhöht damit die Entwurfssicherheit und spart Entwurfszeit.

Allerdings ist eine solche funktionale Teststrategie für den Test beliebiger integrierter Schaltungen nicht geeignet. Selbst bei Mikroprozessoren kann es passieren, daß kompliziertere Architekturen seltene Zustände besitzen, die bei normalen Assemblerprogrammen gar nicht auftreten (z.B. Interrupts). Daher wird später zu überprüfen sein, ob etwa für das Grobstrukturmodell oder für den Produktionstest eine genügend hohe Fehlerüberdeckung entsteht oder ob weitere Testmuster zu entwickeln sind.

Nur sehr wenige interne Signale können beim fertigen Prozessor direkt an den externen Pins beobachtet werden. Daher soll ein Signaturanalyse-Register implementiert werden, in dem wichtige interne Signale wie die ALU-Ergebnisse, die Flags und die Registeradressen komprimiert und dann mit dem Sollwert verglichen werden können.

Die Signaturanalyse gibt noch keinen Hinweis auf die Art des Fehlers. Deshalb soll als zusätzliche Testhilfe ein Scanpath vorgesehen werden, der die wichtigsten Register verbindet. Er wird für den Produktionstest nicht verwendet, sondern ermöglicht im Fehlerfall die Lokalisierung des Fehlers.

Auf einen Selbsttest wird verzichtet. Signaturanalyse und Scanpath werden erst im Gattermodell realisiert, da sie die Kenntnis der endgültigen Register voraussetzen (Kapitel 8, 9 und H5). Kapitel 9 behandelt ausführlich die Bereiche Test und Testbarkeit.

## 5.5  Quantitative Spezifikationen

In diesem Abschnitt können alle meßbaren Daten vorgegeben werden wie Kosten, Technologie, Chip-Größe und Gatteranzahl, Pins, Gehäuse und vor allem natürlich die Performance. Diese Daten werden normalerweise vom Kunden oder Auftraggeber einer Entwicklung vorgegeben.

Realistische und realisierbare quantitative Vorgaben, die bis an die Grenze der Möglichkeiten gehen, stellen eine hohe Kunst dar, die ein hohes Maß an Entwurfserfahrung erfordert. Eine allgemeine Theorie hierzu existiert nicht und wird es wohl auch nie geben. Typischerweise ergeben sich die wahren Daten erst während der Realisierung, was in der Praxis zu Iterationen und Neuverhandlungen mit dem Auftraggeber führt.

Bei TOOBSIE handelt es sich um einen Beispielentwurf mit größerer Freiheit, bei dem, um es ehrlich zu sagen, die genauen Daten erst hinterher bekannt wurden.

Ein wichtiges Kriterium bei der Entwicklung jedes Mikroprozessors ist das Erreichen einer möglichst hohen *Performance*, auf die an dieser Stelle kurz

eingegangen werden soll. Die Performance soll die Leistungsfähigkeit eines
Prozessors messen, bestimmte Aufgaben zu bearbeiten. Da die Performance
direkt schwer zu messen ist, wird üblicherweise von einer relativen Per-
formance-Bewertung Gebrauch gemacht. Ein System A hat eine höhere
Performance als System B, wenn es das gleiche Problem in einer kürzeren Zeit
löst oder in der gleichen Zeit ein größeres Problem löst. Zur Problematik des
Begriffs der Performance wird auf [Hennessy, Patterson 1990, 1994, Schäfers
1994] verwiesen.

Die Performance eines Rechnersystems wird außer vom Prozessor selbst
beispielsweise von Festplatten oder dem Hauptspeicher bestimmt sowie von der
Qualität des verwendeten Compilers und der Leistungsfähigkeit des Betriebssystems.

Da im vorliegenden Projekt primär ein Mikroprozessor entworfen werden soll
und die Rechnerumgebung nur zum Beweis der korrekten Funktion dient, ist
hier vor allem die Prozessor-Performance interessant.

Die Performance des Prozessors wird vor allem bestimmt durch

1.  die Mächtigkeit der Befehlssatzes und

2.  die durchschnittliche Bearbeitungsdauer eines Befehls.

Der erste Punkt beeinflußt die Performance, da sich mit einem mächtigeren
Befehlssatz ein gegebenes Problem mit weniger Maschinenbefehlen
beschreiben läßt. Je schneller ein Befehl abgearbeitet wird, desto schneller
wird auch das Problem gelöst. Dieser zweite Punkt läßt sich weiter unterteilen
in

2a. die durchschnittliche Bearbeitungsdauer eines Befehls in Takten (CPI,
    Cycles Per Instruction) und

2b. die Taktdauer bzw. die maximale Taktfrequenz; diese wird vom kritischen
    Pfad als dem Schaltungsteil mit der längsten Laufzeit bestimmt.

Eine Leistungsabschätzung wird durch die gegenseitige Beeinflussung aller
drei Punkte verkompliziert. Denn je mächtiger ein Befehl ist, desto länger wird
seine Bearbeitung dauern. Je kürzer eine Taktperiode ist, desto mehr Takte
wird die Bearbeitung eines Befehls benötigen oder um so weniger mächtig
werden die Befehle sein.

Ganz grob spezifizieren wir an dieser Stelle unter Hinweis auf die oben
gemachten Einschränkungen, daß der Prozessor eine maximale Taktfrequenz

von 20 bis 30 MHz erlauben soll, daß der CPI unterhalb von 1 liegen sollte, daß
20 bis 40 MIPS (Million Instructions Per Second) bezüglich des oben spezifizierten Befehlssatzes angestrebt werden und daß ein Sea-of-Gates-Entwurf mit
etwa 100 000 Bruttogattern bei einer Pinzahl zwischen 150 und 200 finanzierbar
ist.

Natürlich haben derartige Anforderungen massive Auswirkungen auf die
interne Architekturspezifikation des nächsten Kapitels, von der Notwendigkeit
der Parallelisierung durch Pipelines, möglicherweise sogar durch superskalare Pipelines über Caches bis hin zu Anforderungen an die begleitenden
Speicherbausteine.

Änderungen der internen Spezifikation können dann wieder scheinbar
willkürliche Nachbesserungen der externen Spezifikation bewirken.
Beispielsweise fällt die Eigenschaft der Delay-Instruktion in Abwandlung des
normalen Sprungverhaltens vom Himmel. Erst durch die interne Spezifikation
einer Pipeline leuchtet diese Eigenschaft ein.

Die Wechselwirkung zwischen interner und externer Spezifikation geht sogar
soweit, daß das Verhalten des Prozessors aus externer Sicht scheinbar nicht
vollständig definiert ist. Beispielsweise ist schwer vorhersehbar, wann aus
Performance-Gründen implementierte Cache-Speicher einen Hit aufweisen
und das normale langsamere Holen eines Befehls aus dem Hauptspeicher
vermeiden. Jedoch sollte das Verhalten *ähnlich* und im praktischen Sinne
richtig bleiben.

# Interne Spezifikation der Grobstruktur

Der RISC-Prozessor TOOBSIE wurde im vorigen Kapitel extern spezifiziert, indem sein „äußeres" Verhalten aus Sicht des Anwendungsprogrammierers, im wesentlichen also die Syntax und Semantik der Befehle, definiert wurde. Zu Referenzzwecken wurde als Golden Device das Interpreter-Modell in der HDL VERILOG formuliert.

Die interne Spezifikation im vorliegenden Kapitel gibt die grobe Struktur des Prozessors vor. Darunter seien hier wesentliche Merkmale der Architektur verstanden wie Datenfluß, Timing, Pipeline, Busse, Register, Caches und Interrupts. Eine Präzisierung und Verifikation durch ein simulierbares HDL-Modell wird vorbereitet.

Die interne grobe Struktur ist mit der externen Spezifikation die entscheidende Vorgabe für den VLSI-Designer. Für den Anwender des Prozessors ist sie unter pragmatischen Gesichtspunkten interessant.

Die externe und interne Spezifikation gibt dem Designer eine Richtung für seinen Entwurfsweg vor. Dieser beginnt mit einer Umsetzung der groben internen Spezifikation in ein simulierbares Modell - das *Grobstrukturmodell* -, das im Gegensatz zum vorigen Interpreter-Modell von den typischen Eigenschaften einer Hardware-Beschreibungssprache intensiv Gebrauch macht und bereits den beachtlichen Umfang von etwa 7.000 Zeilen Code erreichen wird.

Dieses Grobstrukturmodell ist Gegenstand des nächsten Kapitels 7 und von H4. Es ist seinerseits die Spezifikation für das *Gattermodell* als nächste Verfeinerung, das die hierarchische Netzliste aus Gattern und Bibliothekselementen des Halbleiterherstellers darstellt.

Unsere interne Grobspezifikation ist bereits recht detailliert. Es ist nicht leicht und wohl müßig zu entscheiden, inwieweit es sich noch um eine äußere Vorgabe für den Entwurf handelt oder ob hier bereits ein wesentlicher Teil des Entwurfs stattfindet.

Einerseits kann die Grobspezifikation interpretiert werden als Vorgabe eines erfahrenen Chefdesigners, der bereits weiß, daß er einen 32-Bit-RISC-Prozessor auf CMOS-Gate-Array-Basis mit 30 MIPS Effizienz durch eine 5-stufige scan-testbare Pipeline mit Multi-Purpose- und Branch-Target-Cache sowie Register-Forwarding realisieren will, und hierfür die Spezifikation dieses Kapitels vorgibt. In diesem Fall beschränkt sich der anschließende Entwurf auf ingenieurmäßige Entwurfsroutine.

Andererseits könnte die Vorgabe nur darin bestehen, den gegebenen externen Befehlssatz möglichst effizient und kostengünstig zu realisieren. In diesem Fall ist eine sorgfältige Erforschung der groben Alternativen notwendig, und dann enthält das vorliegende Kapitel bereits wesentliche Ergebnisse des Entwurfsprozesses.

Im vorliegenden Projekt wurde mehr der erste Weg gewählt, wobei die interne Spezifikation bereits recht detailliert ausfällt. Sicher wäre eine kürzere und abstraktere Spezifikation mit einem kürzeren HDL-Modell denkbar und für den Leser in mancher Hinsicht zunächst angenehmer. Allerdings müßte dann vor dem Gattermodell noch ein weiteres, hardware-näheres HDL-Modell entwickelt werden. Um mit wenigen Modellen auszukommen, haben wir das vorliegende, relativ implementationsnahe Modell gewählt.

## 6.1  Der Datenfluß

Der Datenfluß ist durch den Datenpfad aus Hardware-Einheiten gegeben, durch den während der Ausführung eines Programms Daten fließen. Die Unterscheidung zwischen Datensignalen und den sie steuernden Kontroll-signalen ist in gewissen Bereichen nicht eindeutig. Zu Daten zählen wir Operationscodes, Operanden, Speicheradressen und Speicherinhalte, Registeradressen und Registerinhalte, Sprungziele und Konstanten, nicht dagegen Kontrollsignale zur Steuerung der Komponenten, zum Timing und zur Behandlung von Interrupts. Diese Kontrollsignale tauchen oft zunächst nur implizit oder verbal auf.

## 6.1.1  Die Bearbeitung von Befehlen im Datenpfad

Die grundsätzliche Bearbeitung eines Befehls im Datenpfad von TOOBSIE soll
zunächst erläutert werden. Dabei beobachten wir lediglich lokal einen
einzelnen allgemeinen Befehl und sagen noch nichts über die gegenseitige
Beeinflussung von Befehlen bei deren paralleler Bearbeitung.

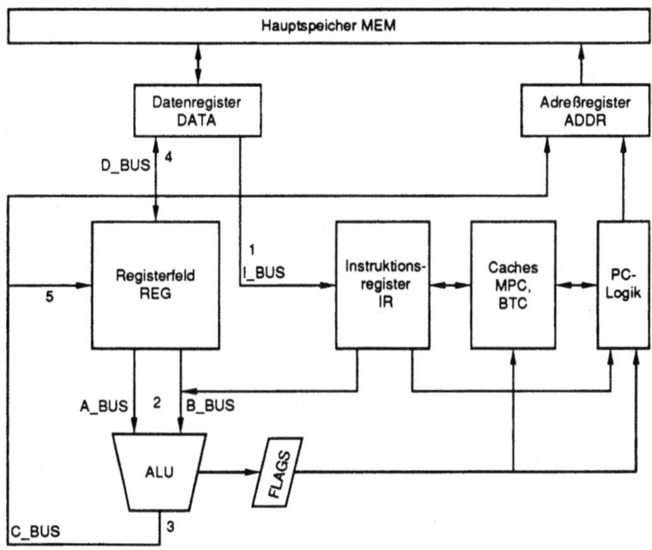


**Bild 6.1**  Der Datenpfad

Ein „allgemeiner" Befehl durchläuft den Ziffern in Bild 6.1 entsprechend die
folgenden Stationen im Datenpfad, wobei es sich nur um einen ersten
Überblick handelt, der später vertieft wird.

1  Laden des Befehls in das Instruktionsregister IR: die Befehlsadresse wird
   dem Programmzähler PC entnommen. Dabei kommt die Instruktion im
   günstigen Fall aus dem Befehls-Cache, der in einen Branch-Target-Cache
   BTC und einen Multi-Purpose-Cache MPC zerfällt, oder im ungünstigen
   Fall aus dem externen Speicher. Genauer kann der Cache deaktiviert sein,
   unter der gegebenen Adresse kann sich ein gültiger Eintrag befinden (ein
   *Hit*), oder der Eintrag kann ungültig bzw. falsch sein (*Miss*).

Gleichzeitig zum Cache-Zugriff werden die verschiedenen PC-Alternativen für den nächsten Schritt berechnet und bereitgehalten, indem um 1 erhöht oder ein relativer Offset addiert oder ein neues Sprungziel geladen wird.

2    Dekodierung des Befehls und Bereitstellung der Operanden: dazu wird das Registerfeld adressiert und auf die Busse A_BUS und B_BUS ausgelesen; möglicherweise wird aber auch eine Konstante direkt vom Instruktionsregister auf den B_BUS gelegt.

3    Ausführung des Befehls: aus den Operanden auf dem A_BUS und dem B_BUS wird das Ergebnis berechnet und auf den C_BUS gelegt. Falls erforderlich, werden die veränderten Flags in den Prozessorstatus übernommen.

4    Durchführen eines Speicherzugriffs: falls erforderlich, liegen die Adresse auf dem C_BUS und zu speichernde Daten auf dem D_BUS, andernfalls wird das ALU-Ergebnis auf dem C_BUS nur zwischengepuffert.

5    Sichern des Ergebnisses: falls erforderlich, wird das Ergebnis im Registerfeld abgelegt; als Ergebnis können der Wert im Datenregister (z.B. bei einem Load-Befehl) oder der zwischengepufferte Wert des C_BUS dienen.

## 6.1.2   Eine Pipeline zur Realisierung des Datenpfades

Um die Hardware-Komponenten des Datenpfades effizient auszulasten, sollen jetzt mehrere Befehle parallel bearbeitet werden, indem beispielsweise der nächste Befehl bereits geladen und dekodiert wird, während der erste ausgeführt wird. So erhält man eine Pipeline. Der gewählte Befehlssatz eignet sich aufgrund seines RISC-Charakters gut für eine Pipeline-Struktur.

Der Datenpfad ist in eine 5-stufige Pipeline eingebettet mit den Stufen *Instruction-Fetch* IF, *Instruction-Decode* ID, *Execute* EX, *Memory-Access* MA und *Write-Back* WB, die in den folgenden Abschnitten beschrieben werden. Diese Aufteilung ist für den gegebenen Befehlssatz sinnvoll gewählt, wenn die kritischen Pfade aller Stufen ähnlich lang sind. Es gibt dann keine einzelne Stufe, die eine Verlangsamung des Taktes fordert.

Zu prüfen ist, ob auch andere Konfigurationen geeignet wären. Eine 3-stufige Pipeline (Fetch, Decode, Execute) wäre aufgrund des einfachen Befehlssatzes auch möglich. Dieses Schema würde aber den Taktzyklus verlängern, da bei Load-Befehlen die Laufzeit zur Berechnung der Speicheradresse, die Speicherzugriffszeit selbst und die Zeit zum Schreiben des geladenen Datums ins Registerfeld in einer einzigen Stufe anfielen. Diese Laufzeiten würden sich in der Execute-Stufe addieren. Das 3-Stufen-Schema ist daher in den lokalen kritischen Pfaden schlecht balanciert.

Mit vier Stufen erhielte man beispielsweise das Schema Fetch, Decode, Execute und Memory-Access. Auch dieses wäre noch unausgewogen, da die Memory-Access-Stufe bei Load-Befehlen nicht nur den Speicherzugriff ausführen, sondern auch dessen Ergebnis in das Zielregister schreiben müßte. Der kritische Pfad wäre dann: Speicherzugriff einleiten, Speicherantwort abwarten, Registerzugriff einleiten, Registerantwort abwarten. Dies wäre länger als die Laufzeit der Execute-Stufe und führte so zu unausgewogenen Laufzeiten. Ein Speicherzugriff in der Execute-Stufe würde gleichfalls zu unausgewogenen kritischen Pfaden führen.

Daher trennen wir den Speicherzugriff und den Registerzugriff und realisieren 5-stufig: Befehl laden (IF), Befehl dekodieren und Operanden aus den Registern laden (ID), Operation in der ALU (EX), Speicherzugriff (MA) und Ergebnis in ein Zielregister schreiben (WB).

Aus dieser groben Aufgabenverteilung der Pipeline-Stufen ergibt sich bereits eine erste Aufteilung des Datenpfades auf die Pipeline wie folgt.

- Die IF-Stufe enthält den Programmzähler PC, die Caches MPC und BTC und eine Verbindung zur Speicherschnittstelle DATA und ADDR.

- Die ID-Stufe enthält das Registerfeld REG, das Instruktionsregister IR und das Prozessorstatusregister mit den Flags.

- Die EX-Stufe enthält die arithmetisch-logische Einheit ALU.

- Die MA-Stufe enthält Puffer und Verbindungen, die den Ausgang der ALU mit der WB-Stufe und der Speicherschnittstelle verbinden.

- Die WB-Stufe schließlich enthält auch Puffer und Verbindungen, die die MA-Stufe mit dem Registerfeld verbinden.

## 6.1.3 In der Anwendung sichtbare Pipeline-Eigenschaften

Das Pipeline-Konzept impliziert mehrere Zeittakte beim Durchlaufen des Datenpfades. Für die Anwendungs-Software entstehen die unerwünschten Effekte Delayed-Branch, Delayed-Load und Delayed-Software-Interrupt

(Kapitel 3). Dagegen werden wir Verzögerungen bei Registerschreibzugriffen durch die ALU mit einem transparenten Forwarding-Mechanismus umgehen.

*Delayed-Branch* bedeutet, daß bei einem Sprungbefehl (Control-Transfer, CTR) der eigentliche Sprung erst nach dem Befehl hinter dem CTR erfolgt. Denn da erst in der ID-Stufe die Eigenschaft CTR festgestellt wird, befindet sich in der IF-Stufe bereits der nächste, von der sequentiell folgenden Adresse geladene Befehl. Diese Adresse heißt *Delay-Slot*. Der Befehl im Delay-Slot, die *Delay-Instruktion*, durchläuft wie jeder andere die Pipeline.

Damit dieser Befehl nicht umsonst geladen wurde, was der Einfügung eines Leerschrittes in die Pipeline entspräche, wird die Delay-Instruktion grundsätzlich ausgeführt. Im Beispiel in Bild 6.2 erfolgt der Sprung BNE erst nach der Ausführung von ST.B. Dabei wird an fünf aufeinanderfolgenden Byte-Positionen im Speicher der Immediate-Wert 0 (Inhalt des Registers R0) geschrieben. In (4) wird ST.B also unabhängig von der Sprungentscheidung (3) ausgeführt, so daß sich immer die Abarbeitungsreihenfolge (2), (3), (4) ergibt. Der Vorteil des Delayed-Branch besteht in einem erhöhten Durchsatz.

```
loop:        ADD        R1, R0, 5        ; (1)
             SUB        R1, R1, 1        ; (2)
             BNE        loop             ; (3)
             ST.B       R0, R1, data     ; (4)
             ...
data:        DS.B       5
```

**Bild 6.2**  Delay-Instruktion

Der Delayed-Branch wird mit einem geringfügig erhöhten Aufwand für den Compiler erkauft, da der Programmcode eventuell umsortiert werden muß. Ist dies nicht möglich, so kann in jedem Fall ein NOP eingefügt werden. Diese Software-Kosten sind gering im Vergleich zum Gewinn, da die Häufigkeit von CTR-Befehlen bei 20-25% liegt [Lee, Smith 1984] und über 80% aller Delay-Slots gefüllt werden können [Mansfeld, Schäfers 1993].

Um die Kosten weiter zu senken, kann der Delay-Slot bei bedingten Sprüngen annulliert werden. Diese *ANNUL-Option* (.A-Option) wandelt die Delay-Instruktion in ein NOP um, falls der Sprung nicht genommen wird. Damit läßt sich der Delay-Slot oft sinnvoll belegen, beispielsweise mit dem ersten Befehl einer Schleife [Lee, Smith 1984].

Zwei aufeinanderfolgende CTR-Befehle sind verboten, da sie zu einem mehrdeutigen Sprungziel führen würden. Dieser Fall wird überwacht und durch eine Interrupt-Behandlungsroutine beantwortet.

Ein *Delayed-Load* ist die Eigenschaft, daß auf einen Load-Befehl für ein Datum X kein X verwendender Befehl folgt. Wohl aber ist bei LD/ST-Befehlen die überlappende Ausführung anderer Befehle erlaubt.

Wie das folgende Beispiel zeigt, ist in manchen Fällen eine Umsortierung des Codes wie in Bild 6.3 sinnvoll, um die Pipeline besser auslasten zu können. Der Befehl ADD greift auf Register R1 zu. Dieses wird in Schritt (1) geladen. Daher kann ADD erst in Schritt (3) ausgeführt werden. Für SUB gilt sinngemäß das gleiche.

```
        init:       LD      R1, R0, data1    ; (1)
                    LD      R3, R0, data2    ; (2)
                    ADD     R2, R1, 1        ; (3)
                    SUB     R4, R3, 1        ; (4)
                    ...
        data1:      DC.W    hFF
        data2:      DC.W    hAA
```

**Bild 6.3**  Delayed-Load

Auch bei einem *Delayed-Software-Interrupt* wird die Unterbrechung des Programms verzögert, da Software-Interrupts wie Kontrolltransfers behandelt werden. Die genaue Beschreibung des Interrupt-Mechanismus findet sich im Abschnitt 6.5.

Neben diesen drei Effekten werden aufgrund der zeitlichen Verzögerung zwischen EX- und WB-Stufe die Registeroperationen erst zwei Schritte später im Zielregister gültig. Nachfolgende, dieses Zielregister lesende Operationen rufen Datenkonflikte hervor. Will man diese auflösen und eine gute Auslastung der Pipeline erreichen, so ist für beide Operanden der EX-Stufe ein *Forwarding* sinnvoll. Dieser Effekt ist dann für die Software nicht mehr sichtbar. Das Forwarding erfordert zusätzliche Busse, die den noch zu schreibenden Wert des Zielregisters an verschiedenen Stellen der Pipeline abgreifen.

Bild 6.4 zeigt als ausschnittsweise Verfeinerung des Datenpfades ein Forwarding für den B-Operanden der ALU. Dieser kommt im Normalfall aus

dem Registerfeld, nämlich dann, wenn keiner der beiden vorhergehenden
Befehle das gleiche Register beschreibt. Hat der direkte Vorgängerbefehl das
Register als Zieloperand, liegt der aktuelle Wert am Ausgang der ALU auf dem
C_BUS. Dies ist die zweite Quelle für den B-Operanden. Die dritte ist der
Ausgang der MA-Stufe. Ein Multiplexer MUX schaltet die richtige Quelle auf
das Eingangsregister der ALU. Die Entscheidung erfolgt durch Adressen-
vergleich des aktuellen Quellregisters für den B-Operanden mit den Ziel-
registern der letzten beiden Befehle.

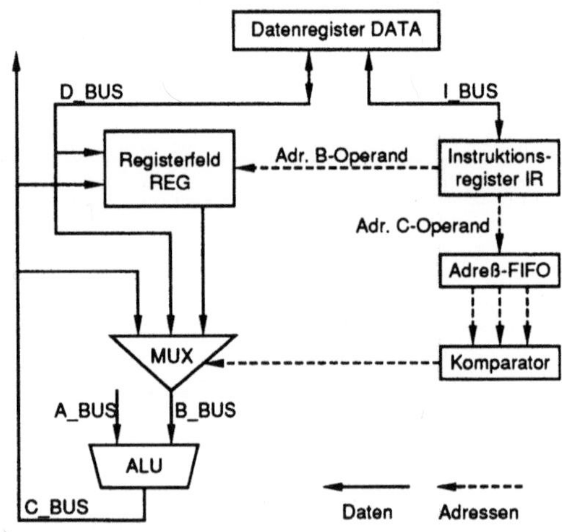


**Bild 6.4**   Forwarding des B-Operanden

# 6.2   Das Timing

Ausgehend vom Datenpfad und der groben Pipeline-Struktur müssen das
Zeitverhalten und ein Taktschema (Timing) spezifiziert werden. Daraus wird
dann ein geeignetes Busprotokoll abgeleitet.

## 6.2.1   Ein einfaches Taktschema

Als Taktschema verwenden wir einen symmetrischen externen Ein-Phasen-
Takt, nämlich die Kurve CP (Clock-Pulse) in Bild 6.5. Ein *Zyklus* (Cycle) oder
*Takt* ist die Basiszeiteinheit im Prozessor und entspricht der Periode zwischen

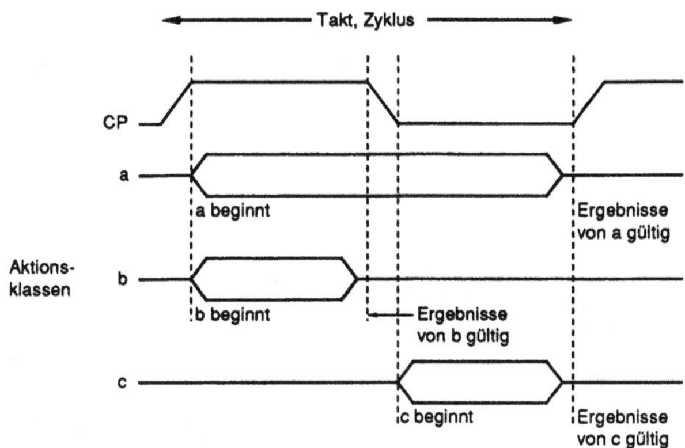


**Bild 6.5**  Taktschema und Aktionsklassen

zwei steigenden Flanken von CP. Pro Takt stehen die Zeitpunkte der steigenden und der fallenden CP-Flanke zur Verfügung, zu denen in jeder Pipeline-Stufe *Aktionen* synchron ausgelöst (getriggert) werden können. Diese Aktionen lassen sich wie in Bild 6.5 in folgende drei Klassen einteilen.

a  Aktionen, die mit der steigenden Flanke beginnen, aber erst mit der nächsten steigenden Flanke abgeschlossen sind;

b  Aktionen, die mit der steigenden Flanke beginnen und mit der nächsten fallenden abgeschlossen sind;

c  Aktionen, die mit der fallenden Flanke beginnen und mit der nächsten steigenden abgeschlossen sind.

Konkrete Aktionen werden bei der Spezifikation der Pipeline-Stufen genannt und im Abschnitt 6.3.7 zusammengefaßt.

Über den Zyklus oder Takt mit seinen Aktionen hinaus gibt es Aufgaben, deren Erledigung mehrere Zyklen dauern kann. Beispielsweise dauern Speicherzugriffe oft länger, insbesondere beim Auftreten von Zugriffsfehlern. Ein *(Pipeline-)Step* oder *(Pipeline-)Schritt* führt eine Aufgabe durch. Steps ohne Speicherzugriff dauern einen Zyklus, Steps mit Speicherzugriff dauern ein ganzzahliges Vielfaches eines Zyklus. Besonders schwierige Speicherzugriffe können sogar mehrere Steps umfassen. Pro Step wird nur ein Speicherzugriff durchgeführt (der Befehl SWAP gilt als ein einziger Speicherzugriff).

Ein Step wird von einem IO_READY-Signal mit steigender Taktflanke eingeleitet. Am Anfang eines Step übernimmt jede Pipeline-Stufe mit steigender
Flanke von CP gewisse Daten ihrer Vorgängerstufe, die Pipeline wird
„geshiftet".

## 6.2.2  Das Busprotokoll

Ausgehend vom Timing wird jetzt ein Busprotokoll spezifiziert. Die
Speicherschnittstelle des Prozessors ist die Grenze zwischen ihm und dem
übrigen Gesamtsystem. Hier treffen also interne und externe Anforderungen
aufeinander.

Die Speicherschnittstelle des Prozessors soll einfach ausgelegt sein. Es werden
vom Prozessor selbst keine speziellen Speicherzugriffsmodi unterstützt, wie sie
bei DRAM-Bausteinen zur Verbesserung der Zugriffszeit zur Verfügung
stehen (z.B. Page-Mode, Burst-Mode). Der Prozessor unterstützt die drei
Grundzugriffsarten Lesen, Schreiben und Lesen-Schreiben. Er setzt eine
kleine Logik zur Speicheransteuerung voraus, die zwischen der CPU und den
Speicherbausteinen liegt (Abschnitt 5.1.2 und [Stuckenberg 1992, Telkamp
1994]).

Der Prozessor soll mit variabler Taktrate betrieben werden, deren obere Grenze
bei 25 MHz liegen soll. Dies kann aber in der Spezifikation noch nicht endgültig
festgelegt werden. Eine asynchrone Schnittstelle erlaubt durch Implementierung eines Handshake-Protokolls eine Speicheransteuerung unabhängig
von der gewählten Taktrate. Außerdem können so verschiedene Arten von
Speichern eingesetzt werden.

| Symbol | Name | Richtung | Bedeutung |
|---|---|---|---|
| CP | Takt | in | Ein-Phasen-Takt |
| nMRQ | notMemoryRequest | out | Prozessor fordert keinen Zugriff an |
| nMHS | notMemoryHandshake | in | Speicher ist fertig |
| RnW | ReadNotWrite | out | Lesen / nicht Schreiben |
| ACC_MODE | AccessMode | out | Byte-, Halbwort- oder Wortzugriff |
| RMW | ReadModifyWrite | out | kombinierter Lese-Schreibzugriff |
| ADDR | Adreßbus | tri | Zugriffsadresse |
| DATA | Datenbus | tri | Zugriffsdaten |

**Tabelle 6.6**  Signale der Speicherschnittstelle

Die Schnittstelle besteht aus den Signalen nMRQ, nMHS, RnW, ACC_MODE, RMW, ADDR und DATA. Ein führendes n im Signalnamen bedeutet *active-low* (0=aktiv), was von Interesse ist, wenn der Übergang von inaktiv zu aktiv besonders schnell erfolgen muß. Tabelle 6.6 gruppiert die Signale der Speicherschnittstelle in Takt-, Handshake-, Modus- und Bussignale.

Bevor der Signalverlauf für die einzelnen Zugriffsarten beschrieben wird, werden zunächst die Gemeinsamkeiten betrachtet. Jeder Speicherzugriff beginnt nach einer steigenden Taktflanke, indem der Prozessor nMRQ aktiviert. Der vorige Zugriff ist lange genug abgeschlossen. Mit nMRQ sind ebenfalls die drei Modi-Signale RnW, ACC_MODE und RMW sowie die Adresse gültig. Die Speicherlogik quittiert die Zugriffsanforderung durch die Aktivierung des nMHS-Signals und das Ende durch dessen Deaktivierung. Der Zeitpunkt hierfür hängt von den Speicherbausteinen ab und kann in der externen Steuerlogik festgelegt werden. Der Prozessor beendet den Zugriff mit der Deaktivierung des nMRQ-Signals. Dies schließt den Pipeline-Schritt ab und leitet mit dem nächsten Taktzyklus einen neuen Step ein. Tabelle 6.7 faßt die Belegung der Modus-Signale zusammen.

| RMW | RnW | Zugriffsart |
|---|---|---|
| inaktiv | inaktiv | Schreiben |
| inaktiv | aktiv | Lesen |
| aktiv | inaktiv | Lese-Schreib-Zugriff: Schreiben |
| aktiv | aktiv | Lese-Schreib-Zugriff: Lesen |

**Tabelle 6.7**  Speicherzugriffsarten

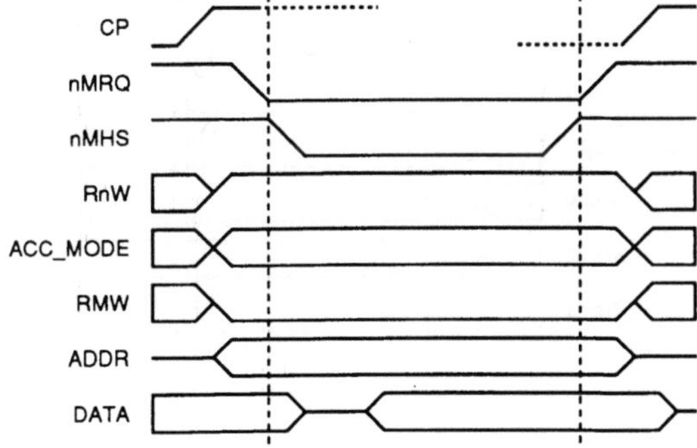


**Bild 6.8**  Das Leseprotokoll

## Das Leseprotokoll

Beim normalen Lesezyklus in Bild 6.8 (RnW aktiv, RMW inaktiv) bestimmt der Zugriffs-Modus ACC_MODE die Breite des zu lesenden Datums. Zu Beginn enthält der Adreßbus die Speicheradresse, das Ende wird durch die Deaktivierung von nMHS signalisiert. Dieses Signal interpretiert der Prozessor als IO_READY und übernimmt den Datenbus in das Datenregister.

## Das Schreibprotokoll

Beim normalen Schreibzyklus (RnW, RMW inaktiv) bestimmt der Zugriffsmodus ACC_MODE die Breite und Ausrichtung des zu schreibenden Datums. Zu Beginn enthalten der Adreßbus die Speicheradresse und der Datenbus den zu schreibenden Wert, wobei ein (low-)aktives nMHS (nMHS=0) einen freien Datenbus anzeigt. Damit wird verhindert, daß aufgrund eines vorangegangenen Lesezugriffs Speicher und Prozessor gleichzeitig den Datenbus treiben. Sobald der Bus frei ist, legt der Prozessor die Daten an. Mit Abschluß des Zugriffs (nMHS inaktiv) hat der Speicher das zu schreibende Datum übernommen, und der Prozessor kann den Datenbus freigeben. Bild 6.9 zeigt das Schreibprotokoll.

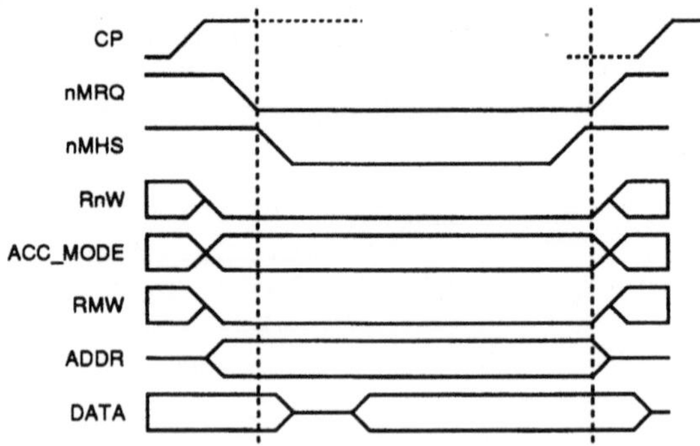


**Bild 6.9**  Das Schreibprotokoll

## Das Protokoll beim kombinierten Lese-Schreib-Zugriff

Der atomare Lese-Schreib-Befehl SWP (Swap) ist in Multitasking-Umgebungen hilfreich. Er vertauscht die Inhalte eines Registers und eines Speicherplatzes und kann dazu dienen, atomare Test- und Set-Operationen oder Semaphore zu implementieren. Der Swap-Befehl führt als einziger in einem Pipeline-Schritt zwei Speicheroperationen aus. Diese werden zu einem kombinierten Lese-Schreib-Zugriff zusammengefaßt. Damit wird ein spezieller Modus bei DRAM-Bausteinen ausgenutzt, so daß dieser Zyklus unter Umständen in einem Takt abgeschlossen werden kann.

Bei aktivem RMW-Signal erfolgt zunächst der Lesezugriff mit aktivem RnW. Das Zugriffsende wird nicht wie gewöhnlich mit der Deaktivierung von nMRQ quittiert, sondern mit der Umschaltung von RnW. Daraufhin leitet die Steuerlogik für den Speicher mit der Aktivierung von nMHS den Schreibzugriff auf der gleichen Adresse wie zuvor ein, der mit der Deaktivierung von nMHS und nMRQ abgeschlossen wird. Bild 6.10 zeigt das Protokoll beim kombinierten Lese-Schreib-Zugriff. Zu beachten ist, daß zwei Speicheroperationen stattfinden, obwohl nur ein einziges Mal das nMRQ-Signal aktiviert wurde. Auch hier bestimmt der Zugriffsmodus ACC_MODE die Breite und Ausrichtung des zu schreibenden Datums.

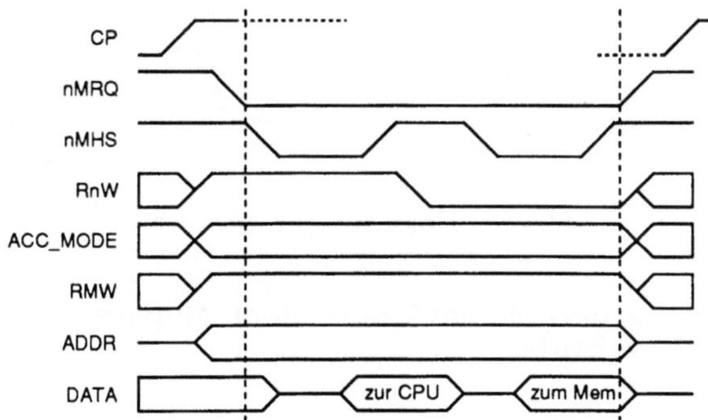


**Bild 6.10**  Protokoll beim kombinierten Lese-Schreib-Zugriff

## Abbruch eines Speicherzugriffs

Der Prozessor kann Speicherzugriffe initiieren, die nicht beendet zu werden
brauchen. Beispielsweise kann bei einem Hit des Cache ein vorsorglich zuvor
gestarteter Speicherzugriff überflüssig werden. Er wird dann abgebrochen,
sofern er nicht schon abgeschlossen ist.

Ein laufender Zugriff wird durch eine vorzeitige Deaktivierung des nMRQ-
Signals unterbrochen. Es dürfen nur Lesezugriffe abgebrochen werden, um
die Speicherintegrität zu gewährleisten. Der einzig unterstützte Abbruch ist
ein Lesezugriff der IF-Stufe.

# 6.3   Die Pipeline-Stufen

Die einzelnen Stufen der Pipeline werden jetzt spezifiziert. Zunächst wird ein
allgemeines Schema einer Pipeline-Stufe beschrieben und dann auf die realen
Stufen übertragen. In den folgenden Skizzen und Blockdiagrammen werden
wir immer wieder die Symbole und Pfeile in Bild 6.11 verwenden.

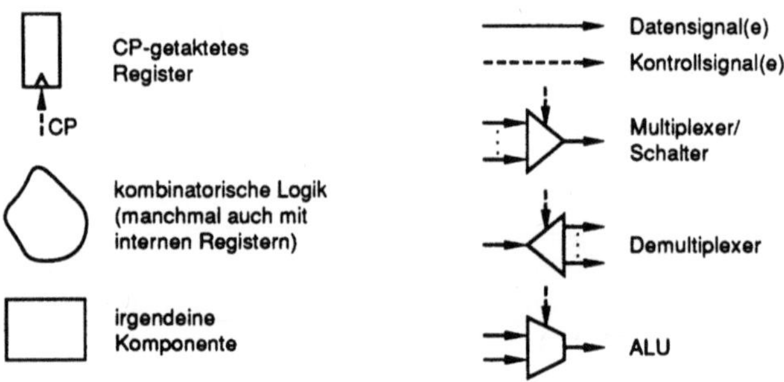


**Bild 6.11**   Legende für Blockdiagramme

## 6.3.1   Schema und Nomenklatur einer allgemeinen Pipeline-Stufe

Die Gemeinsamkeit aller Pipeline-Stufen besteht im Timing und in der
Kontrolle. Alle Pipeline-Stufen werden im wesentlichen einheitlich ange-
steuert und sind nach einem einheitlichen Schema wie in Bild 6.12 aufgebaut.
Es ist insofern ein vereinfachtes Schema, als zum Beispiel später auf der

Gatterebene keine „Gated-Clocks" eingesetzt werden dürfen, ein Register also vom Takt CP direkt anzusteuern ist.

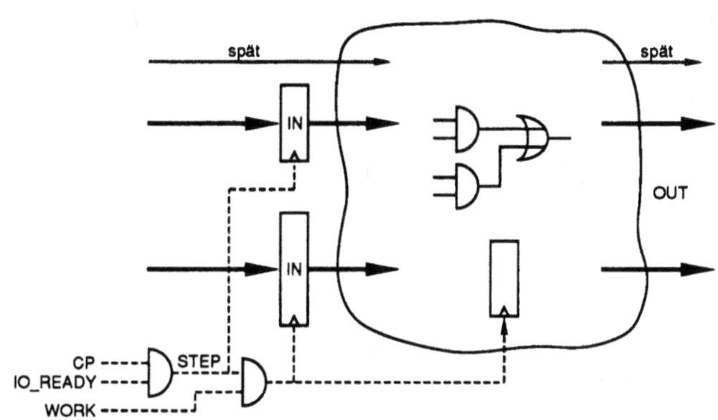


**Bild 6.12**  Grundidee einer Pipeline-Stufe

Die Schnittstelle dieser Stufe besteht auf der Eingangsseite aus synchronen Daten- und Kontrollsignalen, aus dem Takt CP und den Arbeitssignalen IO_READY und WORK sowie gelegentlich *späten* Signalen, die nicht synchron zur steigenden Taktflanke eintreffen, sondern später während des Taktes. Die Pipeline-Stufe generiert am Ausgang ein und mehrere Bit breite Daten- und Kontrollsignale, die wiederum normalerweise synchron zum Taktende gültig sind, gelegentlich aber auch spät sind.

Der interne Aufbau der Stufe besteht aus einem oder mehreren Eingangsregistern, in die gemäß den Takt- und Arbeitssignalen die synchronen Signale zu Beginn eines Pipeline-Schrittes geladen werden. Die meisten Eingangsregister werden nur bei einem Arbeitsschritt (WORK=1) geladen, andere dienen als Puffer und werden ständig geladen. Außerdem enthält die Stufe kombinatorische Logik und gelegentlich weitere interne Register. Verknüpfungen dieser Register untereinander oder mit stufenexternen Funktionseinheiten wie zum Beispiel Caches können manchmal sogar zu Rückkopplungen führen. Das weitestgehend eingehaltene synchrone Ansteuerungsschema der Register schließt jedoch „Races" stets aus.

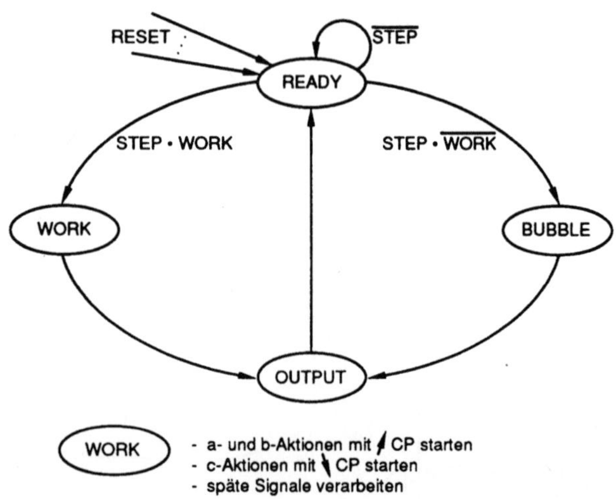



**Bild 6.13**  Verhalten einer Pipeline-Stufe

Eine Pipeline-Stufe durchläuft pro Takt wie in Bild 6.13 gewisse „Zustände". Aus irgendeinem Zustand geht die Stufe unter RESET in den Wartezustand READY, der immer vor dem nächsten Pipeline-Schritt angenommen wird. Der Zustand READY wird nur bei aktivem STEP verlassen (IO_READY bei steigender CP-Flanke). Ist das WORK-Signal inaktiv, so führt diese Stufe im Zustand BUBBLE einen Leerschritt (Bubble) aus. Dies kann beispielsweise der Fall sein, wenn ein BCC-Sprungbefehl in der Execute-Stufe angekommen ist, dort aber keine Aktionen ausgeführt werden müssen. Bei den Eingangsregistern werden nur gewisse Zwischenpuffer geladen, die ihre Werte unverändert an die nächste Stufe weiterreichen. Sind die Ausgangssignale gültig, geht die Stufe in den Zustand OUTPUT und kehrt nach einer kurzen Verzögerungszeit in den Startzustand READY zurück.

Beginnt ein Pipeline-Schritt mit aktivem Kontrollinput WORK, so lädt die Stufe im Zustand WORK mit der steigenden Taktflanke die Eingangsregister und verknüpft sie mit Hilfe von kombinatorischer Logik, manchmal auch weiterer Register. Diese Aktionen beginnen sofort, falls sie vom Typ a oder b sind (Bild 6.5) oder beim Typ c mit der fallenden CP-Flanke.

Neben den synchronen Signalen werden mitunter einzelne späte Signale noch verarbeitet, wobei sichergestellt ist, daß diese Signale hinreichend früh vor Ablauf des Taktes stabil sind. Im Zustand OUTPUT ist dies eine kurze Zeit vor Taktende der Fall, den Abschluß bildet nach kurzer Verzögerung wieder der Zustand READY.

| Bezeichnung | von → nach | Erläuterung |
|---|---|---|
| I_BUS | IF → ID | geholte Instruktion |
| A_BUS | ID → EX | erster ALU-Operand |
| B_BUS | ID → EX | zweiter ALU-Operand |
| C3_BUS | EX → MA | Ergebnis der ALU-Operation nach der EX-Stufe |
| C4_BUS | MA → WB | Ergebnis der Operation nach der MA-Stufe |
| C5_BUS | WB → RF | Schreibdaten für das Registerfeld |
| C2_DEST | ID → EX | Zieladresse der Operation nach der ID-Stufe |
| C3_DEST | EX → MA | Zieladresse der Operation nach der EX-Stufe |
| C4_DEST | MA → WB | Zieladresse der Operation nach der MA-Stufe |
| C5_DEST | WB → REG | Schreibadresse für das Registerfeld |
| D2_BUS | ID → EX | Schreibdatum nach der ID-Stufe |
| D3_BUS | EX → MA | Schreibdatum nach der EX-Stufe |

**Tabelle 6.14**  Wichtige Pipeline-Verbindungen

Um die Namen der Verbindungen zwischen den Stufen zu vereinheitlichen, wird folgende Nomenklatur vereinbart.

- Namen von Datenbussen unterschiedlicher Funktion beginnen mit einem Großbuchstaben (z.B. A_BUS, B_BUS).

- Ein Datenbus und ein Adreßbus für diese Daten beginnen mit dem gleichen Großbuchstaben (z.B. C_BUS und C_DEST).

- Verschiedene Busse können trotzdem die gleiche Funktion haben, beispielsweise wenn sie in einer Pipeline-Stufe nur zwischengepuffert werden. Diese Busse beginnen mit dem gleichen Großbuchstaben, tragen aber zur Unterscheidung die Nummer ihrer Ursprungsstufe (z.B. C2_DEST, C3_DEST). Die Stufen sind dabei in der Reihenfolge IF-ID-EX-MA-WB numeriert. C3_DEST beginnt also bei EX.

- Weitere Kontrollbusse bestimmen die Funktion einzelner Stufen und enden mit _OPCODE (z.B. ALU_OPCODE).

- Etliche Steuersignale werden im Einzelfall benannt (z.B. FLAGS, MPC_MODE).

Tabelle 6.14 enthält eine Auswahl der wichtigsten Pipeline-Verbindungen.

## 6.3.2  Die Instruction-Fetch-Stufe IF

Die Pipeline-Stufe IF lädt die Befehle aus dem Multi-Purpose-Cache, dem Branch-Target-Cache oder dem Speicher. Die IF-Stufe enthält den Programmzähler PC, den von der ALU unabhängigen PC-Addierer und den PC-Inkrementierer sowie Multiplexer für den Instruktionsbus und den PC. Den Aufbau dieser Stufe zeigt Bild 6.15.

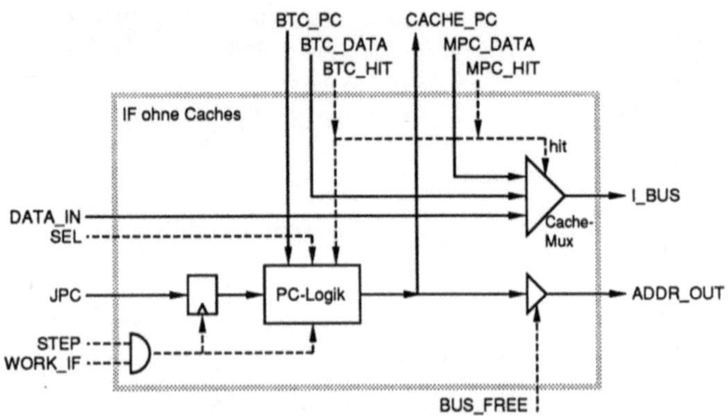


**Bild 6.15**  Instruction-Fetch-Stufe IF

Die IF-Stufe ist logisch eng mit den beiden Caches verbunden, deren Anschlüsse am oberen Rand zu sehen sind. Da ein tieferes Verständnis der Caches an dieser Stelle nicht notwendig ist, sind sie in den Abschnitt 6.4 ausgelagert. Die Schnittstelle und die wichtigsten Komponenten der Instruction-Fetch-Stufe fassen die Tabellen 6.16 und 6.17 zusammen.

Neben diesen Signalen besitzt die IF-Stufe interne Signale zur Bestimmung des PC-Wertes. PC+1 bezeichnet die im Speicher auf den aktuellen Befehl folgende Adresse, PC+2 überspringt diese, was bei einem nicht genommenen Sprung im BTC nötig ist, und LPC enthält die Adresse des letzten Befehls.

| Signal | I/O | Bedeutung |
|---|---|---|
| DATA_IN | in | vom externen Datenbus |
| BTC_DATA | in | Daten vom Branch-Target Cache BTC |
| MPC_DATA | in | Daten vom Multi-Purpose-Cache MPC |
| BTC_PC | in | PC-Wert vom BTC |
| SEL | in | sonstige Kontrollsignale zur PC-Auswahl und zur BTC-Ansteuerung |
| JPC | in | PC-Wert bei SRIS-Befehl |
| BTC_HIT | in | Hit oder Miss nach BTC-Zugriff |
| MPC_HIT | in | Hit oder Miss nach MPC-Zugriff |
| BUS_FREE | in | Zustand der Speicherschnittstelle |
| STEP | in | Pipeline-Schritt |
| WORK_IF | in | IF-Stufe aktiv |
| ADDR_OUT | out | zum externen Adreßbus |
| I_BUS | out | geholte Instruktion |
| CACHE_PC | out | Adresse für die Caches |

**Tabelle 6.16**  Schnittstelle der IF-Stufe

| Komponente | Bedeutung |
|---|---|
| PC-Logik | Auswahl der nächsten Befehlsadresse aus intern erzeugten oder extern anliegenden Möglichkeiten |
| Cache-Mux | Auswahl des richtigen Befehls für den I_BUS |

**Tabelle 6.17**  Komponenten der IF-Stufe

Bei aktivierter Instruction-Fetch-Stufe stellt die PC-Logik die Adresse des nächsten Befehls dem BTC, dem MPC und dem Speicher zur Verfügung. Nur wenn keiner der beiden Caches einen Hit meldet, ist ein Speicherzugriff notwendig. Für die Adresse berechnet die PC-Logik mit einem internen Addierer und Inkrementierer aus der letzten Adresse die Nachfolge-Adresse sowie das Sprungziel für bedingte Sprünge. Ein weiteres Register speichert den letzten PC-Wert. Zusätzliche Eingänge liefern das Sprungziel für absolute Sprünge und die Ausgabe BTC_PC des BTC. Das Steuersignal SEL ist hinreichend lange vor der steigenden Taktflanke stabil, so daß die richtige Alternative ausgewählt werden kann.

Ist BUS_FREE aktiv, kann ein Speicherzugriff initiiert werden. Greift jedoch die Memory-Access-Stufe gerade auf den Speicher zu, kann der Zugriff erst in einem späteren Step erfolgen. Nach erfolgreichem Speicherzugriff kann der neue Befehl von DATA_IN zum I_BUS durchgeschaltet werden. Ein Cache-Hit

dagegen läßt den Multiplexer einen anderen Wert zum I_BUS schalten.
Kommt der Befehl aus dem BTC, muß zusätzlich der PC auf das Sprungziel
gesetzt werden (Abschnitt 6.4).

Zwei wichtige Aktionen der IF-Stufe faßt Tabelle 6.18 zusammen, wobei die
Referenznummer die Aktionsklasse **a** angibt und auf die Zusammenfassung
in Tabelle 6.36 verweist.

| Referenznummer | Aktion |
|---|---|
| IF_a1 | Cache-Zugriff |
| IF_a2 | PC aktualisieren |

**Tabelle 6.18**  Einige Aktionen der IF-Stufe

## 6.3.3  Die Instruction-Decode-Stufe ID

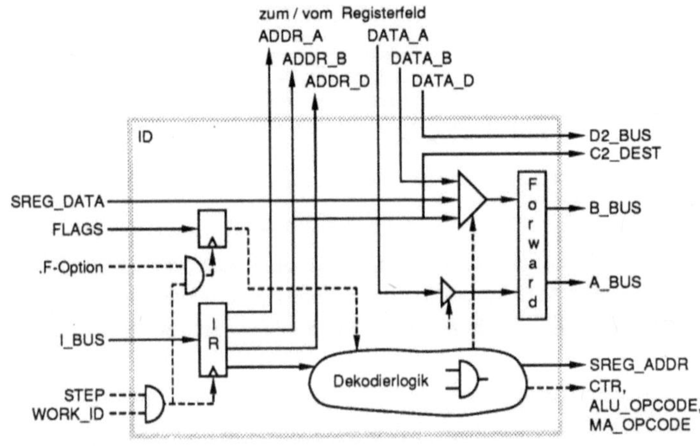


**Bild 6.19**  Instruction-Decode-Stufe ID

Die Stufe ID dekodiert die Befehle, so daß diese ab jetzt in der Pipeline unterschiedlich behandelt werden können. Den Befehlen entspechend werden
Steuersignale für die weiteren Pipeline-Stufen gesetzt und benötigte Operanden
zur Verfügung gestellt. Dazu sind Zugriffe auf das Registerfeld R E G
notwendig, das in Abschnitt 6.4.4 spezifiziert wird. Die ID-Stufe enthält das

Instruktions-Register IR und die Dekodierlogik, das Prozessorstatus-Register für die Flags und die Forwarding-Logik.

Die Forwarding-Logik gehört nicht zwangsläufig in die ID-Stufe, denn sie benutzt die Ausgänge der Execute-, der Memory-Access- und der Write-Back-Stufe. Den Aufbau der ID-Stufe zeigt Bild 6.19, die Schnittstelle und die wichtigsten Komponenten fassen die Tabellen 6.20 und 6.21 zusammen.

| Signal | I/O | Bedeutung |
|---|---|---|
| I_BUS | in | geholte Instruktion |
| FLAGS | in | von der EX-Stufe berechnete Flags |
| .F-Option | in | Options-Bit des in der EX-Stufe ausgeführten Befehls |
| DATA_A | in | erster ALU-Operand |
| DATA_B | in | zweiter ALU-Operand |
| DATA_D | in | zu speicherndes Datum |
| SREG_DATA | in | Schreibdatum für ein Spezialregister |
| STEP | in | Pipeline-Schritt |
| WORK_ID | in | ID-Stufe aktiv |
| D2_BUS | out | beim Store-Befehl zu speicherndes Datum |
| A_BUS | out | erster ALU-Operand |
| B_BUS | out | zweiter ALU-Operand |
| ADDR_A | out | Adresse des ersten ALU-Operanden |
| ADDR_B | out | Adresse des zweiten ALU-Operanden |
| ADDR_D | out | Adresse des zu speichernden Datums |
| C2_DEST | out | Zieladresse für das Ergebnis der Operation |
| SREG_ADDR | out | zugehörige Adresse des Spezialregisters |
| ALU_OPCODE | out | von der EX-Stufe auszuführende Operation |
| MA_OPCODE | out | von der MA-Stufe auszuführende Operation |
| CTR | out | Control-Transfer-Signale zur Auswahl des richtigen PC-Wertes |

**Tabelle 6.20** Schnittstelle der ID-Stufe

Die aktivierte ID-Stufe lädt die zu dekodierende Instruktion vom I_BUS in das Instruktionsregister IR. Die Dekodierung bestimmt Aktionen der übrigen Pipeline-Stufen einschließlich der IF-Stufe. Der Befehlscode enthält auch die Operanden bzw. deren Adressen. Die adressierten Daten werden noch während des momentanen Taktes aus dem Registerfeld geladen. Dazu wird beispielsweise bei einem Store-Befehl in der ersten Takthälfte das Registerfeld über ADDR_D mit der Adresse des zu speichernden Datums angesprochen und dieses von DATA_D gelesen. In der zweiten Takthälfte erfolgen gleichzeitig

über DATA_A und DATA_B Lesezugriffe auf das Registerfeld, das dazu über
ADDR_A und ADDR_B mit den Adressen der ALU-Operanden adressiert wird.
Gemäß der Einteilung der Befehle in die Klassen ALU, LD/ST, CTR und Spezial
(Abschnitt 5.2) können die folgenden Fälle unterschieden werden.

| Komponente | Bedeutung |
|---|---|
| Forward | Forwarding-Logik aus Adreßkomparatoren und Multiplexern |
| Dekodierlogik | Dekodieren der Befehle, d.h. Generieren von Kontrollsignalen |
| IR | Instruktionsregister, enthält den Opcode des zu dekodierenden Befehls |
| B-Mux | Auswahl der Datenquelle für den B-Bus unabhängig vom Forwarding |
| FLAG-Register | Prozessorstatus |

**Tabelle 6.21**  Komponenten der ID-Stufe

## Dekodierung von ALU-Befehlen

Die von der ALU benötigten Operanden werden auf A_BUS und B_BUS gelegt,
und zwar direkt als Konstante Immediate oder indirekt als Inhalte von
Mehrzweckregistern. Soll der Inhalt eines Registers geladen werden, sorgt die
Forwarding-Logik außer nach einem Delayed-Load für aktuelle Werte. Der
ALU wird über den ALU_OPCODE die auszuführende Operation mitgeteilt.
Dieser Code ergibt sich direkt aus dem betreffenden Feld des Befehlscodes
(Beschreibung der Execute-Stufe in Abschnitt 6.3.4). Für alle anderen Befehle
wird die ALU auf Addition eingestellt, was für Nicht-ALU-Befehle notwendig
ist, sofern die ALU überhaupt benötigt wird.

## Dekodierung von LD/ST-Befehlen

Die Speicheradresse eines LD/ST-Zugriffs wird durch Addition der Operanden
rA und rB (Abschnitt 5.2, Formate F1 und F2) in der Execute-Stufe berechnet.
Zusätzlich wird bei Befehlen des Typs Store oder Swap das zu speichernde
Datum benötigt. Dieses wird durch einen Registerzugriff über den D2_BUS an
die Memory-Access-Stufe geschickt. Die ID-Stufe setzt Steuersignale für den
Speicherzugriffs-Modus (Byte-, Halbwort- oder Wort-Zugriff, Zugriffsrichtung).

Trotz interner Caches kann es bei einem Cache-Miss aufgrund der von-Neumann-Architektur des Prozessors zu Konflikten auf dem Adreß- und Datenbus kommen, die zu erkennen sind. Daher sendet die ID-Stufe in diesem Fall ein Sperrsignal aus. Zeitgleich treffen dieses Signal bei der IF-Stufe und der LD/ST-Befehl bei der MA-Stufe ein. Dieses Signal bewirkt, daß im Fall eines Cache-Miss die IF-Stufe keinen Speicherzugriff ausführen kann, sondern einen Pipeline-Schritt verzögert wird (BUS_FREE-Signal in der IF-Stufe, Abschnitt 6.3.2). Außerdem wird so verhindert, daß sich dann der PC in der IF-Stufe ungewollt ändert und ein Befehl verloren geht.

## Dekodierung von CTR-Befehlen

Ist ein Sprung unbedingt (CALL, SWI, RETI oder die synthetischen JMP und RET), so wird dies der IF-Stufe mit CTR-Signalen gemeldet. Die weiteren Pipeline-Stufen werden zur Ausführung dieser Befehle nicht benötigt und daher für jeweils einen Schritt deaktiviert. Der Software-Interrupt-Befehl SWI sichert den Prozessorstatus, der vom Befehl RETI später wiederhergestellt wird (Einzelheiten finden sich in Abschnitt 6.5).

Ist ein Sprung bedingt (BCC-Befehl), so werden zunächst die Flags überprüft. Ist die Sprungbedingung erfüllt, verhält sich ID wie bei einer unbedingten Verzweigung. Andernfalls darf kein CTR-Signal abgeschickt werden.

Falls das ANNUL-Bit in der Instruktion gesetzt ist, darf die Delay-Instruktion nur ausgeführt werden, falls der Sprung nicht ausgeführt wird. Dies geschieht mit dem Signal ANNUL, das eine Deaktivierung der ID-Stufe im nächsten Pipeline-Schritt bewirkt.

Liegt ein Halt-Befehl vor, dürfen keine neuen Befehle mehr angenommen werden. Dann läßt das Signal HALT die ID- und IF-Stufe leerlaufen. Auch die ALU wird im nächsten Schritt deaktiviert.

## Dekodierung von Spezial-Befehlen

Spezial-Befehle werden vollständig in der ID-Stufe ausgeführt. Dies ist möglich, da die Execute-Stufe nicht dazu benötigt wird, Adreßberechnungen durchzuführen. Dies ist aber auch notwendig, da der Return-Befehl SRIS PC, Rn mit zu den Spezial-Befehlen gehört. Dieser Return-Befehl ist ein

Control-Transfer-Befehl und hat einen Delay-Slot. Er muß also wie andere CTR-Befehle mit Verlassen der ID-Stufe vollständig ausgeführt sein.

Den Operanden entsprechend wird bei SRIS ein Register adressiert, gelesen und in der zweiten Takthälfte in ein Spezialregister geschrieben. Bei LRFS kehrt sich der Datenfluß um. Da der Zieloperand dann ein Mehrzweckregister ist, werden die Daten in diesem Fall wie üblich von der Write-Back-Stufe geschrieben.

## Parallele Dekodierung

Die Aktionen der ID-Stufe sind keine exklusiven Alternativen, sondern der RISC-Ansatz ermöglicht eine weitgehend parallele Abarbeitung „auf Vorrat". Erst zum Schluß wird festgestellt, welche der bereits ausgeführten Aktionen verwendbar sind und welche verworfen werden.

Beispielsweise wird bei allen Befehlen das Feld von Bit 19 bis 23 benötigt, allerdings mal als Store-Ziel RC, mal als ALU-Ziel DEST, mal als Sprungbedingung CC usw. (Bild 5.1). Daher wird dieses Feld vorsorglich gleichzeitig sowohl als Register-Schreibadresse eines Store mit anschließendem Registerzugriff ausgewertet als auch als Sprungbedingung mit anschließender Auswertung der Status-Flags behandelt. Erst danach wird entschieden, ob ein Store- oder ein BCC-Befehl vorliegt. Im ersten Fall wird die gefällte Sprungentscheidung ignoriert, im zweiten Fall wird der Wert auf dem D2_BUS nicht weiterverwendet.

Dieses Prinzip der einstufigen Dekodierung erlaubt den Verzicht auf teure PLAs zur Steuerung mehrstufiger Dekodiervorgänge, wie sie bei CISC-Prozessoren erforderlich sind. Dies spart Platz und Zeit bei geringen Kosten. Zwei Aktionen der ID-Stufe faßt Tabelle 6.22 zusammen, die im ersten bzw. zweiten Halbtakt stattfinden (Aktionsklassen a bzw. c).

| Referenznummer | Aktion |
| --- | --- |
| ID_a | Registerzugriffe für Store, Swap |
| ID_c | Registerzugriffe z.B. für ALU |

**Tabelle 6.22**  Einige Aktionen der ID-Stufe

## 6.3.4 Die Execute-Stufe EX

Die Pipeline-Stufe EX führt in ihrer ALU die arithmetischen und logischen Operationen aus. Den Aufbau dieser Stufe zeigt Bild 6.23. Die Schnittstelle und die wichtigsten Komponenten der Execute-Stufe fassen die Tabellen 6.24 und 6.25 zusammen.

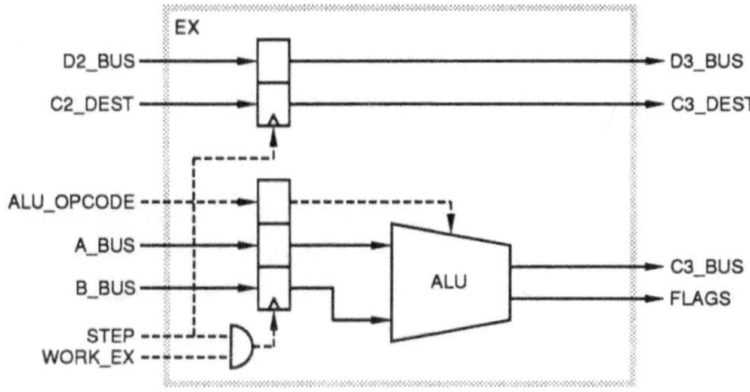


**Bild 6.23**  Execute-Stufe EX

| Signal | I/O | Bedeutung |
|---|---|---|
| A_BUS | in | erster ALU-Operand |
| B_BUS | in | zweiter ALU-Operand |
| ALU_OPCODE | in | ALU-Operation |
| C2_DEST | in | Zieladresse für das Ergebnis der Operation |
| D2_BUS | in | Schreibdaten für Store |
| STEP | in | Pipeline-Schritt |
| WORK_EX | in | EX-Stufe aktiv |
| FLAGS | out | Flags des Ergebnisses |
| C3_DEST | out | Zieladresse für das Ergebnis der Operation |
| C3_BUS | out | Ergebnis der ALU-Operation |
| D3_BUS | out | Schreibdaten für Store |

**Tabelle 6.24**  Schnittstelle der EX-Stufe

| Komponente | Bedeutung |
|---|---|
| ALU | Logik zum Verknüpfen der Operanden und zum Berechnen der Flags |
| ALU-Register | Eingangsregister für die Operanden und den Opcode der ALU |
| Adreßregister | Eingangsregister für die Zieladresse des ALU-Ergebnisses und die Schreibdaten für Store |

**Tabelle 6.25**  Komponenten der EX-Stufe

Das Eingangsregister der ALU zerfällt in drei separate Register für die Signale A_BUS, B_BUS und ALU_OPCODE. Die in den Eingängen A_BUS und B_BUS geladenen Operanden werden gemäß ALU_OPCODE in der ALU verknüpft, das Ergebnis wird auf den C3_BUS und den Bus FLAGS gelegt. Die Puffer parallel zur ALU reichen die Zieladresse für das ALU-Ergebnis und die Schreibdaten für Store lediglich weiter. Auch wenn der Entwurf einer effizienten ALU eine Kunst darstellt, ist die Struktur der EX-Stufe an dieser Stelle einfach. Tabelle 6.26 definiert den ALU_OPCODE.

| ALU_OPCODE | ALU-Befehl |
|---|---|
| 1000 | ADD |
| 1001 | ADDC |
| 1010 | SUB |
| 1011 | SUBC |
| 0000 | AND |
| 0001 | OR |
| 0010 | XOR |
| 0110 | ASR |
| 0100 | LSL |
| 0101 | LSR |
| 0111 | ROT |

**Tabelle 6.26**  Opcode der ALU

In der nicht aktiven Execute-Stufe arbeitet die ALU nicht, die Puffer reichen ihre Daten aber gleichwohl weiter. Zwei Aktionen der EX-Stufe faßt Tabelle 6.27 zusammen, wobei die Referenznummer wie zuvor auf die Zusammenfassung in Tabelle 6.36 verweist.

| Referenznummer | Aktion |
| --- | --- |
| EX_a1 | ALU-Operation ausführen |
| EX_a2 | ALU-Flags berechnen |

**Tabelle 6.27**  Einige Aktionen der EX-Stufe

## 6.3.5  Die Memory-Access-Stufe MA

Die Pipeline-Stufe MA führt entweder einen Speicherzugriff aus, oder sie lagert das Ergebnis der Execute-Stufe für einen Pipeline-Schritt zwischen. Den Aufbau dieser Stufe stellt Bild 6.28 dar, die Schnittstelle und die wichtigsten Komponenten zeigen die Tabellen 6.29 und 6.30.

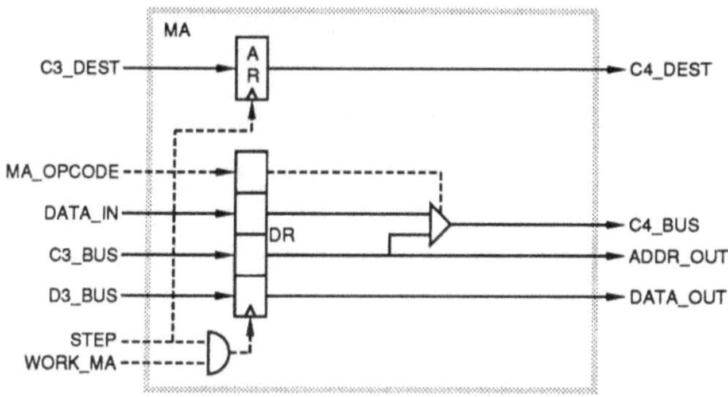


**Bild 6.28**  Memory-Access-Stufe MA

Das Eingangsregister DR zerfällt in separate Register für die Signale MA_OPCODE zur Festlegung der auszuführenden Operation, DATA_IN für das gelesene Datum, C3_BUS für das Ergebnis der ALU-Operation, das gegebenenfalls die Speicherzugriffsadresse darstellt, und D3_BUS für das zu schreibende Datum.

Meistens liegt kein LD/ST-Befehl vor. Dann lädt die MA-Stufe zu Beginn eines Schrittes den C3_BUS in sein Datenregister DR und gibt ihn an den Ausgang C4_BUS weiter. Liegt dagegen laut MA_OPCODE ein LD/ST-Befehl vor, so leitet MA die Adresse des Speicherzugriffs vom C3_BUS an den Ausgang

ADDR_OUT. Bei einem Store werden die Schreibdaten vom D3_BUS an den
Ausgang DATA_OUT gelegt, bei einem Load leitet MA nach dem Speicherzugriff die Lesedaten von DATA_IN an den C4_BUS weiter. Der Puffer AR für
die Zieladresse arbeitet unabhängig vom WORK_MA bei jedem STEP.

| Signal | I/O | Bedeutung |
|---|---|---|
| MA_OPCODE | in | MA-Operation |
| D3_BUS | in | Schreibdaten für Store |
| C3_DEST | in | Zieladresse für das Ergebnis der Operation |
| C3_BUS | in | Ergebnis der ALU-Operation |
| DATA_IN | in | Daten nach Load |
| STEP | in | Pipeline-Schritt |
| WORK_MA | in | MA-Stufe aktiv |
| C4_DEST | out | Zieladresse für das Ergebnis der Operation |
| C4_BUS | out | Ergebnis der Operation |
| DATA_OUT | out | Schreibdaten für Store zum Speicher |
| ADDR_OUT | out | Speicheradresse für LD/ST-Befehle |

**Tabelle 6.29**  Schnittstelle der MA-Stufe

| Komponente | Bedeutung |
|---|---|
| DR | Datenregister zum Laden von Operanden und Operationscode |
| AR | Adreßregister mit der Zieladresse für das Ergebnis |

**Tabelle 6.30**  Komponenten der MA-Stufe

Zwei Aktionen der MA-Stufe faßt Tabelle 6.31 zusammen.

| Referenznummer | Aktion |
|---|---|
| MA_a1 | Operanden laden |
| MA_a2 | Speicherzugriff abwarten und Ergebnis schreiben |

**Tabelle 6.31**  Einige Aktionen der MA-Stufe

## 6.3.6  Die Write-Back-Stufe WB

Die Pipeline-Stufe WB schreibt Ergebnisse in das Registerfeld. Den besonders einfachen Aufbau dieser Stufe zeigt Bild 6.32. Die Schnittstelle und zwei Komponenten fassen die Tabellen 6.33 und 6.34 zusammen.

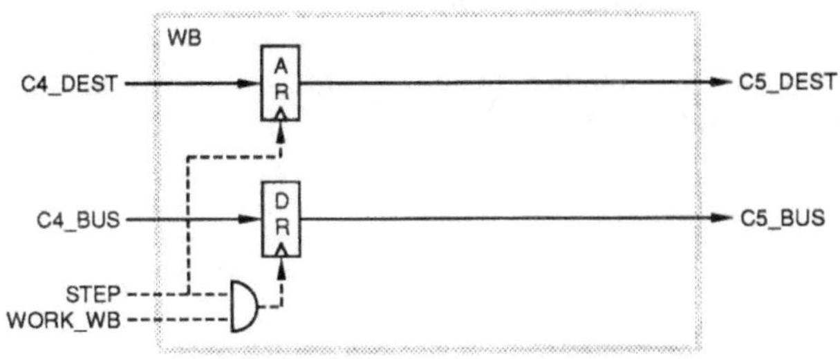


**Bild 6.32**  Write-Back-Stufe WB

| Signal | I/O | Bedeutung |
|---|---|---|
| C4_DEST | in | Zieladresse für das Ergebnis der Operation |
| C4_BUS | in | Ergebnis der Operation |
| STEP | in | Pipeline-Schritt |
| WORK_WB | in | WB-Stufe aktiv |
| C5_DEST | out | Schreibadresse für das Registerfeld |
| C5_BUS | out | Schreibdaten für das Registerfeld |

**Tabelle 6.33**  Schnittstelle der WB-Stufe

| Komponente | Bedeutung |
|---|---|
| DR | Datenregister für Schreibdaten |
| AR | Adreßregister für die Zieladresse |

**Tabelle 6.34**  Komponenten der WB-Stufe

Die aktive Write-Back-Stufe lädt die Schreibdaten C4_BUS und ihre Adresse C4_DEST in die Eingangsregister DR und AR und gibt sie an die Ausgänge C5_BUS und C5_DEST weiter, mit denen in der ersten Takthälfte die Daten in das Registerfeld „zurück"-geschrieben werden (write back). Ist das Zielregister

R0, so wird zwar der Wert von DR ins Register geschrieben, beim späteren Lesen wird dieser Wert aber durch 0 ersetzt.

Store-Befehle sollen nicht in das Registerfeld schreiben. Dies wird durch die Zieladresse 0 berücksichtigt.

Ist diese Stufe nicht aktiv, wird keine echte Aktion ausgeführt. Das Eingangsregister AR wird neu geladen und reicht den neuen Wert an den Ausgang weiter. Die Aktion in Tabelle 6.35 fällt in die Klasse b und findet daher im ersten Halbtakt statt.

| Referenznummer | Aktion |
| --- | --- |
| WB_b | Operanden laden und schreiben |

**Tabelle 6.35**   Eine Aktion der WB-Stufe

### 6.3.7  Zusammenfassung der Pipeline-Aktionen

Die wichtigsten in den Pipeline-Stufen angestoßenen Aktionen sollen noch einmal zusammengefaßt werden. Sie sind in die drei Klassen von Bild 6.5 gegliedert. Wendungen wie „... wird Signal X gültig ..." oder „... wird Signal X berechnet ..." bedeuten, daß der Wert des Signals X ständig durch eine kombinatorische Logik berechnet wird und lange genug vor Ende eines Halbtaktes gültig und stabil ist.

a    Aktionen, die den ganzen Takt dauern:

IF-Stufe:   Die Adresse des zu holenden Befehls wird bestimmt, indem aus den bereits berechneten Alternativen die richtige ausgwählt wird. Sind die Caches ausgeschaltet, so initiiert die IF-Stufe einen Speicherzugriff, andernfalls werden die Caches abgefragt, und danach wird, falls nötig, ein Speicherzugriff eingeleitet. Die Alternativen für den nächsten Wert des PC werden berechnet. Zum Abschluß eines Speicherzugriffs wird der Wert auf den Instruktionsbus gelegt. Für CALL-Befehle wird das Sprungziel gespeichert.

ID-Stufe:   Der Befehl im Instruktionsregister wird dekodiert. Abhängig vom Ergebnis setzt die Pipeline-Kontrolle die nötigen Steuersignale. Für Store-Befehle werden aus dem Registerfeld im ersten Halbtakt der zu speichernde Wert, im zweiten Halbtakt die Adreßoperanden geladen. Für BCC-Befehle muß die Berechnung der Flags abgewartet werden (siehe c).

EX-Stufe: Die Operanden werden vom A- und B-Eingang der ALU geladen und miteinander verknüpft. Die neu berechneten Flags werden der ID-Stufe gemeldet.

MA-Stufe: Den Kontrollsignalen entsprechend wird ein Speicherzugriff initiiert oder der Wert auf dem C_BUS zwischengepuffert. Falls ein Speicherzugriff erfolgt, wird dessen Ende abgewartet. Falls erforderlich wird der geladene Wert an den Eingang der WB-Stufe gelegt.

b Aktionen im ersten Halbtakt:

WB-Stufe: Falls erforderlich, wird der Wert auf dem C_BUS in ein Zielregister geschrieben.

| Klasse | Pipeline-Referenznummer | Aktion |
|---|---|---|
| a | IF_a1 | Cache-Zugriff |
| a | IF_a2 | PC aktualisieren |
| a | ID_a | Registerzugriffe für Store, Swap |
| c | ID_c | Registerzugriffe z.B. für ALU |
| a | EX_a1 | ALU-Operation ausführen |
| a | EX_a2 | ALU-Flags berechnen |
| a | MA_a1 | ALU-Ergebnis weitergeben |
| a | MA_a2 | Speicherzugriff |
| b | WB_b | Operanden laden und schreiben |

**Tabelle 6.36** Aktionen und Pipeline-Stufen

c Aktionen im zweiten Halbtakt:

IF-Stufe: Wurde ein unnötiger Speicherzugriff initiiert, wird er jetzt abgebrochen, um externe Spikes zu vermeiden. Laufzeitbedingt treffen erst jetzt die gültigen Steuersignale für die Auswahl des nächsten PC-Wertes ein.

ID-Stufe: Die beiden Quellregister der Operanden werden adressiert und zwei parallele Lesezugriffe auf das Registerfeld initiiert. Die

Forwarding-Logik wählt für jeden Operanden einen der möglichen Werte aus (siehe oben) und legt ihn an die Eingänge der EX-Stufe. Am Ende des Taktes sind die Flags gültig. Bei BCC-Befehlen wird die Sprungentscheidung getroffen und der IF-Stufe signalisiert.

In Tabelle 6.36 sind die Aktionen am Ende der Spezifikation jeder Stufe zusammengefaßt.

## 6.4   Die Caches und das Registerfeld

Ein Cache speichert Daten der am häufigsten benutzten Adressen des Hauptspeichers in einem kleineren, schnelleren und lokalen Speicher. Auf den Cache, der vorzugsweise auf demselben Chip wie der Prozessor liegt, kann schneller zugegriffen werden als auf den Hauptspeicher. Falls die Daten im Cache mehr als einmal benutzt werden, reduziert sich die durchschnittliche Zugriffszeit für Speichertransaktionen.

Der Cache ist klein im Vergleich zum Hauptspeicher, da Cache-RAMs teurer sind als langsamere dynamische RAMs, wie sie für den Hauptspeicher benutzt werden. Daher kann nur ein kleiner Teil des Hauptspeichers im Cache zwischengelagert werden. Das Konzept des Cache fußt auf der Beobachtung, daß Computerprogramme zu einer gegebenen Zeit nur eine kleine Teilmenge des Speichers benutzen (Prinzip der „Lokalität"). Die Effizienz eines Cache wird durch die *Hit-Rate* bestimmt, d.h. die Anzahl der erfolgreichen Datenzugriffe auf den Cache dividiert durch die Gesamtzahl der Speicherzugriffe. Typische Hit-Raten liegen im Bereich zwischen 80 und 100%.

Für die Aussprache des Wortes „Cache" gibt es im englischen zwei Vorbilder: „ache" (sprich: [eik]) für „schmerzen" und „ache" oder „aitch" (sprich: [eitʃ]) für den Buchstaben „H". Inkonsequenterweise wird der Cache jedoch wie „cash" ausgesprochen: [kæʃ]. Vielleicht liegt das daran, daß die Daten in einem Cache wie Bargeld sind, während die Daten im Hauptspeicher dem Geld auf der Bank entsprechen: Bargeld ist schnell griffbereit, aber zuviel davon bedeutet einen Zinsverlust, während das Konto auf der Bank Zinsen bringt, aber nicht so schnell abzuheben ist.

Es taucht nun die entscheidende Frage nach einer Cache-Strategie auf: welche Daten sollen wann und wie im knappen Cache bereitgehalten werden? Da ein RISC-Prozessor pro Takt eine Instruktion aus dem Speicher holt und nur etwa jede fünfte Instruktion ein Datenzugriff ist, hat das schnelle Liefern von Instruktionen zunächst Priorität.

Dies ist die Aufgabe eines *Instruktions-Cache* (IC) im Gegensatz zu einem *Daten-Cache*. Auch eine Kombination aus beiden, ein Daten- und Instruktions-Cache, ist möglich.

Weil darüber hinaus Daten-Caches oder Kombinations-Caches komplizierter sind, erhält TOOBSIE einen Instruktions-Cache. Diese Entscheidung wird durch die begrenzte Größe des Cache unterstützt, denn die Aufnahme von Daten ist erst bei größeren Cache-Speichern lohnend. Weiter sei erwähnt, daß unser Cache-Konzept die Tatsache ausnützt, daß Programme sich nicht selbst modifizieren.

Wir werden zwei Instruktions-Caches mit sehr unterschiedlichen Strategien spezifizieren, einen Multi-Purpose-Cache MPC und einen Branch-Target-Cache BTC. Der MPC kann seinem Namen entsprechend beliebige Instruktionen bereithalten, in einem speziellen RIB-Modus insbesondere aber gerade die Instruktionen, die bei belegtem Speicherbus zu Wartezeiten führen würden [Jove, Cortadella 1989].

Der BTC dagegen versucht, die Pipeline von bedingten Sprüngen zu entlasten, indem bereits früher benutzte Sprünge an ihrer Programmadresse erkannt werden und auch gleich ihr Sprungverhalten (Sprung oder nicht) „spekulativ“ vorhergesagt wird.

Als Quellen für den nächsten Befehl kommen daher neben dem Speicher die beiden Caches in Frage. Sie werden in den Abschnitten 6.4.1 und 6.4.2 näher spezifiziert und schließlich im Abschnitt 6.4.3 miteinander und mit der IF-Stufe integriert.


## 6.4.1  Der Multi-Purpose-Cache MPC

Solange der externe Speicher mit dem Prozessor Schritt halten kann, tritt bei einer von-Neumann-Architektur das Problem der einzigen Speicherschnittstelle dadurch in den Vordergrund, daß diese durch LD/ST-Befehle belegt und damit das Laden neuer Befehle verhindert wird.

Das Bereithalten aller Instruktionen eines Programmstücks bedeutet trotz des Lokalitätsprinzips einen hohen Cache-Einsatz. Als Abhilfe werden daher im RIB-Modus (Reduced-Instruction-Buffer) nur diejenigen Instruktionen im

Cache gespeichert, welche gerade dann benötigt werden, wenn eine LD/ST-Operation die Speicherschnittstelle belegt. Auf diese Weise können die Kosten für eine LD/ST-Operation bei einem Cache-Hit halbiert werden.

Der MPC in Bild 6.37 enthält 16 Zeilen mit je zwei Einträgen. Jeder Eintrag speichert einen Befehl. Zusätzlich gibt es ein TAG-Feld für die Adresse und den Prozessor-Modus (KERNEL_MODE oder USER_MODE) sowie je Befehl ein VALID-Bit.

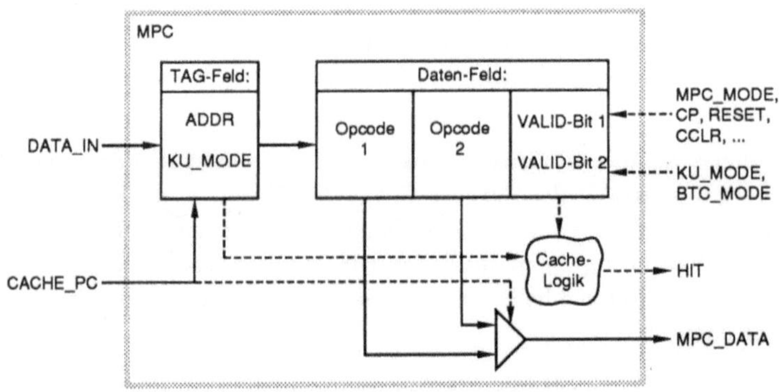


**Bild 6.37**  Multi-Purpose-Cache MPC

Der MPC ist vollassoziativ. Das TAG-Feld enthält den Prozessor-Modus KU_MODE der Zeile sowie die Adreß-Bits 31 bis 3. Er benötigt also 30 Bit pro Zeile. Bit 1 und 0 haben konstant den Wert 0, da Befehle auf Wortgrenzen ausgerichtet sind. Da pro Zeile zwei aufeinander folgende Befehle eingelagert werden können, wird mit Bit 2 einer der beiden Befehle einer Zeile selektiert.

Der Datenteil enthält für jeden Eintrag den Opcode (32 Bit) und das zugehörige VALID-Bit (1 Bit). Der Datenteil ist daher 66 Bit breit. Das VALID-Bit zeigt die Gültigkeit des Eintrags an, die für die Bestimmung des HIT-Signals benötigt wird. Wird ein globaler RESET gegeben oder das Signal CCLR aktiviert, müssen alle VALID-Bits gelöscht werden. Das Format einer Cache-Zeile ist im Bild 6.38 dargestellt.

Die Cache-Logik wertet die internen und externen Signale aus, entscheidet, ob ein Hit vorliegt, und legt den gültigen Opcode an den Ausgang MPC_DATA. Die wichtigsten Signale aus der Schnittstelle für den MPC sind in Tabelle 6.39 zusammengefaßt.

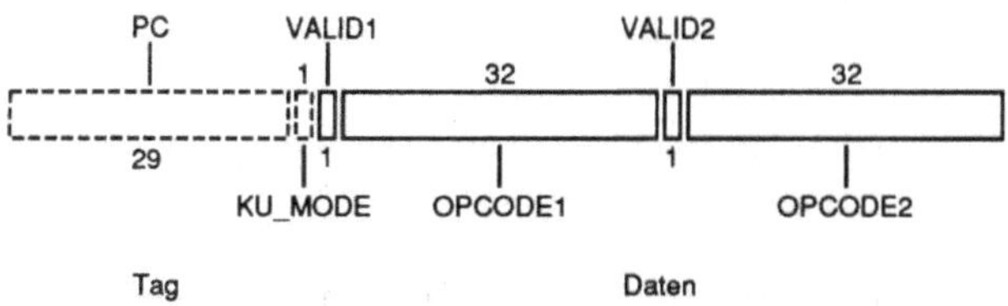


**Bild 6.38**  Zeilenformat des Multi-Purpose-Cache MPC

| Signal | I/O | Bedeutung |
|---|---|---|
| DATA_IN | in | Operationscode und Prozessor-Modus des einzulagernden Befehls |
| CACHE_PC | in | Hauptspeicheradresse der im MPC gesuchten Instruktion, die bei einem Hit mit dem entsprechenden TAG-Feld übereinstimmt |
| KU_MODE | in | momentaner Prozessor-Modus (KERNEL_MODE oder USER_MODE), der bei einem Hit mit dem entsprechenden TAG-Feld übereinstimmt |
| MPC_MODE | in | kommt über einen Pin des Prozessor-Chips vom Anwender und stellt den Betriebsmodus des MPC ein: |
| | | IC-Modus: jeder Befehl, der nicht im BTC ist, wird eingelagert |
| | | RIB-Modus: nur die Befehle werden eingelagert, die bei blockierter Speicherschnittstelle angefordert werden und nicht im BTC sind |
| MEM_ACC | in | die Speicherschnittstelle ist von der MA-Stufe belegt, es liegt daher ein für den RIB-Modus relevanter Fall vor |
| FETCH_MODE | in | kommt über einen Pin des Prozessor-Chips vom Anwender und stellt den Zeitpunkt ein, zu dem die IF-Stufe bei einem Miss beider Caches den nächsten Befehl aus dem Hauptspeicher holt: |
| | | serieller Fetch: frühestens im nächsten Step wird der Speicherzugriff durchgeführt; dieser kann nur bei nicht aktiver MA-Stufe eingeleitet werden; die ID-Stufe kann im nächsten Step nicht arbeiten und ist zu informieren |
| | | paralleler Fetch: bei nicht aktiver MA-Stufe wird parallel zum Cache-Zugriff der Speicherzugriff eingeleitet und bei einem Hit wieder abgebrochen (nMRQ wird inaktiv); auch in diesem Fall muß ein Kontrollsignal an die ID gesandt werden, falls bei einem Miss beider Caches die MA-Stufe aktiv ist; der Parallel-Fetch belastet den Bus und ist daher beispielsweise im Multiprozessorbetrieb ungeeignet |
| MPC_ACTIVE | in | kommt über einen Pin des Prozessor-Chips vom Anwender und aktiviert den MPC insgesamt; die Deaktivierung des MPC wird implementiert durch eine Verknüpfung des HIT-Signals mit MPC_ACTIVE zu einem Dauer-Miss |
| CCLR, RESET | in | versetzen den MPC in seinen Startzustand, in dem alle Einträge ungültig sind |
| HIT | out | MPC enthält die gesuchte Instruktion |
| MPC_DATA | out | Operationscode bei einem Cache-Hit |

**Tabelle 6.39**  Schnittstelle des MPC

Die Ersetzungs- und Einlagerungsstrategie des MPC wird folgendermaßen spezifiziert. Nach einem RESET oder CCLR-Befehl wird der Cache der Reihe nach aufgefüllt. Ist keine freie Zeile mehr vorhanden, so erfolgt eine zufällige Ersetzung. Dabei dient ein zu Testzwecken implementiertes Signaturregister als Zufallsgenerator (Abschnitt 9.3.3). Diese Strategie hat im Vergleich zur LRU-Strategie (least recently used) die Vorteile eines geringeren Implementationsaufwandes und einer höheren Hit-Rate bei den für uns relevanten kleineren Cache-Größen. Paßt nämlich der Working-Set des Prozessors nicht vollständig in den Cache, tritt bei der LRU-Strategie ein FIFO-Effekt auf, bei dem gerade die als nächstes gebrauchten Einträge ersetzt werden.

## 6.4.2  Der Branch-Target-Cache BTC

CTR-Instruktionen (Control-Transfers) steuern den Programmablauf. Sie umfassen bedingte (BCC) und unbedingte Sprünge (CALL). Hardware- und Software-Interrupts sowie Exceptions bewirken auch einen Control-Transfer, sind hier aber nicht von Interesse.

Daher wird versucht, einen CTR-Befehl bereits in der IF-Stufe an seiner Programmadresse zu erkennen. Dazu wird als Cache-Strategie ein einmal ausgeführter CTR-Befehl im Cache gelagert; nach dem Lokalitätsprinzip ist die Wahrscheinlichkeit groß, daß er ein weiteres Mal ausgeführt und dabei erkannt wird. Hierbei kommt auch zugute, daß unsere Befehle ihre Adresse nicht dynamisch verändern.

Eine CTR-Instruktion ist nur in der ID-Stufe wirklich aktiv, die restlichen Pipeline-Stufen werden unnötig belastet, da sie keine für den CTR-Befehl notwendigen Aktionen ausführen.

Ziel ist es, durch Verdoppeln aller relevanten Ressourcen die Pipeline so zu entlasten, daß der CTR-Befehl nicht mehr im Instruktionsstrom der Pipeline auftaucht, sondern stattdessen das Sprungziel direkt eingeblendet wird.

### BTC-geeignete CTR-Instruktionen

Für einen BTC ist zunächst nur der (Software-)CTR interessant, denn die Auslösung eines Hardware-Control-Transfers (etwa ein externer Grobrrupt) unterliegt nicht der Prozessorkontrolle und kann daher nicht vorhergesagt werden. Ähnliches gilt für die Exceptions bei den Interrupts (Abschnitt 5.2.6).

Ein CTR betritt die Pipeline in der IF-Stufe, die zunächst die CTR-Adresse auf den Adreßbus legt und die Instruktion zu suchen beginnt. Im nächsten Takt wird der Opcode des Befehls in der ID-Stufe dekodiert, gleichzeitig lädt die IF-Stufe eine weitere Instruktion, nämlich die auf den CTR-Befehl folgende Delay-Instruktion. Das CTR-Sprungziel muß bis zum nächsten Pipeline-Schritt bestimmt sein, womit die Ausführung des CTR abgeschlossen ist. Im Falle der ANNUL-Option muß noch die Delay-Instruktion unterdrückt werden, falls der Sprung nicht genommen wird. Dies geschieht durch Deaktivierung der ID-Stufe.

Es bietet sich an, dieses Problem unabhängig von der Pipeline zu lösen, denn die hinteren Pipeline-Stufen EX, MA und WB sind für den CTR überflüssig. Ein CTR ist seiner Programmadresse eindeutig zugeordnet. Angenehm ist es, wenn der Control-Transfer von keinen weiteren Informationen abhängt, was beim CALL beispielsweise erfüllt ist, während bei BCC-Befehlen noch die Flags nötig sind. Letzteres erhöht den Aufwand, ist jedoch unvermeidlich, da gerade BCC-Instruktionen das wichtigste Optimierungsziel sind.

Es muß zwischen den unbedingten Befehlen CALL, SWI, JMP, RET, RETI und den BCC-Befehlen unterschieden werden. JMP, RET und RETI sind für den BTC ungeeignet, weil die Rücksprungadresse dynamisch variieren kann. Der SWI-Befehl tritt zu selten auf, um ihn in den BTC aufzunehmen, denn er würde nur die Hit-Rate senken. Bei einem kleinen BTC ist zu überlegen, ob neben BCC-Befehlen auch der CALL aufgenommen werden soll, da er nur relativ selten auftritt und dann die Cache-Performance verringert. Es wird daher ein BTC_MODE eingeführt: im BIG_MODE werden BCC- und CALL-Befehle eingelagert, im SMALL_MODE dagegen nur BCC-Befehle.

## Die Arbeitsweise des Branch-Target-Cache

BCC- und CALL-Befehle, die in der ID-Stufe dekodiert werden, werden gemäß dem BTC_MODE in den BTC eingetragen. Hierzu gehören die Befehlsadresse, der KU_MODE, der Opcode der Delay-Instruktion, das Sprungziel und die Sprungbedingung. Bei einem CALL wird die Sprungbedingung auf TRUE gesetzt. Nach der Auswertung der Sprungbedingung werden *History-Bits* aktualisiert. Diese zwei Bits ermöglichen je Befehl eine heuristische Sprungvorhersage, die weiter unten erläutert wird.

Soll die ID-Stufe eine Instruktion von einer Adresse laden, die im BTC enthalten ist, so wird dies durch das Signal LOCAL_HIT von der Branch-Logik erkannt. Diese weiß nun, daß ein CTR-Befehl die Pipeline betritt. Falls im FETCH_MODE die parallele Zugriffsart gewählt ist, bricht sie einen eventuell laufenden Fetch ab und übergibt die Delay-Instruktion im nächsten Step an die ID-Stufe. Erfolgt der Sprung wirklich, setzt sie den PC auf das Sprungziel, andernfalls wird der PC um 2 erhöht, also auf die Adresse hinter dem Delay-Slot gesetzt.

Diese Sprungentscheidung braucht noch nicht endgültig zu sein. Falls ein BCC-Befehl vorliegt und die unmittelbar vorangehende Instruktion die Flags ändern kann, muß eine heuristische Sprungentscheidung getroffen werden. Diese ist nicht immer korrekt und muß deshalb korrigierbar sein. Eine solche vorläufige Situation wird von der Pipeline-Steuerung erkannt, und sie macht den BTC nötigenfalls mit dem Signal NEW_FLAGS darauf aufmerksam. In diesem Fall benutzt der BTC die History-Bits zur Sprungentscheidung.

## Der Einsatz von History-Bits für eine vorläufige Sprungentscheidung

Die zwei History-Bits HIBITS unterstützen eine heuristische Sprungentscheidung. Mit ihnen wird aus der Vergangenheit auf die Zukunft geschlossen. Dies ist immer dann hilfreich, wenn die gültigen Flags nicht rechtzeitig vorliegen.

Jeder Eintrag des BTC hat seine eigenen HIBITS mit den Zuständen N, N?, T? und T. Dabei steht N für die Vorhersage, daß der Sprung nicht genommen wird (not taken) und T, daß er genommen wird (taken); N? und T? schwächen diese Vorhersage ab („vielleicht"). Wenn keine gültigen Flags vorliegen, muß aufgrund der HIBITS eine vorläufige Sprungentscheidung getroffen werden. Abhängig von der endgültigen Sprungentscheidung werden die zugehörigen HIBITS aktualisiert.

Bei aktiven NEW_FLAGS wird in den Zuständen N und N? der Sprung vorläufig nicht genommen und in den Zuständen T und T? vorläufig genommen.

Eine Fehlentscheidung wird im nächsten Pipeline-Schritt mit den dann gültigen Flags korrigiert. Die Flags sind jetzt gültig, da der vorangehende Befehl in der EX-Stufe ist und die Flags bis zum Ende des Taktes berechnet sind. Bei einer Fehlentscheidung muß die gerade geladene Instruktion verworfen werden. Sie befindet sich in der IF-Stufe und betritt im nächsten Step die ID-Stufe. Deshalb wird die ID-Stufe im nächsten Step deaktiviert.

Eventuell muß bei einem irrtümlich genommenen Sprung mit ANNUL-Option noch die Delay-Instruktion deaktiviert werden, die sich in der ID-Stufe befindet. Deshalb wird im nächsten Step zusätzlich auch die EX-Stufe deaktiviert. In beiden Fällen werden nur das entsprechende WORK-Signal gelöscht und der PC richtig eingestellt. Dies ist entweder der um 2 erhöhte Wert des alten PC oder das Sprungziel im BTC.

Erst mit der endgültigen Sprungentscheidung werden die HIBITS aktualisiert, wobei die Aktualisierungsfunktion für die Güte der Vorhersage entscheidend ist. Die Funktion verändert die Zustände der HIBITS gemäß Bild 6.40, wobei sich die Inputs n und t des Zustandsdiagramms auf die endgültige Sprungentscheidung not taken bzw. taken beziehen.

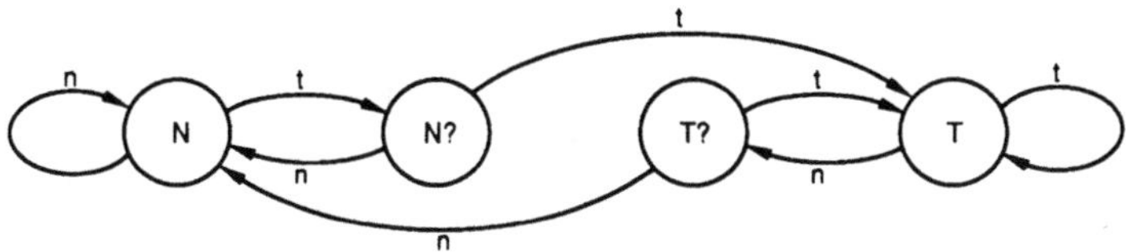


**Bild 6.40**  Zustandsdiagramm der History-Bits HIBITS

Diese Heuristik basiert auf dem Stabilitätsprinzip bedingter Sprünge, nach der die Sprungentscheidung eines BCC-Befehls entweder meistens positiv oder meistens negativ ausfällt. Sie wechselt vergleichsweise selten (Kapitel 10, [Lee, Smith 1984, Schäfers 1994]), so daß bei der gewählten Heuristik mit einer Trefferquote von etwa 98% gerechnet werden kann. Selbst eine ständig wechselnde Sprungentscheidung wird in etwa 50% der Fälle richtig vorhergesagt, sie muß sich mindestens zweimal wiederholt haben, um die HIBITS wirklich zu ändern. In einem solchen Fall trifft der BTC zwei falsche Vorhersagen.

## Die Ersetzungsstrategie des BTC

Wie beim MPC wird der BTC nach einem RESET oder CCLR-Befehl der Reihe nach aufgefüllt. Danach erfolgt die Ersetzung zufällig (Abschnitt 6.4.1). Nach jedem Hit werden die HIBITS aktualisiert. Nach einem Miss werden der CTR-Befehl in den Cache eingelagert und seine HIBITS mit T? bzw. N? initialisiert. Bei einer CALL-Instruktion wird natürlich der Zustand T eingestellt.

Neue Befehle können erst dann in den BTC eingetragen werden, wenn diese die ID-Stufe erreicht haben, denn erst dort werden sie dekodiert und als BCC- bzw. CALL-Befehl erkannt.

Es ist unkritisch, bei Interrupts den BTC zu löschen, weil dies nur die Performance senkt. Natürlich darf der BTC keine falschen Informationen enthalten, so daß er beispielsweise bei einem Prozeßwechsel gelöscht werden muß.

## Der BTC-Algorithmus

Bild 6.41 skizziert den BTC-Algorithmus, der sich bei aktiviertem BTC in zwei parallele Aufgaben verzweigt, nämlich zum einen in die Routine BTC_CHECK zur heuristischen Sprungvorhersage und deren Korrektur, zum andern entweder in die Routine BTC_HIT zum Auswerten des Hits oder in die Routine BTC_STORE zum Einlagern in den BTC bei einem Miss. Auf den letzten Fall wurde im vorigen Abschnitt eingegangen, so daß nun die Routine BTC_HIT in Bild 6.42 erläutert wird.

BTC_HIT sorgt für das Auslesen der Daten und die Änderung des PC im Falle eines Treffers. Es wird überprüft, ob die Flags gültig sind oder ob eine heuristische Sprungvorhersage getroffen werden muß. (Es ist zwischen dem Signal mit den Flags und dem Register FLAGS zu unterscheiden.) Basiert die Entscheidung auf den HI_BITS, muß dies zwischengespeichert werden, damit diese Entscheidung im nächsten Schritt von der Routine BTC_CHECK überprüft und eventuell korrigiert werden kann.

Dann werden die drei Fälle „Sprung", „kein Sprung und kein ANNUL" und „kein Sprung und ANNUL" unterschieden. Die Ausgänge des BTC werden so geschaltet, daß der Programmzähler PC und das Instruktionsregister IR richtig gesetzt und eventuell Pipeline-Stufen deaktiviert werden.

In der Routine BTC_CHECK in Bild 6.43 wird festgestellt, ob eine heuristische Sprungentscheidung getroffen wurde. Nur dann wird deren Korrektheit anhand der nun gültigen Flags überprüft. Muß sie korrigiert werden, wird ähnlich wie in BTC_HIT zwischen den drei Fällen „Sprung", „kein Sprung und kein ANNUL" und „kein Sprung und ANNUL" unterschieden, und in jedem Fall werden die nötigen Maßnahmen getroffen wie das Deaktivieren bestimmter Pipeline-Stufen oder die Änderung von PC und IR. „OLD..." bezieht sich dabei auf Signale des vorigen Taktes. Schließlich werden die History-Bits gemäß Bild 6.40 aktualisiert.

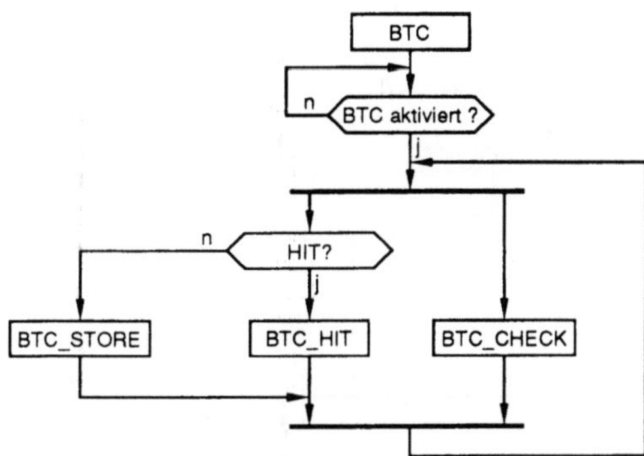

**Bild 6.41** Der BTC-Algorithmus

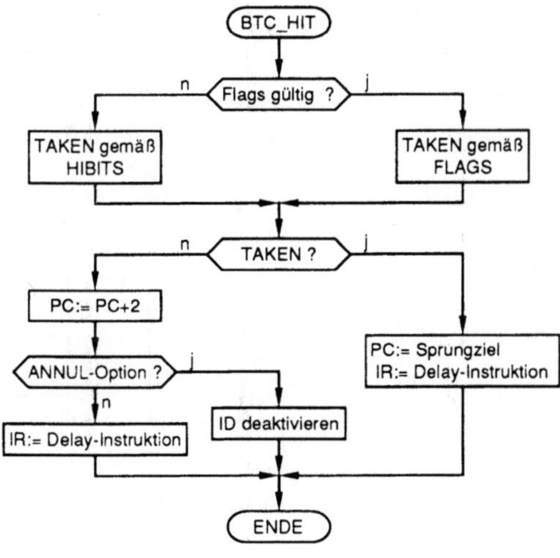

**Bild 6.42** Die Routine BTC_HIT

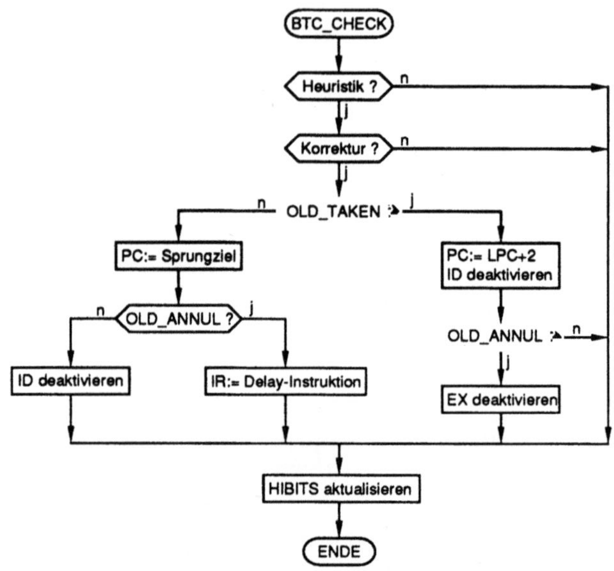

**Bild 6.43**  Die Routine BTC_CHECK

## Der Aufbau des Branch-Target-Cache

Der BTC in Bild 6.44 hat einen vollassoziativen TAG-Speicher, einen Datenspeicher und eine Branch-Logik. Die Speicher sind 16 Zeilen lang. Jede Zeile

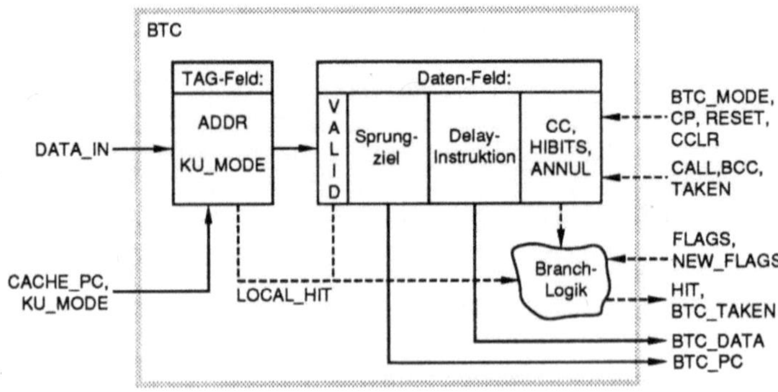

**Bild 6.44**  Aufbau des Branch-Target-Cache

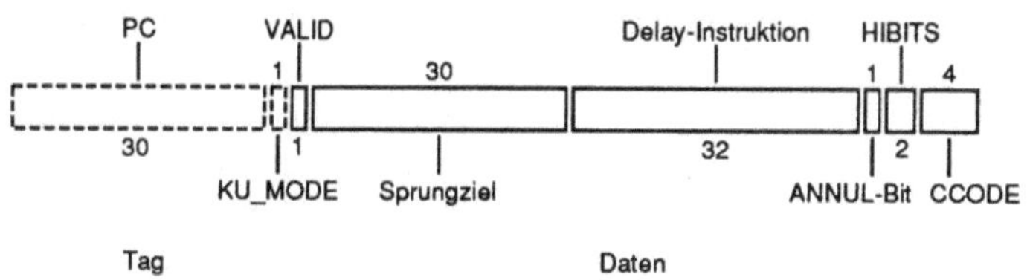


**Bild 6.45** Aufbau einer Zeile des Branch-Target-Cache

| Signal | I/O | Bedeutung |
|---|---|---|
| DATA_IN | in | einzulagernde Daten für einen Eintrag in den BTC: Prozessor-Modus, ANNUL-Bit und Sprungbedingung des Sprungbefehls, Sprungziel und Delay-Instruktion |
| CACHE_PC | in | Hauptspeicheradresse der im BTC gesuchten Instruktion, die bei einem Hit mit dem entsprechenden TAG-Feld übereinstimmt |
| KU_MODE | in | momentaner Prozessor-Modus (KERNEL_MODE oder USER_MODE), der bei einem Hit mit dem entsprechenden TAG-Feld übereinstimmt |
| BTC_MODE | in | kommt über einen Pin des Prozessor-Chips vom Anwender und stellt den Betriebsmodus des BTC ein:<br>BIG_MODE — BCC- und CALL-Operationen werden im BTC aufgenommen<br>SMALL_MODE — nur BCC-Operationen werden im BTC aufgenommen |
| CALL, BCC, TAKEN | in | mit diesen Signalen meldet die ID-Stufe die Dekodierung einer relevanten CTR-Operation; bei einem bedingten Sprung erfährt der BTC, ob er genommen wird; |
| NEW_FLAGS | in | die Instruktion hat im nächsten Takt Einfluß auf die Flags |
| BTC_ACTIVE | in | kommt über einen Pin des Prozessor-Chips vom Anwender und aktiviert den BTC insgesamt; die Deaktivierung des BTC wird implementiert durch eine Verknüpfung des HIT-Signals mit BTC_ACTIVE zu einem Dauer-Miss |
| CCLR, RESET | in | versetzen den BTC in seinen Startzustand, in dem alle Einträge ungültig sind |
| BTC_TAKEN | out | vorläufige oder endgültige Sprungentscheidung |
| BTC_PC | out | Sprungziel bei einem Cache-Hit |
| HIT | out | BTC enthält die gesuchte Instruktion |
| BTC_DATA | out | Delay-Instruktion bei einem Cache-Hit |

**Tabelle 6.46** Schnittstelle des BTC

enthält im TAG-Feld und im Datenfeld folgende Information. Der TAG besteht aus der Adresse und dem KU_MODE des eingelagerten Befehls, das Datenfeld enthält das Sprungziel, die Delay-Instruktion, das VALID-Bit, den Condition-Code CC, die HIBITS und ein Bit für die ANNUL-Option.

Bild 6.45 zeigt den Aufbau einer Cache-Zeile, die Schnittstelle des BTC ist in Tabelle 6.46 zusammengefaßt.

## 6.4.3   Das Zusammenspiel von MPC und BTC mit der Pipeline

Nach der Spezifikation der einzelnen Caches werden sie nun integriert. Für
den BTC und den MPC gibt es jeweils die drei Zustände: Deaktivierung, Hit und
Miss. Die Auswahl einer Instruktion ist in Tabelle 6.47 dargestellt.

| BTC-Zustand | MPC-Zustand | Instruktion aus |
|---|---|---|
| Miss/aus | Miss/aus | Speicher |
| Miss/aus | Hit | MPC |
| Hit | Miss/aus | BTC |
| Hit | Hit | BTC |

**Tabelle 6.47**   Quellen des Instruktionsregisters

Die Einlagerungsstrategien von MPC und BTC verhindern normalerweise, daß
in beiden Caches ein Hit an der gleichen Adresse auftritt. (Eine Doppel-
einlagerung kann jedoch dann auftreten, wenn ein Sprungziel der Delay-Slot
eines CTR-Befehls ist und sich die Delay-Instruktion deshalb zunächst im
MPC, dann aber auch im BTC befindet.) Die beiden vergleichsweise kleinen
Caches sollten möglichst gut ausgenutzt werden. Zusätzlich wird festgelegt,
daß ein Hit des BTC eine höhere Priorität hat als ein Hit des MPC.

| MPC-Mode | BTC-Mode | LD/ST-Klasse | BCC-Klasse | CALL | sonstige Befehle |
|---|---|---|---|---|---|
| — | — | — | — | — | — |
| — | SMALL_MODE | — | BTC | — | — |
| — | BIG_MODE | — | BTC | BTC | — |
| IC_MODE | — | MPC | MPC | MPC | MPC |
| IC_MODE | BIG_MODE | MPC | BTC | BTC | MPC |
| IC_MODE | SMALL_MODE | MPC | BTC | MPC | MPC |
| RIB_MODE | — | MPC | — | — | — |
| RIB_MODE | BIG_MODE | MPC | BTC | BTC | — |
| RIB_MODE | SMALL_MODE | MPC | BTC | — | — |

**Tabelle 6.48**   Cache-Modi und Befehlseinlagerung

Die Einlagerung ist wie in Tabelle 6.48 abhängig von den Cache-Modi und der
Befehlsklasse zusammengefaßt. Ist der MPC beispielsweise im RIB_MODE und
der BTC im SMALL_MODE, so wird ein Befehl, der mit einem LD/ST-Befehl

kollidiert, in den MPC eingelagert. Um die Befehlsklasse des Befehls zu finden, muß bereits in der IF-Stufe eine Vorab-Dekodierung stattfinden; die einfachen Befehlsformate erfordern hierzu nur wenige Gatter.

Die Funktionen der IF-Stufe und der Caches wurden weitgehend unabhängig voneinander spezifiziert. Für eine spätere Implementierung treten zusätzliche Aspekte in den Vordergrund. Dazu gehören die Komplexität der Schnittstelle und Maßnahmen für ein effizientes Plazieren und Verdrahten. So sollte beim hier gegebenen Halbleiterhersteller in der funktionalen Modularisierung auch eine wünschenswerte geometrische Nähe berücksichtigt werden. Daher werden bei der Implementierung im nächsten Kapitel 7 die IF-Stufe und die Caches wie in Bild 6.49 zusammengefaßt werden.

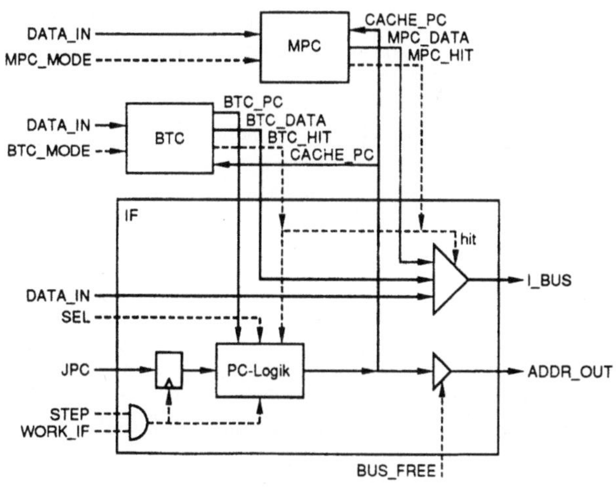


**Bild 6.49**  IF-Stufe mit Caches

## 6.4.4  Das Registerfeld

Das Registerfeld REG besteht aus einem RAM-Speicher mit 40 Wörtern der Breite 32 Bit, Multiplexern und weiterer Zugriffslogik. Das Registerfeld implementiert die Mehrzweckregister des Prozessors. Sein Aufbau ist im Bild 6.50 dargestellt, die Schnittstelle wird in Tabelle 6.51 erläutert. Auf das Registerfeld greifen die ID-Stufe zum Lesen der Operanden und die WB-Stufe zum Schreiben der Ergebnisse in den Hauptspeicher zu.

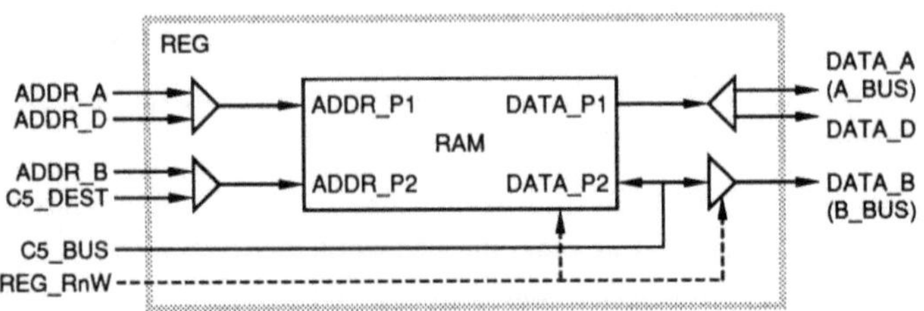

**Bild 6.50**  Aufbau des Registerfeldes REG

| Signal | I/O | Bedeutung |
|---|---|---|
| ADDR_A | in | Adresse des ersten ALU-Operanden |
| ADDR_B | in | Adresse des zweiten ALU-Operanden |
| ADDR_D | in | Adresse des zu speichernden Datums |
| C5_DEST | in | Adresse des von der WB-Stufe zu schreibenden Ergebnisses |
| C5_BUS | in | von der WB-Stufe zu schreibendes Ergebnis |
| REG_RnW | in | Lese-/Schreib-Umschaltung von Port P2 |
| DATA_A | out | erster ALU-Operand |
| DATA_B | out | zweiter ALU-Operand |
| DATA_D | out | zu speicherndes Datum |

**Tabelle 6.51**  Schnittstelle des Registerfeldes REG

Aus dem Timing des Prozessors und dem Zugriffsschema der ID- und WB-Stufe leitet sich die Ansteuerung des Registerfeldes ab. Bei voll ausgelasteter Pipeline muß in jedem Zyklus viermal auf das Feld zugegriffen werden. Drei Zugriffe davon sind lesend (beispielsweise zwei Adreßoperanden und ein Datum bei Store-Befehlen durch die ID-Stufe), und ein Zugriff ist schreibend (zum Beispiel das ALU-Ergebnis durch die WB-Stufe).

Ein Vier-Port-Registerfeld verbrauchte zuviel Platz, insbesondere im Rahmen eines Gate-Array-Entwurfs. Daher spezifizieren wir ein Zwei-Port-Registerfeld aus einem Nur-Lese-Port P1 und einem Schreib-Lese-Port P2. Beide Ports haben einen Adreßeingang ADDR_P1 bzw. ADDR_P2. Port P1 hat einen Datenausgang DATA_P1, und Port P2 hat eine bidirektionale Datenschnittstelle DATA_P2. Das Signal REG_RnW stellt sicher, daß P2 während der ersten Takthälfte als Schreib-Port und während der zweiten Takthälfte als Lese-Port arbeitet. Einen weiteren praktischen Gesichtspunkt liefert die zur Verfügung stehende Zell-Bibliothek. Der nächst größere Register-Baustein hat 6 Ports und ist damit deutlich zu groß. Dies spricht für die gewählte Zwei-Port-Lösung.

Erforderlich sind Zugriffszeiten, die deutlich unter einer halben Taktlänge bei etwa 20 ns liegen. Dies ermöglicht es, die vier Zugriffe zeitlich nacheinander auf die zwei Ports zu verteilen. In der ersten Takthälfte führt die Write-Back-Stufe einen Schreibzugriff über Port P2 durch, der dafür mit dem C5_BUS verbunden ist, während die ID-Stufe das Schreibdatum für Store mit einem Lesezugriff über Port P1 holt und auf den D-BUS ausgibt. In der zweiten Takthälfte liest die ID-Stufe über P1 den ersten Operanden auf den A_BUS aus und gleichzeitig über P2 den zweiten Operanden auf den B_Bus.

Dieses Register-Schema trägt zu einer ausgewogenen Balancierung der Pipeline bei. Beide Zugriffe benötigen zusammen etwa 40 ns, was etwa der ALU-Laufzeit entspricht. Die kritischen Pfade der ID- und der EX-Stufe haben also ungefähr die gleiche Länge, und ähnliches gilt für die anderen Pipeline-Stufen.

Ein Merkmal von RISC-Prozessoren ist der konstante Wert 0 des Mehrzweckregisters R0. Aus der Beschreibung der synthetischen Befehle (Abschnitt 5.2.5) geht hervor, daß damit mehrere zusätzliche Befehle gespart werden können. Zur Realisierung dieses Merkmals ergibt ein Lesezugriff auf R0, unabhängig vom Inhalt des Registers, immer den konstanten Wert 0.

In dem Feld der 40 Mehrzweckregister sind für den Benutzer jeweils nur 32 sichtbar, die übrigen acht Register dienen als zweifacher Satz von Schattenregistern für die Mehrzweckregister 28 bis 31. Bei einem Interrupt wird je nach Interrupt-Ebene ein Satz von Schattenregistern auf die Register 28 bis 31 geblendet. Dies erlaubt eine einfache Sicherung der Register im Hauptspeicher.

# 6.5  Interne Spezifikation der Interrupts

In diesem Abschnitt wird spezifiziert, wie die Interrupts von TOOBSIE intern verarbeitet werden und welche Auswirkungen sie auf die Architektur haben.

Für eine einfache und schnelle Behandlung von Interrupts werden diese aus Sicht der Pipeline ähnlich zum CALL-Befehl realisiert. Die Unterschiede bestehen in der beim Interrupt nötigen Sicherung des Prozessorzustandes und einer anderen Berechnung des Sprungziels. Die Sprungziele stellen den Beginn der Interrupt-Behandlungsroutinen dar und sollten vom Programm aus dynamisch und für jeden Interrupt einzeln zu verändern sein. Außerdem muß ihre Berechnung in einem Takt abgeschlossen sein. Diese Anforderungen werden mit Hilfe des Vektorbasisregisters erfüllt (Abschnitt 5.2.6).

Der Interrupt ist transparent zu behandeln, indem der zu Beginn gesicherte Prozessorstatus nach dem Ende des Interrupts wieder hergestellt werden kann. Der Status umfaßt daher alle Informationen über ein vor dem Interrupt korrekt laufendes Programm, die hinterher eine korrekte Weiterarbeit erlauben. Ein Unterbrechungspunkt für das laufende Programm legt fest, welcher Programmbefehl als letzter vollständig in der Pipeline bearbeitet wird, bevor auf die Interrupt-Routine verzweigt wird.

Als Unterbrechungspunkt wird zunächst der zwischen der IF-Stufe und der ID-Stufe der Pipeline gewählt. Folglich durchläuft die beim Interrupt-Beginn in der ID-Stufe befindliche Instruktion als letzte Aktion unverändert die Pipeline. Unmittelbar hinter diesem Befehl wird die erste Instruktion der Interrupt-Routine bearbeitet, der Programmbefehl in der IF-Stufe wird dagegen verworfen. Nach dem Interrupt wird mit dem verworfenen Befehl in der IF-Stufe wieder begonnen.

In zwei besonderen Fällen ist es komplizierter, den Unterbrechungspunkt zu verlegen. Diese Fälle sind durch LD/ST-Befehle verursachte Interrupts (I/O-Sonderfall) und Interrupts, die auf einen CTR-Befehl folgen (CTR-Sonderfall).

Der I/O-Sonderfall: Ein LD/ST-Befehl in der MA-Stufe kann beim Speicherzugriff einen Interrupt PAGE_FAULT, ein MISS_ALIGN oder einen BUS_ERROR auslösen. In diesen Fällen muß der Unterbrechungspunkt zwischen die MA- und die WB-Stufe gelegt werden, da keine Möglichkeit besteht, die laufende I/O-Operation erfolgreich zu beenden. Auf diese Weise wird nach dem Beseitigen der Interrupt-Ursache der I/O-Befehl durch die Interrupt-Routine erneut bearbeitet und kann dann hoffentlich korrekt ausgeführt werden.

Der CTR-Sonderfall: Falls zwischen einem CTR-Befehl und seiner Delay-Instruktion eine Interrupt-Anforderung eintrifft, die ja ebenfalls einen Control-Transfer darstellt, darf diese Anforderung nicht sofort akzeptiert werden, damit nicht zwei Control-Transfers direkt aufeinander folgen, was ja ausdrücklich ausgeschlossen wurde. Dieser Sonderfall wird erkannt und aufgelöst, indem der Unterbrechungspunkt vor den CTR-Befehl gelegt wird. Damit werden CTR- und Delay-Instruktion immer gemeinsam aus der Pipeline verdrängt.

Die beiden Sonderfälle können sich überlagern, doch auch dann ist die Auswirkung nur eine Verschiebung des Unterbrechungspunktes.

Beim Entwurf von TOOBSIE wird bei den Interrupts die Sicherung eines Teils der Daten auf die System-Software verlagert, um die Komplexität der Hardware zu reduzieren. Die Hardware hält zur Unterstützung alle statusrelevanten Informationen lesbar und modifizierbar bereit durch die Befehle LRFS und SRIS. Für die Interrupt-Behandlungsroutinen stehen Schattenregister zur Verfügung, die die normalen Register ausblenden. Da sie nur für diesen Zweck vorgesehen sind, können sie Statusinformationen speichern, ohne dabei den Status zu verändern.

Dazu sind vier freie Register vorgesehen. Theoretisch wäre auch ein einziges Mehrzweckregister ausreichend, aber vier ermöglichen ein einfacheres und effizienteres Sichern. Die Schattenregister überlagern die normalen Mehrzweckregister R31,...,R28 und sind dann anstelle dieser Register ansprechbar.

Neben dem Satz R für R31,...,R28 im normalen Betrieb ohne Interrupts gibt es zusätzlich zwei Sätze RI und RE von Schattenregistern, je mit den Adressen 31,...,28. RE steht für externe Interrupts zur Verfügung (Hardware-Interrupts Hwi), RI für interne Interrupts, bestehend aus Software-Interrupts Swi und Exceptions Exc.

| Fall | Interrupt-Folge | Registersatz | Statussicherung |
|------|-----------------|--------------|-----------------|
| 1    | -               | R            | unkritisch |
| 2    | Swi             | RI           | unkritisch |
| 3    | Exc             | RI           | unkritisch |
| 4    | Hwi             | RE           | unkritisch |
| 5    | Swi Hwi         | RE           | unkritisch |
| 6    | Exc Hwi         | RE           | unkritisch |
| 7a   | Swi Exc         | RI           | ev. kritisch |
| 7b   | Swi Exc Hwi     | RE           | ev. kritisch |
| 8    | sonstige        | RI           | kritisch (PANIC) |

**Tabelle 6.52**  Umschaltung von Schattenregistern

Tabelle 6.52 zeigt alle möglichen Folgen von Interrupts. Ein Ende RETI eines
Interrupts verkürzt dabei die entsprechende Interrupt-Folge um den letzten
Eintrag. Beispielsweise ergibt Exc RETI Swi Hwi RETI schließlich den Fall 2.
Nach anderen als den so gebildeten Fällen 1 bis 7b kann der Prozessorstatus
nicht gesichert werden, und es wird nach Fall 8 die Exception PANIC ange-
fordert, die zumindest den Übergang in einen definierten Zustand sicherstellt.

Fall 7 stellt einen Sonderfall dar, da trotz eines weiteren internen Interrupts
kein neuer interner Schattenregistersatz zur Verfügung gestellt werden kann.
Dieser Fall ist nur im Zusammenhang mit bestimmten Betriebssystem-
routinen sinnvoll.

Die Pipeline-Kontrolle wertet die Interrupts aus, bestimmt den Unter-
brechungspunkt, berechnet den neuen PC-Wert und generiert die notwendigen
Steuersignale. Dies sind die WORK-Signale der Pipeline-Synchronisation.
Hinzu kommen der neue Wert des PC und ein Übernahme-Kommando für die
IF-Stufe.

# 7   Die Pipeline des Grobstrukturmodells

Der RISC-Prozessor TOOBSIE wurde in Kapitel 5 als Verhaltensmodell extern spezifiziert und in einem simulierbaren HDL-Modell präzisiert. Dieses *Golden Device* definiert Umfang und Semantik der Befehle. Zur Realisierung dieses Verhaltens wurde im vorigen Kapitel 6 eine interne Architektur mit Zeitverhalten spezifiziert. Obwohl diese Vorgaben schon ziemlich detailliert sind und wesentliche Entwurfsentscheidungen darstellen, fehlt doch der Nachweis, daß die spezifizierten Teile zusammenpassen und sich mit ihnen wirklich das Referenzverhalten erzeugen läßt.

Dieser Nachweis erfolgt nun, indem ein präzises simulierbares Grobstrukturmodell in der Hardware-Beschreibungssprache VERILOG geschaffen wird. Dieses zweite VERILOG-Modell ist anschließend die Spezifikation für das Gattermodell, das die Gatter und Bibliothekselemente des Halbleiterherstellers als Netzliste (*Schematic*) hierarchisch zusammenfügt. Auch dieses Modell wird präzise und simulierbar sein, und natürlich muß es im wesentlichen die gleichen Simulationsergebnisse produzieren wie das Interpreter- und das Grobstrukturmodell. Gleichzeitig wird es die spätere Hardware exakt beschreiben bis auf die anschließende Plazierung und Verdrahtung, bei der sich durch Leitungskapazitäten Laufzeitänderungen ergeben können, die in einer Post-Layout-Simulation zu kontrollieren sind.

Es ergibt sich ein Zielkonflikt beim Entwurf des Grobstrukturmodells. Einerseits soll das Modell gut lesbar und verständlich sein. Es müßte daher noch relativ abstrakt sein, etwa in dem Sinne, daß zwar die wesentlichen Strukturkomponenten wie Pipeline-Stufen, Caches, Register usw. auftreten, diese aber in Analogie zum Interpreter-Modell nur verhaltensmäßig modelliert sind. Andererseits soll das Modell die Entwicklung und Dokumentation der

Schematics vorbereiten, was einen detaillierten und vor allem hardware-nahen Entwurf erfordert. Beispielsweise muß dann eine Signalcodierung mit der späteren Codierung auf dem Chip übereinstimmen. Eine gute Lesbarkeit kommt erst danach.

Schließlich kommt noch eine - aus methodischer Sicht nicht immer ideale - Eigenart des verwendeten Entwurfssystems hinzu, bei der eine besonders effiziente Plazierung und Verdrahtung dann zu erwarten ist, wenn die Entwurfsmodularisierung mit den geometrischen Komponenten im Layout möglichst übereinstimmt.

Da wir uns angesichts der ohnehin umfangreichen Modelle keine weiteren Modelle leisten wollen - auch im Interesse des Lesers -, wurde das vorliegende Grobstrukturmodell als Kompromiß entwickelt.

Einerseits werden wir pragmatische und physikalisch-geometrische Gesichtspunkte berücksichtigen und uns daher nicht nur an der Gliederung in logische Pipeline-Stufen wie im vorigen Kapitel 6 orientieren.

Andererseits werden wir uns um einen gut verständlichen hierarchischen Aufbau bemühen, dessen Einheiten wir unterschiedlich tief verfeinern werden, bis auf der untersten Ebene wieder ein meist recht elementares Verhalten steht. Es soll möglich sein, den Prozessor auf verschiedenen Abstraktionsebenen zu verstehen, ohne jeweils das ganze Modell studieren zu müssen.

Zu Beginn wird eine Übersicht über die wesentlichen Komponenten des Grobstrukturmodells und ihre Funktion gegeben. Danach erfolgt hierarchisch gegliedert eine immer detailliertere Beschreibung aller Prozessormodule. Die Reihenfolge dieser Beschreibung entspricht der des VERILOG-Codes in Kapitel 🖫3 der Diskette bzw. H4.7. Im Kapitel 9 wird auch die System- und Testumgebung des Prozessormodells behandelt, damit es anschließend intensiv simuliert und getestet werden kann. Auch die folgenden Block-diagramme benutzen die Legende aus Bild 6.11.

Ausgehend von den fünf logischen Pipeline-Stufen der internen Spezifikation wird der Datenpfad des Grobstrukturmodells wie in Bild 7.1 in *Units* modula-risiert, nämlich in die *Instruction-Fetch-Unit IFU*, die *Instruction-Decode-Unit IDU*, die *Arithmetic-Logic-Unit ALU*, die *Memory-Access-Unit MAU* und die *Forwarding-and-Register-Unit FRU*. Letztere enthält die Write-Back-Stufe, das Registerfeld und die Forwarding-Logik.

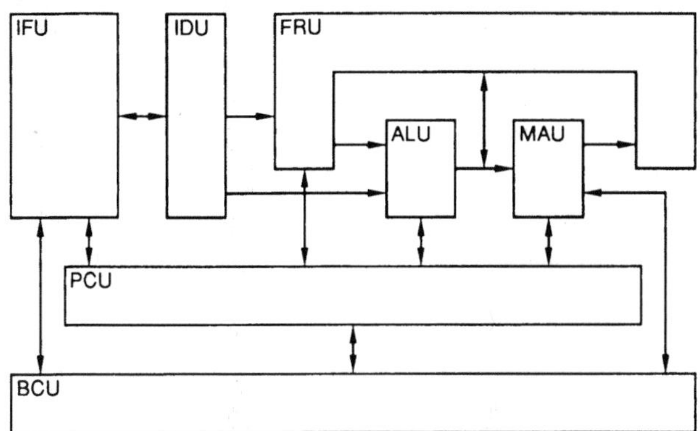

**Bild 7.1**  Units des Prozessors

Im Verlauf der Modellierung erwies es sich als zweckmäßig, einzelne Bestandteile der Units in andere Units zu verlagern. Kriterien hierfür waren beispielsweise die Verständlichkeit des Modellcodes oder Anzahl und Größe der Modul-Schnittstellen in der Hoffnung auf eine einfachere spätere Umsetzbarkeit in ein effizientes Gattermodell. So wurde etwa die Sprungdekodierung von der IDU in die IFU verlagert.

Einige stufenübergreifende Funktionen, vor allem aber Kontrollfunktionen wurden in zwei eigenständigen Units zusammengefaßt. Es entstanden die *Pipeline-Control-Unit PCU* und die *Bus-Control-Unit BCU*, die die Schnittstelle zum externen Speicher und das Busprotokoll implementiert.

Die Beschreibung des Grobstrukturmodells ist folgendermaßen aufgeteilt. Der Datenpfad mit der fünfstufigen Pipeline ist in diesem Kapitel 7 kommentiert, die Controller PCU und BCU sowie die Systemumgebung mit ersten Simulationsergebnissen sind im Hintergrundband im Kapitel H4 erläutert. Ebenso ist der etwas unübersichtliche Kommentar zur Realisierung des Branch-Target-Cache nach H4 ausgelagert.

Die Erläuterungen sind ausdrücklich nur zusammen mit dem Quellcode verständlich. Dieser ist im Abschnitt H4.7 abgedruckt, vor allem aber ist er auf der Diskette im Kapitel 🖫3 zu finden. So kann der Leser mit seinem eigenen Editor leicht das Modell in seiner Reihenfolge lesen, durchsuchen oder selbst simulieren, falls er Zugriff auf einen VERILOG-Simulator hat.

Da wir uns für eine vollständige Offenlegung aller Einzelheiten entschieden haben, ist eine Fülle von Details unvermeidbar. Dem normal interessierten Leser sei - zumal im ersten Durchgang - empfohlen, nicht jedes Detail verstehen zu wollen und stattdessen mehr Aufmerksamkeit auf das *wie* zu legen, wie nämlich bestimmte Zusammenhänge in einer HDL modelliert sind.

Bild 7.1 zeigt den groben Zusammenhang der sieben Units, deren wichtigste Bestandteile und Aufgaben anschließend kurz dargestellt werden.

## Die Instruction-Fetch-Unit IFU

Die IFU beinhaltet den Programmzähler PC, die Sprungdekodierung, die PC-Logik, den Multi-Purpose-Cache MPC und den Branch-Target-Cache BTC. Im BTC werden bestimmte Sprünge mit ihren Delay-Instruktionen gespeichert, im MPC alle anderen Instruktionen. Die IFU liest den nächsten Befehl aus den Caches oder fordert ihn bei der BCU an, die ihn dann aus dem Hauptspeicher holt. Anschließend wird der Befehl an die IDU weitergereicht. Sprünge müssen erkannt, und ihr Sprungziel muß berechnet werden.

Die Unit arbeitet in verschiedenen Modi: der FETCH_MODE wählt zwischen seriellem und parallelem Speicherzugriff, und die Caches haben verschiedene Betriebsarten oder können ganz abgeschaltet werden.

## Die Instruction-Decode-Unit IDU

Die IDU dekodiert die Instruktionen der IFU und generiert die zur Ausführung notwendigen Kontrollsignale. Sie erkennt illegale oder nicht implementierte Instruktionen und Verletzungen des Prozessor-Modus (PRIVILEGE_ VIOLATION) und reagiert mit der Anforderung einer entsprechenden Exception.

## Die Arithmetic-Logic-Unit ALU

Die ALU berechnet die arithmetischen und logischen Operationen, führt aber auch Rotier- und Shift-Operationen aus. Außerdem berechnet sie Adressen für Speicherzugriffe der in der Pipeline direkt folgenden Memory-Access-Unit.

## Die Memory-Access-Unit MAU

Die MAU ist für Datenzugriffe auf den Hauptspeicher zuständig. Schreibdaten werden an die Bus-Control-Unit BCU übergeben, gelesene Daten werden von dort übernommen. Beim Swap-Befehl findet beides in einem Pipeline-Schritt statt. Wird kein Speicherzugriff ausgeführt, fungiert diese Unit in der Pipeline lediglich als Puffer.

## Die Forwarding-and-Register-Unit FRU

Die FRU enthält das Registerfeld mit den Mehrzweckregistern, die Forwarding-Logik und die Pipeline-Stufe Write-Back. Aufgrund der Pipeline-Architektur sollen manchmal Daten aus einem Register gelesen werden, die dort erst im nächsten Schritt eingetragen werden. Hier greift ein Forwarding-Mechanismus. Die Daten werden vorab direkt vom aktuellen Bus gelesen. Die entsprechende Logik ist vollständig in der FRU untergebracht, so daß die anderen Units nicht wissen, ob sie ihre Daten aus einem Register oder durch den Forwarding-Mechanismus erhalten.

## Die Pipeline-Control-Unit PCU

Die PCU kontrolliert die Pipeline. Sie aktiviert die Pipeline-Stufen, setzt bei Bedarf einzelne oder alle Stufen außer Betrieb und stellt den Units IFU, IDU, MAU, FRU und BCU alle notwendigen Kontrollsignale zur Verfügung. Weiter verwaltet die PCU die extern angeforderten und die intern ausgelösten Interrupts.

## Die Bus-Control-Unit BCU

Die BCU ist für die Kommunikation des Chips mit dem externen Speicher zuständig. Sie implementiert ein asynchrones und ein synchrones Busprotokoll. Nach außen werden alle Signale zur Steuerung des Speichers zur Verfügung gestellt, intern nimmt die BCU die Bus-Arbitrierung vor, damit IFU und MAU einen einzigen Speicherbus benutzen können.

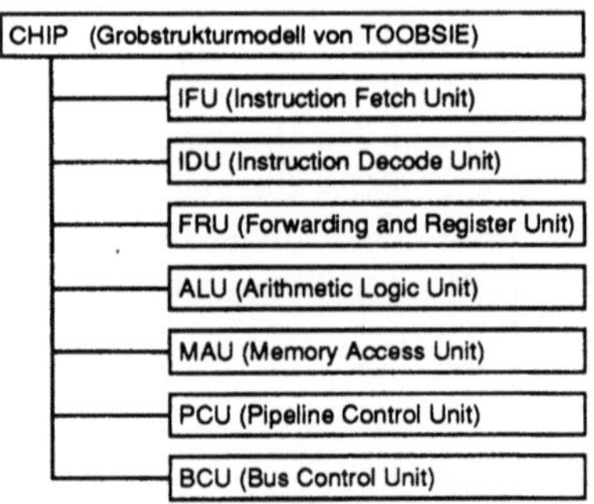


**Bild 7.2**   Modulhierarchie des Prozessors

Die oberen zwei Ebenen der Modulhierarchie des Prozessors zeigt Bild 7.2. Während wir den obersten Modul SYSTEM mit RAM und ROM in die Abschnitte H4.5, 🖫 3.9 und H4.7.9 auslagern, der die System- und Testumgebung des Prozessor-Chips enthält, beginnen wir mit dem eigentlichen Prozessor-Modul CHIP, in dem lediglich alle Units instanziiert und verdrahtet werden (Abschnitte 7.1, 🖫 3.1 und H4.7.1). Danach werden die Datenpfad-Units der Reihe nach in den Abschnitten 7.2 bis 7.6 und die Kontroll-Units in H4.1 und H4.2 erläutert und in 🖫 3.2 bis 🖫 3.8 bzw. H4.7.2 bis H4.7.8 als VERILOG-Quellcode gelistet.

Die Beschreibungen der Units sind weitgehend nach dem gleichen Schema aufgebaut. Es wird die Schnittstelle der Unit beschrieben, meist in einer Tabelle; ihre Ordnung stimmt mit der Parameterliste des entsprechenden VERILOG-Moduls überein. Zuerst werden die Eingänge beschrieben, dann die Ausgänge. Beide sind nach der Breite der Signale sortiert, so daß Adreß- und Datenbusse am Anfang stehen. Um normale, bei 1 aktive Signale zu unterscheiden von low-aktiven, die bei 0 aktiv sind, haben letztere wie zuvor einen mit n beginnenden Namen.

Entsprechend dem VERILOG-Modell wird die Unit als Hierarchie aus Modulen oder Gruppen dargestellt. Eine *Gruppe* stellt dabei eine sinnvolle Zusammenfassung eines oder mehrerer initial- oder always-Blöcke dar. Wegen relativ langer Parameterlisten wurde auf eine Modellierung der Gruppen durch Module verzichtet. In Bildern zur Hierarchie, etwa in Bild 7.56, unterscheiden abgerundete Ecken Gruppen von Modulen.

Die Reihenfolge der Komponenten entspricht im allgemeinen dem VERILOG-Listing. Bei komplexen Units wie der IFU werden nun die Aufgabe und die wichtigsten Bestandteile kurz beschrieben, unterstützt durch ein Block-diagramm zum internen Aufbau. Diese Darstellung faßt wichtige Signale und Komponenten der Unit zusammen und verbindet sie miteinander.

Nach der obersten Ebene der Modulbeschreibung werden dann die Komponenten des Moduls dargestellt. Bei besonders komplexen Komponenten wird dieses Beschreibungsschema noch einmal angewendet.

Beispielhaft werden Ausschnitte aus dem VERILOG-Listing eingeblendet. Dies können „Skelette" sein, die gewissermaßen die Überschriften wichtiger Gruppen zusammenfassen, oder vollständige Abschnitte kurzer VERILOG-Gruppen. Zeilennummern stellen eine einfache Verbindung zum gesamten VERILOG-Modell her.

## 7.1   Der Prozessor CHIP

Der Modul CHIP bildet einen Rahmen für alle zuvor erwähnten sieben Units, die als Untermodule instanziiert und miteinander verschaltet werden (Bild 7.2). Außerdem werden die externen Signale des Chips mit den Units verbunden. Externe Signale können Eingänge (in), Ausgänge (out) oder Tri-State-Signale (tri) sein.

Die Modulschnittstelle mit der Signalcodierung zeigt Tabelle 7.3. Der zuge-hörige VERILOG-Code steht in Abschnitt 3.1 bzw. H4.7.1.

| Signal | I/O | Code | Erläuterung |
|---|---|---|---|
| CONFIG | in | | Cache-Konfiguration |
| | | 0???? | paralleler Modus |
| | | 1???? | serieller Modus |
| | | ???00 | BTC: abgeschaltet |
| | | ???01 | BTC: nur BCC |
| | | ???10 | BTC: nur CALL |
| | | ???11 | BTC: BCC und CALL |
| | | ?00?? | MPC: abgeschaltet |
| | | ?01?? | MPC: RIB-Mode |
| | | ?10?? | MPC: IC-Mode |

| | | | |
|---|---|---|---|
| IRQ_ID | in | | Interrupt-Identifikation |
| | | 000 | Bus Error |
| | | 001 | Page Fault |
| | | 010 | Miss Align |
| CP | in | | Systemtakt |
| nRESET | in | | RESET |
| | | 1 | CPU arbeitet |
| | | 0 | RESET |
| nIRQ | in | | Interrupt-Anforderung |
| | | 1 | keine Anforderung |
| | | 0 | System fordert Interrupt an |
| nMHS | in | | Memory Handshake |
| | | $1 \rightarrow 0$ | Beginn Speicherzugriff |
| | | $0 \rightarrow 1$ | Ende Speicherzugriff |
| nHLT | in | | HALT |
| | | 1 | CPU läuft |
| | | 0 | CPU ist abgekoppelt und steht |
| BUS_PRO | in | | Busprotokollwahl |
| | | 1 | synchron |
| | | 0 | asynchron |
| ADDR_BUS | out | | Speicher-Adreßbus |
| ACC_MODE | out | | Zugriffsmodus bei LD/ST-Befehlen |
| | | 00 | Byte |
| | | 01 | Halbwort |
| | | 10 | Wort |
| nIRA | out | | Interrupt Acknowledge |
| | | $1 \rightarrow 0$ | Interrupt-Anforderung empfangen |
| | | $0 \rightarrow 1$ | Interrupt wird bearbeitet |
| RnW | out | | Memory Read not Write |
| | | 1 | lesen |
| | | 0 | schreiben |
| nRMW | out | | Read Modify Write |
| | | 0 | Lese-Schreib-Zugriff |
| | | 1 | kein  Lese-Schreib-Zugriff |
| nMRQ | out | | Memory Request |
| | | 0 | Speicherzugriff läuft |
| | | 1 | kein Speicherzugriff |
| KU_MODE | out | | Prozessor Modus |
| | | 1 | KERNEL_MODE |
| | | 0 | USER_MODE |
| DATA_BUS | tri | | Datenbus |

**Tabelle 7.3**  Schnittstelle des Moduls CHIP mit Signalcodes

Um einen Überblick über die Verbindungen der Units untereinander und
einen Eindruck vom Umfang des Modells zu bekommen, enthält die Tabelle 7.4
eine Zusammenstellung sämtlicher Signale des Moduls CHIP. Sie ist nach

Modulen gruppiert, beginnend mit CHIP. Danach kommen die Module der Units in der Reihenfolge IFU, IDU, ALU, MAU, FRU, PCU und BCU. Für jeden Modul sind die Signale in der gleichen Reihenfolge wie im VERILOG-Modell aufgelistet. Eine Ausnahme bildet die PCU. Hier sind aus Gründen der Übersichtlichkeit die Aus- und Eingänge zusätzlich nach Ziel bzw. Quelle sortiert. In jedem Fall stimmt die Reihenfolge mit der in den lokalen Tabellen jeder Unit überein. Etliche Begriffe dieser Übersichtstabelle werden erst in den Spezialabschnitten erklärt werden.

Bei der Namensvergabe für die aktuellen Parameter im Modul CHIP wurden normalerweise die Namen der formalen Parameter der beteiligten Quell- und Zielmodule übernommen. Sie können aber auch abweichen. Ein Beispiel dafür ist der aktuelle Parameter IF_KUMODE der IFU, dessen formaler Name im IFU-Modul KU_MODE ist. In der Spalte „Signal" enthält die Tabelle 7.4 die aktuellen Parameter. Weicht der formale Parameter der Quelle bzw. Senke davon ab, enthält die Spalte „Erläuterung" einen Verweis der Art IFU.KU_MODE.

| Modul | Signal | an/von | Erläuterung |
|---|---|---|---|
| CHIP | ADDR_BUS | ← BCU | Speicher-Adreßbus |
| | ACC_MODE | ← BCU | Zugriffsmodus bei LD/ST-Befehlen (BCU.ACMD) |
| | nIRA | ← PCU | Interrupt Acknowledge |
| | RnW | ← BCU | Memory Read not Write |
| | nRMW | ← BCU | Read Modify Write |
| | nMRQ | ← BCU | Memory Request |
| | FACC | ← BCU | Fetch-Access: Speicherzugriff lädt Instruktion |
| | KU_MODE | ← PCU | Prozessor Modus (PCU.SYS_KUMODE) |
| | DATA_BUS | ↔ BCU | Datenbus |
| | CONFIG | → IFU | Cache-Konfiguration (IFU.CACHE_MODE) |
| | IRQ_ID | → PCU | Interrupt-Identifikation |
| | CP | → alle | Systemtakt |
| | nRESET | → IFU | Prozessor-Reset |
| | | → IDU | Prozessor-Reset |
| | | → PCU | Prozessor-Reset |
| | nIRQ | → PCU | Interrupt-Anforderung |
| | nMHS | → BCU | Memory Handshake |
| | nHLT | → BCU | HALT |
| | BUS_PRO | → BCU | Busprotokollwahl |
| IFU | I_BUS | → IDU | Instruktion |
| | IFU_ADDR_BUS | → BCU | Adresse der nächsten zu holenden Instruktion |
| | NPC_BUS | → PCU | zu sichernde Rücksprungadresse bei CALL (PCU.NPC) |
| | BREAK_MEM_ACC | → BCU | Speicherzugriff abbrechen |
| | CALL_NOW | → PCU | CALL liegt vor und NPC_BUS ist gültig |
| | DIS_IDU | → PCU | IDU im nächsten Takt abschalten |
| | DIS_ALU | → PCU | ALU im nächsten Takt abschalten |
| | EXCEPT_CTR | → IDU | Exception: CTR im Delay-Slot eines Sprunges (IFU.EXCEPT) |
| | DS_IN_IFU | → PCU | Delay-Slot eines Sprunges wird bearbeitet (IFU.DS_NOW) |

|  | | | |
|---|---|---|---|
| | IFU_FETCH_RQ | → BCU | IFU will im nächsten Takt laden (IFU.DO_FETCH) |
| | IFU_CORRECT | → PCU | IFU korrigiert einen Sprung |
| | IFU_DATA_BUS | ← BCU | Instruktion aus Speicher |
| | PC_BUS | ← PCU | PC für Sprunganforderung durch PCU |
| | CONFIG | ← extern | Konfiguration der Caches (IFU.CACHE_MODE) |
| | IF_FLAGS | ← PCU | Flags für BTC (IFU.FLAGS_IF) |
| | FD_FLAGS | ← PCU | Flags für Sprungkorrektur (IFU.FLAGS_FD) |
| | CP | ← extern | Systemtakt |
| | WORK_IF | ← PCU | IF-Stufe aktiv |
| | WORK_FD | ← PCU | FD-Stufe aktiv |
| | CCLR | ← IDU | Caches löschen |
| | nRESET | ← extern | Prozessor-Reset |
| | IF_KU_MODE | ← PCU | Prozessor-Modus (IFU.KU_MODE) |
| | USE_PCU_PC | ← PCU | Sprunganforderung von PCU |
| | NEW_FLAGS | ← IDU | Befehl in ALU verändert Flags |
| | LDST_ACC_NOW | ← PCU | Speicherbus belegt |
| | EMERG_FETCH | ← PCU | Sprunganforderung muß sofort bearbeitet werden |
| IDU | IMMEDIATE | → FRU | Immediate-Operand B |
| | SWI_ID | → PCU | SWI-Kennung |
| | EXCEPT_ID | → PCU | Exception-Kennung |
| | ADDR_A | → FRU | Adresse Quellregister A |
| | ADDR_B | → FRU | Adresse Quellregister B |
| | ADDR_C | → FRU | Adresse Ergebnisregister |
| | ADDR_D | → FRU | Adresse Schreibdatenregister (FRU.ADDR_STORE_DATA) |
| | SREG_ADDR | → PCU | Adresse Spezialregister (IDU.ADDR_SREG) |
| | ALU_OPCODE | → ALU | ALU-Operation |
| | MAU_ACC_MODE2 | → PCU | MAU-Zugriffsbreite |
| | MAU_OPCODE2 | → PCU | MAU-Zugriffsart |
| | USE_SREG_DATA | → FRU | B-Operand ist Spezialregister |
| | USE_IMMEDIATE | → FRU | B-Operand ist Immediate-Wert |
| | SWI_RQ | → PCU | SWI-Anforderung |
| | EXCEPT_RQ | → PCU | Exception-Anforderung |
| | SREG_ACC_DIR | → PCU | SREG-Zugriffsrichtung |
| | DO_RETI | → PCU | Interrupt verlassen |
| | DO_HALT | → PCU | Prozessor anhalten |
| | NEW_FLAGS | → IFU, → PCU | ALU-Operation mit .F-Option |
| | CCLR | → IFU | Caches löschen |
| | I_BUS | ← IFU | Instruktion |
| | CP | ← extern | Systemtakt |
| | WORK_ID | ← PCU | IDU-Arbeitsfreigabe |
| | STEP | ← PCU | Pipeline-Freigabe |
| | KILL_IDU | ← PCU | Dekodiersperre |
| | nRESET | ← extern | Prozessor-Reset |
| | ID_KU_MODE | ← PCU | CPU-Privilegierung (IDU.ID_KUMODE, PCU.ID_KUMODE) |
| | EXCEPT_CTR | ← IFU | CTR-Exception (IFU.EXCEPT) |
| ALU | C3_BUS | → FRU, → MAU | Ergebnis |
| | FLAGS_FROM_ALU | → PCU | Ergebnis-Flags |
| | A_BUS | ← FRU | Operand A |
| | B_BUS | ← FRU | Operand B |
| | ALU_CARRY | ← PCU | Carry-Operand |
| | ALU_OPCODE | ← IDU | Opcode |
| | CP | ← extern | Systemtakt |
| | WORK_EX | ← PCU | Arbeitsfreigabe |
| MAU | C4_BUS | → FRU | Ergebnisdaten |
| | MAU_WRITE_DATA | → BCU | Schreibdaten |

| | MAU_ADDR_BUS | → BCU, → PCU | Speicherzugriffsadresse |
|---|---|---|---|
| | D_BUS | ← FRU | zu schreibende Daten (FRU.STORE_DATA) |
| | MAU_READ_DATA | ← BCU | gelesene Daten |
| | C3_BUS | ← ALU | Adresse oder Operand |
| | MAU_ACC_MODE3 | ← PCU | Zugriffsangabe (MAU.MAU_ACC_MODE_3) |
| | MAU_OPCODE3 | ← PCU | Operationscode (MAU.MAU_OPCODE_3) |
| | CP | ← extern | Systemtakt |
| | WORK_MA | ← PCU | Arbeitsfreigabe |
| FRU | A_BUS | → ALU | Datenbus für Operand A |
| | B_BUS | → ALU | Datenbus für Operand B |
| | D_BUS | → MAU | verzögerte Schreibdaten für Zugriff der MAU (FRU.STORE_DATA) |
| | SREG_DATA | ← PCU | Daten aus Spezialregister |
| | IMMEDIATE | ← IDU | Immediate-Wert für Datenbus B |
| | C3_BUS | ← ALU | Ergebnisbus C3 für Forwarding |
| | C4_BUS | ← MAU | Ergebnisbus C4 für Forwarding |
| | ADDR_A | ← IDU | Registeradresse für Datenbus A |
| | ADDR_B | ← IDU | Registeradresse für Datenbus B |
| | ADDR_C | ← IDU | Registeradresse für Ergebnisbus |
| | ADDR_D | ← IDU | Registeradresse für Store-Daten (FRU.ADDR_STORE_DATA) |
| | INT_STATE | ← PCU | Auswahl des Interrupt-overlay-Registersatzes |
| | USE_IMMEDIATE | ← IDU | Wert am Immediate-Bus ist gültig |
| | CP | ← extern | Systemtakt |
| | STEP | ← PCU | Pipeline schiebt weiter |
| | WORK_EX | ← PCU | Execute-Stufe ist aktiviert (FRU.WORK_ALU) |
| | WORK_MA | ← PCU | Memory-Access-Stufe ist aktiviert (FRU.WORK_MAU) |
| | WORK_WB | ← PCU | Write-Back-Stufe ist aktiviert |
| | USE_SREG_DATA | ← IDU | Daten aus Spezialregister übernehmen |
| PCU-PF | LDST_ACC_NOW | → IFU | MAU-Zugriff im nächsten Step |
| -IF | EMERG_FETCH | → IFU | neuen Befehlszugriff anfordern, letzten invalidieren (Interrupt) |
| | IF_FLAGS | → IFU | Flags für IF (Sprungentscheidung bei BTC-Hit, IFU.FLAGS_IF) |
| | IF_KU_MODE | → IFU | Prozessor-Privilegierung für Fetch-Zugriff (IFU.KU_MODE) |
| | KILL_IDU | → IDU | Dekodierfreigabe für nächsten ID-Step |
| | PC_BUS | → IFU | PC-Übergabe an IF |
| | USE_PCU_PC | → IFU | PC-Übernahmeaufforderung an IFU (PC auf PC_BUS) |
| | WORK_IF | → IFU | Arbeitsfreigabe für IF |
| -ID | ALU_CARRY | → ALU | Carry für nächsten EX-Step |
| | FD_FLAGS | → IFU | Flags für FD (Standard-Sprungentscheidung, Sprungkorrektur, IFU.FLAGS_FD) |
| | ID_KU_MODE | → IDU | Prozessor-Privilegierung für Instruktions-Dekodierung (dort: IDU.ID_KUMODE) |
| | INT_STATE | → FRU | Selektion für Interrupt-Overlay-Registersatz |
| | SREG_DATA | → FRU | Daten aus Spezialregister |
| | WORK_FD | → IFU | Arbeitsfreigabe für FD (Dekodierlogik der IFU) |
| | WORK_ID | → IDU | Arbeitsfreigabe für ID |
| | STEP | → IDU | Arbeitsfreigabe für Pipeline (mindestens eine Stufe arbeitet) |
| -EX | MAU_ACC_MODE3 | → MAU | Zugriffsbreite für MAU (MAU.MAU_ACC_MODE_3) |

| | | | |
|---|---|---|---|
| | MAU_OPCODE3 | → MAU | Opcode für MAU (MAU.MAU_OPCODE_3) |
| | WORK_EX | → ALU | Arbeitsfreigabe für EX |
| | | → FRU | Arbeitsfreigabe für EX (FRU.WORK_ALU) |
| -MA | WORK_MA | → MAU | Arbeitsfreigabe für MA |
| | | → FRU | Arbeitsfreigabe für MA (FRU.WORK_MAU) |
| -WB | WORK_WB | → FRU | Arbeitsfreigabe für WB (Write-Back-Stufe der FRU) |
| | STEP | → FRU | Arbeitsfreigabe für Pipeline (mindestens eine Stufe arbeitet) |
| -BCU | BCU_ACC_DIR | → BCU | BCU-Zugriffsart und -richtung |
| | BCU_ACC_MODE | → BCU | BCU-Zugriffseinheit (IFU/MAU) und Zugriffsbreite |
| -extern | nIRA | → extern | Empfangsbestätigung für Hardware-Interrupt-Anfrage |
| | KU_MODE | → extern | Prozessor-Privilegierung für Speicherzugriffe (PCU.SYS_KUMODE) |
| -IF | CALL_NOW | ← IFU | Dekodieranzeige für CALL von Dekodierstufe der IFU |
| | DIS_ALU | ← IFU | Deaktivierungsanforderung für EX |
| | DIS_IDU | ← IFU | Deaktivierungsanforderung für ID |
| | DS_IN_IFU | ← IFU | Anzeige für CTR-Intruktion in ID und Delay-Slot in IF (IFU.DS_NOW) |
| | IFU_ADDR_BUS | ← IFU | IFU-Speicherzugriffsadresse |
| | IFU_CORRECT | ← IFU | Sprungkorrektur |
| | NPC_BUS | ← IFU | nächster PC der IFU (Wiederaufsatz nach CALL und SWI, PCU.NPC) |
| -ID | B_BUS | ← FRU | Operand aus Registerfeld für SRIS |
| | DO_HALT | ← IDU | Anforderung der HALT-Bearbeitung |
| | DO_RETI | ← IDU | Anforderung der RETI-Bearbeitung |
| | EXCEPT_ID | ← IDU | Exception-Kennung |
| | EXCEPT_RQ | ← IDU | Exception-Anforderung |
| | MAU_ACC_MODE2 | ← IDU | dekodierte Zugriffsbreite für Speicherzugriffsinstruktion |
| | MAU_OPCODE2 | ← IDU | dekodierter Opcode für Speicherzugriffsinstruktion |
| | NEW_FLAGS | ← IDU | Anzeige eines flag-verändernden ALU-Befehls in der ID |
| | SREG_ACC_DIR | ← IDU | Spezialregister-Zugriffsrichtung |
| | SREG_ADDR | ← IDU | Spezialregister-Adresse (IDU.ADDR_SREG) |
| | SWI_ID | ← IDU | Software-Interrupt-Kennung |
| | SWI_RQ | ← IDU | Software-Interrupt-Anforderung |
| -EX | FLAGS_FROM_ALU | ← ALU | Ergebnis-Flags aus der aktuellen ALU-Operation |
| -MA | MAU_ADDR_BUS | ← MAU | MAU-Speicherzugriffs-Adresse |
| -BCU | BCU_READY | ← BCU | Speicherzugriffszustand |
| -extern | CP | ← extern | Systemtakt |
| | IRQ_ID | ← extern | Hardware-Interrupt-Kennung |
| | nIRQ | ← extern | Hardware-Interrupt-Anforderung |
| | nRESET | ← extern | RESET-Signal |
| BCU | MAU_READ_DATA | → MAU | Lesedaten für MAU, gültig am Schrittende |
| | IFU_DATA_BUS | → IFU | Lesedaten für IFU, gültig am Schrittende |
| | ADDR_BUS | → extern | externer Adreßbus |
| | ACC_MODE | → extern | externe Zugriffsbreitenanforderung (BCU.ACMD) |
| | BCU_READY | → PCU | BCU hat Zugriff beendet |
| | nMRQ | → extern | Adressen für Speicherzugriff gültig |
| | FACC | → extern | Fetch-Access: Speicherzugriff lädt Instruktion |
| | nRMW | → extern | Prozessor fordert Read-Modify-Write an |

| | | |
|---|---|---|
| RnW | → extern | Auswahl, ob Read- oder Write-Speicherzugriff |
| DATA_BUS | ↔ extern | externer Datenbus |
| MAU_WRITE_DATA | ← MAU | hier liegen die zu schreibenden Daten der MAU an |
| IFU_ADDR_BUS | ← IFU | Fetch-Adresse der IFU |
| MAU_ADDR_BUS | ← MAU | Zugriffsadresse der MAU |
| CP | ← extern | Systemtakt |
| nRESET | ← extern | Prozessor-Reset |
| BCU_ACC_MODE | ← PCU | Arbitrierungs-Information, Zugriffsbreite |
| BCU_ACC_DIR | ← PCU | Auswahl LOAD / STORE / SWAP |
| BREAK_MEM_ACC | ← IFU | IFU fordert Ladeabbruch, da Cache-Hit |
| IFU_FETCH_RQ | ← IFU | Freigabe des Ladezugriffs (dort: BCU.DO_FETCH) |
| BUS_PRO | ← extern | Auswahl des Speicherprotokolls |
| nHLT | ← extern | Prozessor temporär anhalten |
| nMHS | ← extern | Quittierungssignal des Speichers oder Wait, Anforderung im synchronen Protokoll |

**Tabelle 7.4**  Verdrahtung des Moduls CHIP

Um im weiteren den Zusammenhang zwischen interner Spezifikation und Grobstruktur-Modell herzustellen, enthält die Tabelle 7.5 eine Gegenüberstellung von Bezeichnern aus beiden Prozessor-Beschreibungen. Natürlich enthält das Grobstruktur-Modell deutlich mehr Bezeichner, so daß bei weitem keine eindeutige Übertragung möglich ist. Dies wird schon an der unterschiedlichen Strukturierung der Pipeline deutlich. Die Tabelle dient dazu, Signale aus der internen Spezifikation im Grobstruktur-Modell wiederzufinden. Dabei beschränken wir uns auf eine Auflistung derjenigen, deren Namen im Grobstruktur-Modell anders lauten als in der internen Spezifikation oder überhaupt nicht mehr auftauchen. Ein Grund dafür kann sein, daß wegen einer verschobenen Grenze zwischen den Pipeline-Stufen Signale aus Schnittstellen verschwinden. Dies ist keine Nachlässigkeit, sondern ein typisches Merkmal des Entwurfsprozesses.

| Stufe | interne Spezifikation | Unit | Grobstruktur-Modell |
|---|---|---|---|
| IF | DATA_IN | IFU | IFU_DATA_BUS |
| | ADDR_OUT | | IFU_ADDR_BUS |
| ID | A_BUS, B_BUS | FRU | A_BUS, B_BUS |
| | D_BUS | | intern |
| | DATA_A, B | | A_BUS, B_BUS |
| | DATA_D | | intern |
| | D2_BUS | | STORE_DATA |
| | SREG_DATA | PCU | B_BUS |
| | SREG_ADDR | IDU | SREG_ADDR |

|     | MA_OPCODE |     | MAU_OPCODE2 |
|-----|-----------|-----|-------------|
|     | CTR       | IFU | intern      |
| EX  | C2_DEST   | FRU | ADDR_C      |
|     | C3_DEST   |     | intern      |
|     | D2_BUS    |     | STORE_DATA  |
|     | D3_BUS    |     | intern      |
|     | ALU       | ALU | SHIFT, LOGIK, ARITHMETIC |
| MA  | MA_OPCODE | MAU | MAU_OPCODE_3 |
|     | D3_BUS    |     | D_BUS       |
|     | C3_DEST   | FRU | intern      |
|     | C4_DEST   |     | intern      |
|     | DATA_IN   | MAU | MAU_READ_DATA |
|     | DATA_OUT  |     | MAU_WRITE_DATA |
|     | ADDR_OUT  |     | MAU_ADDR_BUS |
| WB  | C4_DEST   | FRU | intern      |
|     | C5_DEST   |     | intern      |
|     | C4_BUS    |     | C4_BUS      |
|     | C5_BUS    |     | intern      |

**Tabelle 7.5**  Von der internen Spezifikation zum Grobstruktur-Modell

## 7.2   Die Instruction-Fetch-Unit IFU

Die IFU implementiert zum großen Teil die Funktionalität der logischen IF-Stufe, deren Aufgabe es ist, Instruktionen aus dem Speicher zu lesen und an die logische ID-Stufe weiterzugeben. Abweichend davon wurde die Kommunikation mit dem externen Speicher an die Bus-Control-Unit BCU abgegeben, während die Sprungdekodierung als Teil der ID-Stufe hinzugenommen wurde. Die Einordnung der IFU in den Datenfluß zeigt Bild 7.1.

Die IFU beinhaltet den Programmzähler PC, die PC-Logik, den Branch-Target-Cache BTC und den Multi-Purpose-Cache MPC. Die IFU holt eine Instruktion über die BCU aus dem Speicher und gibt diese an die Instruction-Decode-Unit IDU weiter. Bei der Berechnung des neuen PC muß sie bedingte und unbedingte Sprünge BCC und CALL erkennen. Weil dies erst im folgenden Step zeitgleich mit der Dekodierung in der IDU geschehen kann, ist die IFU nicht mehr eindeutig in das Pipeline-Schema Fetch → Decode → Execute → Memory-Access → Write-Back einzuordnen, sondern umfaßt zum einen die IF vollständig, enthält zum andern aber auch Teile der ID. Um die Dekodierstufe der IFU von der der IDU zu unterscheiden, wird sie im folgenden als *Fetch-Decode-Stufe* FD bezeichnet. Tabelle 7.6 faßt die externen Signale der IFU zusammen.

| Signal | von/an | Bedeutung |
|---|---|---|
| IFU_DATA_BUS | ← BCU | Instruktion aus Speicher |
| PC_BUS | ← PCU | PC für Sprunganforderung durch PCU |
| CACHE_MODE | ← extern | Konfiguration der Caches |
| FLAGS_IF | ← PCU | Flags für BTC |
| FLAGS_FD | ← PCU | Flags für Sprungkorrektur |
| CP | ← extern | Systemtakt |
| WORK_IF | ← PCU | IF-Stufe aktiv |
| WORK_FD | ← PCU | FD-Stufe aktiv |
| CCLR | ← IDU | Caches löschen |
| nRESET | ← extern | Reset des Prozessors |
| KU_MODE | ← PCU | Prozessor-Modus |
| USE_PCU_PC | ← PCU | Sprunganforderung von PCU |
| NEW_FLAGS | ← IDU | Befehl in ALU verändert Flags |
| LDST_ACC_NOW | ← PCU | Speicherbus belegt |
| EMERG_FETCH | ← PCU | Sprunganforderung muß sofort bearbeitet werden |
| I_BUS | → IDU | Instruktion |
| IFU_ADDR_BUS | → BCU | Adresse der nächsten zu holenden Instruktion |
| NPC_BUS | → PCU | zu sichernde Rücksprungadresse bei CALL |
| BREAK_MEM_ACC | → BCU | Speicherzugriff abbrechen |
| CALL_NOW | → PCU | CALL liegt vor und NPC_BUS ist gültig |
| DIS_IDU | → PCU | IDU im nächsten Takt abschalten |
| DIS_ALU | → PCU | ALU im nächsten Takt abschalten |
| EXCEPT | → IDU | Exception: CTR im Delay-Slot eines Sprunges |
| DS_NOW | → PCU | Delay-Slot eines Sprunges wird bearbeitet |
| IFU_FETCH_RQ | → BCU | IFU will im nächsten Takt laden |
| IFU_CORRECT | → PCU | IFU korrigiert einen Sprung |

**Tabelle 7.6**  Schnittstelle der IFU

Bild 7.7 zeigt die hierarchische Gliederung der IFU. Neben den Caches gibt es
mehrere kleine Module.

Die Branch-Decision-Logik BDL bestimmt aus dem Condition-Code eines
Sprungbefehls und den aktuellen Flags, ob der Sprung genommen wird.

Der Program-Counter-Calculator PCC beinhaltet neben dem PC ein Register
LPC zum Puffern des letzten PC-Wertes. Außer diesen beiden Adressen
werden zusätzlich verschiedene Offsets zur Verfügung gestellt wie PC+1,
LPC+1 usw.

Die Pipeline-Disable-Logik PDL steuert die Ausgänge DIS_IDU und DIS_ALU
zur Deaktivierung der Instruction-Decode-Unit und der ALU. Dieses

Abschalten wird nötig, wenn noch keine Instruktion für die IDU bereit liegt
oder eine heuristische Sprungentscheidung falsch getroffen wurde.

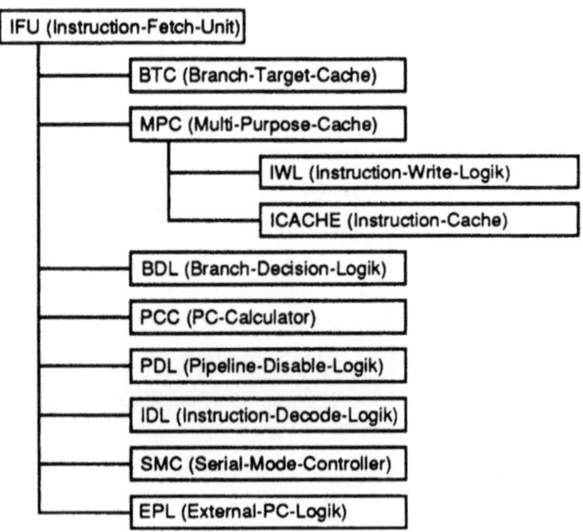

**Bild 7.7**  Hierarchische Struktur des Moduls IFU

Die Instruction-Decode-Logik IDL dekodiert den Befehl. Sie signalisiert das
Vorliegen eines Sprunges und stellt geeignete Informationen wie den
Condition-Code und die Sprungdistanz zur Verfügung.

Der serielle Speicherzugriff wird durch den Serial-Mode-Controller SMC
realisiert. Dieser täuscht den übrigen Komponenten der IFU einen Speicherzugriff durch die Memory-Access-Unit vor, so daß die Instruktion zunächst
nur in den Caches gesucht wird. Bei einem Cache-Miss wird dann erst im
nächsten Takt die Instruktion wirklich aus dem Speicher geholt.

Die External-PC-Logik EPL hat die folgende Aufgabe. Der PC wird nicht nur
von der IFU bestimmt, sondern kann auch von der PCU mit dem Signal
USE_PCU_PC überschrieben werden. Ist dieses Signal aktiv, obwohl erst noch
die Delay-Instruktion eines Sprunges geholt werden muß, so sind das Signal
zu verzögern und der übergebene PC bis zum Ende des Steps zu sichern. Die
Module BDL bis EPL werden ab 7.2.6 ausführlich erläutert.

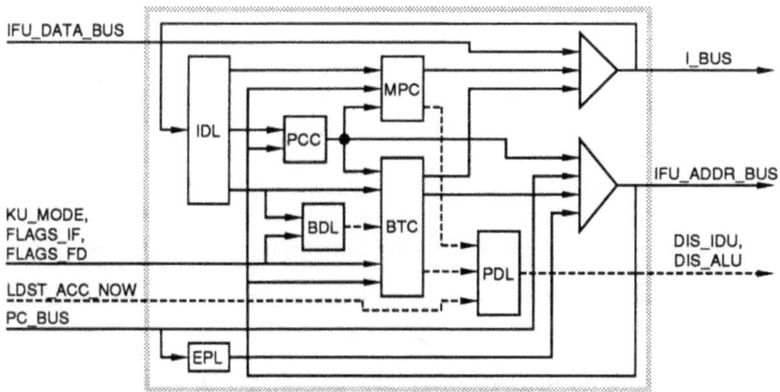


**Bild 7.8**  Aufbau der Instruction-Fetch-Unit

Außerhalb dieser Untermodule gibt es noch etwas kombinatorische Logik und drei Multiplexer (teilweise im Bild 7.8). Der I_BUS-Multiplexer wählt die richtige Instruktion aus, der Multiplexer für den IFU_ADDR_BUS leitet die richtige Speicheradresse an die BCU weiter und der NPC-BUS-Multiplexer selektiert die richtige Alternative für den nächsten Wert des Registers NPC, in dem die Rücksprungadresse bei CALL-Befehlen gesichert wird. Diese ist abhängig davon, ob die letzte Instruktion aus dem Speicher oder dem Cache kam. Der Inhalt von NPC wird auf dem NPC_BUS an die PCU weitergereicht. Zu beachten sind im Bild 7.8 auch die Rückkopplungen von I_BUS und IFU_ADDR_BUS.

Das interne Signal SHIFT wird in der IFU generiert und auch nur hier verwendet. Ist SHIFT zur positiven Taktflanke aktiv, so beginnt mit diesem Takt ein neuer IFU-Step. Dieser lokale Schritt ist nur auf die Verarbeitung innerhalb der IFU und nicht auf den Rest der Pipeline bezogen. SHIFT wird aktiv bei aktivem WORK_IF und falls zusätzlich im letzten Takt ein Speicherzugriff möglich war oder ein Cache-Hit vorliegt oder eine Sprungkorrektur oder eine unmittelbar auszuführende Sprunganforderung von der PCU. Ein Speicherzugriff ist nicht möglich, wenn zur gleichen Zeit der Bus von der Memory-Access-Unit für einen Datenzugriff belegt ist oder im seriellen Mode nur in den Caches gesucht werden soll. Ist ein Speicherzugriff nicht abgeschlossen, so wird dies durch das inaktive WORK_IF gekennzeichnet.

## 7.2.1 Der I_BUS-Multiplexer

Der I_BUS-Multiplexer wählt die Instruktion für die IDU im nächsten Takt aus. Welche Instruktion weitergereicht wird, hängt davon ab, ob ein Cache-Hit vorliegt und ob ein Speicherzugriff erfolgen konnte.

Falls ein normaler Speicherzugriff vorliegt, wird die Instruktion direkt vom IFU_DATA_BUS weitergereicht. Hat der BTC keinen Hit gemeldet, wohl aber der MPC, so wird die Instruktion vom MPC übernommen.

Hat der BTC einen Hit gemeldet, dann muß die Delay-Instruktion aus dem BTC an die IDU weitergegeben werden.

In allen anderen Fällen wird die zuletzt anliegende Instruktion erneut gewählt, die von der Instruction-Decode-Logik IDL zur Verfügung gestellt wird.

Bild 7.9 zeigt die Auswahlentscheidung im Quelltext mit einem case-Statement. Diese Beschreibung ist hardware-mäßig günstig zu realisieren.

```
// I_BUS-Multiplexer                                                   a0305
//                                                                     a0306
// Die Instruktion, die die IDU im naechsten Takt uebernehmen soll, wird   a0307
// ausgewaehlt. Welche Instruktion weitergereicht wird, haengt davon ab, ob  a0308
// ein Sprung korrigiert werden muss, ein Cache-Hit stattgefunden hat, kein   a0309
// Speicherzugriff erfolgen konnte oder ganz normal gefetcht wurde.      a0310
//                                                                     a0311
always @(BTC_HIT or MPC_HIT or NO_ACC                                  a0312
         or ID_INSTR or IFU_DATA_BUS or MPC_INSTR or BTC_DELAYSLOT) begin  a0313
  casez((BTC_HIT, MPC_HIT, NO_ACC))                                    a0314
    3'b000 : INSTR = IFU_DATA_BUS;        // normaler Fetch            a0315
    3'b001 : INSTR = ID_INSTR;            // kein Speicherzugriff      a0316
    3'b01? : INSTR = MPC_INSTR;           // MPC-Hit                   a0317
    3'b1?? : INSTR = BTC_DELAYSLOT;       // BTC-Hit                   a0318
    default : INSTR = ID_INSTR;                                        a0319
  endcase                                                              a0320
end                                                                    a0321
```

**Bild 7.9**   Auswahl der richtigen Instruktion

## 7.2.2 Der Multiplexer am IFU_ADDR_BUS

Dieser Multiplexer wählt die Adresse der im nächsten Takt zu holenden Instruktion aus. Die Auswahl hängt davon ab, ob ein neuer Step beginnt, ob ein von der Pipeline-Control-Unit PCU am PC_BUS gelieferter PC-Wert verwendet werden soll, ob ein Sprung korrigiert werden muß, ob ein BTC- oder ein MPC-Hit vorliegt, ob kein Speicherzugriff erfolgen konnte oder ob ein Sprung erkannt wurde. Für die nächste Adresse gibt es folgende Möglichkeiten.

```
// IFU_ADDR_BUS-Multiplexer                                           a0324
//                                                                    a0325
// Hier wird die Adresse ausgewaehlt, von der im naechsten Takt gefetcht  a0326
// werden soll. Die Auswahl haengt davon ab, ob ein extern von der PCU am a0327
// PC_BUS gelieferter PC verwendet werden soll, ein Sprung korrigiert werden a0328
// muss, ein BTC-Hit oder MPC-Hit vorliegt, eventuell kein Speicherzugriff a0329
// erfolgen konnte oder ein Sprung erkannt wurde.                     a0330
//                                                                    a0331
always @(SHIFT or USE_PCU_PC or LAST_USE_PCU_PC or BTC_CORRECT or BTC_HIT a0332
         or MPC_HIT or NO_ACC or ID_BRANCH or BTC_TAKEN or BTC_USE_LAST a0333
         or TAKEN                                                     a0334
         or PC or PC_1 or JPC or PC_2 or BTC_PC or LPC_2             a0335
         or LAST_PC_BUS or PC_BUS) begin                             a0336
   casez({SHIFT, USE_PCU_PC, LAST_USE_PCU_PC, BTC_CORRECT,            a0337
          BTC_HIT, MPC_HIT, NO_ACC, ID_BRANCH, BTC_TAKEN, BTC_USE_LAST, a0338
          TAKEN})                                                    a0339
     11'b0?????????  : NEW_PC = PC;          // alte Adresse behalten       a0340
     11'b10000000???  : NEW_PC = PC_1;       // normaler Fetch              a0341
     11'b10000001??0  : NEW_PC = PC_1;       // nicht zu nehmender Sprung   a0342
     11'b100001?0???  : NEW_PC = PC_1;       // MPC-Hit, kein Sprung        a0343
     11'b100001?1??0  : NEW_PC = PC_1;       // MPC-Hit, Sprung nicht nehmen a0344
     11'b10000001??1  : NEW_PC = JPC;        // zu nehmender Sprung         a0345
     11'b100001?1??1  : NEW_PC = JPC;        // MPC-Hit, Sprung nehmen      a0346
     11'b10001???0??  : NEW_PC = PC_2;       // BTC-Hit, Sprung nicht nehmen a0347
     11'b10001???1??  : NEW_PC = BTC_PC;     // BTC-Hit, Sprung nehmen      a0348
     11'b1001?????1?  : NEW_PC = BTC_PC;     // Sprungkorrektur             a0349
     11'b1001?????0?  : NEW_PC = LPC_2;      // Sprungkorrektur             a0350
     11'b101????????  : NEW_PC = LAST_PC_BUS; // verzoegerter externer PC   a0351
     11'b11?????????  : NEW_PC = PC_BUS;     // unmittelbarer externer PC   a0352
     default          : NEW_PC = PC;                                       a0353
   endcase                                                           a0354
end                                                                  a0355
```

Bild 7.10  Auswahl der richtigen Adresse

PC+1     Dies ist der Normalfall, bei dem kein Sprung vorliegt oder ein bedingter Sprung nicht genommen wird. Ebenso wird bei einem Hit vom MPC verfahren: liegt kein Sprung vor oder soll ein solcher nicht genommen werden, ist die neue Adresse PC+1. Der Program-Counter-Calculator PCC führt die Inkrementierung durch.

JPC     Wurde ein zu nehmender Sprung dekodiert, wird auf die Sprungadresse JPC verzweigt, falls der letzte Fetch normal durchgeführt wurde oder ein MPC-Hit vorliegt. Die Sprungadresse wird von der Instruction-Decode-Logik IDL ermittelt.

PC+2     Bei einem BTC-Hit ohne zu nehmenden Sprung ist die neue Adresse PC+2. Diese wird im PCC berechnet.

BTC_PC     Die vom Branch-Target-Cache mittels BTC_PC gelieferte Adresse wird genommen, wenn der BTC einen Hit gemeldet hat und der Sprung zu nehmen ist. Ist ein Sprung bei einer Sprungkorrektur nachträglich zu nehmen, wird diese Adresse ebenfalls verwendet. Der BTC legt die Korrekturadresse hier an.

LPC+2     Fordert der BTC eine Sprungkorrektur an, weil ein nicht zu nehmender Sprung genommen wurde, so muß das Programm an der Adresse LPC+2 fortgesetzt werden. LPC+2 wird vom Program-Counter-Calculator PCC zur Verfügung gestellt.

PC_BUS     Liegt eine externe Sprunganforderung der PCU vor, so ist die entsprechende Zieladresse vom PC_BUS zu übernehmen.

LAST_PC_BUS     In einigen Fällen ist der externen Sprunganforderung nicht unmittelbar nachzukommen. Die externe Adresse wird dann von der External-PC-Logik EPL gesichert und als LAST_PC_BUS zur Verfügung gestellt.

Bild 7.10 zeigt einen Modellierungsausschnitt.

### 7.2.3   NPC_BUS-Multiplexer

Der NPC_BUS liefert der PCU die Rücksprungadresse für einen CALL. Diese ist in Abhängigkeit von einem BTC-Hit zu ermitteln und wird im NPC-Register zwischengespeichert. Ohne Hit ist sie LPC+2, sonst PC+2.

### 7.2.4   Der Branch-Target-Cache BTC

Im Branch-Target-Cache werden Sprünge mit ihrem Delay-Slot gespeichert. Wird eine Adresse im Cache gefunden, kann statt des Sprunges gleich dessen Delay-Instruktion an die IDU weitergereicht werden und so ein Step gespart werden. In der ALU eventuell gerade sprungrelevante Flags müssen neu berechnet werden. Dann wird die Sprungentscheidung heuristisch getroffen und im nächsten Schritt bei Bedarf korrigiert.

Während dieses Verhalten des Branch-Target-Cache und der Algorithmus hierzu in der internen Spezifikation in Abschnitt 6.4.2 erläutert wurden, sind die Details der Umsetzung in ein gatternahes HDL-Modell etwas unübersichtlich. Wir haben die Kommentierung der BTC-Grobstruktur daher bis Abschnitt H4.3 vertagt. Für das Verständnis der Pipeline genügt die ungefähre Kenntnis der umfangreichen Schnittstelle in Tabelle 7.11.

| Signal | I/O | Erläuterung |
| --- | --- | --- |
| OPCODE | in | aktuelle Instruktion, einzutragende Delay-Instruktion |
| PC | in | zu suchende Fetch-Adresse |
| JPC | in | aktuelles Sprungziel |
| LPC | in | letzte Fetch-Adresse |
| FLAGS_IF | in | Flags zur Sprungentscheidung |
| FLAGS_FD | in | Flags zur Sprungkorrektur |
| ID_CCODE | in | aktueller Condition-Code |
| CONFIG | in | Cache-Modus |
| ID_ANNUL | in | aktuelles ANNUL-Bit |
| BRANCH | in | Sprung liegt vor |
| TYPE | in | Sprungart (0: BCC, 1: CALL) |
| TAKEN | in | aktueller Sprung genommen |
| KU_MODE | in | Prozessor-Modus |
| LAST_KU_MODE | in | letzter Prozessor-Modus |
| IGNORE_HIT | in | letzten Cache-Hit ignorieren |
| CCLR | in | Cache löschen |
| NEW_FLAGS | in | Befehl in der IDU verändert Flags |
| NO_ACC | in | kein Speicherzugriff möglich |
| WORK_IF | in | IFU aktiv |
| DO_IF | in | IFU ist aktiviert worden |
| nRESET | in | Reset des Prozessors |
| CP | in | Systemtakt |
| BTC_DELAYSLOT | out | Delay-Slot aus dem Cache |
| BTC_PC | out | Sprungziel aus dem Cache oder Adresse einer Sprungkorrektur |
| BTC_HIT | out | Hit im Cache |
| BTC_CORRECT | out | Sprungkorrektur ausführen |
| BTC_USE_LAST | out | bei Sprungkorrektur muß letzte Fetch-Adresse genommen werden |
| BTC_DIS_IDU | out | BTC will IDU im nächsten Takt abschalten |
| BTC_DIS_ALU | out | BTC will ALU im nächsten Takt abschalten |
| BTC_TAKEN | out | beim Hit soll Sprung genommen werden |
| BTC_TYPE | out | Art des Sprungs (0: BCC, 1: CALL) |

**Tabelle 7.11**  Schnittstelle des Branch-Target-Cache BTC

## 7.2.5  Der Multi-Purpose-Cache MPC

Im Multi-Purpose-Cache werden in der Betriebsart IC_MODE (Instruction-Cache) alle Instruktionen gespeichert, die nicht im BTC abgelegt werden. Im RIB_MODE (Reduced-Instruction-Buffer) werden nur Instruktionen abgelegt, die wegen belegtem Speicherbus nicht sofort geholt werden konnten. Das Eintragen erfolgt verzögert in der zweiten Takthälfte des ersten Taktes, der auf den Fetch-Step folgt. Tabelle 7.12 gibt einen Überblick über die Schnittstelle des MPC.

| Signal | I/O | Beschreibung |
|---|---|---|
| INSTR | in | letzte Instruktion |
| PC | in | zu suchende Befehlsadresse |
| LPC | in | letzter PC (Einlagerungs-Adresse) |
| CONFIG | in | Cache-Konfiguration |
| CCLR | in | Cache löschen |
| BRANCH | in | Sprung liegt vor |
| LAST_LDST | in | zuletzt war ein Speicherzugriff nicht möglich |
| LAST_HIT | in | zuletzt lag ein Hit vor |
| KU_MODE | in | Prozessor-Modus |
| LAST_KU_MODE | in | letzter Prozessor-Modus |
| LAST_NO_ACC | in | zuletzt wurde kein Speicherzugriff durchgeführt |
| LAST_CORRECTION | in | letzter Sprung wurde korrigiert |
| WORK_IF | in | IFU aktiv |
| DO_IF | in | IFU ist aktiviert worden |
| nRESET | in | Reset des Prozessors |
| CP | in | Systemtakt |
| MPC_INSTR | out | Instruktion aus dem Cache; gültig, wenn MPC_HIT |
| MPC_HIT | out | Cache-Hit |

**Tabelle 7.12**  Schnittstelle des Multi-Purpose-Cache MPC

Der MPC enthält nach Bild 7.13 eine Schreib-Lese-Logik IWL (Instruction-Write-Logik) und den Instruction-Cache ICACHE als Kern.

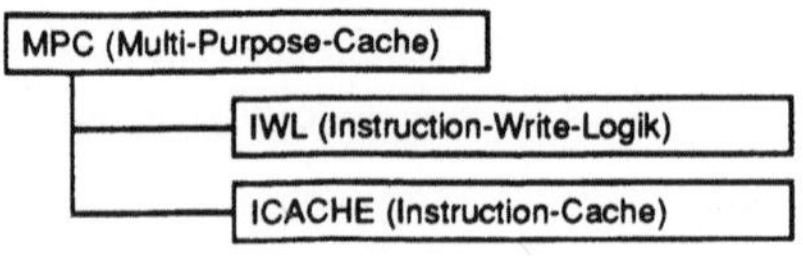


**Bild 7.13**  Modulhierarchie des MPC

### 7.2.5.1 Die Instruction-Write-Logik IWL

Die erste Takthälfte ist die Lesephase, die zweite die Schreibphase. Eine Instruktion wird in den MPC geschrieben, wenn alle folgenden Bedingungen erfüllt sind:

- Der MPC befindet sich im RIB_MODE, wobei im letzten Step kein Speicherzugriff möglich war, oder im IC_MODE.

- Es handelt sich nicht um einen Sprung, der in den BTC eingelagert wird.

- Im letzten Takt wurde kein Hit gemeldet, aber ein Speicherzugriff durchgeführt, und keine Sprungkorrektur war notwendig.

Dann wird der Cache durch ein aktives WnR zum Schreiben veranlaßt. Der Ausschnitt aus dem Quelltext in Bild 7.14 zeigt die Modellierung mit zwei getrennten always-Blöcken, die zur negativen und zur positiven Taktflanke ausgeführt werden.

```
// Schreibphase                                              a1397
//                                                           a1398
always @(negedge CP) begin                                  a1399
   if (DO_IF) begin                                         a1400
      if (~(LAST_LDST & CONFIG==2'b01) | (CONFIG==2'b10))   a1401
          & ~BRANCH & ~LAST_HIT & ~LAST_NO_ACC & ~LAST_CORRECTION)  a1402
            WnR = 1'b1;                                     a1403
      else WnR = 1'b0;                                      a1404
   end                                                      a1405
end                                                         a1406
                                                            a1407
//                                                          a1408
// Lesephase                                                a1409
//                                                          a1410
always @(posedge CP)   WnR = 1'b0;                          a1411
```

**Bild 7.14** Die Instruction-Write-Logik IWL

### 7.2.5.2 Der Instruction-Cache ICACHE

Der Speicherkern des MPC enthält 16 Zeilen mit je einem TAG-Feld und zwei Einträgen (Bild 7.15). Jeder Eintrag speichert einen Befehl. Der TAG ist wie beim BTC vollassoziativ und enthält die 29 Adreß-Bits 31...3 sowie ein Bit für den Prozessor-Modus KU_MODE. Der TAG benötigt also 30 Bit pro Zeile.

In einer Zeile können nur aufeinanderfolgende Befehle abgelegt werden, wobei der Befehl mit der ungeraden Adresse im ersten Eintrag gespeichert wird. Bei beiden Befehlen sind also die Adreß-Bits 31...3 identisch. Mit dem Bit 2 der Adresse wird einer der beiden Befehlseinträge der Zeile selektiert. Die Bits 1 und 0 sind irrelevant, weil Befehle nur an Adressen stehen dürfen, die ein Vielfaches von vier sind.

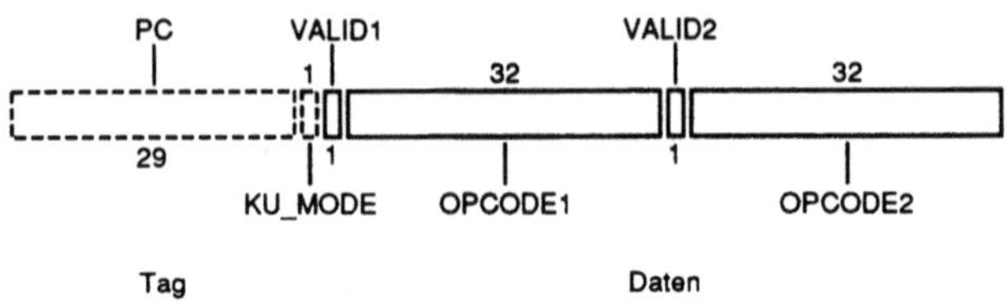


**Bild 7.15**   Eine Zeile im Multi-Purpose-Cache

Der Datenteil enthält für jeden Eintrag 32 Bit für den Opcode und das VALID-Bit. Der Datenteil ist daher 66 Bit breit, die ganze Zeile 96 Bit. Da jeder Eintrag ein eigenes VALID-Bit besitzt, können die Einträge unabhängig voneinander bearbeitet werden. Bei einem Reset oder gesetztem Cache-Clear-Signal CCLR, das durch den CLC-Befehl aktiviert wird, werden alle VALID-Bits Null. Im Modell werden außerdem die anderen Einträge zur Entwurfssicherheit auf undefiniert gesetzt.

Bei aktivem WnR erfolgt ein neuer Cache-Eintrag. Während die Schreib-Lese-Logik in die IWL ausgelagert wurde, ist die Ersetzungsstrategie direkt im Instruction-Cache implementiert. Existiert bereits eine Zeile mit dem entsprechenden PC und Prozessor-Modus, so wird die Instruktion dort eingetragen. Andernfalls wird möglichst eine ungültige Zeile gewählt. Eine Zeile ist ungültig, wenn beide Einträge ungültig sind. Ansonsten wird nach einer Zeile mit einem anderen KU_MODE gesucht. Scheitert auch dies, erfolgt der Eintrag in irgendeine Zeile. Zu beachten ist das VALID-Bit des jeweils anderen Zeileneintrags. Im ersten Fall muß das VALID-Bit unverändert bleiben, in allen anderen Fällen ist es auf Null zu setzen.

Bei inaktivem WnR wird ein Eintrag gelesen, sofern ein Hit vorliegt und das VALID-Bit gültig ist. Ansonsten werden die Ausgänge wiederum als undefiniert erklärt.

Die Assoziativität des TAG-Speichers wird durch paralleles Suchen im Cache modelliert. Wie beim BTC wird eine Zeile zufällig ausgewählt durch ein Register, das mit jeder positiven Flanke von WnR um 3 erhöht wird. Auch hier kann später anders implementiert werden.

## 7.2.6 Die Branch-Decision-Logik BDL

Der Modul BDL wird sowohl von der IFU als auch vom BTC instanziiert und modelliert die Sprungentscheidung, ob gegebene Flags die gegebene Bedingung erfüllen. Seine Schnittstelle zeigt Tabelle 7.16, die VERILOG-Modellierung mit einem case-Statement zeigt Bild 7.17. Dieses case-Statement ist in gleicher Form auch im Quelltext des Interpreter-Modells wiederzufinden.

| Signal | I/O | Beschreibung |
|---|---|---|
| FLAGS | in | Flags, nach denen entschieden wird |
| CCODE | in | Bedingung, die überprüft wird |
| BDL_TAKEN | out | Sprungbedingung erfüllt |

**Tabelle 7.16**  Schnittstelle des Moduls BDL

```
always @(FLAGS or CCODE) begin                              a1743
  case(CCODE)                                               a1744
    `MISC_BCC_GT: BDL_TAKEN = (~((NFLAG ^ VFLAG) |  ZFLAG));  a1745
    `MISC_BCC_LE: BDL_TAKEN = ( ((NFLAG ^ VFLAG) |  ZFLAG));  a1746
    `MISC_BCC_GE: BDL_TAKEN = ( ~(NFLAG ^ VFLAG) |  ZFLAG);   a1747
    `MISC_BCC_LT: BDL_TAKEN = (  (NFLAG ^ VFLAG) & ~ZFLAG);   a1748
    `MISC_BCC_HI: BDL_TAKEN =  (~(CFLAG | ZFLAG));            a1749
    `MISC_BCC_LS: BDL_TAKEN =   (CFLAG | ZFLAG);             a1750
    `MISC_BCC_PL: BDL_TAKEN =   (~NFLAG);                    a1751
    `MISC_BCC_MI: BDL_TAKEN =   ( NFLAG);                    a1752
    `MISC_BCC_NE: BDL_TAKEN =   (~ZFLAG);                    a1753
    `MISC_BCC_EQ: BDL_TAKEN =   ( ZFLAG);                    a1754
    `MISC_BCC_VC: BDL_TAKEN =   (~VFLAG);                    a1755
    `MISC_BCC_VS: BDL_TAKEN =   ( VFLAG);                    a1756
    `MISC_BCC_CC: BDL_TAKEN =   (~CFLAG);                    a1757
    `MISC_BCC_CS: BDL_TAKEN =   ( CFLAG);                    a1758
    `MISC_BCC_T:  BDL_TAKEN = 1'b1;                          a1759
    `MISC_BCC_F:  BDL_TAKEN = 1'b0;                          a1760
    default:      BDL_TAKEN = 1'b0;                          a1761
  endcase                                                    a1762
end                                                          a1763
```

**Bild 7.17**  Sprungauswertung

## 7.2.7 Der Program-Counter-Calculator PCC

Der PCC enthält die jetzige und vorige Programmadresse PC und LPC. Auf der Basis dieser Adressen sind verschiedene Offsets zu berechnen: PC+1, PC+2 und LPC+2. Außerdem wird hier die Zieladresse bei einem Sprung bestimmt. Tabelle 7.18 faßt die Schnittstelle des PCC zusammen, Bild 7.19 zeigt seinen Aufbau.

| Signal | I/O | Beschreibung |
| --- | --- | --- |
| NEW_PC | in | neue Fetch-Adresse für diesen Takt |
| CPC | in | Zieladresse bei CALL |
| DIST | in | Sprungdistanz bei BCC |
| TYPE | in | Sprungart (0: BCC; 1: CALL) |
| SHIFT | in | Step beendet |
| CP | in | Systemtakt |
| PC | out | Fetch-Adresse dieses Taktes |
| LPC | out | Fetch-Adresse des letzten Taktes |
| JPC | out | Zieladresse, falls Sprung |
| PC_1 | out | PC + 1 |
| PC_2 | out | PC + 2 |
| LPC_2 | out | LPC + 2 |

**Tabelle 7.18**  Schnittstelle des Moduls PCC

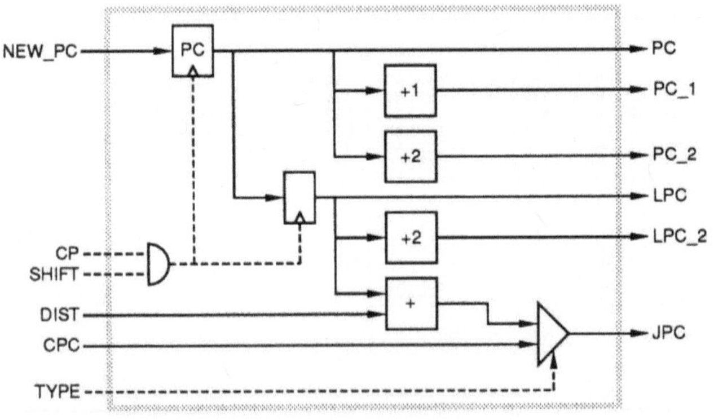


**Bild 7.19**  Aufbau des Program-Counter-Calculator PCC

Bei einem Reset werden die PC-Register auf undefiniert gesetzt, denn dann
wird die Startadresse des Prozessors nicht hier festgesetzt, sondern in der
PCU, die der IFU die Adresse als Sprunganforderung mitteilt.

Bei der positiven Taktflanke wird die Fetch-Adresse NEW_PC für den jetzt
folgenden Takt in das PC-Register übernommen. Dies geschieht aber nur, falls
das SHIFT-Signal gesetzt ist und damit der letzte Step abgeschlossen ist.
Gleichzeitig wird dem LPC-Register die alte Adresse des PC-Registers
zugewiesen.

Die Berechnung der verschiedenen Werte ist im Quelltext im Bild 7.20 dargestellt. Abhängig von Trigger-Bedingungen werden die Berechnungen parallel ausgeführt.

```
always @(posedge CP) begin                                          a1809
  if (SHIFT) begin                                                  a1810
    fork                                                            a1811
      LPC = #`DELTA PC;                                             a1812
      PC  = #`DELTA NEW_PC;                                         a1813
    join                                                            a1814
  end                                                               a1815
end                                                                 a1816
                                                                    a1817
always @(PC) begin                                                  a1818
  fork                                                              a1819
    PC_1 = #`DELTA PC + 30'b01;                                     a1820
    PC_2 = #`DELTA PC + 30'b10;                                     a1821
  join                                                              a1822
end                                                                 a1823
                                                                    a1824
always @(LPC) LPC_2 = #`DELTA LPC + 30'b10;                         a1825
                                                                    a1826
always @(TYPE or CPC or LPC or DIST) begin                          a1827
  JPC = (TYPE ? CPC : LPC + {{11{DIST[18]}}, DIST});               a1828
end                                                                 a1829
```

**Bild 7.20**  PC-Berechnungen

Bei jeder Änderung des PC-Registers werden die Offsets PC+1 und PC+2 neu berechnet. Entsprechendes gilt für den LPC-Offset LPC+2. Ändern sich der vorliegende Sprung oder der LPC, wird das Sprungziel aktualisiert. Bei einem CALL ist dies die von der Instruction-Decode-Logik IDL übergebene Adresse. Bei einem BCC wird die übergebene Distanz vorzeichenrichtig zu LPC addiert.

## 7.2.8  Die Pipeline-Disable-Logik PDL

| Signal | I/O | Beschreibung |
|---|---|---|
| MPC_HIT | in | Hit im MPC |
| BTC_HIT | in | Hit im BTC |
| BTC_CORRECT | in | BTC will eine Sprungkorrektur durchführen |
| BTC_DIS_IDU | in | BTC will IDU im nächsten Takt abschalten |
| BTC_DIS_ALU | in | BTC will ALU im nächsten Takt abschalten |
| NO_ACC | in | kein Speicherzugriff in diesem Takt |
| BRANCH | in | Sprung liegt vor |
| ANNUL | in | ANNUL-Bit des Sprunges |
| TAKEN | in | Sprung nehmen |
| DIS_IDU | out | IDU im nächsten Takt abschalten |
| DIS_ALU | out | ALU im nächsten Takt abschalten |

**Tabelle 7.21**  Schnittstelle des Moduls PDL

Der Modul PDL schaltet die IDU und die ALU in bestimmten Situationen ab. Die Abschaltung der IDU hängt davon ab, ob BTC oder MPC einen Hit melden, ob eine Sprungkorrektur durchgeführt wird, ob der BTC die IDU abschalten möchte, ob kein Speicherzugriff durchgeführt wurde, ob ein Sprung vorliegt, ob das ANNUL-Bit eines Sprunges gesetzt ist und ob dieser genommen wird. Die Abschaltung der ALU hängt dagegen nur von einem Wunsch des BTC ab. Die Schnittstelle der PDL faßt Tabelle 7.21 zusammen.

Das Signal zum Abschalten der ALU wird direkt vom BTC übernommen. Die IDU wird in fünf verschiedenen Situationen abgeschaltet, die durch folgende Bedingungen gekennzeichnet sind.

1   Der BTC meldet keinen Hit und keine Sprungkorrektur, ein Speicherzugriff wurde durchgeführt, ein Sprung liegt vor, das ANNUL-Bit ist gesetzt, und der Sprung wird nicht genommen.

2   Der BTC meldet keinen Hit und keine Sprungkorrektur, kein Speicherzugriff wurde durchgeführt, aber der MPC meldet einen Hit, ein Sprung liegt vor, das ANNUL-Bit ist gesetzt, und der Sprung wird nicht genommen.

3   BTC und MPC melden keinen Hit, keine Sprungkorrektur ist durchzuführen, und kein Speicherzugriff der IFU findet statt.

4   Der BTC will eine Sprungkorrektur durchführen und dabei die IDU abschalten.

5   Der BTC meldet einen Hit, keine Sprungkorrektur liegt an, und der BTC will aufgrund des Hits die IDU abschalten.

In allen anderen Fällen wird die IDU nicht von der IFU abgeschaltet.


## 7.2.9  Die Instruction-Decode-Logik IDL

Im Step nach dem Fetch wird die Instruktion zur Feststellung eines Sprunges dekodiert (BCC oder CALL). Der Modul IDL liefert die Instruktion, das Sprungziel bei einem CALL, die Sprungdistanz, den Condition-Code und das ANNUL-Bit eines BCC. Er informiert auch, um welche Art von Sprung es sich handelt (BCC oder CALL). Außerdem wird gemeldet, ob die letzte dekodierte Instruktion ein Sprung war. Dies ist notwendig, um Sprünge im Delay-Slot zu erkennen und eine Exception auszulösen. Als Sprung wird dabei ein CTR-Befehl angesehen (CALL, BCC, SWI, RETI und SRIS PC).

Tabelle 7.22 faßt die Schnittstelle der IDL zusammen, Bild 7.23 zeigt ihren Aufbau.

| Signal | I/O | Beschreibung |
|---|---|---|
| INSTR | in | Instruktion vom Datenbus |
| EMERG_FETCH | in | extern verursachter Sprung liegt vor |
| SHIFT | in | Step beendet |
| WORK_IF | in | IFU aktiv |
| WORK_FD | in | IDU aktiv |
| nRESET | in | Reset des Prozessors |
| CP | in | Systemtakt |
| ID_INSTR | out | letzte Instruktion |
| ID_CPC | out | Sprungziel bei CALL |
| ID_DIST | out | Sprungdistanz bei BCC |
| ID_CCODE | out | Condition-Code des BCC |
| ID_ANNUL | out | ANNUL-Bit des BCC |
| ID_BRANCH | out | Sprung liegt vor (BCC oder CALL) |
| ID_LAST_BRANCH | out | Sprung lag vor (BCC oder CALL) |
| ID_TYPE | out | Sprungart (0: BCC; 1: CALL) |
| ID_CTR | out | SWI, RETI oder SRIS PC liegt vor |
| ID_LAST_CTR | out | SWI, RETI oder SRIS PC lag vor |

**Tabelle 7.22**  Schnittstelle des Moduls IDL

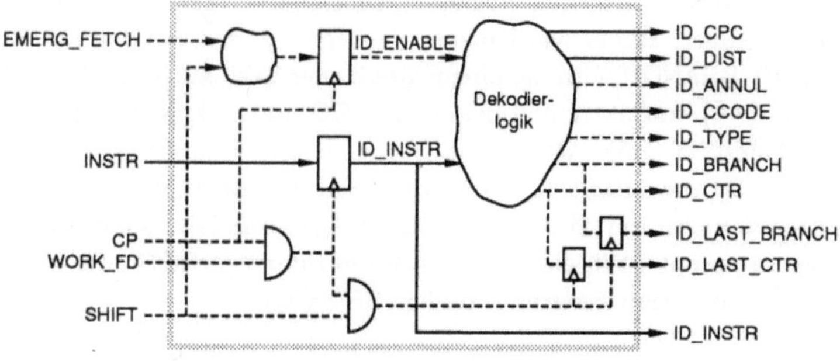


**Bild 7.23**  Aufbau der Instruction-Decode-Logik

ID_LAST_BRANCH und ID_LAST_CTR dienen im Zusammenhang mit ID_BRANCH und ID_CTR der Erkennung von Sprüngen im Delay-Slot eines anderen Sprungs. Es wird eine Exception ausgelöst, wenn ein Sprung vorliegt und im letzten Step ein Sprung vorgelegen hat. Um dies feststellen zu können, müssen ID_BRANCH und ID_CTR mit Beginn des neuen Steps in ID_LAST_BRANCH und ID_LAST_CTR übernommen werden.

Bei einem Reset des Prozessors werden die Signale ID_BRANCH, ID_LAST_BRANCH, ID_CTR und ID_LAST_CTR inaktiv gesetzt, damit nicht irrtümlich eine Exception ausgelöst wird. ID_ENABLE wird ebenfalls deaktiviert und die Dekodierung damit abgeschaltet.

Zur positiven Taktflanke wird die Instruktion vom externen Datenbus in das interne Register ID_INSTR übernommen, damit die Dekodierung während des ganzen Taktes stabil bleibt.

Das Signal ID_ENABLE erklärt sich folgendermaßen. Ein Emergency-Fetch, das heißt eine unmittelbar auszuführende Sprunganforderung von der PCU, kann auch im Delay-Slot eines Sprunges auftreten. In diesem Fall muß die IDL abgeschaltet werden, weil mit diesem Sprung nach einem Interrupt wieder aufgesetzt wird. Die IDL darf erst dann wieder eingeschaltet werden, wenn SHIFT gesetzt ist, das heißt der erste Befehl nach dem von der PCU ausgelösten Sprung geladen worden ist. Ansonsten würde der PC_BUS-Multiplexer den abgebrochenen Sprung bemerken und zur Sprungadresse verzweigen. Konkret wird die IDL also bei aktivem EMERG_FETCH abgeschaltet. Das Einschalten erfolgt bei inaktivem EMERG_FETCH und gesetztem SHIFT.

Sobald sich die im internen Register gespeicherte Instruktion ändert, wird erneut dekodiert. Dabei werden das Vorliegen und die Art eines Sprunges erkannt. ID_BRANCH wird bei einem CALL oder BCC aktiviert, ID_TYPE wird bei einem CALL auf aktiv und bei einem BCC auf inaktiv gesetzt. Außerdem werden Condition-Code, ANNUL-Bit, Sprungdistanz und die Sprungadresse im Falle eines CALL ermittelt. ID_CTR wird auf aktiv gesetzt, wenn es sich bei dem CTR-Befehl nicht um einen BCC oder CALL handelt, sondern um einen Software-Interrupt SWI, einen Return-From-Interrupt RETI oder einen Befehl zum Schreiben in den Programmzähler (SRIS PC).


## 7.2.10 Der Serial-Mode-Controller SMC

Die IFU kann neben dem parallelen auch im seriellen Zugriffsmodus betrieben werden. „Seriell" und „parallel" beziehen sich dabei auf die Reihenfolge von Cache- und Speicherzugriff. Im parallelen Modus wird gleichzeitig auf Cache und Speicher zugegriffen, und bei einem Cache-Hit wird der Speicherzugriff mit BREAK_MEM_ACC abgebrochen. Diese Busbelastung wird im seriellen Modus vermieden, wo zuerst im Cache die gewünschte Instruktion gesucht wird. Beim Miss wird erst im nächsten Takt der Speicherzugriff eingeleitet.

Da das Verhalten der IFU hinsichtlich des Speichers bei einem Nur-Cache-Zugriff mit dem Verhalten bei einer Belegung des Speicherbusses durch die Memory-Access-Unit MAU identisch ist, wird genau dieser Fall mit dem Signal NO_FETCH simuliert. Dieses Signal muß vom MPC im RIB_MODE beachtet werden, denn die Instruktion darf nur dann eingetragen werden, wenn die Speicherblockierung nicht künstlich modelliert wurde.

Mit jedem Takt wird normalerweise abwechselnd ein Speicherzugriff oder ein Nur-Cache-Zugriff eingeleitet. Dies geschieht zur positiven Taktflanke, wenn bei aktiver IFU kein RESET und kein Hit vorliegen. Falls aber ein Hit gemeldet wurde, so soll im nächsten Takt wieder ein Nur-Cache-Zugriff durchgeführt werden. Die Schnittstelle des Moduls SMC faßt Tabelle 7.24 zusammen.

| Signal | I/O | Beschreibung |
|---|---|---|
| HIT | in | Hit von BTC oder MPC |
| SERIAL_MODE | in | serieller Modus |
| WORK_IF | in | IFU aktiv |
| nRESET | in | Reset des Prozessors |
| CP | in | Systemtakt |
| NO_FETCH | out | IFU soll nicht fetchen |

**Tabelle 7.24**  Schnittstelle des Moduls SMC

## 7.2.11 Die External-PC-Logik EPL

Die Pipeline-Control-Unit PCU kann die IFU durch USE_PCU_PC veranlassen, direkt zur Adresse PC_BUS zu springen. Dies ist beispielsweise notwendig bei einem SRIS-Befehl mit dem PC als Zielregister, einem Interrupt oder einem RETI-Befehl. Falls wegen des seriellen Zugriffs-Modus oder eines Speicherzugriffs durch die Memory-Access-Unit MAU ein Speicherzugriff nicht abgeschlossen wird, kann bei einem SRIS der Sprung nicht sofort ausgeführt werden. Deshalb ist die Adresse bis zum Ende des Step zu speichern. Gibt es nach dieser Adreßsicherung eine weitere zu verzögernde oder unmittelbar auszuführende Sprunganforderung, wird die alte Adresse im ersten Fall überschrieben und im zweiten verworfen.

| Signal | I/O | Beschreibung |
|---|---|---|
| PC_BUS | in | PC von der PCU |
| USE_PCU_PC | in | PC von der PCU benutzen |
| SHIFT | in | Step beendet |
| WORK_IF | in | IFU aktiv |
| nRESET | in | Reset des Prozessors |
| CP | in | Systemtakt |
| LAST_PC_BUS | out | letzter PC von der PCU |
| LAST_USE_PCU_PC | out | letzten PC von der PCU benutzen |

**Tabelle 7.25**  Schnittstelle des Moduls EPL

Zur positiven Taktflanke wird bei aktiver IFU geprüft, ob der Step beendet
worden ist. Ist dies der Fall, wird das Signal, den gepufferten Befehl zu
benutzen, gelöscht. Andernfalls wird eine Sprunganforderung gepuffert. Die
Schnittstelle des Moduls EPL ist in Tabelle 7.25 zusammengefaßt, die Modellierung mit einem always-Block zeigt Bild 7.26.

```
always @(posedge CP) begin                                  a2217
  if (WORK_IF) begin                                        a2218
    if (SHIFT) LAST_USE_PCU_PC = #`DELTA 1'b0;              a2219
    else begin                                              a2220
      if (USE_PCU_PC) begin                                 a2221
        fork                                                a2222
          LAST_USE_PCU_PC = #`DELTA 1'b1;                   a2223
          LAST_PC_BUS     = #`DELTA PC_BUS;                 a2224
        join                                                a2225
      end                                                   a2226
    end                                                     a2227
  end                                                       a2228
end                                                         a2229
```

**Bild 7.26**  External-PC-Logik EPL

Zur Aufmunterung des Lesers sei erwähnt, daß die IFU die schwierigste und
im VERILOG-Modell mit Abstand die längste Unit ist. Die nun folgenden Teile
der Pipeline sind einfacher zu überschauen.

## 7.3  Die Instruction-Decode-Unit IDU

Die Instruction-Decode-Unit modelliert die logische ID-Stufe, lediglich die
Sprungdekodierung ist in die IFU verlagert worden und die Forwarding-Logik
in die FRU. Im Datenfluß liegt die IDU zwischen der IFU und der ALU sowie der
FRU (Bild 7.1).

Die IDU erzeugt die Steuersignale zur Ausführung der aktuellen Instruktion. Dazu gehören die Registeradressen für die ALU-Operanden ADDR_A und ADDR_B, der ALU_OPCODE, Modus und Opcode für die Memory-Access-Unit MAU, die Steuerleitungen für den Spezialregisterzugriff und das Cache-Clear-Signal CCLR. Außerdem werden von der Pipeline-Control-Unit PCU Exceptions angefordert und damit Interrupts ausgelöst. Tabelle 7.27 faßt die externen Signale der IDU zusammen.

| Signal | von/an | Bedeutung |
|---|---|---|
| I_BUS | ← IFU | Instruktionswort |
| CP | ← extern | Systemtakt |
| WORK_ID | ← PCU | IDU-Arbeitsfreigabe |
| STEP | ← PCU | Pipeline-Freigabe |
| KILL_IDU | ← PCU | Dekodiersperre |
| nRESET | ← extern | Prozessor-Reset |
| ID_KUMODE | ← PCU | CPU-Privilegierung |
| EXCEPT_CTR | ← IFU | CTR-Exception |
| IMMEDIATE | → FRU | Immediate-Operand B |
| SWI_ID | → PCU | SWI-Kennung |
| EXCEPT_ID | → PCU | Exception-Kennung |
| ADDR_A | → FRU | Adresse Quellregister A |
| ADDR_B | → FRU | Adresse Quellregister B |
| ADDR_C | → FRU | Adresse Ergebnisregister |
| ADDR_D | → FRU | Adresse Schreibdatenregister |
| ADDR_SREG | → PCU | Adresse Spezialregister |
| ALU_OPCODE | → ALU | ALU-Operation |
| MAU_ACC_MODE2 | → PCU | MAU-Zugriffsbreite |
| MAU_OPCODE2 | → PCU | MAU-Zugriffsart |
| USE_SREG_DATA | → PCU | B-Operand ist Spezialregister |
| USE_IMMEDIATE | → PCU | B-Operand ist Immediate-Wert |
| SWI_RQ | → PCU | SWI-Anforderung |
| EXCEPT_RQ | → PCU | Exception-Anforderung |
| SREG_ACC_DIR | → PCU | SREG-Zugriffsrichtung |
| DO_RETI | → PCU | Interrupt verlassen |
| DO_HALT | → PCU | Prozessor anhalten |
| NEW_FLAGS | → IFU, → PCU | ALU-Operation mit .F-Option |
| CCLR | → IFU | Caches löschen |

**Tabelle 7.27** Schnittstelle der Instruction-Decode-Unit

Die Befehlsdekodierung in der IDU gliedert sich in sechs Gruppen, die für
jeweils gleiche Kontroll- bzw. Datenleitungen die Erzeugung von Signalen
zusammenfassen. Der Modul IDU enthält daher die sechs Untergruppen DG1
bis DG6 aus Bild 7.28.

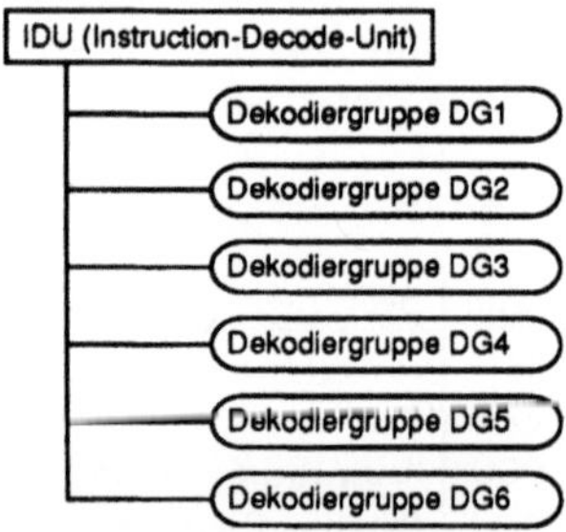


**Bild 7.28**   Hierarchische Struktur des Moduls IDU

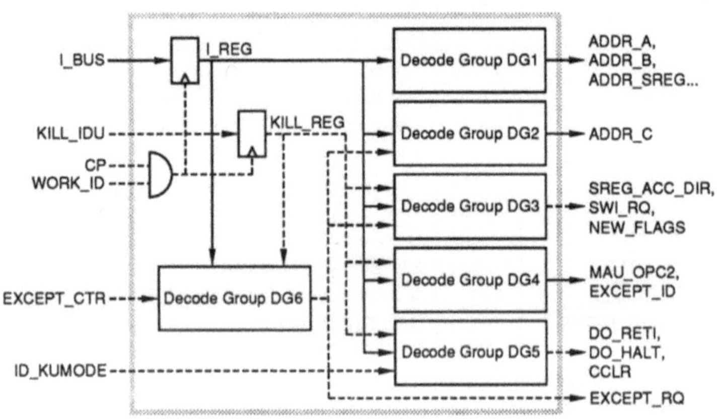


**Bild 7.29**   Aufbau der Instruction-Decode-Unit

In der ersten Gruppe DG1 werden alle Signale erzeugt, die allein vom
Instruktionsregister I_REG abhängig sind. In Gruppe DG2 werden Signale
dekodiert, die nur vom Instruktionsregister und dem Exception-Anforderungszustand EXCEPT_RQ abhängen. DG3 erzeugt alle Signale, die vom
Instruktionsregister, der Dekodierfreigabe und dem Exception-Anforderungszustand abhängen. DG4 dekodiert Signale, die von der jeweiligen Instruktion

und Dekodierfreigabe abhängen. DG5 betrifft Signale, die von der Instruktion, der Dekodierfreigabe und dem Prozessor-Modus ID_KUMODE abhängen. DG6 schließlich bestimmt die Exception-Anforderung EXCEPT_RQ in Abhängigkeit von der Instruktion, der Dekodiersperre und dem EXCEPT_CTR-Eingang. Bild 7.29 verdeutlicht diese Abhängigkeiten noch einmal.

Die IDU besitzt neben einer Arbeitsfreigabe WORK_ID noch eine Dekodiersperre KILL_IDU. Wenn die Arbeitsfreigabe bei aktivem WORK_ID zur positiven Taktflanke erfolgt, werden die Eingangswerte synchron geladen. Liegt keine Arbeitsfreigabe vor, behalten die Eingangsregister ihren jeweiligen Inhalt. Dies führt dazu, daß die Dekodierung und damit die Ausgänge stabil bleiben, was beispielsweise bei Pausen notwendig ist, in denen der Prozessor auf den Speicher wartet. Es gibt aber auch Fälle, in denen die in der IDU befindliche Instruktion ungültig werden muß, zum Beispiel bei einer Pipeline-Leerung im Interrupt-Fall und bei einer IDU-Abschaltung. Ein bloßes Abschalten durch Entziehen der Arbeitsfreigabe ist dann nicht ausreichend. Ist die Dekodiersperre KILL_IDU aktiv, wird die Dekodierung kritischer Signale verhindert. In Tabelle 7.30 sind die kritischen Zustände der Ausgangssignale zusammengefaßt.

| Signal | Wert | Bedeutung |
|---|---|---|
| SREG_ACC_DIR | 1 | Schreibzugriff auf Spezialregister |
| SWI_RQ | 1 | Software-Interrupt angefordert |
| NEW_FLAGS | 1 | neue Flags |
| MAU_OPCODE2 | 0?? | MAU-Speicherzugriff von BCU anfordern |
| EXCEPT_ID | | IDU-Exception, IFU-Anforderung nicht berücksichtigt |
| CCLR | 1 | Caches löschen |
| DO_RETI | 1 | Interrupt-Zustand verlassen |
| DO_HALT | 1 | Prozessor anhalten |
| EXCEPT_RQ | 1 | Exception von PCU anfordern |

**Tabelle 7.30** Kritische Zustände der Ausgangssignale der IDU

Wird eine nur im KERNEL_MODE zulässige Operation trotzdem im USER_MODE ausgeführt, wird nicht vollständig dekodiert, sondern stattdessen eine Exception von der Pipeline-Control-Unit PCU angefordert. Folgende Instruktionen sind nur im KERNEL_MODE zulässig: CLC, RETI, HALT, LRFS (falls das Quellregister nicht PC, RPC, LPC oder SR ist) und SRIS (falls das Zielregister nicht PC, RPC, LPC oder SR ist).

Die IDU kann die folgenden Exceptions anfordern:

- Delayed_CTR-Exception bei Exception-Anforderung durch die IFU;

- Unimplemented_Instruction-Exception bei den ALU-Befehlen MUL und DIV;

- Privilege_Violation-Exception bei Verwendung von KERNEL_MODE-Instruktionen als User;

- Illegal_Instruction-Exception bei nicht definierten Instruktionsworten.

Die Dekodierung erfolgt in sechs Gruppen, da nicht für jedes Signal alle Nebenbedingungen zu beachten sind. Jede Gruppe besitzt eine bestimmte Kombination von Abhängigkeiten der Dekodierung hinsichtlich Instruktions-register, Dekodierfreigabe, Prozessorprivilegierung und Exception-Anforde-rung.


## 7.3.1  Die Dekodiergruppe DG1

In der ersten Gruppe werden alle Signale generiert, die ausschließlich vom Inhalt des Instruktionsregisters abhängen und keinen Nebenbedingungen unterliegen (Tabelle 7.31).

| Signal | Bedeutung |
|---|---|
| ADDR_A | Adresse für Registeroperand A |
| ADDR_B | Adresse für Registeroperand B |
| ADDR_D | Adresse für mit ST oder SWP zu speicherndes Register |
| ALU_OPCODE | Opcode für ALU |
| IMMEDIATE | Immediate-Operand |
| MAU_ACC_MODE | MAU-Zugriffsmodus |
| SWI_ID | Interrupt-Kennung für SWI |
| USE_IMMEDIATE | Immediate-Operanden gültig |
| USE_SREG_DATA | Spezialregister-Daten gültig |

**Tabelle 7.31**  Dekodiergruppe DG1

Das VERILOG-Skelett in Bild 7.32 gibt einen Überblick über die Dekodier-gruppe DG1.

```
// Dekodiergruppe DG1                                              b0127
//                                                                 b0128
// bei Veraenderung des Instruktionsregisters alle ausschliesslich b0129
// von diesem Register abhaengigen Ausgaenge aktualisieren         b0130

always @(IDU_IREG) begin : DG1                                     b0134

  // Konstantzuweisungen                                           b0137
  // ADDR_B, ADDR_D, SWI_ID und MAU_ACC_MODE2 aktualisieren        b0138

  // IMMEDIATE in Abhaengigkeit von der Befehlsklasse aktualisieren; b0146
  // bei MACC-Befehlen wird Bit 0 aus dem untersten Bit der Zugriffsangabe b0147
  // bestimmt, wenn ein Byte-Zugriff vorliegt und Bit 1 aus dem mittleren b0148
  // Bit, wenn kein Wortzugriff erfolgt (Byte- oder Halbwortzugriff) b0149

  // ADDR_A in Abhaengigkeit von Bit 31 der Instruktion            b0162
  // (oberes Befehlsklassen-Bit) aktualisieren                     b0163

  // ADDR_SREG in Abhaengigkeit von Bit 24 des Befehls aktualisieren b0171

  // ALU_OPCODE in Abhaengigkeit von der Befehlsklasse aktualisieren b0179

  // USE_SREG_DATA in Abhaengigkeit von der Instruktion aktualisieren b0187

  // USE_IMMEDIATE in Abhaengigkeit von der Instruktion aktualisieren b0195

end                                                                b0202
```

**Bild 7.32** VERILOG-Skelett der Dekodiergruppe DG1

## 7.3.2 Die Dekodiergruppe DG2

In der zweiten Gruppe wird die Adresse ADDR_C des Zielregisters dekodiert,
die von der Instruktion und dem Exception-Anforderungszustand abhängt.
Der Quelltext in Bild 7.33 zeigt die Generierung der Adresse.

```
// Dekodiergruppe DG2                                              b0206
//                          .                                      b0207
// bei Veraenderungen des Instruktionsregisters oder des Ausgangs zur b0208
// Exception-Anforderung alle hiervon abhaengigen Ausgaenge aktualisieren b0209

always @(IDU_IREG or EXCEPT_RQ)  begin : DG2                       b0213

  // ADDR_C in Abhaengigkeit vom Befehl und vom Ausgang zur        b0216
  // Exception-Anforderung aktualisieren                           b0217
  //                                                               b0218
  casez({EXCEPT_RQ, IDU_IREG[31:24]})                             b0219
    9'b1????????: ADDR_C = 5'b0;          // Exception            b0220
    9'b00010????: ADDR_C = 5'b0;          // STORE                b0221
    9'b010??????: ADDR_C = 5'b0;          // CALL                 b0222
    9'b01111111??: ADDR_C = 5'b0;         // RETI, SWI, HALT und BRANCH b0223
    9'b011100111: ADDR_C = 5'b0;          // CLC                  b0224
    9'b011101011: ADDR_C = 5'b0;          // SRIS                 b0225
    default:       ADDR_C = IDU_IREG[23:19]; // sonst             b0226
  endcase                                                          b0227
                                                                   b0228
end                                                                b0229
```

**Bild 7.33** Generierung der Zieladresse ADDR_C

Die Adresse wird für alle Instruktionen, die kein Ergebnis in das Mehrzweck-
registerfeld schreiben, auf den Wert 0 gesetzt. Wird durch den Befehl im
Instruktionsregister eine Exception-Anforderung ausgelöst, so wird die
Adresse ebenfalls mit 0 belegt, da diese Instruktion die Pipeline weiter
durchläuft, das Mehrzweckregisterfeld aber nicht beschreiben darf. Die
Beachtung der Dekodiersperre ist für ADDR_C nicht notwendig, weil nur
Ergebnisse von Instruktionen, die die Pipeline vollständig durchlaufen, in das
Mehrzweckregisterfeld eingetragen werden, eine aktivierte Dekodiersperre
aber die Übernahme der ID-Instruktion in die EX-Stufe verhindert.

## 7.3.3  Die Dekodiergruppe DG3

In der dritten Gruppe werden diejenigen Signale dekodiert, die vom Inhalt des
Instruktionsregisters, der Dekodierfreigabe und dem Exception-Anforderungszustand abhängen (Tabelle 7.34).

| Signal | Bedeutung |
| --- | --- |
| NEW_FLAGS | ALU-Befehl, der die Flags ändert |
| SREG_ACC_DIR | Zugriffsrichtung Spezialregister (0=lesen/inaktiv, 1=schreiben) |
| SWI_RQ | Anforderung Software-Interrupt |

**Tabelle 7.34**  Dekodiergruppe DG3

Diese Signale sind bei aktiver Dekodiersperre nicht aktiv, da in diesem Fall
keine gültige Instruktion in der ID vorliegt. Es kann also weder ein Schreibzugriff auf ein Spezialregister noch eine SWI-Anforderung vorliegen.

Die Deaktivierung erfolgt auch, wenn in der IDU eine Exception-Anforderung
generiert wird, da bei einer Unimplemented_Instruction-Exception die Status-
Flags nicht geändert werden dürfen, bei einer Privilege_Violation-Exception ein
Schreibzugriff auf ein Spezialregister nicht erfolgen darf und bei einer
Delayed_CTR-Exception der Aufruf des Software-Interrupts ungültig ist.

Das VERILOG-Skelett in Bild 7.35 gibt einen Überblick über die Dekodiergruppe DG3.

```
// Dekodiergruppe DG3                                                b0233
//                                                                   b0234
// bei Veraenderungen des Instruktionsregisters, des Enable-Registers b0235
// oder des Ausgangs zur Exception-Anforderung alle hiervon abhaengigen b0236
// Ausgaenge aktualisieren                                           b0237

always @(IDU_IREG or IDU_DEREG or EXCEPT_RQ) begin : DG3            b0241

    // SREG_ACC_DIR in Abhaengigkeit vom Befehl, vom Enable-Zustand  b0244
    // und vom Ausgang zur Exception-Anforderung aktualisieren       b0245

    // SWI_RQ in Abhaengigkeit von der Instruktion, dem Enable-Zustand b0253
    // und dem Ausgang zur Exception-Anforderung aktualisieren       b0254

    // NEW_FLAGS in Abhaengigkeit von der Befehlsklasse, vom Enable-Zustand b0262
    // und vom Ausgang zur Exception-Anforderung aktualisieren       b0263

end                                                                 b0270
```

**Bild 7.35**  VERILOG-Skelett der Dekodiergruppe DG3

## 7.3.4  Die Dekodiergruppe DG4

In der vierten Gruppe erfolgt die Dekodierung der von der Instruktion und der Dekodierfreigabe abhängigen Signale, die in Tabelle 7.36 aufgeführt sind.

| Signal | Bedeutung |
|---|---|
| EXCEPT_ID | Kennung für Exception-Anforderung |
| MAU_OPCODE | Opcode für MAU |

**Tabelle 7.36**  Dekodiergruppe DG4

Einen Überblick über die Dekodiergruppe DG4 gibt das VERILOG-Skelett in Bild 7.37.

```
// Dekodiergruppe DG4                                                b0274
//                                                                   b0275
// bei Veraenderung des Instruktionsregisters oder des Enable-Zustands b0276
// alle hiervon abhaengigen Ausgaenge aktualisieren                  b0277

always @(IDU_IREG or IDU_DEREG) begin : DG4                        b0281

    // MAU_OPCODE2 in Abhaengigkeit von der Befehlsklasse und dem    b0284
    // Enable-Zustand aktualisieren                                  b0285

    // EXCEPT_ID in Abhaengigkeit von der Instruktion und dem        b0293
    // Enable-Zustand aktualisieren                                  b0294
    //                                                               b0295
    // Exception-Code:  000 Delayed CTR Instruction (von IFU angefordert) b0296
    //                  001 Privilege Violation                      b0297
    //                  010 Illegal Instruction                      b0298
    //                  011 Unimplemented Instruction                b0299

end                                                                 b0318
```

**Bild 7.37**  VERILOG-Skelett der Dekodiergruppe DG4

Im Normalfall wird diejenige Kennung angelegt, die der einzigen für die Instruktion möglichen Exception entspricht. Wenn hingegen die Dekodierung der IDU gesperrt ist oder keine Instruktion vorliegt, die eine Exception auslösen kann, so kann eine Exception-Anforderung nur über das Signal EXCEPT_CTR von der IFU erzeugt werden. In diesen Fällen muß EXCEPT_ID mit der notwendigen Exception-Kennung Delayed_CTR belegt werden.

Der MAU-Operationscode wird von der PCU nicht nur verzögert an die MAU übergeben, sondern von ihr auch zur Bestimmung der Busverteilung zwischen IFU und MAU verwendet. Daher darf das Signal MAU_OPCODE2 nur bei zur Dekodierung freigegebenen MAU-Instruktionen auf einen Wert gesetzt werden, der die MAU zu einem Speicherzugriff veranlaßt. Mögliche Exception-Kennungen für EXCEPT_ID und ihre Bedeutung sind in Tabelle 7.38 wiedergegeben.

| Kennung | Bedeutung |
| --- | --- |
| 000 | Delayed CTR |
| 001 | Privilege violation |
| 010 | Illegal instruction |
| 011 | Unimplemented instruction |

**Tabelle 7.38**   Exception-Kennungen für das Signal EXCEPT_ID

## 7.3.5  Die Dekodiergruppe DG5

In der fünften Gruppe werden die Signale der Tabelle 7.39 dekodiert, die von der Instruktion, der Dekodiersperre und der Prozessorprivilegierung abhängen und nur aktiviert werden dürfen, wenn die sie aktivierende Instruktion im KERNEL_MODE zur Dekodierung freigegeben ist.

| Signal | Bedeutung |
| --- | --- |
| CCLR | Caches löschen |
| DO_HALT | Prozessor anhalten |
| DO_RETI | Interrupt beenden |

**Tabelle 7.39**   Dekodiergruppe DG5

Das VERILOG-Skelett in Bild 7.40 gibt einen Überblick über die Dekodiergruppe DG5.

```
// Dekodiergruppe DG5                                                      b0322
//                                                                         b0323
// bei Veraenderungen des Instruktionsregisters, des Enable-Zustands       b0324
// oder der Prozessor-Privilegierung alle hiervon abhaengigen Ausgaenge    b0325
// aktualisieren                                                           b0326

always @(IDU_IREG or IDU_DEREG or ID_KUMODE) begin : DG5                   b0330

   // CCLR in Abhaengigkeit von der Instruktion, dem Enable-Zustand und    b0333
   // der Prozessorprivilegierung setzen                                   b0334

   // DO_RETI in Abhaengigkeit von der Instruktion, dem Enable-Zustand und b0342
   // der Prozessorprivilegierung setzen                                   b0343

   // DO_HALT in Abhaengigkeit von der Instruktion, dem Enable-Zustand und b0351
   // der Prozessorprivilegierung setzen                                   b0352

end                                                                        b0359
```

**Bild 7.40**  VERILOG-Skelett der Dekodiergruppe DG5

## 7.3.6  Die Dekodiergruppe DG6

In der sechsten Gruppe schließlich erfolgt die Bestimmung der Exception-
Anforderung EXCEPT_RQ in Abhängigkeit von der Instruktion, der Dekodiersperre, des Eingangs für die Anforderung Delayed_CTR (EXCEPT_CTR), der
Prozessor-Privilegierung und der Spezialregisteradresse. Mit EXCEPT_RQ
fordert die IDU eine Ausnahmebehandlung durch die PCU an. Dabei gibt es
drei Möglichkeiten: EXCEPT_RQ ist aktiv, inaktiv oder gleich der
EXCEPT_CTR-Anforderung der IFU. Die Exception-Anforderung wird
ausgegeben, wenn mindestens eine der folgenden Bedingungen vorliegt:

* es handelt sich um eine der folgenden, zur Dekodierung im USER_MODE
  nicht freigegebenen Instruktionen: CLC, HALT, RETI oder LRFS oder SRIS
  auf ein privilegiertes Register;

* es handelt sich um eine zur Dekodierung freigegebene MUL- oder DIV-
  Instruktion oder einen illegalen Instruktionscode;

* es wird eine Delayed_CTR-Exception durch die IFU angefordert.

Die Realisierung erfolgt mit der Fallunterscheidung in Bild 7.41.

Zu den privilegierten Registern (Kernel-Register) gehören alle Spezialregister
außer PC, RPC, LPC und SR, also die mit einer Registernummer größer als 3.

```
// Dekodiergruppe DG6                                                     b0363
//                                                                        b0364
// bei Veraenderung des Instruktionsregisters, des Enable-Zustands,       b0365
// des Eingangs zur Exception-Anforderung, der Prozessorprivilegierung    b0366
// oder der Spezialregisteradressse alle hiervon abhaengigen Ausgaenge    b0367
// aktualisieren                                                          b0368

always @(IDU_IREG or IDU_DEREG or                                         b0372
         EXCEPT_CTR or ID_KUMODE or ADDR_SREG) begin : DG6                b0373

  // EXCEPT_RQ in Abhaengigkeit von der Instruktion, dem Enable-Zustand,  b0376
  // dem Eingang zur Exception-Anforderung, der Prozessorprivilegierung   b0377
  // und der Spezialregisteradresse aktualisieren                         b0378
  //                                                                      b0379
  casez({IDU_DEREG, IDU_IREG[31:24], ID_KUMODE, (|ADDR_SREG[3:2])})       b0380
    11'b100???????: EXCEPT_RQ = 1'b0;        // MACC                       b0381
    11'b101000?????: EXCEPT_RQ = 1'b0;       // ALU (AND, OR)             b0382
    11'b1010010????: EXCEPT_RQ = 1'b0;       // ALU (XOR)                 b0383
    11'b10101??????: EXCEPT_RQ = 1'b0;       // ALU (LSL, LSR, ASR, ROT)  b0384
    11'b10110??????: EXCEPT_RQ = 1'b0;       // ALU (ADD, ADDC, SUB, SUBC) b0385
    11'b101111?????: EXCEPT_RQ = 1'b1;       // ALU (MUL, DIV): unimplemented b0386
    11'b110????????: EXCEPT_RQ = EXCEPT_CTR; // CALL                      b0387
    11'b1111111100??: EXCEPT_RQ = EXCEPT_CTR; // MISC (BRANCH)            b0388
    11'b1111111101??: EXCEPT_RQ = EXCEPT_CTR; // MISC (SWI)               b0389
    11'b11111111?0?: EXCEPT_RQ = 1'b1;       // MISC (RETI, HALT): PV     b0390
    11'b11111111?1?: EXCEPT_RQ = EXCEPT_CTR; // MISC (RETI, HALT)         b0391
    11'b1111000000??: EXCEPT_RQ = 1'b0;      // MISC (LDH)                b0392
    11'b11110011110?: EXCEPT_RQ = 1'b1;      // MISC (CLC): PV            b0393
    11'b11110011111?: EXCEPT_RQ = 1'b0;      // MISC (CLC)                b0394
    11'b11110101?00: EXCEPT_RQ = EXCEPT_CTR; // MISC (LRFS, SRIS)         b0395
    11'b11110101?01: EXCEPT_RQ = 1'b1;       // MISC (LRFS, SRIS): PV     b0396
    11'b11110101?1?: EXCEPT_RQ = EXCEPT_CTR; // MISC (LRFS, SRIS)         b0397
    11'b0?????????: EXCEPT_RQ = EXCEPT_CTR;  // Abschaltung               b0398
    default:        EXCEPT_RQ = 1'b1;        // illegale Instruktionen    b0399
  endcase                                                                 b0400
                                                                          b0401
end                                                                       b0402
```

**Bild 7.41**   Generierung des Signals EXCEPT_RQ

Während der aktiven Phase des nRESET-Signals wird das Instruktionsregister mit dem Wert für die Instruktion XOR R0,R0,R0 geladen (synthetisches NOP), um ein Starten der Pipeline mit einem gültigen Instruktionsregister zu ermöglichen. Sonst wäre der Inhalt des Instruktionsregisters undefiniert und der Prozessor hätte nach der Deaktivierung von nRESET sofort eine Illegal_Instruction-Exception zu bearbeiten.

## 7.4   Die Arithmetic-Logic-Unit ALU

Diese Unit entspricht der logischen EX-Stufe aus der Spezifikation. Im Datenfluß liegt sie wie in Bild 7.1 zwischen der Instruction-Decode-Unit und der Forwarding-and-Register-Unit auf der einen und der Memory-Access-Unit auf der anderen Seite. Dabei liefert die IDU insbesondere die Operationsart, die FRU die Operanden.

In der ALU werden sowohl arithmetische und logische Verknüpfungen vorgenommen als auch Rotier- und Schiebe-Operationen mit einer variablen

Distanz ausgeführt. Neben der Berechnung von ALU-Befehlen wird die ALU auch zur Adreßberechnung für Speicherzugriffe der Memory-Access-Unit MAU verwendet. Die Tabelle 7.42 listet die externen Signale der ALU.

| Signal | von/an | Bedeutung |
|---|---|---|
| A_BUS | ← FRU | Operand A |
| B_BUS | ← FRU | Operand B |
| ALU_CARRY | ← PCU | Carry-Operand |
| ALU_OPCODE | ← IDU | Opcode |
| CP | ← extern | Systemtakt |
| WORK_EX | ← PCU | Arbeitsfreigabe |
| C3_BUS | → FRU, → MAU | Ergebnis |
| FLAGS_FROM_ALU | → PCU | Ergebnis-Flags |

Tabelle 7.42  Schnittstelle der ALU

Die Arithmetic-Logic-Unit beinhaltet die drei Untermodule ARITHMETIC, LOGIC und SHIFT (Bild 7.43).

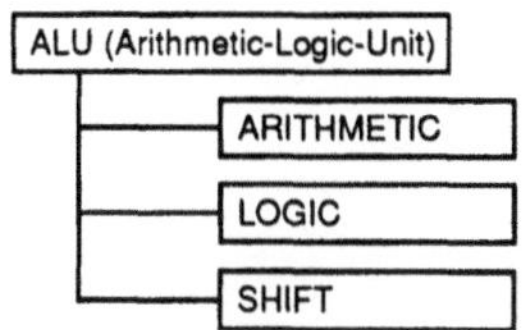


Bild 7.43  Hierarchische Struktur des Moduls ALU

Im Modul ARITHMETIC werden die additiven Verknüpfungen der ALU einschließlich arithmetischem Übertrags-Flag und Überlauf-Flag berechnet. Der Modul LOGIC ist für die logischen Verknüpfungen zuständig. Im Modul SHIFT werden die Rotier- und Verschiebeoperationen ausgeführt und das Verschiebungs-Übertrags-Flag berechnet. Bild 7.44 zeigt den Aufbau der ALU. Eine Orientierung zur Modellierung gibt Bild 7.45.

Bei aktivem WORK_EX werden die Eingangsregister der ALU mit der positiven Systemtaktflanke geladen, andernfalls behalten sie ihre Werte. Für eine hohe Arbeitgeschwindigkeit besitzt die ALU eine parallele Struktur mit einem

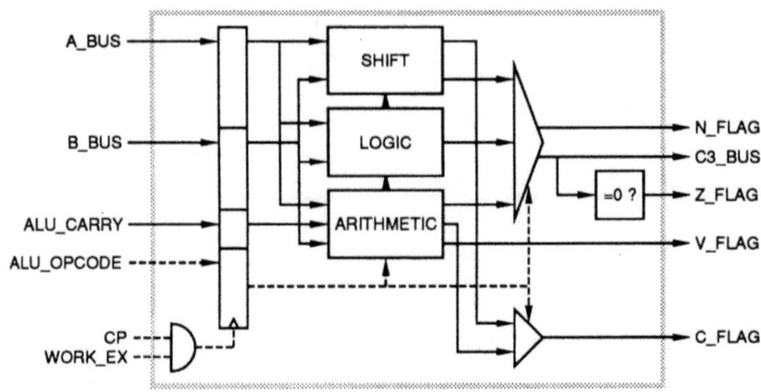


**Bild 7.44**  Aufbau der Arithmetic-Logic-Unit

```
// ALU: Modul fuer die Arithmetic-Logic-Unit                                c0002

module alu (                                                                c0027
   C3_BUS, FLAGS_FROM_ALU,                                                  c0028
   A_BUS, B_BUS, ALU_CARRY, ALU_OPCODE,                                     c0029
   CP, WORK_EX                                                              c0030
);                                                                          c0031

  // bei steigender Taktflanke neue Eingabewerte einlesen,                  c0079
  // wenn Arbeitsfreigabe vorhanden ist                                     c0080

  // Ergebnisbus entsprechend der Operationsklasse auswaehlen;              c0094
  // Negative-Flag und Zero-Flag aktualisieren                             c0095

  // Overflow-Flag aktualisieren (nur von Arithmetik-Berechnungen abhaengig) c0108

  // Carry-Flag entsprechend der Operationsklasse auswaehlen                c0114
  // (Logik-Operationen erzeugen kein Carry und werden daher vernachlaessigt) c0115

endmodule // alu                                                            c0124

// arithmetic: Ausfuehrung additiver Verknuepfungen                         c0129

module arithmetic (                                                         c0143
   RESULT, C_OUT, V_OUT,                                                    c0144
   A_IN, B_IN, C_IN, OP_IN                                                  c0145
);                                                                          c0146

  // effektiv zu addierenden Operanden B bestimmen                          c0171
  // ADD, ADDC:  B_IN                                                       c0172
  // SUB, SUBC: -B_IN-1 (Einerkomplement)                                   c0173

  // effektiv zu addierenden Carry-Operanden bestimmen                      c0179
  // ADD:   0                                                               c0180
  // ADDC:  C_IN                                                            c0181
  // SUB:   1     (=> Addition des Zweierkomplements von B_IN)              c0182
  // SUBC: ~C_IN (=> Bei Uebertrag Addition des Einerkomplements von B_IN)  c0183

  // in Abhaengigkeit von A_IN, B_EFF und C_EFF Addition durchfuehren       c0189

  // Uebertrag in 31. Addiererstelle (Bit-Wert 2^31) nachtraeglich bestimmen c0195

  // Uebertrag aus 31. Addiererstelle nachtraeglich bestimmen               c0201

  // Carry-Bit fuer ausgefuehrte Operation bestimmen                        c0207
  // ADD, ADDC:  C_32                                                       c0208
  // SUB, SUBC: ~C_32 (Uebertrag wegen Komplementaddition invertiert)       c0209

  // Overflow-Bit bestimmen                                                 c0215

endmodule // arithmetic                                                     c0220
```

```
// logic: Ausfuehrung logischer Bit-Verknuepfungen               c0225

module logic (                                                    c0234
   RESULT,                                                        c0235
   A_IN, B_IN, OP_IN                                              c0236
   );                                                             c0237

endmodule // logic                                                c0258

// shift: Verschiebungen                                          c0263

module shift (                                                    c0277
   RESULT, C_OUT,                                                 c0278
   A_IN, B_IN, OP_IN                                              c0279
   );                                                             c0280

   // Linksrotationswert fuer nur linksrotierenden Barrel-Shifter bestimmen   c0303
   // Linksverschiebung: B_IN                                     c0304
   // Rechtsverschiebung und -rotation: 32-B_IN (= -B_IN fuer 5-Bit Codierung) c0305

   // Ausgangswert des linksrotierenden Barrel-Shifters bestimmen c0311

   // Carry-Bit fuer ausgefuehrte Operation bestimmen            c0317
   // Linksverschiebung:            Bit 0  des Rotierergebnisses  c0318
   // Rechtsverschiebung und -rotation: Bit 31 des Rotierergebnisses c0319
   // keine Verschiebung (B_IN ist 0):  0                         c0320

   // Grundmuster der Filtermaske zur Ausblendung der rotierten Bits bei  c0327
   // Linksverschiebungen und Grundmuster der Vorzeichenmaske fuer  c0328
   // vorzeichenerhaltende Rechtsverschiebung berechnen           c0329

   // Filtermaske bei Rotieroperationen oder dem Verschiebungswert 0  c0337
   // auf volle Durchlaessigkeit setzen, bei Linksverschiebungen direkt  c0338
   // und bei Rechtsverschiebungen invertiert aus dem Grundmuster uebernehmen; c0339
   //                                                             c0340
   // Vorzeichenmaske nur bei vorzeichenerhaltender Rechtsverschiebung und c0341
   // einem Verschiebungswert ungleich 0 aus dem Grundmuster uebernehmen, c0342
   // sonst auf nichtmodifizierenden Wert setzen (loeschen)       c0343

   // Ergebnis des Shifter-Moduls aus dem Ergebnis des Barrel-Shifters  c0351
   // durch Verknuepfung mit Filtermaske und Vorzeichenmaske erzeugen   c0352

endmodule // shift                                                c0358
```

**Bild 7.45**   VERILOG-Skelett der Arithmetic-Logic-Unit

eigenen Pfad für jede Befehlsgruppe, in dem alle für die Gruppe notwendigen
Berechnungen ausgeführt werden. Die tatsächlich benötigten Resultate
werden danach ausgewählt. Außerdem werden die Flags aktualisiert.
Bild 7.46 verdeutlicht diese Auswahlentscheidung.

```
// Ergebnisbus entsprechend der Operationsklasse auswaehlen;     c0094
// Negative-Flag und Zero-Flag aktualisieren                     c0095
//                                                               c0096
always @(ARITH_RES or LOGIC_RES or SHIFT_RES or ALU_OREG) begin  c0097
  case(ALU_OREG[3:2])                                            c0098
    2'b00: C3_BUS = LOGIC_RES;        // Logik-Operationen        c0099
    2'b01: C3_BUS = SHIFT_RES;        // Verschiebungs-Operationen c0100
    2'b10: C3_BUS = ARITH_RES;        // Arithmetik-Operationen    c0101
  endcase                                                        c0102
  FLAGS_FROM_ALU[3] = C3_BUS[31];       // Negative-Flag          c0103
  FLAGS_FROM_ALU[2] = ~(|C3_BUS[31:0]); // Zero-Flag              c0104
end                                                              c0105
```

**Bild 7.46**   Auswahl des Ergebnisses für den C3_BUS

Ansonsten erfolgt die für alle Operationen gültige Berechnung der Flags Zero
und Negative. Die Pfade sind durch die Untermodule ARITHMETIC, LOGIC und
SHIFT realisiert. Die implementierten Operationen, den zugehörigen Steuer-
code und den entsprechenden Befehl zeigt Tabelle 7.47.

| Operation | Code | Befehl | Klasse | Beschreibung |
|---|---|---|---|---|
| C3 = A AND B | 0000 | AND[.F] | Logik | UND |
| C3 = A OR B | 0001 | OR[.F] | Logik | ODER |
| C3 = A XOR B | 0010 | XOR[.F] | Logik | Exklusiv-Oder |
| C3 = A << B | 0100 | LSL[.F] | Shift | Shift links |
| C3 = A >> B | 0101 | LSR[.F] | Shift | Shift rechts (unsigned) |
| C3 = A >> B | 0110 | ASR[.F] | Shift | Shift rechts (signed) |
| C3 = A >>> B | 0111 | ROT[.F] | Shift | Rotation rechts |
| C3 = A+B | 1000 | ADD[.F] | Arithmetik | Addition |
| C3 = A+B+CARRY | 1001 | ADDC[.F] | Arithmetik | Addition mit Übertrag |
| C3 = A-B | 1010 | SUB[.F] | Arithmetik | Subtraktion |
| C3 = A-B-CARRY | 1011 | SUBC[.F] | Arithmetik | Subtraktion mit Übertrag |

**Tabelle 7.47**  Implementierte ALU-Operationen

| Bit | Flag | Beschreibung |
|---|---|---|
| Bit 0 | CARRY | Übertrag (arithmetisch und Shift) |
| Bit 1 | OVERFLOW | Überlauf (arithmetisch) |
| Bit 2 | ZERO | Ergebnis 0 |
| Bit 3 | NEGATIVE | Ergebnis negativ (bei Rechnung mit Vorzeichen) |

**Tabelle 7.48**  Die ALU-Flags

```
// Overflow-Flag aktualisieren (nur von Arithmetik-Berechnungen abhaengig)     c0108
//                                                                             c0109
always @(ARITH_VFG)                                                            c0110
  FLAGS_FROM_ALU[1] = ARITH_VFG;                                               c0111
                                                                              c0112
//                                                                             c0113
// Carry-Flag entsprechend der Operationsklasse auswaehlen                     c0114
// (Logik-Operationen erzeugen kein Carry und werden daher vernachlaessigt)    c0115
//                                                                             c0116
always @(ARITH_CFG or SHIFT_CFG or ALU_OREG) begin                            c0117
  case(ALU_OREG[3])                                                            c0118
    2'b0: FLAGS_FROM_ALU[0] = SHIFT_CFG;  // Verschiebungs-Operationen         c0119
    2'b1: FLAGS_FROM_ALU[0] = ARITH_CFG;  // Arithmetik-Operationen            c0120
  endcase                                                                      c0121
end                                                                           c0122
```

**Bild 7.49**  Berechnung der Flags

Die in der Befehlsbeschreibung des Prozessors aufgeführten Operationen zur Multiplikation und Division sind hardware-mäßig nicht implementiert. Ihre Bearbeitung erfolgt über die Exception Unimplemented_Instruction des Prozessors durch Software-Routinen, die vom jeweiligen Betriebssystem zur Verfügung gestellt werden. Neben dem 32-Bit-Ergebnis generiert die ALU noch vier Status-Bits im Signal FLAGS_FROM_ALU (7.46, 7.48 und 7.49).

## 7.4.1 Der ALU-Modul ARITHMETIC

In dieser Funktionseinheit werden die additiven Verknüpfungen der ALU ausgeführt, das arithmetische Übertrags-Flag CARRY und das Überlauf-Flag OVERFLOW berechnet. Es wird ein 32-Bit-Addierer mit Carry-Ein- und Ausgang verwendet, dessen zweiter Operand und Carry-Eingang mit Eingangswerten gemäß Tabelle 7.50 belegt werden.

| Operation | 2. Operand | Carry-Eingang |
|---|---|---|
| ADD | B | 0 |
| ADDC | B | CARRY |
| SUB | ~B | 1 |
| SUBC | ~B | ~CARRY |

**Tabelle 7.50** Auswahl des zweiten Operanden und des Carry-Eingangs

Die übertragsfreie Subtraktion von B ist durch die Addition des Zweierkomplements von B zu A implementiert, indem

$$A + (\sim B) + 1 \ = \ A + (\sim B + 1) \ = \ A - B$$

berechnet wird. Bei Berücksichtigung des Übertrages erfolgt die Subtraktion wegen ~C=1-C gemäß

$$A + (\sim B) + (\sim C) \ = \ A + (\sim B) + 1 - C \ = \ A - B - C \ .$$

Die Übergabe des Carry-Ausgangs an die ALU erfolgt bei der Subtraktion invertiert, da aufgrund der Komplementaddition ein Übertrag durch den Wert 0 angezeigt wird.

Das Überlauf-Flag zeigt an, ob bei vorzeichenbehafteten Operationen das berechnete Ergebnis außerhalb des 32-Bit-Wertebereiches liegt und wird durch eine XOR-Verknüpfung des Carry-Ausgangs und des Übertrags in die höchste Stelle des Addierers berechnet. Dazu wird die Berechnung auf eine 33 Bit breite, vorzeichenbehaftete Darstellung erweitert gedacht. Dann bedeutet eine Ungleichheit der beiden höchsten Ergebnisstellen ein Verlassen des 32-Bit-Wertebereiches.

## 7.4.2  Der ALU-Modul LOGIC

In diesem Modul werden die logischen Verknüpfungen UND, ODER und Exklusiv-Oder ausgeführt. Bild 7.51 zeigt die Berechnung von RESULT.

```
always @(A_IN or B_IN or OP_IN) begin                    c0250
  case(OP_IN)                                            c0251
    2'b00: RESULT = A_IN & B_IN;     // AND              c0252
    2'b01: RESULT = A_IN | B_IN;     // OR               c0253
    2'b10: RESULT = A_IN ^ B_IN;     // XOR              c0254
  endcase                                                c0255
end                                                      c0256
```

**Bild 7.51**  Berechnung des Ausgangs RESULT

## 7.4.3  Der ALU-Modul SHIFT

In diesem Modul werden die Rotier- und Verschiebeoperationen ausgeführt und das Verschiebungs-Übertrags-Flag CARRY berechnet. Das Ergebnis berechnet ein 32-Bit-Barrel-Shifter, der Linksrotationen bis zu einer Distanz von 31 Bit ausführen kann und dessen Ergebnis mit zwei Bit-Masken verknüpft wird, von denen die erste für Verschiebungs-Operationen die rotierten Bits ausfiltert und die zweite die Vorzeichenerweiterung bei vorzeichenerhaltender Rechtsverschiebung vornimmt. Bei einer Registerbreite von 32 Bit entspricht eine Linksrotation um den Wert k einer Rechtsrotation um den Wert 32-k, und 32-k ist bei einer 5-Bit-Binärkodierung äquivalent zu -k. Daher können mit dem Barrel-Shifter bei Zweierkomplementierung der Distanz für Rechtsrotationen und Rechtsverschiebungen alle erforderlichen Rotationen ausgeführt werden.

Das Verschiebungs-Übertrags-Flag CARRY wird aus dem ersten Bit bestimmt, das über die Wortgrenze hinaus verschoben wird. Dies tritt auf, falls die Distanz der Operation ungleich Null ist und somit der Barrel-Shifter eine echte

Rotation ausführt. Beträgt die Distanz der Operation Null, so wird CARRY auf 0 gesetzt.

## 7.5  Die Memory-Access-Unit MAU

Die Memory-Access-Unit stimmt im wesentlichen mit der logischen MA-Stufe überein. Ein Unterschied besteht darin, daß die Speicherkommunikation mit dem Busprotokoll in die Bus-Control-Unit BCU ausgelagert wurde. Im Datenfluß in Bild 7.1 liegt die MAU zwischen ALU und FRU.

In der Memory-Access-Unit werden bei Speicherzugriffen die zu schreibenden Daten an die Bus-Control-Unit BCU übergeben und die gelesenen Daten von dieser übernommen. Findet kein Speicherzugriff statt, so puffert der Modul lediglich die Daten. Tabelle 7.52 faßt die externen Signale der MAU zusammen.

| Signal | von/an | Bedeutung |
|---|---|---|
| D_BUS | ← FRU | zu schreibende Daten |
| MAU_READ_DATA | ← BCU | gelesene Daten |
| C3_BUS | ← ALU | Adresse oder Operand |
| MAU_ACC_MODE_3 | ← PCU | Zugriffsangabe |
| MAU_OPCODE_3 | ← PCU | Operationscode |
| CP | ← extern | Systemtakt |
| WORK_MA | ← PCU | Arbeitsfreigabe |
| C4_BUS | → FRU | Ergebnisdaten |
| MAU_WRITE_DATA | → BCU | Schreibdaten |
| MAU_ADDR_BUS | → BCU, → PCU | Speicherzugriffsadresse |

**Tabelle 7.52**  Schnittstelle der MAU

Die Funktionalität der MAU ist so einfach, daß auf eine weitere Strukturierung in Untermodule verzichtet wird. Bild 7.53 stellt die Komponenten und wichtige Verbindungen dar.

Bei aktivem WORK_MA werden die Eingangsregister mit der positiven System-taktflanke geladen, andernfalls behalten sie ihre bisherigen Werte. Es sind die Operationen und Zugriffsarten der Tabelle 7.54 möglich (MAU_OPCODE_3 und MAU_ACC_MODE_3).

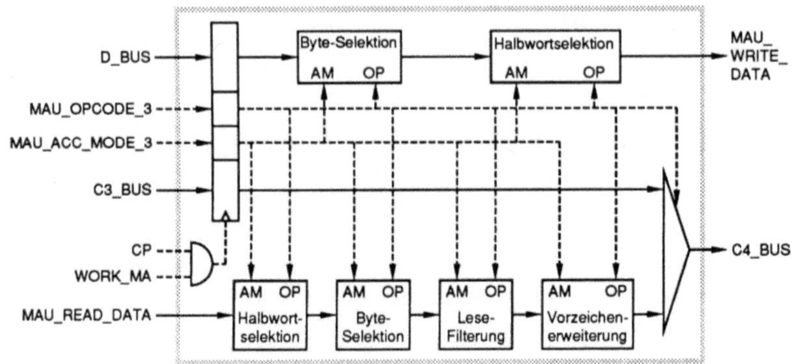


**Bild 7.53**  Aufbau der Memory-Access-Unit

| Opcode | Zugriff | Beschreibung |
|--------|---------|--------------|
| 000 | 0?? | lesen Byte |
| 000 | 1?0 | lesen Halbwort |
| 000 | 1?1 | lesen Wort |
| 001 | 0?? | lesen Byte mit Vorzeichenerweiterung |
| 001 | 1?0 | lesen Halbwort mit Vorzeichenerweiterung |
| 001 | 1?1 | lesen Wort |
| 010 | 0?? | speichern Byte |
| 010 | 1?0 | speichern Halbwort |
| 010 | 1?1 | speichern Wort |
| 011 | ??? | tauschen Wort (SWAP)<br>(MAU_READ_DATA lesen, D_BUS schreiben) |
| 1?? | ??? | Puffern (Daten an die WB-Stufe weitergeben) |

**Tabelle 7.54**  Implementierte MAU-Operationen

Da bei allen Speicherzugriffsoperationen außer SWAP neben Wortzugriffen
auch Halbwort- und Byte-Zugriffe möglich sind, werden gelesene und zu
schreibende Daten in ihren Bit-Positionen angepaßt. Dies geschieht durch je
zwei Multiplexer nach dem Lesen bzw. vor dem Schreiben.

Die Multiplexer zur Selektion von Bytes und Halbworten werden durch die
unteren beiden Bits der Zugriffsadresse und durch die Zugriffsangabe
gesteuert. Diese liegen zum Zugriff am MAU_ADDR_BUS und am Bus
MAU_ACC_MODE_3 an. Jedes der vier Bytes im gelesenen Wort muß für die
Ergebnisbildung in den Bereich der Bits 7 bis 0 gebracht werden können. Dies

erfolgt zweistufig, indem zuerst die Selektion des Halbwortes erfolgt und danach die Selektion des Bytes. Damit beim Schreiben die Bits 7 bis 0 an jede Byte-Position im Wort transferiert werden können, wird beim Schreiben die Byte-Selektion vor der Halbwortselektion ausgeführt.

Nach den Multiplexern werden Lesedaten auf die benötigte Datenbreite gekürzt, indem irrelevante Bits auf den Wert 0 gesetzt werden. Wenn eine Leseoperation mit Vorzeichenerweiterung von Halbworten oder Bytes ausgeführt wird, so werden die oberhalb der Datenbreite liegenden Bits des Ergebnisses auf den Wert des höchstwertigen Daten-Bits (Vorzeichens) gesetzt.

# 7.6   Die Forwarding-and-Register-Unit FRU

Diese Unit implementiert Funktionen der logischen Pipeline-Stufen ID, EX, MA und WB. Von der ID-Stufe ist das Bereitstellen der Operanden übernommen worden, aus den EX- und MA-Stufen das Puffern von Daten und Adressen. Außerdem ist hier die komplette WB-Stufe enthalten. Im Datenfluß bildet die FRU wie in Bild 7.1 einen Rahmen um die ALU und die MAU.

| Signal | von/an | Bedeutung |
|---|---|---|
| SREG_DATA | ← PCU | Daten aus Spezialregister |
| IMMEDIATE | ← IDU | Immediate-Wert für Datenbus B |
| C3_BUS | ← ALU | Ergebnisbus C3 für Forwarding |
| C4_BUS | ← MAU | Ergebnisbus C4 für Forwarding |
| ADDR_A | ← IDU | Registeradresse für Datenbus A |
| ADDR_B | ← IDU | Registeradresse für Datenbus B |
| ADDR_C | ← IDU | Registeradresse für Ergebnisbus |
| ADDR_D | ← IDU | Registeradresse für Store-Daten |
| INT_STATE | ← PCU | Auswahl des Interrupt-Overlay-Registersatzes |
| USE_IMMEDIATE | ← IDU | Wert am Immediate-Bus ist gültig |
| CP | ← extern | Systemtakt |
| STEP | ← PCU | Pipeline schiebt weiter |
| WORK_EX | ← PCU | Execute-Stufe aktiv |
| WORK_MA | ← PCU | Memory-Access-Stufe aktiv |
| WORK_WB | ← PCU | Write-Back-Stufe aktiv |
| USE_SREG_DATA | ← IDU | Daten aus Spezialregister übernehmen |
| A_BUS | → ALU | Datenbus für Operand A |
| B_BUS | → ALU | Datenbus für Operand B |
| STORE_DATA | → MAU | verzögerte Schreibdaten für Zugriff der MAU |

**Tabelle 7.55**  Schnittstelle der FRU

Der Modul enthält auch das Registerfeld des Prozessors für seine
Mehrzweckregister. Aufgrund der Pipeline-Struktur ist ein Vorausschauen
auf künftige Registerinhalte oder *Forwarding* nötig. Einige der Register sind
nur unter bestimmten Voraussetzungen wie der Bearbeitung eines Interrupts
zugänglich. Damit jeweils die richtigen Register angesprochen werden, ist
eine Adreßumsetzung vorhanden. Spezielle Daten müssen an folgende
Pipeline-Stufen weitergegeben und dazu gepuffert werden. Tabelle 7.55 faßt die
externen Signale der FRU zusammen.

Die Forwarding-and-Register-Unit FRU besteht im wesentlichen aus einem
Umsetzer für Registeradressen, einer Forwarding-Logik zum Vergleich von
Registeradressen und der Registerzugriffslogik (Bild 7.56). Einen Überblick
über die Modellierung gibt Bild 7.57.

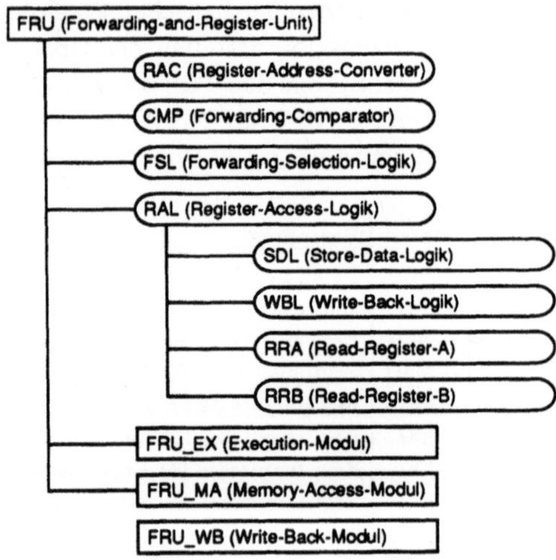


**Bild 7.56**  Hierarchische Struktur des Moduls FRU

```
module fru (                                                      e0052
    A_BUS, B_BUS, STORE_DATA,                                     e0053
    SREG_DATA, IMMEDIATE, C3_BUS, C4_BUS,                         e0054
    ADDR_A, ADDR_B, ADDR_C, ADDR_STORE_DATA,                      e0055
    INT_STATE, USE_IMMEDIATE,                                     e0056
    CP, STEP, WORK_ALU,                                           e0057
    WORK_MAU, WORK_WB, USE_SREG_DATA                              e0058
);                                                                e0059

// Synchrone Uebernahme einiger Eingangswerte                     e0123

// RAC (Register-Address-Converter)                               e0131
//                                                                e0132
// Hier findet die Registeradressumsetzung in Abhaengigkeit vom   e0133
```

```
// Interrupt-Status statt. Der RAC kommt mit zwei Vergleichern und        e0134
// geschickter Verdrahtung aus und generiert die Registeradresse fuer ein e0135
// Register-RAM. Dies ist noetig, da fuer jeden Interrupt-Status die       e0136
// oberen vier Register privat sind und daher jeweils entsprechend         e0137
// eingeblendet werden.                                                    e0138
// Die erzeugten Adressen heissen REG_XXX und werden sowohl von den        e0139
// Forwarding-Vergleichern als auch bei den Registerzugriffen weiter unten e0140
// verwendet.                                                              e0141
// Diese Adressen werden in der Pipeline weitergereicht.                   e0142

// CMP (Forwarding-Comparator)                                             e0199
//                                                                         e0200
// Im Forwarding-Vergleicher wird die umgesetzte Registeradresse mit den   e0201
// entsprechenden Registeradressen verglichen, die sich gerade in einer Stufe e0202
// der Pipeline befinden.                                                  e0203
// Gibt es eine Uebereinstimmung, so wird der Schalter fuer die Ausgangs-  e0204
// multiplexer (SEL_X) auf die jeweilige Stufe geschaltet. Frueher liegende e0205
// Pipeline-Stufen werden bevorzugt, deshalb das Konstrukt if-else-if.     e0206
// Pipeline-Stufen kommen fuer das Forwarding nur in Betracht, wenn sie    e0207
// gueltige Work-Signale haben. Register 0 wird nicht vorgezogen.          e0208

// FSL (Forwarding-Selection-Logik)                                        e0267
//                                                                         e0268
// Dieser Ausgangsumschalter legt richtige Werte an A_BUS, B_BUS und       e0269
// STORE_DATA, abhaengig von der Forwarding-Logik; reine Kombinatorik.     e0270

// RAL (Register-Access-Logik)                                             e0310
//                                                                         e0311
// Registerzugriffe erfolgen nur, wenn nicht Register 0 angesprochen ist.  e0312
// Die Aufteilung in erste und zweite Takthaelfte wurde mit Hinsicht auf   e0313
// die spaetere Realisierung eingefuehrt, mit einem RAM, das nur zwei      e0314
// Zugriffe zu einer Zeit erlaubt. Die Genauigkeit an dieser Stelle ist    e0315
// noetig, weil hier das Prinzip des Modells (Register-Logik) verletzt     e0316
// wird.                                                                   e0317

endmodule // fru                                                           e0402


// FRU_EX (Execution-Modul)                                                e0407
//                                                                         e0408
// parallel zur ALU arbeitender Modul;                                     e0409
// reicht Daten und Registeradressen in der Pipeline weiter                e0410

module fru_ex (STORE_DATA2, REG_ADDR_C, CP, WORK_ALU, STORE_DATA, REG_ADDR_C3); e0414

endmodule // fru_ex                                                        e0432


// FRU_MA (Memory-Access-Modul)                                            e0437
//                                                                         e0438
// parallel zur MAU arbeitender Modul;                                     e0439
// gibt Registeradresse zum Rueckschreiben an naechste Pipeline-Stufe weiter e0440

module fru_ma (REG_ADDR_C3, CP, WORK_MAU, REG_ADDR_C4);                    e0444

endmodule // fru_ma                                                        e0457


// FRU_WB (Write-Back-Modul)                                               e0462
//                                                                         e0463
// Moduldeklaration fuer Write-Back-Einheit (WB);                          e0464
// haelt Rueckschreibadresse REG_ADDR_C5 und Wert C_BUS aus Pipeline fest  e0465

module fru_wb (C4_BUS, REG_ADDR_C4, WORK_WB, CP, C5_BUS, REG_ADDR_C5);     e0469

endmodule // fru_wb                                                        e0487
```

**Bild 7.57**  VERILOG-Skelett der Forwarding-And-Register-Unit FRU


Der Register-Address-Converter RAC generiert die Adresse für das Register-Feld. Dabei müssen während eines Interrupts die oberen vier privaten Register eingeblendet werden. Im Forwarding-Comparator CMP wird die umgesetzte

Registeradresse mit den gerade in der Pipeline befindlichen Registeradressen verglichen. Die Forwarding-Selection-Logik FSL beinhaltet drei Multiplexer, die die gewünschten Daten auf die entsprechenden Busse legen. In der Store-Data-Logik SDL wird das Datum für die MAU aus dem Registerfeld gelesen. Die Write-Back-Logik WBL ist dafür zuständig, die Daten in das Registerfeld zu schreiben. Die Komponenten RRA (Read-Register-A) und RRB (Read-Register-B) sorgen für das Auslesen der ALU-Operanden A und B aus dem Registerfeld.

Um zu verdeutlichen, daß einige Pufferelemente der FRU den logischen Pipeline-Stufen EX und MA zuzuordnen sind, werden diese Funktionseinheiten in der FRU zu Modulen zusammengefaßt (Abschnitt 7.6.5). Bild 7.58 zeigt den Aufbau der FRU. Der Modul FRU_EX arbeitet parallel zur ALU und reicht Daten und Registeradressen in der Pipeline weiter. Der Modul FRU_MA arbeitet parallel zur MAU und gibt die Registeradresse zum Rückschreiben an die nächste Pipeline-Stufe weiter. Der Modul FRU_WB stellt die Write-Back-Stufe der Pipeline dar.

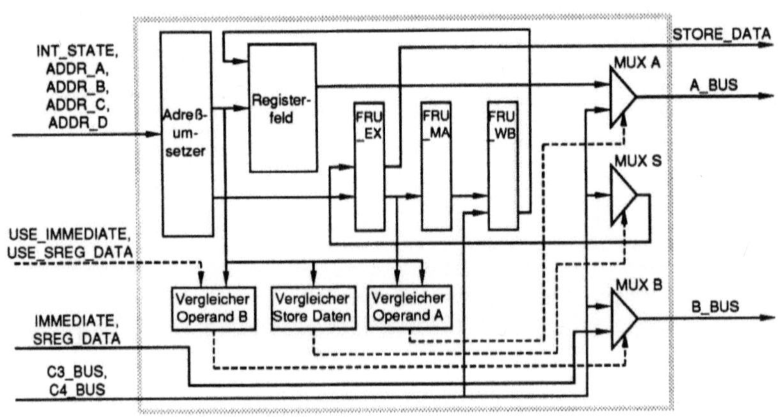


**Bild 7.58**  Aufbau der Forwarding-and-Register-Unit

## 7.6.1  Der Register-Address-Converter RAC

Die Forwarding-and-Register-Unit enthält 32 Mehrzweckregister. Die obersten vier Register sind dreifach vorhanden. Dieser Teil des Registersatzes wird je nach Interrupt-Status umgeschaltet. Beispielsweise sieht eine Routine nach einem Software-Interrupt neben den unteren 28 normalen Registern R0 bis

R27 nur die vier für einen Software-Interrupt vorgesehenen, nicht aber die andern beiden Teilregistersätze.

Dieses Verhalten wird durch eine Umsetzung im Register-Address-Converter erreicht, die abhängig vom Interrupt-Status die oberen vier Register umschaltet. Die unteren 28 Register werden in allen Betriebsarten gemeinsam benutzt. Diese umgewandelten Adressen werden im ganzen Modul verwendet, sowohl beim Forwarding-Vergleich als auch bei der Weitergabe an die WB-Stufe. In Bild 7.59 ist die Umsetzung der Registeradressen für ADDR_A beispielhaft dargestellt.

```
// Registeradressumsetzung ADDR_A -> REG_ADDR_A                    e0173
//                                                                 e0174
casez ({INT_STATE,ADDR_A})                                         e0175
  7'b01111??:                // SW-Interrupt und obere Register angesprochen   e0176
    REG_ADDR_A = {4'b1000,ADDR_A[1:0]};                            e0177
  7'b1?111??:                // HW-Interrupt und obere Register angesprochen   e0178
    REG_ADDR_A = {4'b1001,ADDR_A[1:0]};                            e0179
  default:                   // untere Register angesprochen       e0180
    REG_ADDR_A = {1'b0,ADDR_A};                                    e0181
endcase                                                            e0182
```

**Bild 7.59** Umsetzung der Registeradressen

## 7.6.2 Der Forwarding-Comparator CMP

Es ist pro Pipeline-Schritt ein Schreibzugriff möglich. Dieser erfolgt zusammen mit einem Lesezugriff während der ersten Hälfte des Prozessortaktes. Das Auslesen der Register erfolgt aufgrund eines Befehls in der IDU, das Zurückschreiben jedoch erst drei Stufen weiter in der WB-Stufe. Daher sind die Registerinhalte um maximal zwei Taktphasen veraltet.

Um trotzdem die richtigen Werte zu liefern, findet der Forwarding-Comparator heraus, ob das auszulesende Register bereits in irgendeiner Stufe bearbeitet wird, und setzt die Steuerleitungen für die Forwarding-Selection-Logik FSL.

Läuft zum Beispiel ein Additionsbefehl für die ALU durch die Pipeline, dessen Ergebnis in Register 3 abzulegen ist, und kommt danach im nächsten Schritt ein Befehl, der Register 3 benötigt, so wird dies durch Vergleich der Quellregisteradresse mit der Zielregisteradresse der EX-Stufe festgestellt. Gibt es bei der EX-Stufe keine Übereinstimmung, muß auch die MA-Stufe überprüft werden. Bei mehreren Übereinstimmungen ist stets der jüngste Registerinhalt zu bevorzugen, d.h. frühere Pipeline-Stufen haben Vorrang.

Für das Vorausschauen muß bekannt sein, welches Zielregister dem Wert in jeder Pipeline-Stufe zugeordnet ist. Daher läuft in der FRU eine Pipeline parallel zu den Stufen EX, MA und WB, in der das Zielregister der jeweiligen Stufe festgehalten wird. Die Signale heißen entsprechend der logischen Zuordnung ADDR_C2 (ID-Stufe), ADDR_C3 (EX-Stufe) und ADDR_C4 (MA-Stufe).

Für das Forwarding werden die zu lesenden Adressen mit den Zielregistern der anderen Stufen verglichen. Dies erfolgt bei ALU-Befehlen für die ALU-Operanden A und B und bei STORE-Befehlen für die Schreibdaten der MAU. Von der Dekodiereinheit erhält die FRU die Information, ob die Daten für Operand B in einem Immediate-Befehl enthalten sind, indem USE_IMMEDIATE aktiv ist. Soll das Datum aus einem Spezialregister verwendet werden, ist das Signal USE_SREG_DATA aktiviert. Diese Signale werden bei der Ermittlung der Steuersignale für die Ausgangsmultiplexer weiter unten ebenfalls berücksichtigt.

Eine zusätzliche notwendige Bedingung für das Forwarding ist, daß die Daten einer Stufe überhaupt gültig sind. Dies wird durch das entsprechende WORK-Signal angezeigt. Ist es inaktiv, so führt die zugehörige Stufe einen Leerschritt aus, und ihre Daten sind ungültig und werden nicht verwendet. Beim Vergleich muß außerdem Register R0 ausgeschlossen werden.

Es werden nun alle Fälle des Forwarding dargestellt. Es ist relevant für alle gelesenen Register. Die zugehörigen Adressen sind ADDR_A, ADDR_B und ADDR_D. Diese sollen hier der Einfachheit halber mit ADDR_read abgekürzt werden. Es möge von Register-Adresse L gelesen werden (ADDR_read = L).

Fall 1 Das Zielregister der Operation in der ALU hat die Adresse L (ADDR_C3 = ADDR_read = L), und die ALU führt eine gültige Operation aus (WORK_EX = 1). Dann wird vom C3_BUS geladen.

Fall 2 Das Zielregister der ALU hat die Adresse M. Das Zielregister der Operation in der MAU hat die Adresse L. WORK_MAU ist gesetzt. Es gilt also ADDR_read = ADDR_C4. Daher werden die Daten vom C4_BUS am Ausgang der MAU genommen.

Fall 3 WORK_WB ist gesetzt. Das Zielregister der ALU hat die Adresse N, das der MAU die Adresse M. Das Ziel der Write-Back-Operation ist L. Da die Daten für STORE_DATA im gleichen Schritt gelesen werden, in dem in die Register geschrieben wird, muß auch in diesem Falle das Forwarding aktiviert werden: ADDR_read = ADDR_C5. Dennoch findet hier kein Forwarding statt. Gemäß der Spezifikation wurde auf eine Implementation verzichtet, da der Schreibzugriff in der ersten Takthälfte und der Lesezugriff in der zweiten Takthälte stattfindet. Es wird also der aktuelle Wert aus dem Register gelesen.

## 7.6.3 Die Forwarding-Selection-Logik FSL

Die Forwarding-Selection-Logik selektiert entsprechend dem Ergebnis des Forwarding-Comparator die korrekten Daten. Dazu enthält sie drei Multiplexer für die Busse A_BUS, B_BUS und STORE_DATA.

```
// FSL (Forwarding-Selection-Logik)                                   e0267
//                                                                    e0268
// Dieser Ausgangsumschalter legt richtige Werte an A_BUS, B_BUS und  e0269
// STORE_DATA, abhaengig von der Forwarding-Logik; reine Kombinatorik. e0270

always @(SEL_A or SEL_B or SEL_S or READ_A or READ_B or READ_STORE_DATA or  e0274
         C3_BUS or C4_BUS or IMMEDIATE or SREG_DATA)                  e0275
begin: FSL                                                            e0276
                                                                      e0277
    //                                                                e0278
    // Alu-Operand A auswaehlen (MUX_A)                               e0279
    //                                                                e0280
    case(SEL_A)                                                       e0281
       'TAKE2_ADDR: A_BUS = READ_A;                                   e0282
       'TAKE2_C3:   A_BUS = C3_BUS;                                   e0283
       'TAKE2_C4:   A_BUS = C4_BUS;                                   e0284
    endcase                                                           e0285
                                                                      e0286
    //                                                                e0287
    // Alu-Operand B auswaehlen (MUX_B)                               e0288
    //                                                                e0289
    case (SEL_B)                                                      e0290
       'TAKE3_ADDR: B_BUS = READ_B;                                   e0291
       'TAKE3_C3:   B_BUS = C3_BUS;                                   e0292
       'TAKE3_C4:   B_BUS = C4_BUS;                                   e0293
       'TAKE3_IMM:  B_BUS = IMMEDIATE;                                e0294
       'TAKE3_SREG: B_BUS = SREG_DATA;                                e0295
    endcase                                                           e0296
                                                                      e0297
    //                                                                e0298
    // Store-Daten auswaehlen (MUX_S)                                 e0299
    //                                                                e0300
    case (SEL_S)                                                      e0301
       'TAKE2_ADDR: STORE_DATA2 = READ_STORE_DATA;                    e0302
       'TAKE2_C3:   STORE_DATA2 = C3_BUS;                             e0303
       'TAKE2_C4:   STORE_DATA2 = C4_BUS;                             e0304
    endcase                                                           e0305
end                                                                   e0306
```

**Bild 7.60**  Forwarding-Selection-Logik

Die Ausgangs-Multiplexer haben außerdem die Aufgabe, gegebenenfalls statt der Registerwerte den Immediate-Wert IMMEDIATE aus der IDU oder den Wert eines Spezialregisters SREG_DATA aus der PCU an den Ausgang B_BUS zu legen. Ob dieser Fall vorliegt, wird von den Forwarding-Vergleichern entschieden. Die Auswahlleitungen heißen SEL_A, SEL_B und SEL_S. Die Realisierung der Auswahlentscheidung verdeutlicht Bild 7.60.

Mit MUX_A wird der ALU-Operand A ausgewählt. Er wird vom Register übernommen, oder es findet ein Forwarding vom C3_BUS oder C4_BUS statt. MUX_B selektiert den ALU-Operanden B, der als direkter Wert von der IDU kommt oder von einem Register oder Spezialregister übernommen wird, das von der PCU zur Verfügung gestellt wird. Es kann aber auch ein Forwarding vom C3_BUS oder C4_BUS erfolgen. Der Wert für STORE_DATA wird vom MUX_S ausgewählt als Wert aus einem Register oder als Forwarding vom C3_BUS oder C4_BUS.

## 7.6.4  Die Register-Access-Logik RAL

Die Register-Access-Logik besteht aus der Store-Data-Logik SDL, der Write-Back-Logik WBL, dem Read-Register-A RRA und dem Read-Register-B RRB. Diese Gruppen repräsentieren die vier Zugriffsmöglichkeiten auf das Registerfeld.

Das Auslesen und Schreiben der Register erfolgt in einem Pipeline-Schritt, weil es sich um kombinatorische Logik handelt, deren Laufzeiten unterhalb einer halben Periode liegen. Die Lesezugriffe erfolgen zeitlich innerhalb der Dekodierphase und gehören damit logisch zur ID-Stufe.

Das Auslesen des Schreibdatums für STORE-Befehle aus dem Registerfeld erfolgt in der Store-Data-Logik SDL. Für das Schreiben von Daten in das Registerfeld ist die Write-Back-Logik WBL zuständig. Schreibzugriffe auf Register R0 werden ignoriert. Das Auslesen der ALU-Operanden A und B geschieht in RRA und RRB. Ist Register R0 die Quelle, wird immer der Wert 0 zurückgegeben. Der Grund dafür ist die RISC-typische Sonderstellung von R0, das konstant den Wert 0 liefern muß.

## 7.6.5  Die Daten- und Adreß-Pipeline

Die Forwarding-and-Register-Unit arbeitet parallel zu drei logischen Pipeline-Stufen. Sie muß wissen, welches Register sich gerade in welcher Stufe befindet. Eine interne, durch die drei Module FRU_EX, FRU_MA und FRU_WB modellierte Pipeline sichert für jede Stufe die Registeradresse. Im Falle der FRU_EX-Stufe muß außerdem noch das Schreibdatum für die MAU gepuffert werden, die FRU_WB-Stufe hält zusätzlich den Wert vom C4_BUS aus der Prozessor-Pipeline fest. Als Beispiel wird die FRU_WB-Stufe in Bild 7.61 wiedergegeben.

```
// FRU_WB (Write-Back-Modul)                                          e0462
//                                                                    e0463
// Moduldeklaration fuer Write-Back-Einheit (WB);                     e0464
// haelt Rueckschreibadresse REG_ADDR_C5 und Wert C_BUS aus Pipeline fest  e0465

module fru_wb (C4_BUS, REG_ADDR_C4, WORK_WB, CP, C5_BUS, REG_ADDR_C5);   e0469
   input   [31:0] C4_BUS;                                             e0470
   input   [ 5:0] REG_ADDR_C4;                                       e0471
   input          WORK_WB,                                           e0472
                  CP;                                                e0473
   output  [31:0] C5_BUS;                                            e0474
   output  [ 5:0] REG_ADDR_C5;                                       e0475
                                                                     e0476
   wire    [31:0] C4_BUS;                                            e0477
   wire    [ 5:0] REG_ADDR_C4;                                       e0478
   wire           WORK_WB,                                           e0479
                  CP;                                                e0480
   reg     [31:0] C5_BUS;                                            e0481
   reg     [ 5:0] REG_ADDR_C5;                                       e0482
                                                                     e0483
   always @(posedge CP)  if (WORK_WB)  REG_ADDR_C5 = #`DELTA REG_ADDR_C4;  e0484
   always @(posedge CP)  if (WORK_WB)  C5_BUS      = #`DELTA C4_BUS;       e0485
                                                                     e0486
endmodule // fru_wb                                                  e0487
```

**Bild 7.61**  Pipeline-Stufe FRU_WB

# 7.7  Ausbau zu einem vollständigen Prozessor

Bis hierhin haben wir den Datenpfad des RISC-Prozessors konstruiert und dabei die Modellierung in der Hardware-Beschreibungssprache VERILOG geübt. Die Ergänzung zu einem vollständigen Grobstrukturmodell mit Systemumgebung ist als HDL-Beschreibung auf der Diskette in Kapitel 3 vorhanden. Allerdings werden die vielen Teile der Pipeline-Steuerung in der allgemeinen Kontrolle PCU und der Speicherbuskontrolle BCU, der Branch-Target-Cache BTC, die Behandlung von Interrupts, die Systemumgebung und erste Experimente wegen ihres Umfangs erst im Hintergrundband in H4 kommentiert.

Stattdessen wollen wir uns nun der Umsetzung eines solchen HDL-Modells in ein Netz aus Zellen einer Gatterbibliothek zuwenden.

# Synthese
# des Gattermodells

Wir kommen in diesem Kapitel der tatsächlichen Hardware auf dem Chip ziemlich nahe. Dazu wird das in der Hardware-Beschreibungssprache VERILOG entwickelte Grobstrukturmodell in ein Gattermodell umgesetzt oder *synthetisiert*. Grundlage hierfür ist die konkrete Bibliothek des Halbleiterherstellers bestehend aus Logikgattern, Flipflops, Treibern, Addierern usw. Wir werden ein hierarchisches Modell entwerfen, wobei die höheren Module genau den Modulen des Grobstrukturmodells entsprechen. Die Synthese dieses Modells geschieht teils manuell, teils automatisch. Das Gattermodell ist so umfangreich, daß wir im vorliegenden Einführungsband den normal interessierten Leser zwar beispielhaft in die Entwurfstechnik einführen, die Fülle technischer Details jedoch in den Hintergrundband verlagern (Kapitel H5).

Nach der Vorstellung der Bibliothek des Halbleiterherstellers führen wir die Umsetzung des HDL-Modells in Abschnitt 8.2 an Beispielen manuell durch, während im nächsten Abschnitt Werkzeuge zur Logiksynthese eingesetzt werden. Es folgt in Abschnitt 8.4 ein größeres Beispiel. Nach einigen allgemeinen Anmerkungen behandelt Abschnitt 8.7 die dynamische Simulation des Gattermodells. Dadurch wird die Übereinstimmung mit den betreffenden VERILOG-Komponenten des Grobstrukturmodells verifiziert. Ist die funktionale Korrektheit sichergestellt, werden das elektrische und das zeitliche Verhalten überprüft und notfalls korrigiert. So wird beispielsweise versucht, kritische Pfade und damit die Laufzeit zu verkürzen.

Bereits bei der Konstruktion des Grobstrukturmodells haben wir teilweise zu Lasten guter algorithmischer Lesbarkeit versucht, einen einfachen Übergang zur Gatternetzliste vorzubereiten. Wir versuchen jetzt, eine möglichst gute Übereinstimmung der beiden Modelle auch im Hinblick auf die hierarchische

Gliederung, die Namensgebung und die Funktion von Modulen und Signalen
zu erreichen. Objekte mit gleichen Namen in beiden Modellen sollen auch eine
korrespondierende Bedeutung besitzen. Offenbar wird jedoch das Gattermodell
wesentlich mehr Objekte als das Grobstrukturmodell enthalten, so daß eine
eindeutige Übereinstimmung nicht zu erreichen ist. Abweichungen ergeben
sich auch in den unteren Modellebenen, da nicht alle Teile des HDL-Modells
strukturorientiert beschrieben sind. Ganz gelegentlich ergeben sich Namens-
konflikte durch den Halbleiterhersteller, wenn etwa die reservierte Bezeichnung BTC eine Umbenennung des Branch-Target-Cache in BTIC erfordert.

## 8.1  Die Bibliothek des Halbleiterherstellers

Die Zellen des Halbleiterherstellers LSI Logic sind auf eigenen Datenblättern
detailliert charakterisiert. Wir beschränken uns hier auf eine allgemeine
Zusammenfassung, wobei Logikbausteine wie AND oder Flipflops natürlich als
bekannt angenommen werden. Neben Gattern, speichernden Bausteinen und
Treibern gibt es *Megafunktionen* genannte größere Zellen wie Addierer, Shifter
oder RAM-Bänke. In unserem Entwurf nicht benötigte Bibliothekszellen sind
weggelassen, stattdessen haben wir die Bibliothek um einige eigene Zellen
erweitert. Bei den Bezeichnungen bedeutet ein angehängtes P eine erhöhte
Treiberstärke, Xn eine n-fache Parallelschaltung.

### 8.1.1  Gatter

Die Zellen dieser Gruppe unterteilen sich in grundlegende Logikoperationen
wie AND und OR mit unterschiedlich vielen Eingängen, in Zellen mit häufigen
Kombinationen daraus wie ein 3-Eingangs-NOR, dessen einem Eingang ein
AND vorgeschaltet ist (AO1), und in spezielle Funktionen wie Addierer und
Multiplexer.

| | | |
|---|---|---|
| AN2 | 2-Input AND | |
| AN3 | 3-Input AND | |
| AN4 | 4-Input AND | |
| | | |
| AO1 | 2-AND | into 3-NOR |
| AO2 | 2 2-AND | into 2-NOR |
| AO3 | 2-OR | into 3-NAND |
| AO4 | 2 2-OR | into 2-NAND |
| AO6 | 2-AND | into 2-NOR |
| AO7 | 2-OR | into 2-NAND |

| | | |
|---|---|---|
| EN | 2-Input Exclusive NOR: | XOR mit invertierendem Ausgang (XNOR) |
| EO | 2-Input Exclusive OR | |
| EO3 | 3-input Exclusive OR | |
| EON1 | 2-OR, 2-NAND into 2-NAND | |
| FA1 | Full Adder | |
| FA1A | Full Adder | |
| HA1 | Half Adder | |
| MUX21CBM | Transfer Gate MUX for Booth Multiplying:<br>2 MUX21L-Zellen hintereinander; Ausgang des ersten Multiplexers steuert den zweiten | |
| MUX21H | Non-Inverting Gate MUX | |
| MUX21L | Inverting Gate MUX: aus Laufzeitgründen liegt der Ausgang invertiert vor | |
| MUX24P | 4-Bit 2-to-1 MUX, Non-Inverting:<br>vierfache Parallelschaltung eines MUX21H, so daß einer von zwei 4 Bit breiten Eingangsbussen auf den Ausgang geschaltet werden kann | |
| MUX31L | 3-Bit Inverting MUX | |
| MUX41 | 4-Bit Non-Inverting MUX | |
| MUX51H | Non-Inverting 5-to-1 MUX | |
| MUX81 | 8-Bit Non-Inverting MUX | |
| ND2 | 2-Input NAND | |
| ND3 | 3-Input NAND | |
| ND4 | 4-Input NAND | |
| ND5 | 5-Input NAND | |
| ND6 | 6-Input NAND | |
| ND8 | 8-Input NAND | |
| NR2 | 2-Input NOR | |
| NR3 | 3-Input NOR | |
| NR4 | 4-Input NOR | |
| NR6 | 6-Input NOR | |
| NR16 | 16-Input NOR | |
| OR2 | 2-Input OR | |
| OR3 | 3-Input OR | |
| OR4 | 4-Input OR | |

## 8.1.2  Interne Buffer

Interne Buffer sind keine statischen Register, sondern verzögern Signale um
eine kurze, definierte Laufzeit und invertieren sie dabei.

| | |
|---|---|
| B4I | 4 Parallel Inverters:<br>vier parallelgeschaltete Inverter IV für besonders hohe Treiberstärke |
| B5I | 5 Parallel Inverters |
| DELAY3 | Internal Buffer with 3 ns Nominal Delay:<br>unter nominellen Bedingungen gibt diese Zelle den Eingang nach einer Laufzeit von 3ns an den Ausgang weiter; damit kann zum Beispiel die Einhaltung von Setup- und Hold-Zeiten bei der Ansteuerung von Registern gesichert werden |
| DELAY5 | Internal Buffer with 5 ns Nominal Delay |
| IV | Inverter |
| IVA | Inverter with Parallel P Transistors |
| IVDA | Inverter into Inverter |

### 8.1.3  Flipflops

Obwohl viele verschiedene Flipflops zur Verfügung stehen, lassen sich die
meisten als Variante des flankengesteuerten D-Flipflops FD1 auffassen. Es gibt
die folgenden Variationen. Load ist ein zusätzlicher Steuereingang für das
Laden des Flipflops. Scan bezeichnet Flipflops, die Teil eines Scan-Pfades
(Abschnitt 9.3.2) zum Testen sein können. Sie besitzen zusätzliche Anschlüsse
zur Kontrolle des Scan-Modus und zur Weitergabe von Daten innerhalb des
Scan-Pfades. Clear ist ein zusätzlicher Steuereingang zum asynchronen
Löschen des Flipflops. Enable bezeichnet bei Zellen mit Scan das Vorhanden-
sein eines Load-Eingangs. Mit Set wird der Inhalt des Flipflops asynchron auf
1 gesetzt. Mit dem Steuereingang Synchronous Clear wird das Flipflop takt-
synchron gelöscht.

| | |
|---|---|
| FD1 | D Flip-Flop |
| FD1SLP | D Flip-Flop with Enable, Scan |
| FD2 | D Flip-Flop with Clear |
| FD2S | D Flip-Flop with Clear, Scan |
| FD2SL2 | D Flip-Flop with Clear, Scan, Load |
| FD4 | D Flip-Flop with Set |
| FD4S | D Flip-Flop with Set, Scan |
| FD2X4L | 4 D Flip-Flop, low CP Load |
| FDN1 | D Flip-Flop |
| FDN2 | D Flip-Flop with Clear |
| FDS2SLP | D Flip-Flop with Enable, Synchronous Clear, Scan |
| FD1SLQPX2 | Dual D Flip-Flop with Scan |
| FDS2SLQPX2 | Dual D Flip-Flop with Scan, synchronous Clear |
| FJK2 | JK Flip-Flop with Clear |

### 8.1.4  Latches

Während Flipflops flankengesteuert Signale übernehmen und synchron zum
Takt arbeiten, sind Latches pegelgesteuerte statische Register ohne Takt.

| | |
|---|---|
| LD1 | D Latch |
| LD1X4 | 4 LD1 in Parallel with Common Gates |

### 8.1.5  Input-Clock-Treiber

Nach den Design-Regeln des Herstellers darf das Taktsignal nur von
speziellen Input-Clock-Treibern mit besonders hoher Treiberstärke kommen.
Sie werden auf der obersten Ebene des Gattermodells angeordnet, um eine
einfachere Ausbalancierung der Taktlaufzeiten auf den Ästen des Taktbaums

zu erreichen. Ein Schmitt-Trigger in Zelle DRVSC korrigiert unsaubere Eingangsflanken.

    DRVSC           Clock Driver with CMOS Schmitt Trigger Input


## 8.1.6  Input-Buffer

Die Input-Buffer-Zellen verbinden die Schaltung mit den Eingangs-Pads. Externe Signale müssen dabei einen CMOS-Pegel besitzen. Bei kritischen Signalen wie dem nMHS-Signal korrigiert ein Schmitt-Trigger nötigenfalls unsaubere Flanken.

    IBUF            CMOS Input Buffer
    IBUFN           Inverted CMOS Input Buffer
    ICPTNU          Input Buffer for TN
    SCHMITC         Schmitt Trigger Input Buffer


## 8.1.7  Unidirektionale Output-Buffer

Die Output-Buffer-Zellen in einer Richtung verbinden mit unterschiedlicher Treiberstärke die Schaltung mit den Ausgangs-Pads.

    B1/B2           1 mA/2mA Unidirect Output Buffer
    B4              4 mA Unidirect Output Buffer


## 8.1.8  Bidirektionale Tristate-Output-Buffer

Die Zelle BD4 kann als Ein- und Ausgang sowie hochohmig geschaltet werden. Als Ausgang stellt sie 4 mA Treiberstärke zur Verfügung.

    BD4             4 mA Bidirectional 3-State Output Buffer


## 8.1.9  Testzelle als Megafunktion

Diese große Bibliothekszelle stellt verschiedene Durchlaufverzögerungen bereit. Mit ihnen können nach der Fertigung Dotierungsdichten und Ätz-parameter und damit Laufzeiten des gesamten Chips abgeschätzt werden.

    PROCMON         Process Monitor

### 8.1.10 Addierer als Megafunktion

Diese Zellen addieren zwei 16 bzw. 32 Bit breite Operanden und ein Carry-In-Bit mit Carry-Select.

```
CFB0220B     16-Bit Carry Select Adder
CFB0230B     32-Bit Carry Select Adder
```

### 8.1.11 Shifter als Megafunktion

Ein 32 Bit breiter Operand wird um maximal 31 Bit-Positionen links herum rotiert. Rotier-Operationen nach rechts können mit negativer Rotier-Konstante nachgebildet werden. Eigentliche Shift-Operationen für die Befehle LSL, LSR und ASR lassen sich durch die nachträgliche Ausblendung entsprechender Bit-Positionen implementieren.

```
CFC1020B     32-Bit Barrel Shifter
```

### 8.1.12 Kundenspezifische RAM-Bibliothek als Megafunktion

Das Registerfeld oder Gruppen von mehreren Registern werden aus Platzgründen nicht einzeln aus Flipflops zusammengesetzt, sondern benutzen generierte RAM-Blöcke. Diese werden aus Plazierungs- und Verdrahtungsgründen auf der obersten Modellebene angeordnet. Sie unterscheiden sich in Breite und Anzahl der Register und in Art und Anzahl der Ports für Zugriffe auf die Register. Sie wurden vom Halbleiterhersteller für die Anforderungen von TOOBSIE mit einem RAM-Compiler angefertigt.

```
RR40X32     2 Read-, 1 Write-Port RAM, 40 Word x 32 Bit
RR32X32     1 Read-, 1 Write-Port RAM, 32 Word x 32 Bit
RR16X32     1 Read-, 1 Write-Port RAM, 16 Word x 32 Bit
RR16X30     1 Read-, 1 Write-Port RAM, 16 Word x 30 Bit
RR16X5      1 Read-, 1 Write-Port RAM, 16 Word x 5 Bit
```

### 8.1.13 Interne Buffer als selbstentwickelte Bibliothekszellen

Die Buffer verteilen ein 1-Bit-Signal auf einen 30, 32 bzw. 107 Bit breiten Ausgang mit Hilfe eines Baums von Invertern.

```
BUF30       30-Bit Buffer
BUF32       32-Bit Buffer
BUF107      107-Bit Buffer

IV32        32-Bit Inverter: invertierender BUF32
```

## 8.1.14 Flipflops als selbstentwickelte Bibliothekszellen

Vorhandene Flipflops werden von uns um weitere Flipflops ergänzt. Sie stellen meist n-fache Parallelschaltungen vorhandener Zellen dar zur Speicherung n Bit breiter Signale. Die Bedeutung des oben verwendeten Bezeichnungsschlüssels bleibt bestehen.

```
FD1SLPX3       3 D Flip-Flop    with Load, Scan
FD1SLPX4       4 D Flip-Flop    with Load, Scan
FD1SLPX32      32 D Flip-Flop   with Load, Scan

FD1SLQPX6      6 D Flip-Flop    with Load, Scan, no Qn-output
FD1SLQPX8      8 D Flip-Flop    with Load, Scan, no Qn-output
FD1SLQPX30     30 D Flip-Flop   with Load, Scan, no Qn-output
FD1SLQPX32     32 D Flip-Flop   with Load, Scan, no Qn-output

FD2S2LX4       4 D Flip-Flop    with Clear, Scan, 2 Load
FD2SLPX30      30 D Flip-Flop   with Clear, Scan, Load
FD2SLPX32      32 D Flip-Flop   with Clear, Scan, Load
FD2SLX3        3 D Flip-Flop    with Clear, Scan, Load
FD4S2LPX4      4 D Flip-Flop    with Set, Scan, 2 Load

FD4SL          D Flip-Flop      with Scan, Load, asynchronous Set
FD4SLP         D Flip-Flop      with Scan, Load, asynchronous Set
FD4SLX4        4 D Flip-Flop    with Scan, Load, asynchronous Set

FDS2SLQPX8     8 D Flip-Flop    with Scan, synchronous Clear, Load, no Qn-output
FDS2SLQPX24    24 D Flip-Flop   with Scan, synchronous Clear, Load, no Qn-output
FDS2SLQPX30    30 D Flip-Flop   with Scan, synchronous Clear, Load, no Qn-output
FDS2SLQPX32    32 D Flip-Flop   with Scan, synchronous Clear, Load, no Qn-output
```

## 8.1.15 Multiplexer als selbstentwickelte Bibliothekszellen

Ähnlich wie bei den Flipflops werden eigene Multiplexer-Felder aufgebaut, meist als n-fache Parallelschaltungen vorhandener Zellen, mit denen n Bit breite Signale selektiert werden. Dabei bleiben die oben verwendeten Bezeichnungsschlüssel erhalten.

```
MUX21HPX8      8-Bit    Non-Inverting  2-to-1 MUX
MUX21HPX8B1    8-Bit    Non-Inverting  2-to-1 MUX, 1-Bit B-Input
MUX21HX4       4-Bit    Non-Inverting  2-to-1 MUX
MUX21HX5       5-Bit    Non-Inverting  2-to-1 MUX
MUX21HX6       6-Bit    Non-Inverting  2-to-1 MUX
MUX21HX10      10-Bit   Non-Inverting  2-to-1 MUX

MUX21LPX4      4-Bit    Inverting      2-to-1 MUX
MUX21LPX8      8-Bit    Inverting      2-to-1 MUX
MUX21LPX8B1    8-Bit    Inverting      2-to-1 MUX, 1 Bit B-Input
MUX21LX16      16-Bit   Inverting      2-to-1 MUX

MUX24HX2       8-Bit    Non-Inverting  2-to-1 MUX (zwei MUX24P)
MUX31HX8       8-Bit    Non-Inverting  3-to-1 MUX
MUX31HX10      10-Bit   Non-Inverting  3-to-1 MUX
```

| MUX31LX16 | 16-Bit | Inverting | 3-to-1 MUX |
| MUX41X8 | 8-Bit | Inverting | 4-to-1 MUX |
| MUX51HPX8 | 8-Bit | Non-Inverting | 5-to-1 MUX |
| MUX51HPX10 | 10-Bit | Non-Inverting | 5-to-1 MUX |
| MUX51HX8 | 8-Bit | Non-Inverting | 5-to-1 MUX |
| MUX51HX10 | 10-Bit | Non-Inverting | 5-to-1 MUX |
| MUX81X10 | 10-Bit | Non-Inverting | 8-to-1 MUX |

# 8.2   Manuelle Synthese

In diesem Abschnitt zeigen wir die manuelle Umsetzung typischer VERILOG-Teile des Grobstrukturmodells in *Schematics* aus Bibliothekszellen, im nächsten Abschnitt setzen wir geeignete Synthese-Werkzeuge ein. In der Praxis haben wir beide Methoden jedoch oft gemischt, indem beispielsweise einzelne Ausschnitte der kombinatorischen Logik automatisch synthetisiert und anschließend manuell zusammengefügt wurden.

Bei der Umsetzung von VERILOG-Gruppen in Schematics gibt es direkt umsetzbare Situationen, die häufig auftreten. Diese sind das synchrone Übernehmen, ein Registerblock mit kombinatorischer Logik, eine Register-Pipeline, ein Multiplexer zur Datenselektion sowie die Konstanten- und Variablenzuweisung. Sie werden in den folgenden Abschnitten 8.2.1 bis 8.2.6 behandelt.

## 8.2.1   Synchrones Übernehmen

Zu Beginn eines neuen Taktes müssen Informationen übernommen und über den gesamten Takt gehalten werden. Ein Beispiel dafür sind die nur zur positiven Taktflanke gültigen WORK-Signale. Da sie in der Forwarding-and-Register-Unit FRU während des gesamten Taktes benötigt werden, müssen sie synchron in Register geladen werden.

```
// Synchrone Uebernahme einiger Eingangswerte                         e0123
//                                                                     e0124
always @(posedge CP)  if (STEP)  DO_ALU  = #`DELTA WORK_ALU;          e0125
always @(posedge CP)  if (STEP)  DO_MAU  = #`DELTA WORK_MAU;          e0126
always @(posedge CP)  if (STEP)  DO_WB   = #`DELTA WORK_WB;           e0127
```

**Bild 8.1**  Synchrones Übernehmen in der FRU

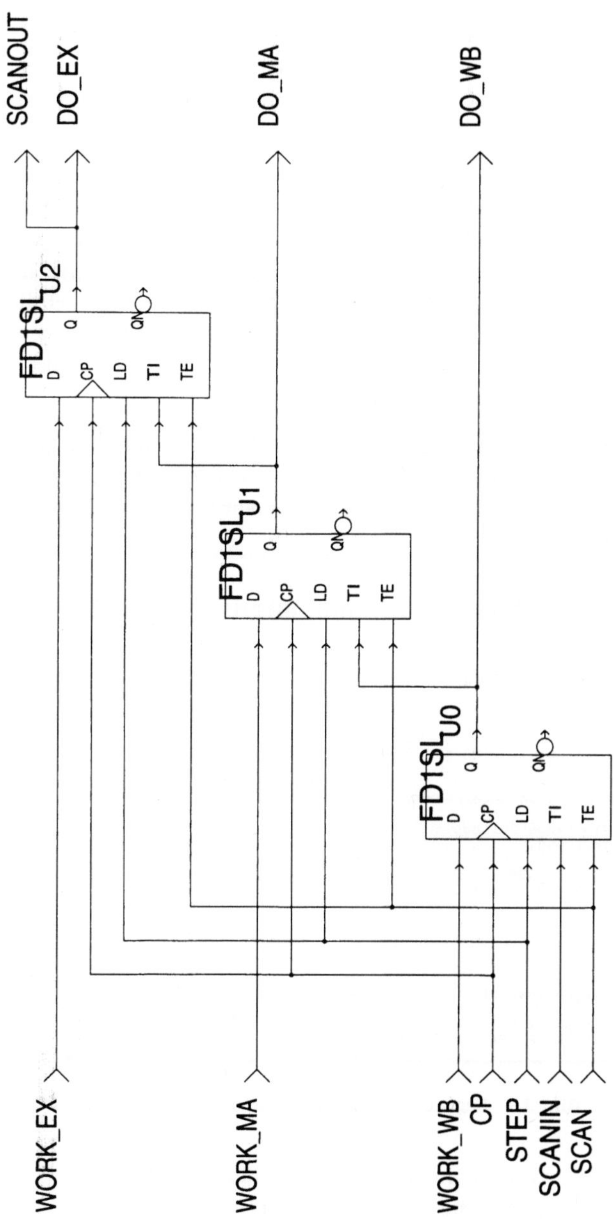



**Bild 8.2**  Das Signal-Register FRU_DO

Bild 8.1 zeigt einen Ausschnitt aus dem VERILOG-Modell der FRU mit drei
always-Blöcken, die zur positiven Taktflanke getriggert werden. Dabei wird der
Wert des jeweiligen WORK-Signals in ein Register übernommen, wenn mit
diesem Takt auch ein neuer Step beginnt.

Das zugehörige Schematic FRU_DO in Bild 8.2 enthält drei 1 Bit breite Register
des Typs FD1SLP mit den Namen U0 bis U2. An den Dateneingang D ist das
jeweilige WORK-Signal angelegt, an den Takt-Eingang CP der Takt. Das
Flipflop übernimmt den Wert am Dateneingang mit der positiven Flanke von
CP, wenn gleichzeitig der Load-Eingang LD gesetzt ist. Durch den Anschluß
des Signals STEP an LD ist die if-Anweisung realisiert. Ausgang Q übernimmt
Eingang D mit einer kurzen Verzögerung, die im Grobstrukturmodell mit
#`DELTA modelliert ist.

Zusätzlich verfügen die Flipflops über die Scan-Eingänge TE und TI, Ausgang
Q ist auch der Scan-Ausgang, der mit dem Scan-Eingang des folgenden
Registers verbunden ist. Auf diese Weise wird ein Scan-Pfad implementiert
(Abschnitt 9.3.2).

## 8.2.2  Registerblock mit kombinatorischer Logik

```
// Status-Pipeline: MA-Stufe                                    f0857
//                                                              f0858
// Bestimmung des MA-Speicherzugriffstatus fuer die in die MA   f0859
// uebernommene Instruktion (MAU_USES_BUS);                     f0860
// Uebernahme des Delay-Slot-Status der MA-Instruktion aus EX;  f0861
// Verwaltung des fuer MA gueltigen PC und der Status-Bits fuer MA  f0862

  // Speicherzugriffsstatus, Delay-Slot-Status und Status-Bits fuer  f0867
  // MA-Instruktion uebernehmen                                 f0868
  //                                                            f0869
  always @(posedge CP) begin                                   f0870
    if (STEP) begin                                            f0871
      fork                                                     f0872
        MAU_USES_BUS = #`DELTA ~MAU_OPCODE3[2] & WORK_MA;      f0873
        DS_IN_MAU    = #`DELTA DS_IN_ALU;                      f0874
        MA_STATUS    = #`DELTA EX_STATUS;                      f0875
      join                                                     f0876
    end                                                        f0877
  end                                                          f0878
                                                               f0879
  //                                                           f0880
  // PC fuer MA-Instruktion uebernehmen                        f0881
  //                                                           f0882
  always @(posedge CP)                                         f0883
    if (WORK_MA) PC_MA = #`DELTA PC_EX;                        f0884
```

**Bild 8.3**  Registerblock mit kombinatorischer Logik in der PCU

Das synchrone Übernehmen wird in diesem Abschnitt um kombinatorische
Logik erweitert. An die Registereingänge werden kombinatorische Ver-

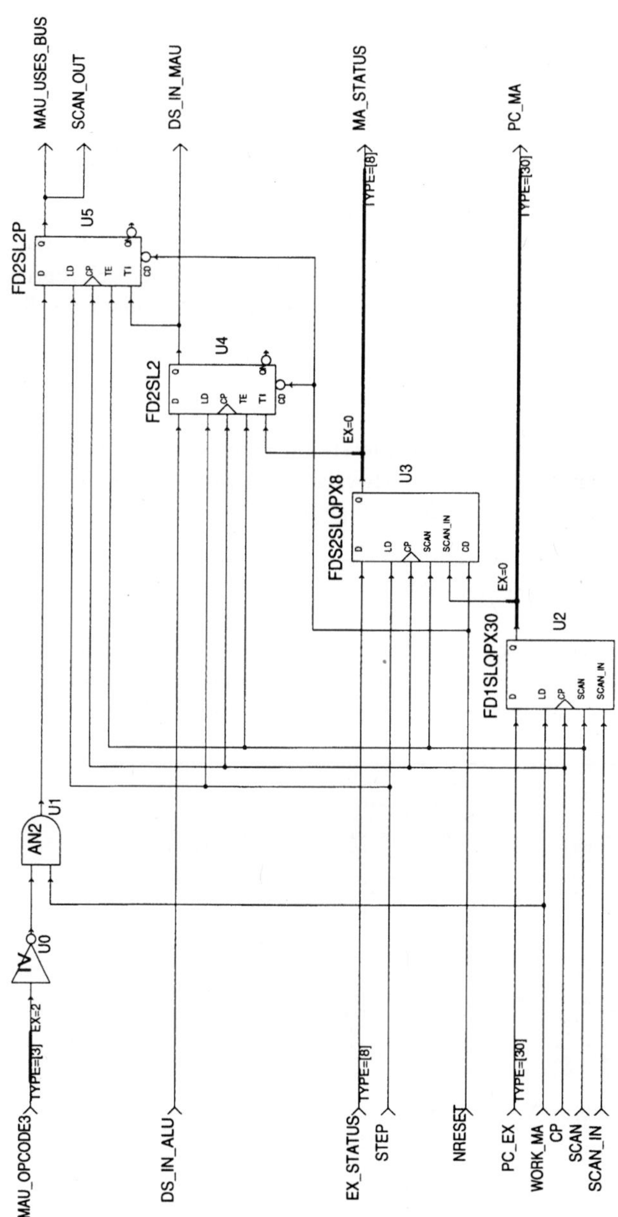


**Bild 8.4**  Die Status-Pipeline STAP_MA

knüpfungen anderer Signale angelegt. Ein Beispiel dafür ist die Memory-Access-Stufe in der Status-Pipeline der Pipeline-Control-Unit in Bild 8.3. Im ersten Block (Zeilen f0870 bis f0878) sind drei Register mit fork und join zusammengefaßt mit demselben Load-Signal STEP. Der Wert für MAU_USES_BUS ergibt sich als ~MAU_OPCODE3[2] & WORK_MA.

Im zugehörigen Schematic STAP_MA in Bild 8.4 wird aus dem Signal MAU_OPCODE3 zunächst MAU_OPCODE3[2] extrahiert und anschließend mit dem Inverter U0 invertiert. Danach erfolgt eine Und-Verknüpfung mit dem Signal WORK_MA durch das AND-Gatter U1 für den Eingang des Registers U5.

Die Flipflops FD2SL2 (U4) und FD2SL2P (U5) sind der Hersteller-Bibliothek entnommen, FD2SLX8 (U3) und FD1SLQPX30 (U2) sind eigene Bibliotheks-zellen mit 8 bzw. 30 Flipflops. Der Scan-Pfad wird intern durch alle Flipflops geführt, wobei jeweils Bit 0 das letzte im Pfad ist und den Scan-Ausgang des Registers darstellt. Bit 0 beispielsweise wird vom Ausgang des FD1SLPQX30 an den Scan-Eingang des FD2SLX8 geführt.

### 8.2.3  Register-Pipeline

Mehrere Registerblöcke mit kombinatorischer Logik ergeben eine Register-Pipeline wie in der WORK_UNIT der Pipeline-Control-Unit in Bild 8.5 zur Erzeugung der Work-Signale für die Pipeline-Stufen.

```
   // Wires fuer Eingaenge                                                  f1173
   wire    CP,                     // Systemtakt                           f1174
           nRESET,                 // RESET-Signal                         f1175
           STEP,                   // Pipeline kann weiterarbeiten         f1176
           DIS_IDU,                // IDU im naechsten Step abschalten     f1177
           KILL_ALU,               // ALU im naechsten Step abschalten     f1178
           RERUN_MA,               // Pipeline-Stufen MA und WB loeschen   f1179
           FLUSH_PIPE,             // alle Pipeline-Stufen von ID bis WB loeschen  f1180
           NO_DELAY,               // HWI und EXC Delay-Instruktion ignorieren     f1181
           DO_HALT;                // Prozessor ist aktiv                  f1182
                                                                           f1183
   // Aktivierungsstatus fuer Pipeline (Quelle der 1'en des WORK-FIFO)     f1184
   reg     ACTIVE;                                                         f1185
                                                                           f1186
   // WORK-Verwaltungregister (WORK-FIFO)                                  f1187
   reg     WORKFF_IF,              // Register fuer Instruction-Fetch Stufe   f1188
           WORKFF_ID,              // Register fuer Instruction-Decode Stufe  f1189
           WORKFF_EX,              // Register fuer Execute Stufe          f1190
           WORKFF_MA,              // Register fuer Memory-Access Stufe    f1191
           WORKFF_WB;              // Register fuer Write-Back Stufe       f1192
                                                                           f1193
   // Assignments fuer Ausgaenge                                           f1194
   wire    WORK_IF;                // Work-Signal fuer IF                  f1195
   wire    WORK_FD;                // Work-Signal fuer FD                  f1196
   wire    WORK_ID;                // Work-Signal fuer ID                  f1197
   wire    WORK_EX;                // Work-Signal fuer EX                  f1198
   wire    WORK_MA;                // Work-Signal fuer MA                  f1199
   wire    WORK_WB;                // Work-Signal fuer WB                  f1200
                                                                           f1201
   assign WORK_IF = WORKFF_IF & STEP      & nRESET;                        f1202
   assign WORK_FD = WORKFF_ID & STEP      & ~FLUSH_PIPE & ~NO_DELAY & ACTIVE;   f1203
```

```
assign WORK_ID = WORKFF_ID & WORK_FD & ~DIS_IDU;                       f1204
assign WORK_EX = WORKFF_EX & STEP    & ~KILL_ALU & ACTIVE;             f1205
assign WORK_MA = WORKFF_MA & STEP    & ~FLUSH_PIPE & ~RERUN_MA;        f1206
assign WORK_WB = WORKFF_WB & STEP    & ~FLUSH_PIPE & ~RERUN_MA;        f1207
                                                                       f1208
                                                                       f1209
//                                                                     f1210
// Bei aktivem RESET-Signal ACTIVE-Register und WORK-FIFO-Register     f1211
// asynchron in RESET-Zustand versetzen                               f1212
//                                                                     f1213
always @(nRESET) begin                                                 f1214
  while (~nRESET) begin                                                f1215
    ACTIVE    = 1'b1;                                                  f1216
    WORKFF_IF = 1'b1;                                                  f1217
    WORKFF_ID = 1'b0;                                                  f1218
    WORKFF_EX = 1'b0;                                                  f1219
    WORKFF_MA = 1'b0;                                                  f1220
    WORKFF_WB = 1'b0;                                                  f1221
    #1;                                                                f1222
  end                                                                  f1223
end                                                                    f1224
                                                                       f1225
//                                                                     f1226
// bei gueltiger HALT-Anforderung ACTIVE loeschen                     f1227
//                                                                     f1228
always @(posedge CP) if (STEP) begin                                   f1229
  if (~KILL_ALU & DO_HALT) ACTIVE = #`DELTA 1'b0;                      f1230
end                                                                    f1231
                                                                       f1232
//                                                                     f1233
// bei positiver Systemtaktflanke WORK-FIFO weiterschieben, wenn      f1234
// Pipeline-Freigabe vorhanden ist;                                   f1235
// bei RESET WORK-FIFO initialisieren                                 f1236
//                                                                     f1237
always @(posedge CP) begin                                             f1238
  if (STEP) begin                                                      f1239
    fork                                                               f1240
      WORKFF_IF = #`DELTA ACTIVE;                                      f1241
      WORKFF_ID = #`DELTA WORK_IF;                                     f1242
      WORKFF_EX = #`DELTA WORK_ID;                                     f1243
      WORKFF_MA = #`DELTA WORK_EX;                                     f1244
      WORKFF_WB = #`DELTA WORK_MA;                                     f1245
    join                                                               f1246
  end                                                                  f1247
end                                                                    f1248
```

**Bild 8.5** Register-Pipeline in der PCU

Die wesentlichen Bestandteile des zugehörigen Schematics WORK_UNIT in
Bild 8.6 sind die fünf Register U8, U13, U18, U23 und U29. Sie entsprechen den
Registern WORKFF_IF, WORKFF_ID, WORKFF_EX, WORKFF_MA und WORKFF_
WB des Grobstrukturmodells. Gemäß den Zeilen f1238 bis f1248 werden die am
Eingang anliegenden Signale zur positiven Taktflanke bei gesetztem STEP
übernommen.

Flipflop U6 modelliert das Register ACTIVE des VERILOG-Modells. Die
Rückkopplung sorgt dafür, daß der Inhalt erhalten bleibt. Gesetzt wird das
Flipflop durch das Signal NRESET, zurückgesetzt durch die Logik U0/U5
entsprechend ~KILL_ALU & DO_HALT.

Die Logik zwischen den Pipeline-Registern in den Zeilen f1202 bis f1207 läßt
sich leicht im Schematic wiederfinden. So wird beispielsweise WORK_IF durch

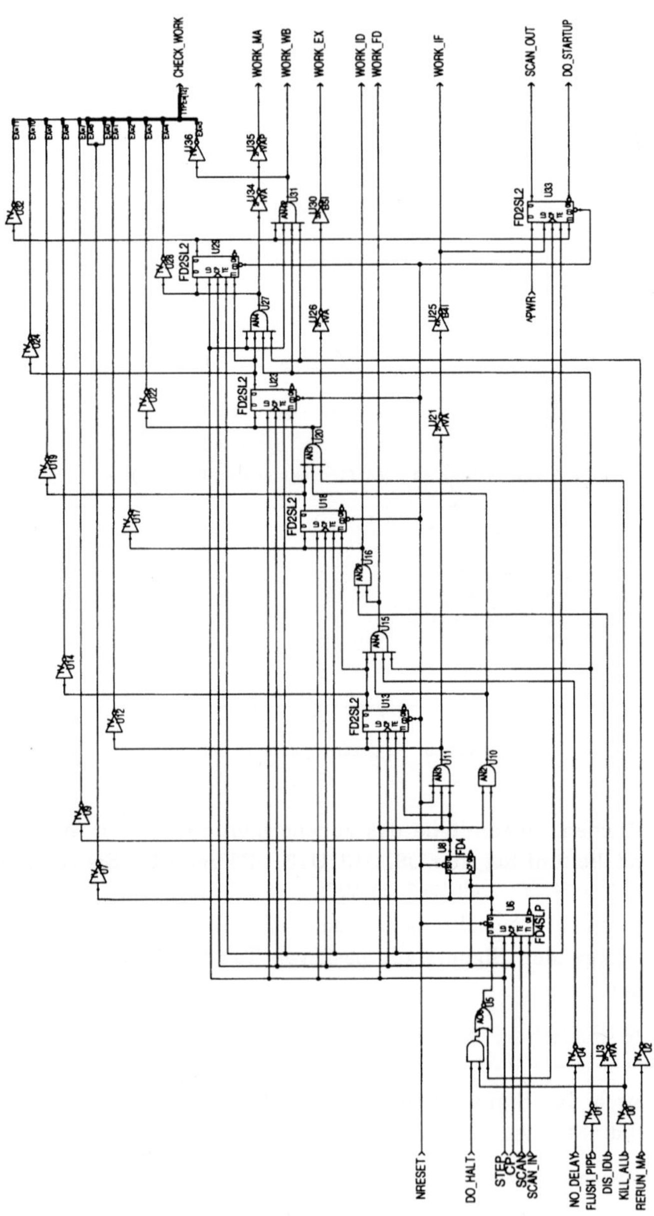

**Bild 8.6**  WORK_UNIT der Pipeline-Kontrolle

das AND-Gatter U11 aus NRESET, STEP und WORKFF_IF erzeugt. Die beiden Inverter U21 und U25 dienen als Treiber der relativ großen Last hinter WORK_IF. Das unverstärkte Signal WORK_IF ist gleichzeitig das Eingangssignal für Register U13 entsprechend WORKFF_ID, das in der Pipeline auf WORKFF_IF folgt.

## 8.2.4 Multiplexer zur Selektion von Daten

Oft müssen Signale aus Datenbussen extrahiert oder neu zu Bussen zusammengefaßt werden. Ein Beispiel hierfür ist in Bild 8.7 die Write-Data-Selection der Memory-Access-Unit. Hier werden die zu schreibenden Daten aus einem 32 Bit breiten Bus extrahiert und entsprechend der Zugriffsbreite und Zugriffsadresse zu einem neuen 32 Bit breiten Bus zusammengefaßt.

```
// Write-Data-Selection                                                       d0132
//                                                                            d0133
// zu schreibende Daten entsprechend Zugfriffsbreite und Zugriffsadresse      d0134
// auf MAU_WRITE_DATA legen                                                   d0135

   //                                                                         d0139
   // Byte-Selektion in Schreibdaten vornehmen                               d0140
   //                                                                         d0141
   always @(MAU_DBREG or MAPPING[0]) begin                                    d0142
     case(MAPPING[0])                                                         d0143
       1'b0: ST_MAPP08 = {MAU_DBREG[31:16], MAU_DBREG[15:8], MAU_DBREG[7:0]}; d0144
       1'b1: ST_MAPP08 = {MAU_DBREG[31:16], MAU_DBREG[ 7:0], MAU_DBREG[7:0]}; d0145
     endcase                                                                  d0146
   end                                                                        d0147
                                                                              d0148
   //                                                                         d0149
   // Nach Byte-Selektion Halbwort-Selektion in Schreibdaten vornehmen        d0150
   //                                                                         d0151
   always @(ST_MAPP08 or MAPPING[1]) begin                                    d0152
     case(MAPPING[1])                                                         d0153
       1'b0: ST_MAPP16 = {ST_MAPP08[31:16], ST_MAPP08[15:0]};                 d0154
       1'b1: ST_MAPP16 = {ST_MAPP08[15: 0], ST_MAPP08[15:0]};                 d0155
     endcase                                                                  d0156
   end                                                                        d0157
                                                                              d0158
   //                                                                         d0159
   // Nach Byte- und Halbwort-Selektion Schreibdaten auf MAU_WRITE_DATA legen d0160
   //                                                                         d0161
   always @(ST_MAPP16)                                                        d0162
     MAU_WRITE_DATA = ST_MAPP16;                                              d0163
```

**Bild 8.7**  Multiplexer zur Selektion von Daten in der MAU

Im ersten always-Block (d0149 bis d0154) werden den Bits 15 bis 8 abhängig von MAPPING[0] die ursprünglichen Bits 7 bis 0 oder die Bits 15 bis 8 zugewiesen. Diese Selektion erfolgt im Schematic in Bild 8.8 durch den Multiplexer U1, der dem Ausgang Z den Eingang A zuweist, wenn der Selektionseingang S nicht gesetzt ist, und sonst den Eingang B.

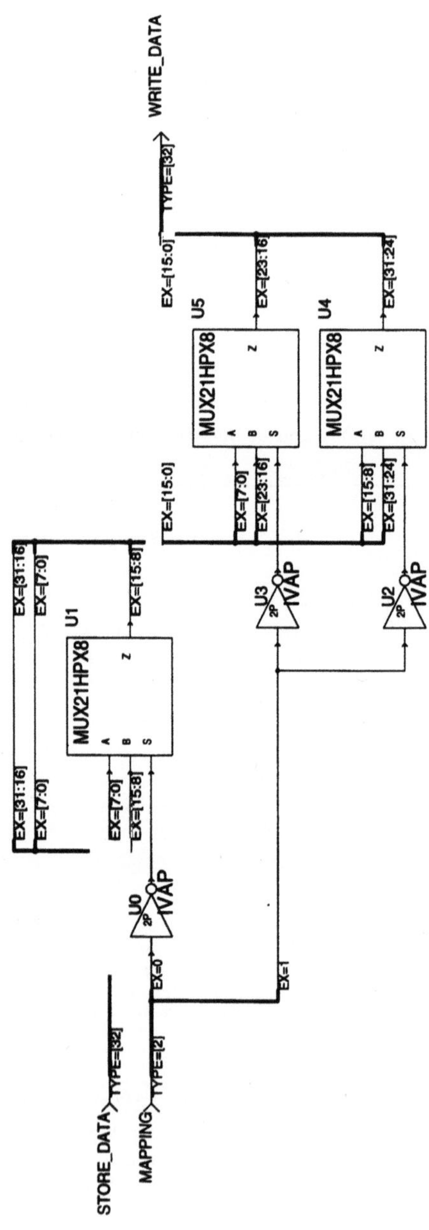


**Bild 8.8**  Der Modul SELWD (Select-Write-Data)

Weil es sich um einen 8 Bit breiten Multiplexer handelt, muß das Selektionssignal MAPPING[0] zuvor durch den Inverter IVAP (U0) verstärkt werden. Entsprechend müssen die Eingänge A und B vertauscht werden: an A werden die Bits 7 bis 0 von STORE_DATA gelegt, an B die Bits 15 bis 8. Für MAPPING[0]=0 ist S gesetzt, wodurch Eingang B zum Ausgang Z durchgeschaltet wird. Dies entspricht Zeile d0144 im VERILOG-Modell. Die beiden anderen Multiplexer U4 und U5 erzeugen entsprechend die oberen 16 Bit. Es werden zwei Multiplexer für je 8 Bit verwendet.

## 8.2.5 Konstantenzuweisung

Häufig werden einem Signal abhängig von einer Reihe anderer Signale verschiedene Konstanten zugewiesen, wie es mit der casez-Anweisung in Bild 8.9 am Beispiel der Pipeline-Disable-Logic der Instruction-Fetch-Unit modelliert ist. Dort wird DIS_IDU gesetzt in Abhängigkeit von MPC_HIT, BTC_HIT, BTC_CORRECT, BTC_DIS_IDU, NO_ACC, BRANCH, ANNUL und TAKEN.

```
always @(MPC_HIT or BTC_HIT or BTC_CORRECT or BTC_DIS_IDU or NO_ACC      a1877
        or BRANCH or ANNUL or TAKEN) begin                               a1878
     casez({MPC_HIT, BTC_HIT, BTC_CORRECT, BTC_DIS_IDU, NO_ACC,          a1879
         BRANCH, ANNUL, TAKEN})                                          a1880
      8'b000?00?? : DIS_IDU = 1'b0;   // normaler Befehl                  a1881
      8'b000?010? : DIS_IDU = 1'b0;   // Sprung, ANNUL-Bit nicht gesetzt  a1882
      8'b000?0110 : DIS_IDU = 1'b1;   // nicht genommener Sprung, ANNUL-Bit  a1883
      8'b000?0111 : DIS_IDU = 1'b0;   // genommener Sprung, ANNUL-Bit     a1884
      8'b000?1??? : DIS_IDU = 1'b1;   // kein Speicherzugriff moeglich    a1885
      8'b100??0?? : DIS_IDU = 1'b0;   // MPC-Hit                          a1886
      8'b100??10? : DIS_IDU = 1'b0;   // MPC-Hit, Sprung, kein ANNUL-Bit  a1887
      8'b100??110 : DIS_IDU = 1'b1;   // MPC-Hit, nicht gen. Sprung, ANNUL-Bit  a1888
      8'b100??111 : DIS_IDU = 1'b0;   // MPC-Hit, genommener Sprung, ANNUL-Bit  a1889
      8'b??10???? : DIS_IDU = 1'b0;   // BTC korrigiert Sprung            a1890
      8'b??11???? : DIS_IDU = 1'b1;   // BTC korrigiert Sprung            a1891
      8'b?100???? : DIS_IDU = 1'b0;   // BTC hat Hit                      a1892
      8'b?101???? : DIS_IDU = 1'b1;   // BTC hat Hit                      a1893
      default     : DIS_IDU = 1'b0;                                       a1894
     endcase                                                             a1895
end                                                                      a1896
```

**Bild 8.9** Konstantenzuweisung in der IFU

Bei der Umsetzung in das Schematic PDL in Bild 8.10 wird aus der casez-Anweisung die Logik aus den Multiplexern U4 und U5. Eine Lösung aus Gattern wäre langsamer. Das Signal BTC_DIS_IDU gehört zum kritischen Pfad, so daß an dieser Stelle besonderer Wert auf Geschwindigkeit gelegt wurde. Der Inverter U6 dient als Verstärker. Die Invertierung wird durch den

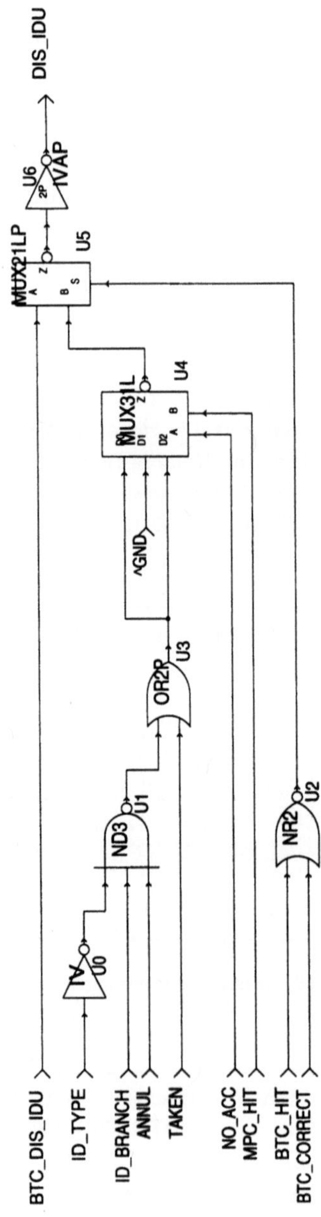


**Bild 8.10** Die Pipeline-Disable-Logic PDL

vorgeschalteten und ebenfalls invertierenden Multiplexer U5 vom Typ
MUX21LP aufgehoben.

## 8.2.6  Variablenzuweisung

Abhängig von verschiedenen Eingangssignalen kann einem Ausgangssignal
auch eine Variable zugewiesen werden. Dies ist beispielsweise in der
Forwarding-and-Register-Unit in Bild 8.11 der Fall, wo abhängig vom
Kontrollbus SEL_A einer der Eingänge READ_A, C3_BUS oder C4_BUS auf
den Ausgang A_BUS gelegt wird.

```
// FSL (Forwarding-Selection-Logik)                              e0267
//                                                               e0268
// Dieser Ausgangsumschalter legt richtige Werte an A_BUS, B_BUS und   e0269
// STORE_DATA, abhaengig von der Forwarding-Logik; reine Kombinatorik. e0270

always @(SEL_A or SEL_B or SEL_S or READ_A or READ_B or READ_STORE_DATA or  e0274
         C3_BUS or C4_BUS or IMMEDIATE or SREG_DATA)            e0275
begin: FSL                                                      e0276
                                                                e0277
   //                                                           e0278
   // Alu-Operand A auswaehlen (MUX_A)                          e0279
   //                                                           e0280
   case(SEL_A)                                                  e0281
      'TAKE2_ADDR: A_BUS = READ_A;                              e0282
      'TAKE2_C3:   A_BUS = C3_BUS;                              e0283
      'TAKE2_C4:   A_BUS = C4_BUS;                              e0284
   endcase                                                      e0285
                                                                e0286
   //                                                           e0287
   // Alu-Operand B auswaehlen (MUX_B)                          e0288
   //                                                           e0289
   case (SEL_B)                                                 e0290
      'TAKE3_ADDR: B_BUS = READ_B;                              e0291
      'TAKE3_C3:   B_BUS = C3_BUS;                              e0292
      'TAKE3_C4:   B_BUS = C4_BUS;                              e0293
      'TAKE3_IMM:  B_BUS = IMMEDIATE;                           e0294
      'TAKE3_SREG: B_BUS = SREG_DATA;                           e0295
   endcase                                                      e0296
                                                                e0297
   //                                                           e0298
   // Store-Daten auswaehlen (MUX_S)                            e0299
   //                                                           e0300
   case (SEL_S)                                                 e0301
      'TAKE2_ADDR: STORE_DATA2 = READ_STORE_DATA;              e0302
      'TAKE2_C3:   STORE_DATA2 = C3_BUS;                        e0303
      'TAKE2_C4:   STORE_DATA2 = C4_BUS;                        e0304
   endcase                                                      e0305
end                                                             e0306
```

**Bild 8.11**  Variablenzuweisung in der FRU

Im zugehörigen Schematic MUX_A in Bild 8.12 sind vier 2-zu-1-Multiplexer der
Breite 8 Bit vom Typ MUX31HPX8 (U8-U11) zu einem 32 Bit breiten Multiplexer
geschaltet, indem ein Bus mit Extraktoren in vier Busse von je 8 Bit aufgespalten und hinter dem Multiplexer wieder zusammengefügt wird. Die

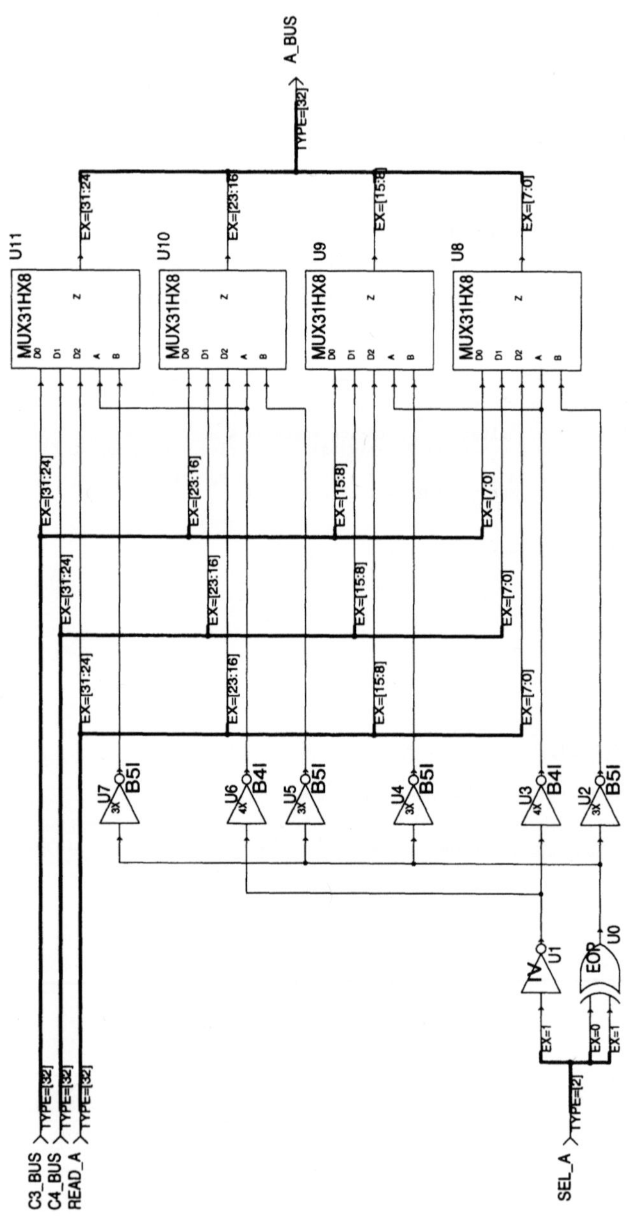

**Bild 8.12**   Der Multiplexer MUX_A

Inverter U2 bis U7 treiben die Multiplexer. Die Auswahl erfolgt durch SEL_A. Das XOR-Gatter U0 und der Inverter U1 codieren das Auswahlsignal um.

### 8.2.7 Indirekte Synthese von Verhaltensgruppen

Wenn die Modellierung im Grobstrukturmodell relativ verhaltensorientiert ist, muß indirekt übertragen werden. Die Schwierigkeit hängt vom Einzelfall ab. VERILOG-Code und Schematic hängen nur über die gleiche Funktionalität zusammen, die sich nur durch umfangreiche Simulationen nachweisen läßt. Regeln für die indirekte Umsetzung können an dieser Stelle nicht angegeben werden. Wir haben versucht, solche Fälle möglichst zu vermeiden.

# 8.3 Unterstützung durch Logiksynthese

Das Grobstrukturmodell enthält viele kombinatorische Logikblöcke, für die sich eine automatische Synthese mit geeigneten Werkzeugen anbietet. Es werden Fehler vermieden, wie sie bei der manuellen Synthese leicht entstehen können. Die Anzahl der verwendeten Gatter kann optimiert werden. Allerdings sollten die synthetisierten Blöcke nicht besonders zeitkritisch sein.

### 8.3.1 Werkzeuge der Synthese

Wir verwenden die Syntheseprogramme BDSYN und MIS II aus dem Paket OCTTOOLS der University of Berkeley. Der Compiler BDSYN übersetzt die Hardware-Beschreibungssprache BDS in das Format BLIF (Berkeley Logic Intermediate Format), anschließend synthetisiert das Programm MIS II aus der BLIF-Beschreibung unter Verwendung einer Bibliothek eine Gatternetzliste im Format BDNET, wobei eine Reihe von Optimierungsmöglichkeiten zur Verfügung steht.

Leider müssen unsere VERILOG-Beschreibungen zunächst in die BDS-Eingaben konvertiert werden, und das BDNET-Ergebnis ist in LSI-Schematics umzusetzen. Dies Vorgehen erscheint etwas umständlich, bedeutet im vorliegenden Fall aber keine größeren Schwierigkeiten, wie das folgende Beispiel zeigt.

## 8.3.2  Beispiel für eine Logiksynthese

Aus dem VERILOG-Grobstrukturmodell soll die History-Update-Logik HUL aus dem Branch-Target-Cache BTC synthetisiert werden, in dem die History-Bits NEW_HIBITS berechnet werden. Die Übergangsfunktion in Bild 8.13 verwendet die Signale LAST_HIBITS und TAKEN.

```
// HUL (History-Update-Logik)                                         a1220
//                                                                    a1221
// Zustandsuebergangsfunktion, die aus den alten History-Bits und der a1222
// neuen Sprungentscheidung die neuen History-Bits ermittelt. Es gilt a1223
// dabei folgende Funktion:                                           a1224
//                                                                    a1225
//         LAST_HIBITS      ~TAKEN        TAKEN                        a1226
//         --------------------------------------                     a1227
//         N   (00)       N   (00)     N?  (01)                        a1228
//         N?  (01)       N   (00)     T   (10)                        a1229
//         T?  (11)       N   (00)     T   (10)                        a1230
//         T   (10)       T?  (11)     T   (10)                        a1231

module hul (NEW_HIBITS, LAST_HIBITS, TAKEN);                          a1235
   output [1:0]  NEW_HIBITS;            // neue History-Bits          a1236
   input [1:0]   LAST_HIBITS;           // alte History-Bits          a1237
   input         TAKEN;                 // Sprung wurde genommen       a1238
                                                                      a1239
   // Ausgaenge                                                       a1240
   reg [1:0]     NEW_HIBITS;            // neue History-Bits          a1241
                                                                      a1242
   // Eingaenge                                                       a1243
   wire [1:0]    LAST_HIBITS;           // alte History-Bits          a1244
   wire          TAKEN;                 // Sprung wurde genommen       a1245
                                                                      a1246
   always @(TAKEN or LAST_HIBITS) begin                              a1247
     casez((TAKEN, LAST_HIBITS))                                      a1248
       3'b00? : NEW_HIBITS = 2'b00;         // N: N->N & N?->N        a1249
       3'b010 : NEW_HIBITS = 2'b11;         // N: T->T?               a1250
       3'b011 : NEW_HIBITS = 2'b00;         // N: T?->N               a1251
       3'b100 : NEW_HIBITS = 2'b01;         // T: N->N?               a1252
       3'b101 : NEW_HIBITS = 2'b10;         // T: N?->T               a1253
       3'b11? : NEW_HIBITS = 2'b10;         // T: T->T & T?->T        a1254
     endcase                                                          a1255
   end                                                                a1256
endmodule // hul                                                      a1257
```

**Bild 8.13**  Zu synthetisierende History-Update-Logik HUL

Bild 8.14 zeigt die Anpassung an das BDS-Format, das im Rahmen der OCTTOOLS ausführlich dokumentiert ist. Nach der Variablendeklaration wählt die Kontrollstruktur SELECT...FROM... wie die case-Anweisung in VERILOG abhängig von ltake & lhibits eine Alternative aus.

Der Compiler BDSYN übersetzt die BDS-Eingabe nun in das Zwischenformat BLIF in Bild 8.15, das als Ausgangspunkt für die Gattersynthese mit MISII dient. Kern der BLIF-Darstellung sind die Wahrheitstabellen für Logikvariable (.names), ein „—" steht dabei für ein „Don't-Care". MISII benötigt außerdem eine Bibliothek mit den Gattern der Zieltechnologie, um unter Berücksichti-

```
! BDSYN-Modell
! CHIP:IFU:BTCHUL
! Bestimmung neuer History-Bits aufgrund
! der alten History-Bits und der Sprungentscheidung
!
MODEL nhibits
  nhibits<1:0> =    ! neue History-Bits
  lhibits<1:0>,     ! alte History-Bits
  ltake<0>;         ! Sprungentscheidung
 ROUTINE calc;
  SELECT (ltake & lhibits) FROM
   [000#2]: nhibits = 00#2;
   [001#2]: nhibits = 00#2;
   [010#2]: nhibits = 11#2;
   [011#2]: nhibits = 00#2;
   [100#2]: nhibits = 01#2;
   [101#2]: nhibits = 10#2;
   [110#2]: nhibits = 10#2;
   [111#2]: nhibits = 10#2;
  ENDSELECT;
 ENDROUTINE;
ENDMODEL;
```

**Bild 8.14**   Die History-Update-Logik im BDS-Format

```
.model nhibits
.inputs lhibits<1> lhibits<0> ltake<0>
.outputs nhibits<1> nhibits<0>
.names lhibits<0> ltake<0> lhibits<1> $$COND2<0>0.1
001 1
.names lhibits<0> lhibits<1> ltake<0> $$COND4<0>0.1
001 1
.names lhibits<1> lhibits<0> ltake<0> $$COND5<0>0.1
011 1
.names lhibits<0> lhibits<1> ltake<0> $$COND6<0>0.1
011 1
.names lhibits<0> lhibits<1> ltake<0> $$COND7<0>0.1
111 1
.names $$COND8<0>0.1
.names $$COND2<0>0.1 $$COND4<0>0.1 nhibits<0>
1- 1
-1 1
.names $$COND2<0>0.1 $$COND5<0>0.1 $$COND6<0>0.1 $$COND7<0>0.1 nhibits<1>
1--- 1
-1-- 1
--1- 1
---1 1
.end
```

**Bild 8.15**   Das Zwischenformat BLIF

gung verschiedener vorgegebener Operationen eine möglichst kleine Logik als
BDNET-Netzliste zu generieren (Bild 8.16).

Zuerst werden die Ein- und Ausgangsvariablen deklariert, wobei die zweite
Bezeichnung der Name in der Netzliste ist. [n] bezeichnet eine interne
Verbindung. Beispielsweise verbindet [18414] den Ausgang O des AND-OR-
Gatters AO2 mit dem Eingang b des NOR-Gatters NR2.

Die Umsetzung in das LSI-Schematic in Bild 8.17 ist eine Routineaufgabe, die
sicher auch noch automatisiert werden könnte. Zum Beispiel ist der Ausgang
nhibits<1> mit dem Netzlistenknoten [18357] identisch und damit der Ausgang
des Komplexgatters AO7.

```
MODEL "nhibits";

INPUT
        "lhibits<1>"  :    "lhibits<1>"
        "lhibits<0>"  :    "lhibits<0>"
        "ltake<0>"    :    "ltake<0>";

OUTPUT
        "nhibits<1>"  :    "[18357]"
        "nhibits<0>"  :    "[18417]";

INSTANCE "IVA":"physical"
        "a"           :    "lhibits<1>";
        "O"           :    "[18373]";

INSTANCE "IVA":"physical"
        "a"           :    "ltake<0>";
        "O"           :    "[18372]";

INSTANCE "IV":"physical"
        "a"           :    "[18417]";
        "O"           :    "[18387]";

INSTANCE "ND2":"physical"
        "a"           :    "[18387]";
        "b"           :    "ltake<0>";
        "O"           :    "[18392]";

INSTANCE "AO7":"physical"
        "a"           :    "lhibits<0>";
        "b"           :    "[18373]";
        "c"           :    "[18392]";
        "O"           :    "[18357]";

INSTANCE "AO2":"physical"
        "a"           :    "[18372]";
        "b"           :    "lhibits<1>";
        "c"           :    "[18373]";
        "d"           :    "ltake<0>";
        "O"           :    "[18414]";

INSTANCE "NR2":"physical"
        "a"           :    "lhibits<0>";
        "b"           :    "[18414]";
        "O"           :    "[18417]";

ENDMODEL;
```

**Bild 8.16**  Syntheseergebnis als BDNET-Netzliste

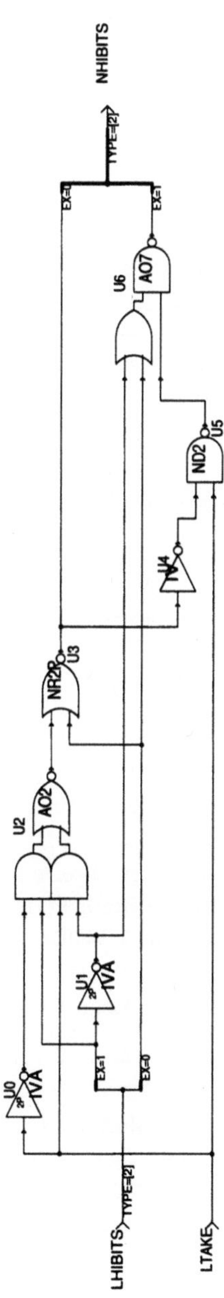


**Bild 8.17**  Schematic BTC_HUL

# 8.4 Ein größeres Beispiel

Bei der folgenden Umsetzung der Memory-Access-Unit MAU werden wir
mehrere Techniken der letzten Abschnitte einsetzen, nämlich direkte und
indirekte manuelle Sythese, aber auch die Logiksynthese.

## 8.4.1 Synchrones Übernehmen der Eingangsdaten

```
// bei steigender Taktflanke neue Eingabewerte einlesen,              d0085
// wenn Arbeitsfreigabe vorhanden ist                                 d0086
//                                                                    d0087
always @(posedge CP) begin                                            d0088
  if (WORK_MA) begin                                                  d0089
    fork                                                              d0090
      MAU_C3REG = #`DELTA C3_BUS;                                     d0091
      MAU_DBREG = #`DELTA D_BUS;                                      d0092
      MAU_AMREG = #`DELTA MAU_ACC_MODE_3;                             d0093
      MAU_OPREG = #`DELTA MAU_OPCODE_3;                               d0094
    join                                                              d0095
  end                                                                 d0096
end                                                                   d0097
```

**Bild 8.18** Synchrones Übernehmen von Eingangsdaten in der MAU

Im VERILOG-Ausschnitt in Bild 8.18 müssen zu Beginn eines Taktes
(posedge CP) bei gesetztem Work-Signal WORK_MA Daten übernommen und
während des gesamten Taktes gehalten werden, beispielsweise der Eingang
C3_BUS in das Register MAU_C3REG. Die Umsetzung in das Schematic in
Bild 8.19 erfolgt wie in Abschnitt 8.2.1. Die Register werden mit Flipflops
realisiert. Als Ziel der beiden 32 Bit breiten Busse C3_BUS und D_BUS
verwenden wir jeweils eine Flipflop-Bank FD1SLPX32 (U0, U1), als Ziel der 3
Bit breiten Steuerleitungen MAU_ACC_MODE_3 und MAU_OPCODE_3 jeweils
eine Zelle FD1SLPX3 (U2, U3). Das Taktsignal ist CP, als Load-Signal wird
WORK_MA an den LD-Eingang der Register gelegt zur Modellierung der if-
Anweisung aus Zeile d0089.

Der Scan-Pfad läßt sich leicht verfolgen: der Scan-Eingang SCAN wird an alle
Flipflops geführt, SCAN_IN des Moduls an das erste Register U0. Scan-
Ausgang von U0 ist das niedrigstwertige Bit des Datenausganges. Es wird mit
einem Extraktor abgegriffen und an den Scan-Eingang des zweiten Flipflops
U1 geführt. Entsprechend läuft der Pfad bis zum vierten Flipflop U3. Dort wird
als Scan-Ausgang das niedrigstwertige Bit des invertierten Datenausgangs

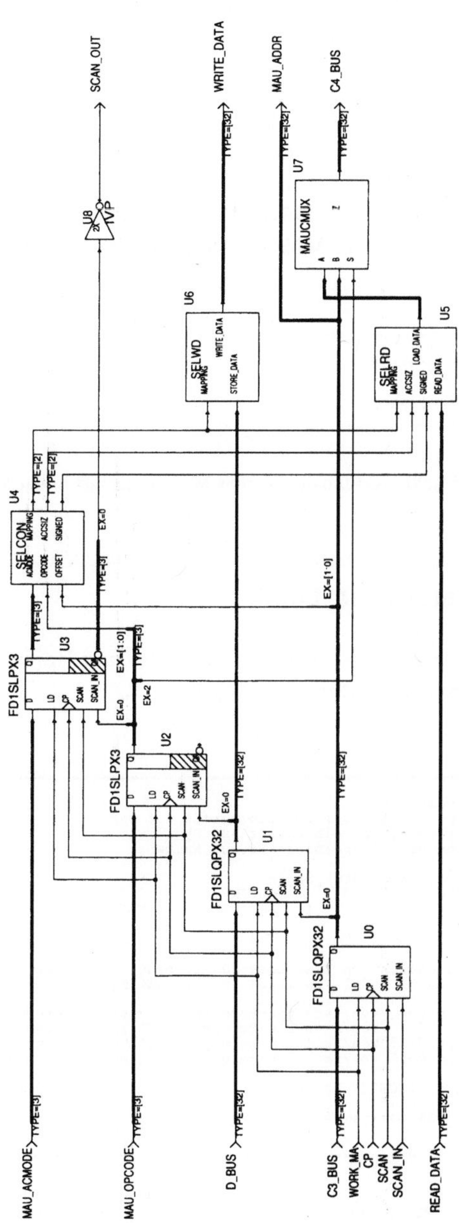

**Bild 8.19**   Die Memory-Access-Unit MAU

verwendet und bei U8 nochmals invertiert, bevor es an den Scan-Ausgang des
Moduls gelangt.

In Bild 8.20 wird der Modulausgang MAU_ADDR_BUS ständig aktualisiert;
sobald sich also MAU_C3REG ändert, wird der neue Wert dem Modulausgang
MAU_ADDR_BUS zugewiesen. Für die Realisierung im Schematic in Bild 8.19
ist es ausreichend, Register MAU_C3REG (U0) mit dem Modulausgang
MAU_ADDR zu verbinden, der MAU_ADDR_BUS entspricht.

```
// MAU_ADDR_BUS aktualisieren                                    d0100
//                                                               d0101
always @(MAU_C3REG)                                              d0102
   MAU_ADDR_BUS = MAU_C3REG;                                     d0103
```

**Bild 8.20**  Aktualisieren eines Modulausgangs in der MAU

## 8.4.2  Kombinatorische Logik

Die Bestimmung der Zugriffsbreite und der Byte- und Halbwortselektion erfolgt
in Bild 8.21 mittels kombinatorischer Logik.

```
// Zugriffsbreite bestimmen                                              d0106
// ACCSIZ: 00: Swap-, Lese- oder Schreibzugriff auf Wort                 d0107
//         01: Lese- oder Schreibzugriff auf Byte                        d0108
//         10: Lese- oder Schreibzugriff auf Halbwort                    d0109
//                                                                       d0110
always @(MAU_OPREG or MAU_AMREG) begin                                   d0111
   ACCSIZ[0] = ~(&MAU_OPREG[1:0]) & ~MAU_AMREG[2];                       d0112
   ACCSIZ[1] = ~(&MAU_OPREG[1:0]) & ~MAU_AMREG[0] & MAU_AMREG[2];        d0113
end                                                                      d0114
                                                                        d0115
//                                                                      d0116
// Byte- und Halbwortselektion fuer Lese-/Schreibzugriffe unter Verwendung  d0117
// der Zugriffsadress-Bits 0-1 (Position im Datenwort) bestimmen        d0118
//                                                                      d0119
// MAPPING: X0: Bits 0-7  von/nach Bit-Bereich  0- 7 selektieren        d0120
//          X1: Bits 0-7  von/nach Bit-Bereich  8-15 selektieren        d0121
//          0X: Bits 0-15 von/nach Bit-Bereich  0-15 selektieren        d0122
//          1X: Bits 0-15 von/nach Bit-Bereich 16-31 selektieren        d0123
//                                                                      d0124
always @(MAU_C3REG or ACCSIZ) begin                                     d0125
   MAPPING[0] = MAU_C3REG[0] & ACCSIZ[0];                               d0126
   MAPPING[1] = MAU_C3REG[1] & (|ACCSIZ);                              d0127
end                                                                     d0128
```

**Bild 8.21**  Kombinatorische Logik in der MAU

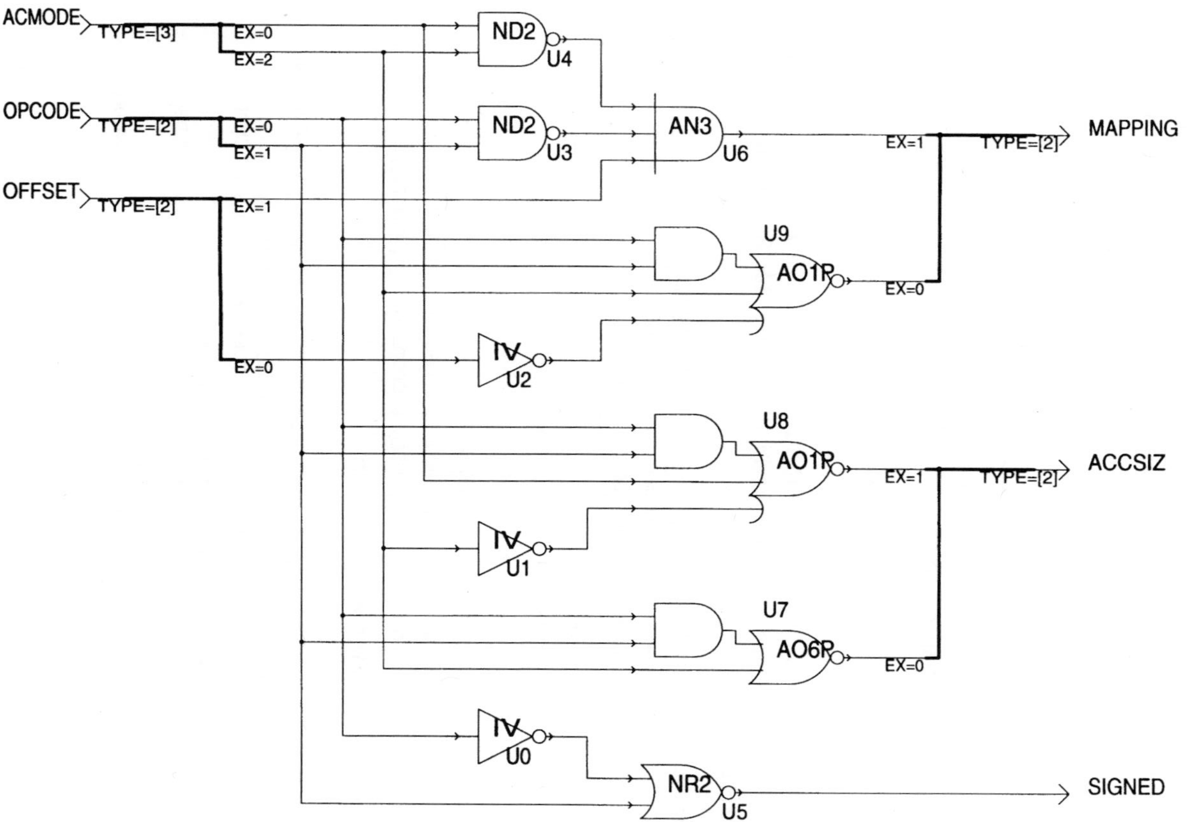


**Bild 8.22**  Der Selection-Controller SELCON

Um das Schematic MAU nicht zu überlasten, wird diese Logik in einem Untermodul SELCON, dem Selection-Controller, in Bild 8.22 zusammengefaßt. Die Eingangssignale ACMODE, OPCODE und OFFSET entsprechen im Grobstrukturmodell den Variablen der Tabelle 8.23.

| Grobstrukturmodell | Schematic SELCON |
|---|---|
| MAU_AMREG | ACMODE |
| MAU_OPREG[1:0] | OPCODE |
| MAU_C3REG[1:0] | OFFSET |

**Tabelle 8.23**   Zuordnung der Eingänge des Selection-Controllers in der MAU

Die Signale ACCSIZ[0,1] und MAPPING [0,1] lassen sich wie folgt substituieren und umformen und dann direkt in die Gatter des Schematics SELCON umsetzen.

$$
\begin{aligned}
ACCSIZ_0 \;&=\; \sim(\&\,MAU\_OPREG_{1:0}) \quad\&\;\; \sim MAU\_AMREG_2 \\
&=\; \sim(OPCODE_0 \;\&\; OPCODE_1) \quad\&\;\; \sim ACMODE_2 \\
&=\; \sim((OPCODE_0 \;\&\; OPCODE_1) \;|\; ACMODE_2)
\end{aligned}
$$

$$
\begin{aligned}
ACCSIZ_1 \;&=\; \sim(\&\,MAU\_OPREG_{1:0}) \quad\&\;\; \sim MAU\_AMREG_0 \;\&\; MAU\_AMREG_2 \\
&=\; \sim(OPCODE_0 \;\&\; OPCODE_1) \quad\&\;\; \sim ACMODE_0 \quad\&\; ACMODE_2 \\
&=\; \sim((OPCODE_0 \;\&\; OPCODE_1) \;|\; ACMODE_0 \quad|\; \sim ACMODE_2)
\end{aligned}
$$

$$
\begin{aligned}
MAPPING_0 \;&=\; MAU\_C3REG_0 \quad\&\; ACCSIZ_0 \\
&=\; OFFSET_0 \quad\&\; \sim((OPCODE_0 \;\&\; OPCODE_1) \;|\; ACMODE_2) \\
&=\; \sim((\sim OFFSET_0 \;|\; (OPCODE_0 \;\&\; OPCODE_1)) \;|\; ACMODE_2)
\end{aligned}
$$

$$
\begin{aligned}
MAPPING_1 \;&=\; MAU\_C3REG_1 \;\&\; (|\,ACCSIZ) \\
&=\; OFFSET_1 \quad\&\; (\sim((OPCODE_0 \;\&\; OPCODE_1) \;|\; ACMODE_2) \\
&\qquad\qquad\qquad |\sim((OPCODE_0 \;\&\; OPCODE_1) \;|\; ACMODE_0 \;|\; \sim ACMODE_2)) \\[4pt]
&=\; OFFSET_1 \quad\&\; (\sim(OPCODE_0 \;\&\; OPCODE_1) \;\&\; \sim ACMODE_2 \\
&\qquad\qquad\qquad |\sim(OPCODE_0 \;\&\; OPCODE_1) \;\&\; \sim ACMODE_0 \;\&\; ACMODE_2) \\[4pt]
&=\; OFFSET_1 \quad\&\; (\sim(OPCODE_0 \;\&\; OPCODE_1) \\
&\qquad\qquad\qquad \&\; (\sim ACMODE_2 \;|\; \sim ACMODE_0 \;\&\; ACMODE_2)) \\[4pt]
&=\; OFFSET_1 \quad\&\; \sim(OPCODE_0 \;\&\; OPCODE_1) \\
&\qquad\qquad\qquad \&\; \sim(ACMODE_2 \;\&\; (ACMODE_0 \;|\; \sim ACMODE_2)) \\[4pt]
&=\; OFFSET_1 \quad\&\; \sim(OPCODE_0 \;\&\; OPCODE_1) \\
&\qquad\qquad\qquad \&\; \sim((ACMODE_2 \;\&\; ACMODE_0) \;|\; (ACMODE_2 \;\&\; \sim ACMODE_2)) \\[4pt]
&=\; OFFSET_1 \quad\&\; \sim(OPCODE_0 \;\&\; OPCODE_1) \\
&\qquad\qquad\qquad \&\; \sim(ACMODE_0 \;\&\; ACMODE_2)
\end{aligned}
$$

### 8.4.3  Multiplexer zur Selektion von Daten

Die von der Memory-Access-Unit zu schreibenden oder zu lesenden Daten
müssen entsprechend der Zugriffsbreite und der Zugriffsadresse auf den Bus
MAU_WRITE_DATA gelegt oder aus dem Bus MAU_READ_DATA extrahiert
werden (Bild 8.24).

```
// Write-Data-Selection                                                   d0132
//                                                                        d0133
// zu schreibende Daten entsprechend Zugfriffsbreite und Zugriffsadresse  d0134
// auf MAU_WRITE_DATA legen                                               d0135

  //                                                                      d0139
  // Byte-Selektion in Schreibdaten vornehmen                            d0140
  //                                                                      d0141
  always @(MAU_DBREG or MAPPING[0]) begin                                d0142
    case(MAPPING[0])                                                     d0143
      1'b0: ST_MAPP08 = {MAU_DBREG[31:16], MAU_DBREG[15:8], MAU_DBREG[7:0]}; d0144
      1'b1: ST_MAPP08 = {MAU_DBREG[31:16], MAU_DBREG[ 7:0], MAU_DBREG[7:0]}; d0145
    endcase                                                               d0146
  end                                                                     d0147
                                                                          d0148
  //                                                                      d0149
  // Nach Byte-Selektion Halbwort-Selektion in Schreibdaten vornehmen    d0150
  //                                                                      d0151
  always @(ST_MAPP08 or MAPPING[1]) begin                                d0152
    case(MAPPING[1])                                                     d0153
      1'b0: ST_MAPP16 = {ST_MAPP08[31:16], ST_MAPP08[15:0]};            d0154
      1'b1: ST_MAPP16 = {ST_MAPP08[15: 0], ST_MAPP08[15:0]};            d0155
    endcase                                                               d0156
  end                                                                     d0157
                                                                          d0158
  //                                                                      d0159
  // Nach Byte- und Halbwort-Selektion Schreibdaten auf MAU_WRITE_DATA legen d0160
  //                                                                      d0161
  always @(ST_MAPP16)                                                    d0162
    MAU_WRITE_DATA = ST_MAPP16;                                          d0163
```

**Bild 8.24**  Selektion der Schreibdaten in der MAU

Die Selektion der Daten erfolgt dabei wie in Abschnitt 8.2.4 mit Hilfe von
Multiplexern. Die Schreibdaten werden in dem Untermodul SELWD (Select-
Write-Data) ausgewählt (Bild 8.8). Die Selektion erfolgt in zwei Schritten.

Im ersten Schritt werden abhängig von MAPPING[0] die Bits 8 bis 15 durch die
Bits 0 bis 7 ersetzt. Der dafür zuständige always-Block steht in den Zeilen d0142
bis d0147. Die Umsetzung in Schematics erfolgt mit dem 2-zu-1-Multiplexer U1.
Die zu schreibenden Daten im Register MAU_DBREG liegen am Eingang
STORE_DATA des Untermoduls SELWD an. Sie haben eine Breite von 32 Bit
und werden zunächst mit Hilfe von Extraktoren aufgespalten. Die Bits 0 bis 7
und 16 bis 31 bleiben unverändert und bilden die entsprechenden Bits der
neuen Schreibdaten. Die übrigen Bits 8 bis 15 werden vom Ausgang des

Multiplexers U1 abgegriffen. Dort werden Eingang A oder B über den Selektionseingang S ausgewählt. Dies hängt entsprechend Zeile d0143 von MAPPING[0] ab.

Im zweiten Schritt wird in Abhängigkeit von MAPPING[1] das obere Halbwort durch das untere ersetzt. Der konvertierende always-Block steht in den Zeilen d0152 bis d0157. Die Umsetzung erfolgt mit den zwei Multiplexern U4 und U5. Nachdem die Daten den ersten Multiplexer U1 durchlaufen bzw. umgangen haben, werden sie mit Extraktoren wieder zu einem 32 Bit breiten Wort zusammengefügt. Das untere Halbwort mit den Bits 0 bis 15 kann direkt an den Ausgang geführt werden. Die Bits 16 bis 23 der zu schreibenden Daten werden vom Multiplexer U5 generiert, die Bits 24 bis 31 vom Multiplexer U4.

Die Auswahl erfolgt wie in Zeile d0153 abhängig von MAPPING[1]. Auch hier sind Inverter U2 und U3 zur Verstärkung nötig. Ist MAPPING[1] gesetzt, werden die Selektionseingänge S der Multiplexer U4 und U5 zurückgesetzt und damit die Eingänge A auf die Ausgänge Z gelegt. Entsprechend Zeile d0155 müssen daher die Bits 0 bis 15 an die Eingänge A und für den umgekehrten Fall die Bits 16 bis 31 an die Eingänge B der Multiplexer gelegt werden.

```
// Read-Data-Selection                                                    d0167
//                                                                        d0168
// zu lesende Daten entsprechend Zugriffsbreite und Zugriffsadresse       d0169
// aus MAU_READ_DATA filtern                                              d0170

  //                                                                      d0174
  // Halbwort-Selektion in Lesedaten vornehmen                            d0175
  //                                                                      d0176
  always @(MAU_READ_DATA or MAPPING[1]) begin                             d0177
    case(MAPPING[1])                                                      d0178
      1'b0: LD_MAPP16 = {MAU_READ_DATA[31:16], MAU_READ_DATA[15: 0]};     d0179
      1'b1: LD_MAPP16 = {MAU_READ_DATA[31:16], MAU_READ_DATA[31:16]};     d0180
    endcase                                                               d0181
  end                                                                     d0182
                                                                          d0183
  //                                                                      d0184
  // nach Halbwort-Selektion Byte-Selektion in Lesedaten vornehmen        d0185
  //                                                                      d0186
  always @(LD_MAPP16 or MAPPING[0]) begin                                 d0187
    case(MAPPING[0])                                                      d0188
      1'b0: LD_MAPP08 = {LD_MAPP16[31:16], LD_MAPP16[15:8], LD_MAPP16[ 7:0]};  d0189
      1'b1: LD_MAPP08 = {LD_MAPP16[31:16], LD_MAPP16[15:8], LD_MAPP16[15:8]};  d0190
    endcase                                                               d0191
  end                                                                     d0192
```

**Bild 8.25**  Selektion der Lesedaten in der MAU

Die Ausgänge der Multiplexer und die direkt übernommenen 16 niederwertigen Bits werden anschließend mit Extraktoren wieder zu einem 32 Bit breiten Wort zusammengefaßt und gemäß Zeile d0163 an den Ausgang WRITE_DATA gelegt. Die Auswahl der zu schreibenden Daten ist damit abgeschlossen.

Für das Filtern der zu lesenden Daten ist die VERILOG-Gruppe in Bild 8.25 zuständig. Die Selektion der Lesedaten ist in den Untermodul SELRD (Select-Read-Data) in Bild 8.26 ausgelagert. Das Filtern geschieht in drei Stufen: zuerst erfolgt eine Halbwortselektion, dann eine Byte-Selektion und schließlich die Beschränkung auf die Zugriffsbreite und die Vorzeichenerweiterung der Lesedaten.

Die erste Stufe ist im always-Block der Zeilen d0177 bis d0182 modelliert. Dabei wird das untere Halbwort durch das obere ersetzt, wenn MAPPING[1] gesetzt ist, das obere Halbwort bleibt unverändert. Die Umsetzung erfolgt wiederum durch Multiplexer. Hier werden die 16 Bits mit den zwei 8 Bit breiten invertierenden 2-zu-1-Multiplexern U3 und U4 ausgewählt. Die Selektion der Bits 0 bis 7 geschieht durch den Multiplexer U3, die der Bits 8 bis 15 durch U4. Das Signal MAPPING[1] muß auch hier mit den Invertern U1 und U2 verstärkt werden, so daß die Bits 0 bis 15 an den Eingängen B, Bits 16 bis 31 an A angelegt werden müssen.

Die zweite Stufe der Filterung modelliert der always-Block der Zeilen d0187 bis d0192. Dabei werden die acht niedrigstwertigen Bits 0 bis 7 durch 8 bis 15 ersetzt, wenn MAPPING[0] gesetzt ist. Die oberen Bits 8 bis 31 bleiben unverändert.

Zur Auswahl wird der invertierende Multiplexer U5 verwendet. U3 liefert die Bits 0 bis 7, U4 liefert 8 bis 15. Die Auswahl erfolgt mit dem durch U0 verstärkten Signal MAPPING[0]. Ist dieses gesetzt, wird der Multiplexereingang S zurückgesetzt. Dann müssen entsprechend Zeile d0190 die Bits 8 bis 15 selektiert werden. An den Eingang A muß daher der Ausgang von U4 angeschlossen werden, entsprechend der Ausgang von U3 an Eingang B.

Am Ausgang des Multiplexers U5 liegen jetzt die acht niedrigstwertigen Bits der selektierten Daten vor, die Bits 8 bis 15 können invertiert vom Multiplexer U4 abgegriffen werden, die Bits 16 bis 31 direkt vom Eingang READ_DATA.

Die dritte Stufe beschreibt der folgende Abschnitt.

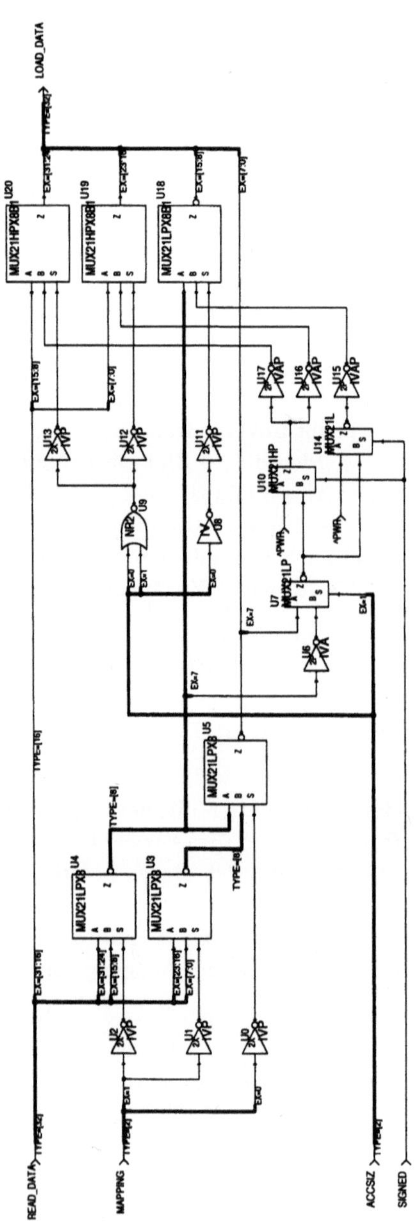

**Bild 8.26** Das Schematic SELRD (Select-Read-Data)

## 8.4.4  Indirekte Umsetzung

```
    // Nach Halbwort- und Byte-Selektion Lesedaten filtern          d0195
    // (Bits ausserhalb der Zugriffsbreite auf 0 setzen)            d0196
    //                                                              d0197
    always @(LD_MAPP08 or ACCSIZ) begin                             d0198
      FILTERED = LD_MAPP08 & {{16{~(|ACCSIZ)}}, {8{~ACCSIZ[0]}}, {8{1'b1}}};   d0199
    end                                                             d0200
                                                                    d0201
//                                                                  d0202
// Vorzeichenerweiterungsmaske der Datenbreite entsprechend bestimmen   d0203
//                                                                  d0204
always @(LD_MAPP08 or ACCSIZ) begin                                 d0205
  case(ACCSIZ)                                                      d0206
    2'b01:   SIGNMASK = {{24{LD_MAPP08[ 7]}}, {8{1'b0}}};  // Byte  d0207
    2'b10:   SIGNMASK = {{16{LD_MAPP08[15]}}, {16{1'b0}}}; // Halbwort d0208
    default: SIGNMASK = 32'b0;                       // Wort        d0209
  endcase                                                           d0210
end                                                                 d0211
                                                                    d0212
//                                                                  d0213
// bei Zugriffsoperationen gefilterte Lesedaten mit Vorzeichenmaske d0214
// verknuepfen (nur fuer 'load signed' aktiv) und auf den C4-Bus legen;  d0215
//                                                                  d0216
// bei Pufferoperation C4-Bus mit Wert aus dem C3-Eingangsregister belegen  d0217
//                                                                  d0218
always @(MAU_OPREG or MAU_C3REG or FILTERED or SIGNMASK) begin      d0219
  case(MAU_OPREG[2])                                                d0220
    1'b0: C4_BUS = FILTERED | (SIGNMASK & {32{MAU_OPREG[0]}});      d0221
    1'b1: C4_BUS = MAU_C3REG;                                       d0222
  endcase                                                           d0223
end                                                                 d0224
```

**Bild 8.27**  Filtern und Vorzeichenerweiterung der Lesedaten in der MAU

Die Beschränkung auf die Zugriffsbreite und die Vorzeichenerweiterung
erfolgen diesmal auf indirekte Weise. Bild 8.27 zeigt die VERILOG-Modellierung. Nach der Selektion werden die Lesedaten zunächst gefiltert, d.h. die
Bits außerhalb der Zugriffsbreite werden auf Null gesetzt. Parallel dazu wird
die Vorzeichenerweiterungsmaske SIGNMASK bestimmt. Mit dieser Maske
werden die Daten in Zeile d0221 verknüpft.

Bei der Umsetzung wird anders vorgegangen. Zunächst wird das Vorzeichen
bestimmt. Dies ist je nach Zugriffsbreite entweder Bit 7 oder Bit 15. Dann wird
abhängig von SIGNED, das in SELCON aus MAU_OPCODE berechnet wurde,
entschieden, ob dieses Vorzeichen-Bit oder eine Null zum Auffüllen verwendet
werden soll. Schließlich erfolgt die Auswahl, ob aufgefüllt oder die Bytes direkt
übernommen werden, wiederum abhängig von der Zugriffsbreite.

Die Bestimmung des Vorzeichens geschieht mit dem Multiplexer U7 anhand
von ACCSIZ[1]. Ist dieses gesetzt, wird Bit 15 gewählt, das zuvor mit dem
Inverter U6 aus der invertierten Darstellung gewonnen werden muß; wenn

ACCSIZ[1] zurückgesetzt ist, wird Bit 7 gewählt. Weil ein MUX21LP verwendet wird, liegt das Vorzeichen am Ausgang invertiert vor.

Bei einem Zugriff mit Vorzeichen muß zum Auffüllen das Vorzeichen-Bit verwendet werden, andernfalls der Wert 0. Die Zugriffsart wird mit dem Signal SIGNED angezeigt, das im Selection-Controller erzeugt wird. Die Auswahl erfolgt durch die zwei Multiplexer U10 und U14. Diese haben jeweils die gleiche Invertierung wie die von ihnen angesteuerten Multiplexer. So wird ein korrektes Vorzeichen erreicht.

Ist SIGNED gesetzt, werden die Eingänge B der Multiplexer U10 und U14 selektiert, an denen das invertierte Vorzeichen-Bit anliegt. An den Eingängen A muß demzufolge der Wert 1 anliegen. Die Ausgänge der Multiplexer werden noch durch die Inverter U15, U16 und U17 verstärkt. An den Ausgängen von U16 und U17 liegt jetzt das Bit zum Auffüllen korrekt an, am Ausgang von U15 invertiert.

Im letzten Schritt erfolgt die Auswahl, welche Bytes aufgefüllt bzw. übernommen werden sollen. Die Bits 0 bis 7 werden immer übernommen und können direkt vom Multiplexer U5 abgegriffen werden. Die Bits 8 bis 15 werden aufgefüllt, wenn ACCSIZ[0] gesetzt ist, und sonst vom Multiplexer U4 übernommen. Das Signal ACCSIZ[0] muß lediglich durch die beiden Inverter U8 und U11 verstärkt werden.

Zur Auswahl wird ein Multiplexer MUX21LPX8B1 verwendet, bei dem der Eingang A 8 Bit, der Eingang B nur 1 Bit breit ist. B wird intern auf 8 Bits aufgefächert. Für die Bits 8 bis 15 muß der Ausgang invertiert werden, weil das Byte vom Multiplexer U4 invertiert zur Verfügung gestellt wird.

Das obere Halbwort mit den Bits 16 bis 31 wird aufgefüllt, wenn ACCSIZ[0] oder ACCSIZ[1] (Halbwortzugriff) gesetzt ist. Die Inverter U12 und U13 dienen als Verstärker. Die Auswahl erfolgt durch die Multiplexer U19 und U20 (MUX21LPX8B1). Das Bit zum Auffüllen wird von den Invertern U16 bzw. U17 abgegriffen, das ursprüngliche Halbwort kann direkt vom Eingang READ_DATA übernommen werden.

Jetzt können die Ausgänge der Multiplexer mit Extraktoren zum Gesamtwort zusammengefügt und mit dem Ausgang LOAD_DATA des Moduls verbunden werden.

### 8.4.5 Variablen-Zuweisung

Wenn die Memory-Access-Unit wie in Bild 8.28 nur als Durchgangsstufe arbeitet, muß das Eingangsregister MAU_C3REG auf den C4_BUS gelegt werden, andernfalls die gelesenen Daten.

```
// bei Zugriffsoperationen gefilterte Lesedaten mit Vorzeichenmaske        d0214
// verknuepfen (nur fuer 'load signed' aktiv) und auf den C4-Bus legen;    d0215
//                                                                         d0216
// bei Pufferoperation C4-Bus mit Wert aus dem C3-Eingangsregister belegen d0217
//                                                                         d0218
always @(MAU_OPREG or MAU_C3REG or FILTERED or SIGNMASK) begin             d0219
  case(MAU_OPREG[2])                                                       d0220
    1'b0: C4_BUS = FILTERED | (SIGNMASK & (32{MAU_OPREG[0]}));             d0221
    1'b1: C4_BUS = MAU_C3REG;                                              d0222
  endcase                                                                  d0223
end                                                                        d0224
```

**Bild 8.28**  Variablen-Zuweisung in der MAU

Der Ausdruck FILTERED | (SIGNMASK & {32{MAU_OPREG[0]}}) wird vom Modul SELRD des vorigen Abschnitts zur Verfügung gestellt. Die Auswahl erfolgt mit dem Multiplexer MAUCMUX in Bild 8.29. Dabei handelt es sich um einen Multiplexer mit zwei Dateneingängen und einem Ausgang. Die Ports sind 32 Bit breit. Ist der Selektionseingang S gesetzt, werden die Daten vom Eingang B auf den Ausgang gelegt, sonst die vom Eingang A. Nach der Zerlegung der Eingänge in Bytes erfolgt eine Byte-Selektion mit vier Multiplexern, deren Ausgänge hinterher wieder zusammengefaßt werden.

## 8.5  Das asynchrone Busprotokoll als Sonderfall

Bisher haben wir synchrone Register-Transfers umgesetzt, bei denen Werte mit der Flanke eines zentralen Taktes in Register übernommen werden, während dazwischen nur zeitunabhängige kombinatorische Funktionen liegen.

Einer relativ problemlosen Implementierung steht der Nachteil gegenüber, daß sich die Taktfrequenz nach dem langsamsten Pfad richten muß. Um bei Speicherzugriffen keine Zeit durch Synchronisation zu verlieren, wird das asynchrone Busprotokoll aus Bild 6.10 implementiert. Nur der Beginn eines Speicherzugriffs ist taktabhängig, der weitere Ablauf richtet sich ausschließlich nach dem Memory-Handshake-Signal nMHS.

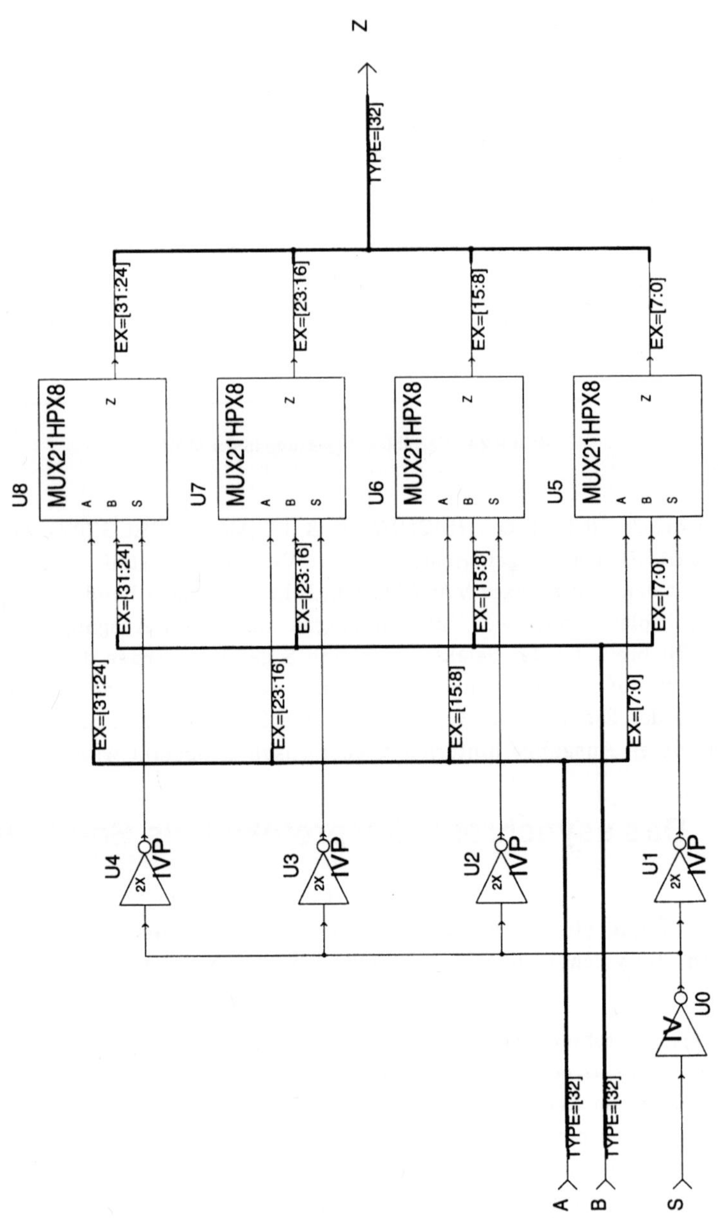



**Bild 8.29**  Der Multiplexer MAUCMUX

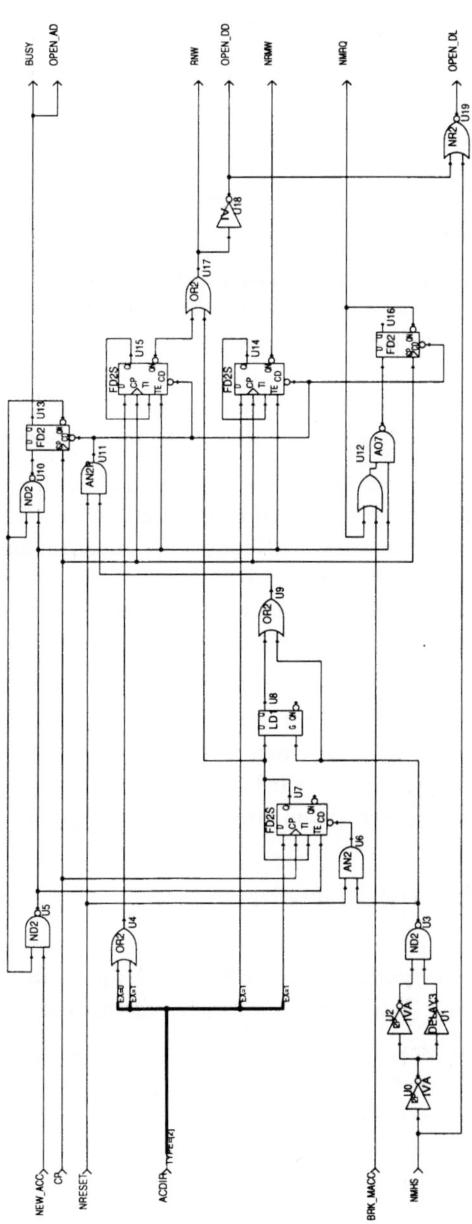

**Bild 8.30**  Schematic BCUASM (BCU-Asynchronous-State-Machine)

Neben den normalen Zugriffsarten werden beim SWAP-Zugriff (Abschnitt 5.2.1) die Inhalte eines Prozessorregisters und eines Speicherplatzes getauscht, indem zuerst ein Wert aus dem Speicher gelesen und danach ein Wert an diese Speicherstelle geschrieben wird. Hierfür ist eine Register-Transfer-Logik zu entwickeln, die synchron zum Takt initialisiert wird und danach asynchron die drei Zustände Read, Write und Ready durchläuft (Schematic BCUASM in Bild 8.30).

Die Register für diese Zustände müssen mit der positiven Flanke von nMHS beschreibbar sein. Dazu ist mit den Modulen U0 bis U3 ein Flankendetektor konstruiert, der durch bewußte Ausnutzung eines Signal-Racings bei einer positiven Flanke von nMHS einen Low-Impuls von wenigen Nanosekunden Dauer erzeugt. Dieser Impuls wird zur Ansteuerung des asynchronen Clear-Direct-Eingangs CD der Register U7, U13, U14 und U16 verwendet.

Der Delay-Baustein für den Flankendetektor muß einerseits einen hinreichend langen Löschimpuls liefern, darf sich andererseits aber nicht störend auf das Protokoll auswirken. Im Zustand Ready sollte der Automat so schnell wie möglich wieder initialisierungsbereit sein. Um bei einem SWAP-Befehl durch diesen Löschimpuls zwei Zustandswechsel von Read auf Ready zu verhindern, unterdrückt ein Latch beim Übergang von Read nach Write das Löschsignal für andere Register.

Es sei aber ausdrücklich darauf hingewiesen, daß asynchrone Logik im Vergleich zum synchronen Fall einen hohen Entwicklungs- und Simulationsaufwand erfordert. Außerdem wird der Entwurf durch spezielle Timing-Eigenschaften abhängig von einem einzigen Fertigungsprozeß.

## 8.6   Statistik und Erfahrungen

Nach der konkreten Synthese von VERILOG-Gruppen in Schematics wollen wir einige allgemeine Daten und Erfahrungen festhalten.

Der Chip von TOOBSIE besteht aus etwa 50.000 Gattern. Die Graphik 8.31 zeigt, daß etwa die Hälfte der Gatter für reguläre Strukturen wie Caches, CAM-Zellen oder das Register-RAM eingesetzt sind. Teilreguläre Strukturen benötigen weitere 25% der Fläche, insbesondere die restlichen Register wie die 30 Bit breiten PC-Register. Von den irregulären Strukturen wurde jede fünfte automatisch synthetisiert.

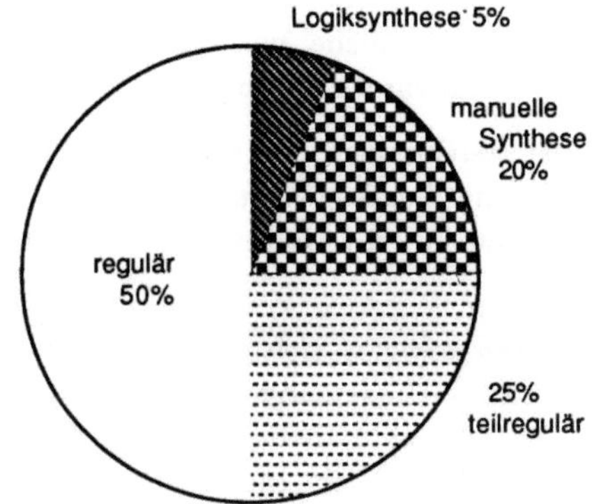


**Bild 8.31**  Chip-Fläche nach Entwurfsstil

Der große Anteil regulärer Strukturen ist im VERILOG-Grobstrukturmodell sehr kurz beschrieben. Stünde mehr Chip-Fläche zur Verfügung, würde der reguläre Anteil noch steigen, weil dann die Caches vergrößert würden.

Vom Umfang des VERILOG-Codes auf den Aufwand bei der Synthese der Schematics oder die benötigte Gatteranzahl schließen zu wollen, erweist sich als unzweckmäßig. Einerseits verbrauchen Registerdeklarationen und Instanziierungen in VERILOG kaum Platz, führen aber zu einem großen Bedarf an Chipfläche. Andererseits führt viel VERILOG-Code bei irregulären Strukturen oft zu wenigen Gattern. Sehr schwierig ist die indirekte Umsetzung zu bewerten. Hier kann das Ergebnis wie beim asynchronen Busprotokoll des vorigen Abschnitts sehr kompakt sein, aber auch komplex wie bei der Steuerlogik für die Caches.

Bei der Umsetzung von VERILOG-Gruppen hat sich die Logiksynthese als brauchbares Werkzeug erwiesen. Ob sie einzusetzen ist, hängt jedoch insbesondere davon ab, ob die Gruppe zeitkritisch ist und reguläre Strukturen enthält. Ist beispielsweise ein wenige Zeilen langes case-Statement umzusetzen, das einem Register unterschiedliche Konstanten zuweist, so lassen sich folgende Fälle unterscheiden.

* Die Gruppe ist nicht zeitkritisch, und Regularität ist nicht erkennbar. In diesem Fall würden manuelle und Logiksynthese etwa den gleichen Aufwand von zwei bis drei Stunden bedeuten.

- Die Gruppe ist nicht zeitkritisch, und reguläre Strukturen sind erkennbar. Hier würde man Teilbereiche synthetisieren und anschließend manuell vervielfachen. Der Aufwand liegt auch hier bei zwei bis drei Stunden.

- Die Gruppe ist zeitkritisch. In solchen Fällen ist der Handentwurf vorzuziehen, da die Logiksynthese meist nur suboptimale Ergebnisse liefert. Der Aufwand für die Umsetzung ist nicht abzuschätzen und kann hoch werden.

Am zeitaufwendigsten erweist sich die indirekte Umsetzung, bei der im Gegensatz zur direkten Umsetzung und Logiksynthese keine Lerneffekte auftreten. Insgesamt ist es günstiger, mehr Zeit in ein HDL-Modell zu investieren, das sich relativ leicht in Schematics umsetzen läßt. Die Gründe liegen auf der Hand: die HDL ist wesentlich flexibler bei der Simulation und Verifikation. Fehler können im Vergleich zu den Schematics leichter gefunden und bei der Umsetzung vermieden werden.

Diese Aussage kann als Modellierungsrichtlinie verstanden werden. Es ist günstiger, ein - eventuell auch zusätzliches - HDL-Modell zu entwickeln, das sehr nahe an der späteren Gatterrealisierung liegt, als dort Zeit zu sparen und stattdessen den Aufwand bei der Umsetzung in Schematics zu erhöhen.

## 8.7  Simulation und Optimierung des Gattermodells

In den vorigen Abschnitten haben wir gelernt, kleinere Gruppen des VERILOG-Grobstrukturmodells in graphische Schematics umzusetzen und daraus ein hierarchisch strukturiertes Gattermodell zu bilden. Auch das Gattermodell kann in allen Phasen seines Entstehens simuliert werden. Neben der *Logiksimulation*, wie wir sie beim Grobstrukturmodell angewendet haben, nämlich der Überprüfung der Ergebnisse in Synchronisation mit dem noch recht abstrakten Takt CP, bietet sich jetzt auch die Möglichkeit einer echten *Timing-Simulation*. Denn mit den Bibliothekszellen des Halbleiterherstellers sind erstmals auch reale und realistische Laufzeiten gegeben. Lediglich die durch eine spätere Plazierung und Verdrahtung entstehenden tatsächlichen Leitungen im Layout werden diese Laufzeiten noch einmal beeinflussen, was dann in der *Post-Layout-Simulation* zu überprüfen sein wird.

Grundsätzlich hätten wir das Gattermodell auch vollständig in VERILOG entwickeln können, da auch dort Konstrukte für Gatter und deren Laufzeiten vorhanden sind. Das Denken in graphischen Schematics hat jedoch folgende Vorteile.

- Der Entwurf kleiner Schematics ist einfacher, da die graphische Darstellung der Vorstellung des Designers besser entspricht.

- Zumindest in kleinen Schematics lassen sich funktionale Zusammenhänge und der Signalfluß auf Gatterebene besser verdeutlichen; allerdings erfordern größere Schematics eine hierarchische Gliederung, deren Überschaubarkeit sich schon wieder dem HDL-Denken nähert.

- Simulation, Analyse und Optimierung lassen sich oft besser an Schematics koppeln, indem beispielsweise Signalwerte an Knoten der Netzliste angezeigt werden oder zeitkritische Pfade graphisch hervorgehoben werden.

Eine wesentliche Rechtfertigung der Schematics besteht aber auch darin, daß sie sich durch ein einfaches Werkzeug in VERILOG *rückübersetzen* lassen. Damit können dann beliebige Schematics in das ursprüngliche Grobstrukturmodell eingebunden werden, indem sie gegen korrespondierende Module oder Gruppen ausgetauscht werden.

## 8.7.1  Verifikation

Wichtiger noch als die direkte Überprüfung eines oder mehrerer Schematics ist die Verifikation gegenüber dem entsprechenden Teil des Grobstrukturmodells. Bild 8.32 zeigt einen kegelförmigen Ausschnitt aus dem Hierarchiebaum des Gattermodells. So enthält der oberste Modul CHIP unter anderen die Untermodule IDU, ALU und MAU. Die ALU wiederum enthält unter anderen die Einheiten ARITHMETIC, SHIFT und LOGIC, wobei sich SHIFT gliedert in ROLVAL, PATTERN usw. Der vollständige Baum findet sich übrigens im Abschnitt H5.1 des Hintergrundbandes.

Jeder Modul und jeder Teilbaum des Gattermodells lassen sich wie erwähnt in VERILOG rückübersetzen. Damit sind vielfältige Verifikationen möglich. So können zunächst einmal kleine Einheiten wie SHIFT mit einem kleinen VERILOG-Testrahmen versehen werden, in den sowohl der Grobstrukturmodul SHIFT als auch das rückübersetzte Schematic SHIFT eingebaut und auf

gleiche Testergebnisse überprüft werden. Lediglich eine kleinste Einheit wie
ROLVAL hat oft kein explizites Pendant im Grobstrukturmodell.

```
CHIP
.   . . .
.   IDU
.   .   •••
.   ALU
.   .   •••
.   .       ARITHMETIC
.   .       SHIFT
.   .       .   •••
.   .       .       ROLVAL
.   .       .       PATTERN
.   .       .       FILTER32
.   .       .   •••
.   .   LOGIC
.   .   •••
.   MAU
.   .   •••
.   . . .
```

**Bild 8.32**   Kegelförmiger Ausschnitt aus der Hierarchie des Gattermodells

Wir können aber auch einen großen Teil des Grobstrukturmodells, etwa das
gesamte Modell, mit einem festen Testprogramm simulieren und darin
anschließend wahlweise kleine Einheiten wie SHIFT oder größere Teilbäume
wie ALU austauschen - bis schließlich das gesamte rückübersetzte Gattermodell in der VERILOG-Systemumgebung, wenn auch rechenzeitintensiv, die
gleichen Resultate produzieren muß. Geeignete Programme führen den
Vergleich der jeweiligen Simulationsergebnisse praktisch durch. CHIP ist
übrigens der oberste Modul des Gattermodells, da eine Modellierung der
Systemumgebung auf der Gatterebene wenig sinnvoll ist.

## 8.7.2  Optimierung

Nach der logischen Verifikation (oft auch im Wechsel mit dieser) wird der
Entwurf weiter optimiert. Einerseits soll die Gatteranzahl klein werden,
andererseits soll die Laufzeit verringert werden. Beide Kriterien wurden
natürlich auch früher schon berücksichtigt.

Jetzt können die Lasten für verschiedene Gatter bestimmt und entsprechende
Treiber eingesetzt werden. Flipflops können zusammengefaßt werden, um die

Clock-Last zu verringern. Mit entsprechenden Werkzeugen können die Ausgewogenheit von Signallaufzeiten und kritische Pfade bestimmt werden.

```
         Number of Paths vs Path Delay <CHIP>
              (+ => partially full slot)
 1405 |       *
      |       *
      |       *   *   *
 1054 |       *  **   *
      |       *  **   *
      |       *  **   *
  703 |    ** *  **   *
      |    ** *  **   *
      |    ** ** **   *
  351 |    ********   *
      |  ****************          *
      |+*****************++++++++**++++++++++*++++++++++**++ ++*++
    0 |-------------------------------------------------------------
        ^              ^              ^           ^            ^
       .48          8.155         15.83       23.505       31.18
           Delay in nS (.479688 per division)
```

**Bild 8.33**  Ausgewogenheit der Laufzeiten

```
      U31/U0/U4.1                Q     FD1SLP      (1.30/1.12)
      U31/U4/U0/U0.1             A     IVAP
      U31/U4/U0/U0.1             Z     IVAP        (1.74/2.02)
      U31/U4/U0/U6               B     AN4P
      U31/U4/U0/U6               Z     AN4P        (2.80/2.91)
      U31/U4/U0/U7               A     MUX21LP
      U31/U4/U0/U7               Z     MUX21LP     (3.36/3.36)
      U31/U4/U0/U12.3            A     MUX21LP
      U31/U4/U0/U12.3            Z     MUX21LP     (4.09/4.23)
      U31/U4/U1                  S16   CFC1020B
      U31/U4/U1                  ZN31  CFC1020B    (9.41/10.25)
      U31/U4/U4/U14/U0.7/U4      D     MUX21CBM
      U31/U4/U4/U14/U0.7/U4      Z     MUX21CBM    (10.64/9.89)
      U31/U7/U5/U0.1             D13   MUX24P
      U31/U7/U5/U0.1             Z3    MUX24P      (11.34/10.69)
      U31/U9/U8/U0.7             B     MUX21HP
      U31/U9/U8/U0.7             Z     MUX21HP     (12.59/12.36)

      [...]

      U14/U14/U5                 A     MUX21LP
      U14/U14/U5                 Z     MUX21LP     (25.95/25.94)
      U14/U14/U6                 A     IVAP
      U14/U14/U6                 Z     IVAP        (26.44/26.54)
      U28/U2/U3                  A     IVA
      U28/U2/U3                  Z     IVA         (26.79/26.78)
      U28/U2/U16                 A     AN2P
      U28/U2/U16                 Z     AN2P        (27.88/27.74)
      U22/U1/U1                  A     IVAP
      U22/U1/U1                  Z     IVAP        (28.88/29.13)
      U22/U1/U2/U2               A     MUX21LP
      U22/U1/U2/U2               Z     MUX21LP     (29.67/29.53)
      U22/U1/U2/U4               TE    FD2SLP      (31.17/31.18)
```

**Bild 8.34**  Beispiel für einen kritischen Pfad

Im Beispiel von Bild 8.33 ist die Anzahl der Pfade des Moduls CHIP über die Verzögerungszeit aufgetragen. Man erkennt, daß es sehr viele kurze Pfade

gibt, aber auch längere, die relativ gleichmäßig bis zur maximalen Verzögerung verteilt sind. Es gibt nur kleine Lücken, so daß eine Optimierung der
längsten Pfade recht aufwendig wäre. Würden die längsten Pfade nur eine
kleine Gruppe bilden, die durch eine große Lücke von den nächstkurzen
Pfaden getrennt wären, lohnte sich die Optimierung der längsten Pfade schon
eher.

Interessante Pfade können auch einzeln wie in Bild 8.34 aufgelistet werden.
Jede Zeile beschreibt eine Zelle des kritischen Pfades. In der ersten Spalte steht
der Weg dieser Bibliothekszelle bis zur Wurzel des Baums, in der zweiten
Spalte folgt die Bezeichnung des Ports, in der dritten der Name der Zelle. In
Klammern sind Rise- und Fall-Time angegeben, und zwar die Summe vom
Beginn des Pfades bis zur jeweiligen Instanz.

Mit mehreren solchen Listen können gemeinsame Teilbereiche von langen
Pfaden gefunden werden, deren Optimierung gleichzeitig viele lange Pfade
verkürzen kann.

## 8.7.3  Timing-Simulation

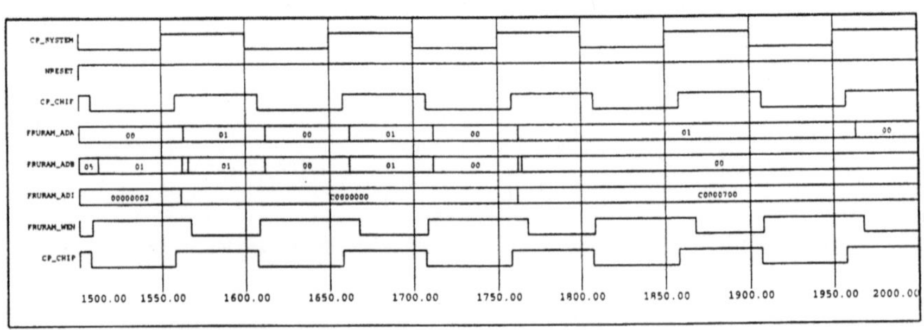

**Bild 8.35**  Timing-Analyse des Schreibzugriffs des Moduls FRU

Zeitlich realistische Signalverläufe der Timing-Simulation können graphisch
dargestellt werden. Damit läßt sich das Timing an kritischen Stellen überprüfen. Bild 8.35 zeigt den Signalverlauf für Zugriffe auf das Register-RAM der
Forwarding-and-Register-Unit FRU. Das erste Signal CP_SYSTEM zeigt den
extern an das Modell angelegten Systemtakt. Aufgrund der notwendigen
Eingangspuffer liegt das Signal im Modell als CP_CHIP verzögert vor.

Das RAM der FRU besitzt zwei Lese-Ports und einen Schreib-Port. Zu letzterem ist der zugehörige Adreßbus FRURAM_ADA, der Datenbus heißt FRURAM_ADI. FRURAM_WEN ist das low-aktive Write-Enable-Signal.

Man erkennt, daß die negative Flanke von FRURAM_WEN gegenüber CP_CHIP deutlich verzögert ist. Der Grund ist ein Delay-Baustein, der richtig dimensioniert sein muß. Das Timing ist richtig, wenn FRURAM_ADA über die gesamte Low-Phase des Write-Enable-Signals stabil bleibt. Daß dies gewährleistet ist, kann man im Bild 8.35 überprüfen.

# Test, Testbarkeit, Testautomat und Testboard

Der Höhepunkt (oder Tiefpunkt) unseres Entwurfs ist zweifellos die Fertigung von Prototypen und ihr erfolgreicher (oder nicht bestandener) Test. Da wir unseren Chip mit möglichst guten Testprogrammen prüfen wollen, führen wir in Abschnitt 9.1 als Gütemaß die Fehlerüberdeckung ein. Sowohl beim Halbleiterhersteller als auch in unserem Labor wird die Schaltung in einem ATE genannten Testautomaten untersucht (Abschnitt 9.2). Ein gelungener Test hängt nicht nur von guten Testprogrammen ab, sondern auch von gut *testbaren* Schaltungen. Hierzu erläutern wir im Abschnitt 9.3 unter dem Stichwort Design-for-Testability zusammengefaßte Maßnahmen wie einen Scan-Pfad, eine Signaturanalyse genannte intelligente „Prüfsumme", Testschaltungen für die beteiligten Speicher und Pad-Treiber sowie Meßeinrichtungen für die Prozeßparameter, die Rückschlüsse auf die Schaltgeschwindigkeit erlauben.

Gerade bei unserem Mikroprozessor, für den wir bereits mehrere HDL-Modelle erarbeitet haben, bietet es sich an, im Rahmen der durchgängigen Teststrategie funktionsorientierte Testmuster aus früheren Simulationen zu extrahieren (Abschnitt 9.4). Die größenordnungsmäßig 34 000 Testmuster können wir in Abschnitt 9.5 natürlich nicht aufführen, sondern nur das grundsätzliche Vorgehen erläutern und die praktische Umsetzung in gute Testdaten ansprechen.

Die Durchführung und das Ergebnis der Tests im Testautomaten sind in Abschnitt 9.6 zusammengefaßt - das Ergebnis wird hier natürlich noch nicht verraten. Während das Grobstrukturmodell von TOOBSIE auf einer Workstation größenordnungsmäßig 3 Befehle pro Sekunde simuliert und ein Programmablauf von real nur 30 Sekunden bei einer Performance von

25 MIPS daher eine Simulationszeit von etwa acht Jahren ergeben würde, können Benchmarks mit mehreren Milliarden von Befehlen nur in einem realen Einsatz durchgeführt werden. Hierzu wird in den Abschnitten 9.7 und 9.8 als Ausblick ein realer Einsatz auf dem Testboard behandelt.

Dieses Kapitel basiert auf [Blinzer 1994, Telkamp 1994] sowie auch auf [Stuckenberg 1992].

## 9.1  Fehlermodelle und Fehlerüberdeckung

Wir möchten *gute* Testprogramme entwickeln, die im Ernstfall jeden *Produktionsfehler* entdecken. Ein solcher liegt erst vor, wenn der Chip auch tatsächlich von seinem Soll-Verhalten abweicht. Auch wenn man als Designer immer an *Entwurfsfehlern* interessiert sein wird - und große Entwürfe sind nie logisch fehlerfrei - sollen hier nur Schaltungsfehler nach der Fertigung betrachtet werden. Auch *unbeständige* Fehler wollen wir ausschließen, die höchstens mit aufwendigen statistischen Tests näherungsweise gefunden werden können. Dynamische Fehler, etwa Laufzeitprobleme, werden wir später betrachten. Wir konzentrieren uns also auf ständig statisch beobachtbare Produktionsfehler.

Zum einen ist die Fülle möglicher technischer Ursachen unübersehbar groß, und wir kennen ja auch gar nicht die technologischen Einzelheiten des Halbleiterherstellers, seine Transistoren, Masken, Dotierungen, Abstände, chemischen Prozesse usw. Zum anderen ist das Verhalten eines großen Chips viel zu komplex, um vollständig getestet zu werden. Falls wir irgendwie unvollständig testen, wissen wir zudem nicht, *wie* unvollständig oder gut wir getestet haben.

Daher betrachten wir jetzt abstrakte Fehler oder Fehlermodelle, die einerseits von der Transistorebene und der konkreten Technologie losgelöst sind und andererseits leicht aus den logischen Schaltfunktionen berechnet werden können. Da ein Fehlermodell für jede Schaltung in eindeutiger Weise nur endlich viele abstrakte Fehler liefert, können wir dann als Güte eines Testprogramms seine *Fehlerüberdeckung* definieren: sie ist der Anteil der tatsächlich entdeckbaren Fehler an allen möglichen Fehlern. Eine Menge von Testvektoren (Teststimuli mit Soll-Antworten) hat eine Fehlerüberdeckung von 70%, wenn von 100 möglichen Fehlern des Fehlermodells 70 durch Anwendung der Testvektoren gefunden werden können.

In der Praxis hat sich vor allem das erste der folgenden beiden Fehlermodelle als praktikabel und ausreichend erwiesen:

- das *Haftfehlermodell* (Stuck-at-Fehler): ein Haftfehler bei 0 (*Stuck-at-0*) liegt vor, wenn eine Signalleitung am Ein- oder Ausgang eines Gatters ständig den Wert 0 hat; entsprechendes gilt für Stuck-at-1;

- das *Kurzschlußmodell* (Bridging-Fehler): zwei Signalleitungen sind im Fehlerfall ständig verbunden.

Haftfehler können in einer Simulation sehr einfach berücksichtigt werden. Durch dieses Modell werden z.B. Kurzschlüsse zwischen Signalleitungen und Versorgungsspannungen erfaßt. In vielen Fällen führt die Unterbrechung einer Signalleitung zu einem ähnlichen Fehlerbild, so daß diese Fehler auch weitgehend abgedeckt werden. Allerdings können Signalunterbrechungen z.B. in redundanten Schaltungen zu dynamischen Fehlern führen, obwohl die Schaltung statisch korrekt bleibt.

Kurzschlußfehler sind in Simulationen im Gegensatz zum ersten Modell nur sehr schwierig zu berücksichtigen. Um die Auswirkungen eines Kurzschlusses zwischen zwei direkt benachbarten Leitungen zu erfassen, werden über die verwendeten Gatter und ihre Verbindung hinaus auch Angaben zum genauen Verlauf aller Signalleitungen benötigt. Damit müssen zunächst die direkt benachbarten Signalleitungen bestimmt und paarweise zu Fehlergruppen zusammengefaßt werden, bevor eine Simulation erfolgen kann. Ein Kurzschluß hat zwar bei der Simulation nur Auswirkungen, wenn sich die Signalzustände einer betrachteten Gruppe unterscheiden; da jedoch bei einem Unterschied zwei Möglichkeiten für das resultierende Ergebnis beider Signale bestehen (0 oder 1), sind für jede Gruppe zwei Simulationen erforderlich.

Neben der Verarbeitung der Informationen über den Signalverlauf kann auch ein nicht zu vernachlässigendes Problem in der Beschaffung solcher Informationen bestehen, da die exakte Plazierung der Gatter und ihre reale Verdrahtung bei einem Semi-Custom-Entwurf meist erst beim Halbleiterhersteller passiert. Daher wird dieses Fehlermodell üblicherweise nicht von Fehlersimulatoren und Testmustergeneratoren berücksichtigt.

Nun können manuell oder automatisiert Testdaten zur Entdeckung der modellierten Fehler entwickelt werden. Hierbei werden unter der Annahme eines einzelnen solchen Fehlers Eingangsdaten bestimmt, welche die fehlerhafte Verbindung gezielt mit einem im Fehlerfalle nicht möglichen Wert belegen. Das Vorgehen für Haftfehler kann bereits an zwei NAND-Gattern wie in Bild 9.1 gezeigt werden.

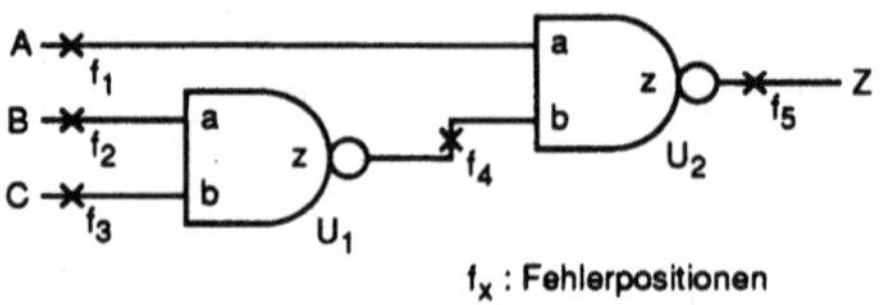


**Bild 9.1**   Mögliche Haftfehler

Um den Haftfehler f1 zu finden, müssen einerseits die Werte 0 und 1 an den Eingang A angelegt werden und andererseits B oder C mit 0 belegt werden, damit die Auswirkung der Änderung von A an Z zu beobachten ist. Der Test auf den Fehler f1 schließt einen Test von f5 ein, da Z für einen fehlerfreien Testlauf die Zustände 1 und 0 erreichen muß. Für einen Test von f2 bzw. f3 sind Eingang A in den Zustand 1 zu bringen und B bzw. C mit 0 und 1 zu belegen, während C bzw. B auf 1 gehalten wird. Die Tests von f2 und f3 schließen den Test von f4 ein, da der Zustand von Z von dem durch U1 berechneten Ergebnis abhängt und die Werte 0 und 1 erreichen muß. Für einen vollständigen Test aller Haftfehler dieser Schaltung reichen somit die fünf Testvektoren der Tabelle 9.2 aus.

| Testvektor | | | | erkannte Fehler | | | | |
| A | B | C | Z | f₁ | f₂ | f₃ | f₄ | f₅ |
|---|---|---|---|-----|-----|-----|-----|-----|
| 0 | 0 | 0 | 1 | sa1 |     |     |     | sa0 |
| 1 | 0 | 0 | 0 | sa0 |     |     |     | sa1 |
| 1 | 0 | 1 | 0 |     | sa1 |     | sa0 | sa1 |
| 1 | 1 | 1 | 1 |     | sa0 | sa0 | sa1 | sa0 |
| 1 | 1 | 0 | 0 |     |     | sa1 | sa0 | sa1 |

sa0: stuck-at-0       sa1: stuck-at-1

**Tabelle 9.2**   Testvektoren für die Schaltung aus Bild 9.1

Für einen vollständigen funktionalen Test (erschöpfenden Test) würden aufgrund der drei vorhandenen Eingänge $2^3=8$ Testvektoren benötigt, ohne jedoch mehr Fehler erkennen zu können.

Obwohl Kurzschlußfehler zwischen benachbarten Datenleitungen kaum durch eine Simulation zu erfassen sind, wollen wir diese Fehlerart dennoch berücksichtigen. Unter der vereinfachenden Annahme, daß diese Fehlerart hauptsächlich bei Signalbussen auftritt, die im Layout meist parallel verlaufen, ist die Entwicklung von Testdaten relativ einfach. Der Signalbus wird mit einem 01-Vektor 010101... und einem 10-Vektor 101010... geprüft. Hierdurch werden alle Kurzschlüsse zwischen benachbarten Leitungen erkennbar, die im Layout entsprechend ihrer Bit-Wertigkeit angeordnet sind.

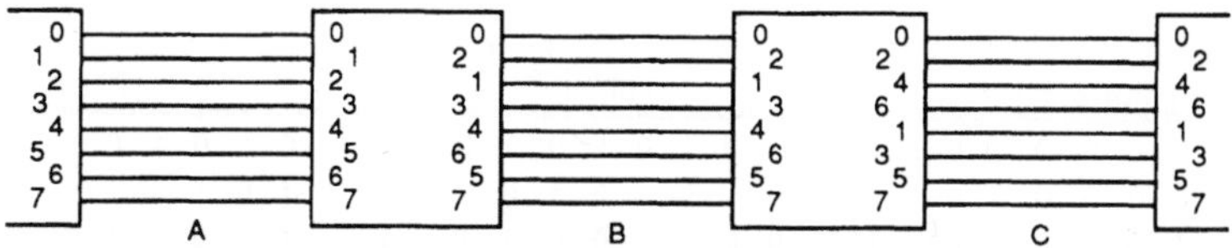

**Bild 9.3**  Verschiedene Möglichkeiten für Bus-Layouts

Für andere Bus-Layouts wie in Bild 9.3 sind diese Muster allerdings ungeeignet. Im Gegensatz zum Busabschnitt A sind die Leitungen in B und C nicht der Reihe nach angeordnet, so daß mit den 01/10-Vektoren in B nur drei von 7 möglichen Kurzschlüssen gefunden werden können, in Abschnitt C sogar nur einer. Um unabhängig vom Bus-Layout alle Kurzschlußfehler eines Busses finden zu können, müssen die Testvektoren nicht nur jede Leitung in die Zustände 0 und 1 bringen, sondern auch für jede Busleitung eine Differenz zu jedem anderen Bussignal herstellen.

Eine offensichtliche Möglichkeit sind Diagonalmuster, bei denen jeweils eine einzelne Busleitung anders als die übrigen belegt wird. Werden die Stimuli nach der Bit-Position des ausgezeichneten Signals sortiert in eine Matrix eingetragen, so bilden sie eine Diagonale. Man nennt dies auch einen *Walking-Zero-Test* bzw. *Walking-One-Test*. Von Nachteil ist die hohe Anzahl notwendiger Testvektoren. Für Theoretiker: eine andere Möglichkeit besteht in einer Erweiterung der 01/10-Muster mit Elementen der formalen Sprachen

$$\{ (0^{2^n} 1^{2^n})^+ : n=1,2,...\} \quad \text{und} \quad \{ (1^{2^n} 0^{2^n})^+ : n=1,2,...\}$$

Für einen Bus aus $m$ Signalen entsprechen die zusätzlichen Muster den Sprachelementen mit $n < \log_2 m$, die alle Bussignale mit Werten belegen (dabei werden überschüssige Zeichen ignoriert). Die resultierenden Muster prüfen den Bus in Gruppen zu $2n$ Bits auf Kurzschlüsse und können dieselben Fehler erkennen wie die Diagonalmuster. Im Gegensatz zu den $m$ Diagonalvektoren werden hierbei maximal $2 + \log_2 m$ Vektoren benötigt. Die logarithmische Größenordnung macht diese Musterart für alle größeren Signalbusse interessant. Die Einsparung an Testvektoren wird durch einen Informationsverlust zur exakten Fehlerposition erkauft. Für den Kurzschlußtest eines beliebigen 8-Bit-Busses sind die Testmuster der Tabelle 9.4 geeignet.

| Diagonalmuster | $10 / 02^n\,12^n$ | $01 / 12^n\,02^n$ |
|---|---|---|
| 1 0 0 0 0 0 0 0 | 1 0 1 0 1 0 1 0 | 0 1 0 1 0 1 0 1 |
| 0 1 0 0 0 0 0 0 | 0 1 0 1 0 1 0 1 | 1 0 1 0 1 0 1 0 |
| 0 0 1 0 0 0 0 0 | 0 0 1 1 0 0 1 1 | 1 1 0 0 1 1 0 0 |
| 0 0 0 1 0 0 0 0 | 0 0 0 0 1 1 1 1 | 1 1 1 1 0 0 0 0 |
| 0 0 0 0 1 0 0 0 | | |
| 0 0 0 0 0 1 0 0 | | |
| 0 0 0 0 0 0 1 0 | | |
| 0 0 0 0 0 0 0 1 | | |

**Tabelle 9.4**   Layout-unabhängige Testmuster für Kurzschlußfehler

Im Rahmen dieser Fehlermodelle entwickelte Testprogramme mit guter Fehlerüberdeckung sind *strukturorientierte* Tests, da sie die Struktur auf der Gatterebene berücksichtigen. Im Gegensatz zu den *funktionsorientierten* Tests („der Prozessor führt ein Maschinenprogramm korrekt aus") geht die Schaltungsspezifikation nicht unmittelbar ein. Ein - beispielsweise nicht benötigtes - Gatter kann im Strukturtest als Fehler auffallen, nicht aber im Funktionstest. Umgekehrt wird ein Funktionsfehler möglicherweise auch bei einer Fehlerüberdeckung von 100% im Strukturtest nicht entdeckt.

Dies schließt jedoch nicht aus, daß Funktionstests aus der Entwurfssimulation je nach Schaltungsart wesentliche Teile eines strukturorientierten Testprogramms liefern. Im Falle unseres RISC-Prozessors hat sich diese Strategie sogar als besonders vorteilhaft erwiesen (Abschnitte 9.4 und 9.5).

## 9.2   Der Testautomat (ATE)

Ein Testautomat legt zum einen Testmuster an den Chip an und beobachtet dessen Antworten. Er kann aber auch verschiedene Rahmendaten des Halbleiters messen wie die maximale Taktfrequenz, die Stromaufnahme und die Flankensteilheit (Slew-Rate). Parameter wie die Spannungsfestigkeit oder die Stabilität unter elektromagnetischer Einstrahlung (EMV-Verträglichkeit) können auch von Interesse sein, werden hier aber nicht betrachtet.

Ein *Testautomat* (Automatic Test Equipment, *ATE*) ist ein empfindliches und teures Gerät. Es arbeitet im allgemeinen nach dem *Stored-Response-Prinzip*. Die Testmuster müssen dazu in Phasen gleicher Dauer (*Testzyklen*) zerlegt werden. In jedem Testzyklus können die Eingänge der zu testenden Schaltung (Device Under Test, *DUT*) mit *Eingabetestmustern* belegt und die Ausgänge zu einem Abtastzeitpunkt mit Soll-Werten (*Ausgabetestmustern*) verglichen werden. „Stored" steht für die im Testautomaten gespeicherten Ausgabetestmuster, die mit der Antwort der Schaltung („Response") verglichen werden.

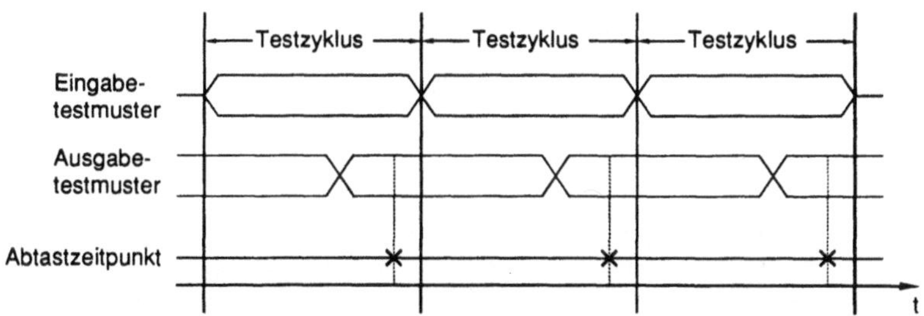


**Bild 9.5**   Testzyklen eines Stored-Response-Testautomaten

Bild 9.5 zeigt drei Testzyklen mit drei Abtastzeitpunkten. Die grobe Rasterung der Testzyklen unterscheidet den ATE-Test grundsätzlich von der Logiksimulation in der Entwurfsphase, bei der jede Pegeländerung jederzeit an jedem Knoten der Schaltung beobachtet werden kann. Mehrere Pegeländerungen innerhalb eines Testzyklus lassen sich mit einem Stored-Response-ATE nicht direkt feststellen.

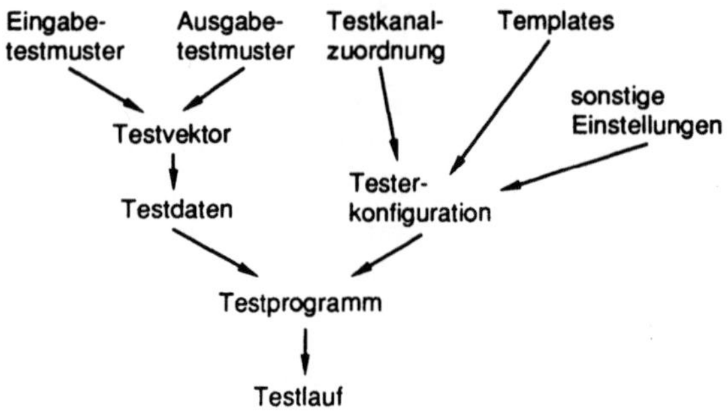

**Bild 9.6**  Entwicklung eines Testlaufes

Nach Bild 9.6 werden die Eingabe- und Ausgabetestmuster in jedem Testzyklus zu einem *Testvektor* zusammengefaßt. Viele aufeinanderfolgende Testvektoren bilden die *Testdaten*, die zusammen mit der unten beschriebenen *Tester-konfiguration* das eigentliche *Testprogramm* ergeben. Dessen Anwendung wird als *Testlauf* bezeichnet.

## 9.2.1  Aufbau und Funktionsweise des Testautomaten

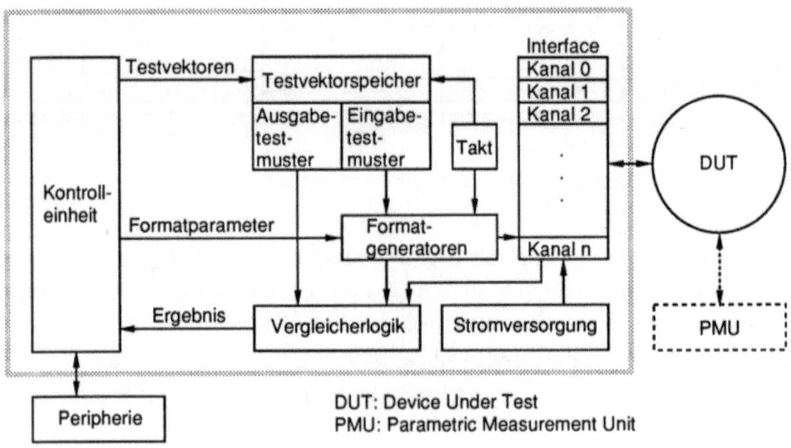

**Bild 9.7**  Aufbau eines Stored-Response-Testautomaten

Bild 9.7 zeigt ein vereinfachtes Blockschaltbild eines typischen Stored-Response-Testautomaten. Für den Test des Prozessors TOOBSIE haben wir einen LV512 der Firma Tektronix eingesetzt. Der Testautomat enthält eine Kontrolleinheit, einen Taktgenerator, Formatgeneratoren, einen Testvektorspeicher, eine Vergleicherlogik, ein Interface zum Prüfling und die Stromversorgung. Die Peripherie wie Terminal, Diskettenlaufwerk, Festplatte, Ethernet- und RS-232-Anschluß ermöglicht die Eingabe, Übertragung und Speicherung der Testmuster.

Die zu testende Schaltung wird mit einem Testsockel über eine speziell dafür verdrahtete Platine (DUT-Karte) mit dem Interface des ATE kontaktiert. Für unterschiedliche Chips sind mehrere DUT-Karten notwendig, die leicht ausgetauscht werden können.

Das Interface stellt je nach Ausbaustufe bis zu 256 Testkanäle zur Verfügung. Jeder Testkanal ist sowohl mit dem Testmusterspeicher als auch mit der Vergleicherlogik verbunden und kann deshalb als Eingang oder als Ausgang konfiguriert werden. Außerdem wird die Stromversorgung des DUT über zusätzliche Leitungen am Interface abgegriffen.

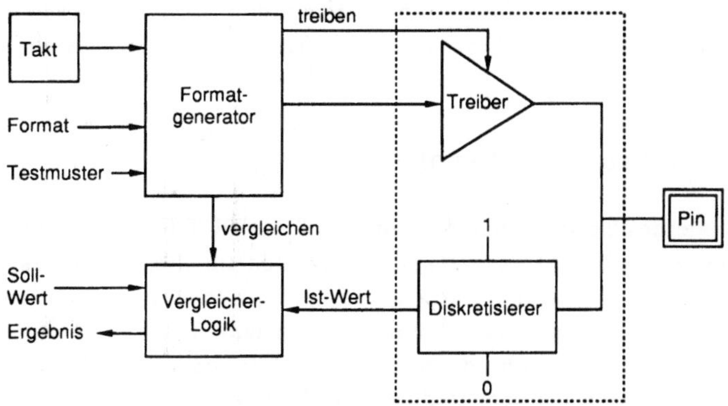


**Bild 9.8**  Aufbau eines Testkanals

Bild 9.8 zeigt den schematischen Aufbau eines Testkanals. Er kann in den Betriebsarten *force, compare* oder *mask* angesteuert werden. Sofern der Treiber eines Testkanals durchgeschaltet ist, wird der angeschlossene Eingang des Prüflings mit Mustern aus dem Testmusterspeicher belegt (Betriebsart *force*).

Sind der Ausgang des Testkanals hochohmig und die Vergleicherlogik aktiviert, so werden die Ausgangssignale des Chips mit den Soll-Werten verglichen (Betriebsart compare). Durch den Diskretisierer werden dabei die analogen Spannungen in diskrete Werte umgesetzt. Im allgemeinen kann hierfür ein Schwellwert vorgegeben werden: Spannungen darunter werden als logisch 0, darüber als logisch 1 interpretiert. In der dritten Betriebsart mask wird die Schaltung weder mit Testmustern belegt noch mit Soll-Werten verglichen („Don't-Care-Pins").

Die Steuerung der einzelnen Testkanäle übernehmen die *Formatgeneratoren*, die von einem gemeinsamen Taktgenerator synchronisiert werden. Jedem Testkanal kann einer von bis zu 16 Formatgeneratoren fest zugeordnet werden, die nach einem vorprogrammierten Schema die Treiber oder die Vergleicherlogik der Testkanäle aktivieren. Die Zuordnung ist statisch und gilt für einen gesamten Testlauf.

Eine sinnvolle Erweiterung des Testautomaten ist eine Parametermeßeinheit (Parametric Measurement Unit, PMU). Diese Baugruppe erlaubt die Messung der Stromaufnahme der gesamten Schaltung oder auch einzelner Pins mit hoher Genauigkeit. Die PMU ist ein weiteres wesentliches Hilfsmittel für den Chip-Test: eine nennenswerte Abweichung der Stromaufnahme weist auf einen Fertigungsfehler hin. Viele defekte Chips lassen sich so vorab aussondern.

## 9.2.2  Formate und Templates

Die Kanäle des Testautomaten werden auf der DUT-Karte mit den Pins des Prüflings verdrahtet. Den Testkanälen können im Programm des Testautomaten Namen zugeordnet werden, die die Handhabung wesentlich vereinfachen. Bei Busstrukturen können außerdem Testkanäle zu Gruppen zusammengefaßt werden, denen dann oktale oder hexadezimale Werte zugewiesen werden können. Dadurch werden die Testmuster übersichtlicher. Die Zuordnung der Pins zu den Testkanälen gehört zur Testerkonfiguration.

Da nicht alle Aktionen innerhalb eines Testzyklus zum gleichen Zeitpunkt stattfinden, verfügen Stored-Response-Automaten über die bereits erwähnten Formatgeneratoren. Diese Baugruppen steuern nicht nur die Funktionsweise der Testkanäle, sondern ermöglichen auch die Verzögerung oder Veränderung der Eingabetestmuster. Außerdem wird der Abtastzeitpunkt festgelegt, zu dem die Ausgangssignale des Chips mit den vorgegebenen Ausgabetestmustern verglichen werden. Eingabetestmuster werden meist zu Beginn eines Testzyklus angelegt, während der Vergleich der Ausgänge im Normalfall erst kurz vor Ende des Testzyklus stattfindet.

| Abkürzung | Bezeichnung | Beschreibung | Muster | Signal |
|---|---|---|---|---|
| NRZ | Non Return to Zero | Muster wird zu Beginn des Testzyklus angelegt | 0<br>1 | |
| DNRZ | Delayed Non Return to Zero | Muster wird verzögert nach Beginn des Testzyklus angelegt | 0<br>1 | |
| RTZ | Return To Zero | Muster wird automatisch auf 0 zurückgesetzt | 0<br>1 | |
| RTO | Return To One | Muster wird automatisch auf 1 zurückgesetzt | 0<br>1 | |

**Bild 9.9** Formate für Eingabetestmuster

| Abkürzung | Bezeichnung | Beschreibung | Muster | Signal |
|---|---|---|---|---|
| C | Compare | Ausgang wird zu einem Zeitpunkt mit Soll-Wert verglichen | 0<br>1 | |
| WC | Window Compare | Ausgang wird eine Weile mit Soll-Wert verglichen | 0<br>1 | |

**Bild 9.10** Formate für Ausgabetestmuster

Formatgeneratoren stellen verschiedene Formattypen zur Auswahl, deren gebräuchlichste die Bilder 9.9 und 9.10 zusammenfassen. Eingabetestmuster haben gewöhnlich das Format NRZ (Non Return to Zero). Diese werden ohne Verzögerung zu Beginn eines Testzyklus an die DUT-Eingänge angelegt und bleiben während des gesamten Testzyklus unverändert. Sollen Signale verzögert werden, steht das Format DNRZ (Delayed Non Return To Zero) zur Verfügung. Mit einem zusätzlichen Formatparameter läßt sich die Verzögerungszeit für jeden einzelnen Taktgenerator einstellen.

Die Formate RTZ (Return To Zero) und RTO (Return To One) ermöglichen beispielsweise eine einfache Takterzeugung, für die sonst je Takt zwei Testvektoren notwendig wären. Das würde auch die maximale Arbeitsfrequenz des Testautomaten halbieren. Nach einer eingestellten Verzögerungszeit schaltet der Formatgenerator unter RTZ das Eingabetestmuster auf den entsprechenden Testkanal, um es nach einer vorgegebenen Zeitspanne wieder auf Null zurückzusetzen.

Für die Ausgänge der Schaltung existieren zwei weitere Formate (Bild 9.10), mit denen sich die Vergleichslogik im Testautomaten steuern läßt. Sie vergleicht die Ausgangssignale entweder zu einem durch die Formatparameter genau festgelegten Abtastzeitpunkt oder über eine definierte Zeitspanne hinweg. Mit der letzteren Option lassen sich eingeschränkt auch Hazards feststellen (hier: kurze Störimpulse auf den Signalleitungen, ausgelöst durch laufzeitbedingte, asynchrone Umschaltvorgänge auf dem Halbleiter).

Die Zusammenfassung der Formate aller einzelnen Signale in einem Testzyklus wird als *Template* bezeichnet (Schablone). Ein Template legt damit die Konfiguration aller Formatgeneratoren in einem Testzyklus durch die Formatparameter fest. Sofern einige Signale unterschiedliche Formate benötigen (bespielsweise bidirektionale Pins), müssen mehrere Templates angelegt werden.

Für das Testprogramm wird zunächst jedem Testvektor eines der vorher definierten Templates zugeordnet. Damit werden die entsprechenden Testkanäle zu Beginn eines Testzyklus konfiguriert. Sie ergeben die Testerkonfiguration zusammen mit der Kanalzuordnung und sonstigen Einstellungen, mit denen Parameter wie Taktfrequenz, Schwellspannung, Betriebsspannung und maximale Stromaufnahme eingestellt werden.

Wird der Test der Schaltung mehrfach mit veränderten (Format-)Parametern durchgeführt, so spricht man von *parametrischen Tests* (nicht zu verwechseln mit den Parametertests der PMU). Der Abtastzeitpunkt könnte beispielsweise Schritt für Schritt nach vorn verlegt werden. Der letzte Wert, bei dem der Halbleiter noch erfolgreich getestet wird, gibt Aufschluß über die minimale Durchlaufverzögerung. Einige Testautomaten erlauben auch die schrittweise Veränderung zweier Parameter innerhalb eines bestimmten Intervalls und die graphische Ausgabe des Ergebnisses als *Schmoo-Plot*. Damit läßt sich beispielsweise die maximale Durchlaufverzögerung in Abhängigkeit von der Betriebsspannung ermitteln.

# 9.3   Design-for-Testability

Die besten Testmuster helfen wenig, wenn Komponenten im Inneren einer Schaltung schlecht oder überhaupt nicht zugänglich sind. Die Komponenten eines Prozessors etwa sind zunächst nicht direkt über die Ein- und Ausgangs-Pins des Chips erreichbar, sondern nur indirekt über Befehlssequenzen. Abhängig von der Länge der notwendigen Befehlsfolge können sehr lange Folgen von Testvektoren entstehen. Für einen Cache beispielsweise würde bei einem nur auf Prozessorinstruktionen basierenden Test die Zahl der effektiv genutzten Testvektoren zur Zahl der vorbereitenden Vektoren in keinem vernünftigen Verhältnis stehen.

Eine Verschwendung von Testvektoren ist für einen Fertigungstest unakzeptabel, weil jeder Vektor Testzeit verbraucht und die Testprogrammlänge relativ knapp vorgegeben ist. Die *Testbarkeit* einer Schaltung mißt irgendwie den Aufwand, Komponenten testen zu können, und es taucht die Frage auf, mit welchen Maßnahmen Schaltungen besser testbar werden (Design-for-Testability).

Der Prozessor TOOBSIE wurde zusätzlich mit Testschaltungen ausgestattet, die seinen Test erheblich vereinfachen. Außerdem verfügt er nach den Richtlinien des Halbleiterherstellers über Testschaltungen, die im Rahmen von parametrischen Tests die Empfindlichkeit der Eingangstreiber, der tristate-fähigen Ausgangstreiber und der allgemeinen Schaltgeschwindigkeit prüfen. Insgesamt gibt es folgende sechs Testschaltungen.

- Testmultiplexer für einen direkten Zugriff auf RAM- und CAM-Speicher;

- einen Scan-Pfad für einen seriellen Zugriff auf alle übrigen Register des Prozessors;

- ein Signaturanalyse-Register zur Beobachtung interner Steuersignale;

- einen NAND-Tree für einen Empfindlichkeitstest der Eingangstreiber;

- eine zentrale Tristate-Freigabe für den Test von tristate-fähigen Treibern;

- einen Process-Monitor PROCMON zur Bestimmung von Prozeßparametern und damit der allgemeinen Schaltgeschwindigkeit.

Aufgabe und Funktion dieser Testschaltungen werden im folgenden kurz beschrieben. Da sie erst in der Phase des Gattermodells berücksichtigt wurden, treten sie in der Spezifikation der Kapitel 5 bis 7 noch nicht auf.

Die Testmultiplexer für Speichertests und die Scan-Pfad-Logik greifen direkt in die Gatterimplementierung ein, während die anderen Schaltungen parallel zum Prozessor arbeiten und lediglich dessen Signale abgreifen.

## 9.3.1  Die Multiplexer für den Speichertest

Für einen direkten Speichertest wird die Ansteuerung der Speicher vollständig über Multiplexer geführt, die zwischen Normal- und Testbetrieb umschalten. Zur Einsparung von Test-Pins werden die Eingangsdaten für Speichertests über den Datenbus eingespeist und die resultierenden Ausgangsdaten teils über den Adreßbus, teils über einen Testausgabebus herausgeführt. Die Steuerung erfolgt über die Signale RTSEL, RTWEN, RTE, RTADRA und RTADRB, deren Funktion die Tabelle 9.11 erläutert; Bits an den Positionen X sind beliebig (Einzelheiten in Kapitel H5).

| Signal | Bezeichnung | Wert | Funktion |
|---|---|---|---|
| RTADRA | RAM Test Address A | XXXXXX | Leseadresse für die RAMs RR16x5, RR16x30, RR16x32, RR32x32 und RR40x32 (Port A) Schreibadresse für das RAM RR40x32 (Port A) und die CAMs |
| RTADRB | RAM Test Adress B | XXXXXX | Leseadresse für das RAM RR40x32 (Port B) Schreibadresse für die RAMs RR16x5, RR16x30, RR16x32 und RR32x32 |
| RTE | RAM Test Enable | 0 | Normalbetrieb des Prozessors |
|  |  | 1 | Speichertestbetrieb des Prozessors |
| RTSEL | RAM Test Select | 000 | ADDR_BUS = RR32x32 [RTADRA]<br>RTOUTB   = RR16x5   [RTADRA] |
|  |  | 001 | ADDR_BUS = RR16x30 [RTADRA]<br>RTOUTB   = RR16x5   [RTADRA] |
|  |  | 01X | ADDR_BUS = RR40x32 [RTADRA]<br>RTOUTB   = RR16x5   [RTADRA] |
|  |  | 100 | ADDR_BUS = RR16x32 [RTADRA]<br>RTOUTB   = RR40x32 [RTADRB] |
|  |  | 101 | ADDR_BUS = {BTCCAM, MPCCAM}<br>RTOUTB   = RR40x32 [RTADRB] |
|  |  | 11X | ADDR_BUS = RR40x32 [RTADRA]<br>RTOUTB   = RR40x32 [RTADRB] |
| RTWEN | RAM Test Write Enable Negative | 0 | Freigabe für Schreibzugriffe |
|  |  | 1 | nur Lesezugriffe |

**Tabelle 9.11**  Signale des Speichertests

Zu beachten ist, daß Schreibzugriffe auf den Speicher RR40x32 nur während
CP=1 ausgeführt werden, Schreibzugriffe auf die übrigen Speicher erfolgen
nur während CP=0. Die Einbindung der Multiplexer für den Speichertest zeigt
Bild 9.12.

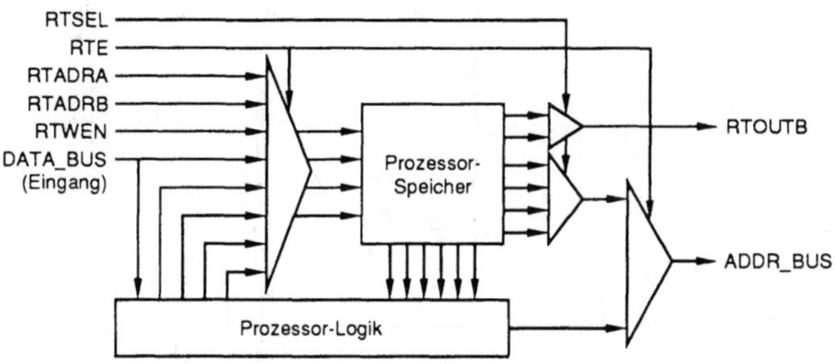


**Bild 9.12**  Einbindung der Testmultiplexer

## 9.3.2  Der Scan-Pfad

Der Zugriff auf die nicht in den RAMs oder CAMs organisierten Register wird
über den Scan-Pfad als zweite Testschaltung ermöglicht. Der Scan-Pfad ist
eine der wirkungsvollsten Testschaltungen überhaupt.

Die Eingänge der betroffenen Speicherelemente, bei denen es sich hier
ausschließlich um D-Register handelt, werden über Zwei-zu-eins-Multiplexer
zwischen Normal- und Testbetrieb umgeschaltet. Diese Multiplexer sind in
den scan-fähigen D-Registern bereits integriert. Im Normalbetrieb arbeiten die
Register wie üblich als Auffang- und Treiberstufen für kombinatorische
Logikblöcke (Abschnitt 11.4). Im Testbetrieb werden die Register zu einem
großen Schieberegister verschaltet, so daß zusätzlich zu dem Signal SCAN für
den Testmodus nur zwei weitere Test-Pins für den Eingang SCANIN und den
Ausgang SCANOUT des Schieberegisters benötigt werden.

Der Scan-Pfad ist in unserem Fall wegen seiner Länge von 944 Bit kaum für
den Produktionsendtest zu verwenden, da die gezielte Ansteuerung von
einzelnen Registern die Eintaktung des gesamten Scan-Pfades erfordert. Auf
eine Aufteilung in mehrere parallele Teilpfade wurde aufgrund der relativ

einfachen Ansteuerbarkeit dieser Register über Befehlssequenzen verzichtet.
Der Nutzen des Scan-Pfades liegt daher in der Möglichkeit, bei einer gezielten
Fehlersuche den gesamten internen Zustand des Prozessors einsehen und
verändern zu können. Sollte trotz erfolgreichem Test beim Hersteller ein
fehlerhaftes Verhalten auftreten, so hilft der Scan-Pfad bei der Lokalisierung
der Ursache. Die Struktur eines Scan-Pfades und seine Arbeitsweisen verdeutlicht Bild 9.13.

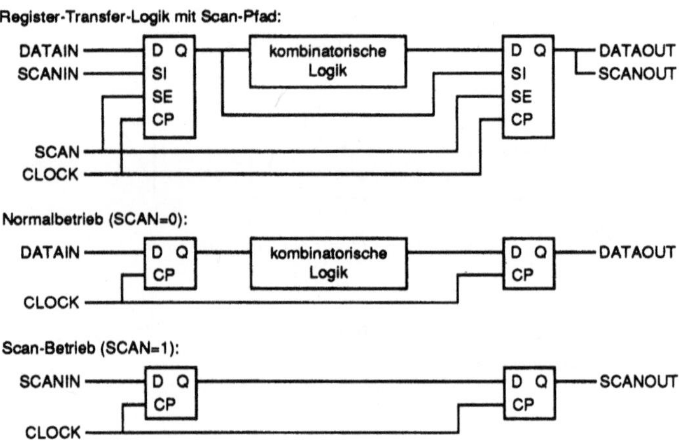


**Bild 9.13**  Betriebsarten des Scan-Pfades

## 9.3.3  Die Signaturanalyse

Die dritte Testschaltung von TOOBSIE ermöglicht mit der Signaturanalyse
indirekt die ständige Beobachtung der internen Steuersignale des Prozessors.
Die Grundlagen der Signaturanalyse sind beispielsweise in [Wojtkowiak 1988]
erklärt.

Die Signaturanalyse wird durch ein 107-Bit-Schieberegister realisiert, das
entsprechend dem primitiven Polynom

$$x^{107} + x^7 + x^5 + x^3 + x^2 + x + 1$$

der Binär-Arithmetik rückgekoppelt ist. Bei jedem Takt werden die zu beobachtenden Steuersignale über eine XOR-Verknüpfung (Addition modulo 2) in die Bits des Schieberegisters eingerechnet. Durch die Rückkopplung wird entsprechend dem Polynom die Wahrscheinlichkeit für die Erkennung von Mehr-Bit-Fehlern im Vergleich zu Prüfsummenverfahren erheblich vergrößert.

Das Signaturregister verfügt neben seiner normalen Betriebsart noch über eine Scan-Betriebsart, die durch das Signal SIGSE (Signature Scan Enable) aktiviert wird und wie beim Scan-Pfad einen seriellen Zugriff auf den Registerinhalt über den Eingang SIGSI (Signature Scan In) und den Ausgang SIGSO (Signature Scan Out) erlaubt. Der Ausgang ist auch im Normalbetrieb mit dem niederigstwertigen Bit 0 des Signaturregisters verbunden, so daß parallel zum Betrieb oder Test des Prozessors eine Kontrolle der Signatur stattfinden kann. Zu den in die Signatur eingerechneten Signalen gehören die Registeradressen der Instruktionen, der C4_BUS, die WORK-Signale der einzelnen Pipeline-Stufen, der Status der IF- und der ID-Stufe sowie die Cache-Hit-Signale.

Die Schaltung umfaßt auch das Prinzip der Pseudo-Zufallsgeneratoren ([Wojtkowiak 1988]). Sie liefert zusätzlich zu den Testinformationen auch Zufallszahlen für die Ersetzung von Zeilen der Cache-Speicher. Bild 9.14, das sich auf Registerstufen und XOR-Verknüpfungen beschränkt, läßt die Struktur des Signaturregisters und damit auch die Implementierung des Polynoms erkennen.

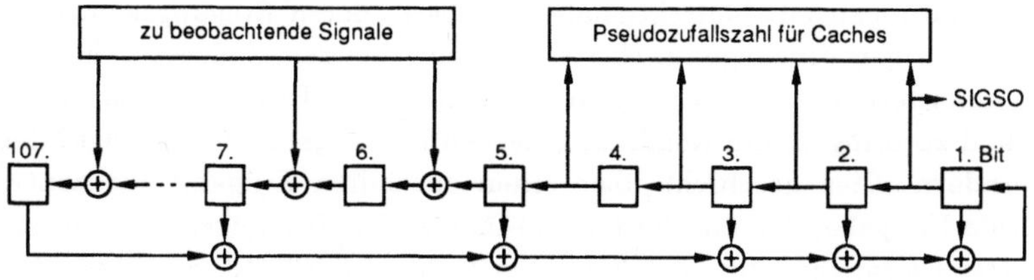


**Bild 9.14** Vereinfachte Darstellung des Signaturregisters von TOOBSIE

### 9.3.4   Die Testschaltungen des Halbleiterherstellers

Die letzten drei Testschaltungen, der NAND-Tree, die zentrale Tristate-Freigabe und der Process-Monitor, arbeiten nicht völlig unabhängig und wurden vom Hersteller LSI Logic vorgegeben [LSI 1989]. Sie testen im wesentlichen die elektrischen Spezifikationen.

Der NAND-Tree testet bei Eingangstreibern die Verarbeitung von Low-Signalen maximaler Spannung und High-Signalen minimaler Spannung. Jeder Eingangstreiber besitzt zusätzlich ein NAND-Gatter mit zwei Eingängen. Der erste Eingang ist mit dem Ausgang des Eingangstreibers verbunden, der zweite ist der PI-Testeingang (Parametric Input). Der Ausgang des NAND-Gatters ist der PO-Testausgang (Parametric Output). Der NAND-Tree entsteht durch serielle Verschaltung aller Eingangstreiber durch Verbindung jeweils eines PO-Ausgangs mit einem PI-Eingang. Der erste PI-Eingang ist ständig logisch-1, der letzte PO-Ausgang wird über den Process-Monitor PROCMON an einen Testausgang des Chips geführt. Da ein NAND-Gatter entweder konstant den Wert 1 ausgibt, wenn der Treiber 0 liefert, oder den Wert von PI invertiert an PO übergibt, wenn der Treiber 1 liefert, ist eine gezielte Betrachtung eines einzelnen Treibers indirekt möglich.

Der PI-Eingang jedes zu testenden Treibers muß hierzu mit dem Wert 1 belegt werden, was für den ersten Treiber immer der Fall ist und für andere Treiber durch eine 0 am Ausgang des vorigen Treibers erreicht wird. Weiter müssen die Ausgänge der im NAND-Tree nachgeschalteten Treiber 1 werden. Unter diesen Bedingungen pflanzt sich eine logische Änderung am betrachteten Eingang bis zum Testausgang fort und wird dort sichtbar.

Für Schaltungen mit bidirektionalen Treibern, deren Eingangskomponenten wie die übrigen Eingänge im NAND-Tree eingebunden sind, ist es bei diesem Test erforderlich, die Ausgangskomponenten der Treiber in den Tristate-Zustand zu bringen, um Konflikte zwischen Eingangs- und Ausgangsdaten zu verhindern. Dies geschieht über einen speziellen Eingang zur zentralen Tristate-Freigabe, der an alle tristate-fähigen Treiber angeschlossen ist (bei uns TN). Dieser Eingang wird durch den Treibertyp ICPTNU realisiert, der das Eingangsdatum invertiert an das Test-NAND führt und nicht in den NAND-Tree eingebunden ist (Abschnitt 8.1).

Eine 0 an diesem Eingang bringt die angeschlossenen Ausgangstreiber in den hochohmigen Zustand. Dieser Eingang wird auch für den Tristate-Test verwendet, bei dem zusätzlich überprüft wird, ob alle Ausgänge mit Tristate-Fähigkeit über interne Freigabesignale des Chips in einen hochohmigen Zustand geschaltet werden können. Über den PO-Ausgang des ICPTNU-Treibers erfolgt die Steuerung des Process-Monitors PROCMON. Der PI-Eingang des ICPTNU-Treibers liegt auf 1, so daß die Eingangsdaten nicht invertiert am PO-Ausgang erscheinen.

Die PROCMON-Testschaltung besitzt vier Eingänge A, E, N und S, einen Ausgang Z und drei Betriebsarten. In der ersten Betriebsart, die durch eine 0 an S aktiviert wird und bei uns keine Verwendung findet, wird Eingang N unverändert an Z übergeben. Hierdurch kann der Ausgang außerhalb des parametrischen Testbetriebs mit anderen Signalen belegt werden. Bei TOOBSIE liegen die Eingänge S und N von PROCMON auf 1. In der zweiten Betriebsart mit 1 an S und 0 an E wird Eingang A verzögert und invertiert über eine Kette aus 90 NOR3/IVAP-Gattern zum Ausgang Z durchgeschaltet (Abschnitt 8.1).

Aufgrund der Ansteuerung von E über den PO-Ausgang des ICPTNU-Treibers ist diese Betriebsart während des NAND-Tree-Tests aktiv. Durch die Verzögerung über 90 Komplexgatter ist neben der Überprüfung der Eingangstreiber auch eine Messung der Schaltgeschwindigkeit von PMOS- und NMOS-Transistoren möglich. Hierbei wird ausgenutzt, daß die steigenden und fallenden Signalflanken in den NOR3/IVAP-Gattern verschiedene Serien- und Parallelschaltungen von NMOS- und PMOS-Transistoren durchlaufen und daher unterschiedliche Verzögerungen beim Durchlauf durch PROCMON besitzen. Die dritte Betriebsart von PROCMON ist im wesentlichen eine Variation der zweiten Betriebsart und wird für 1-Werte an den Eingängen S und E wirksam.

Hierbei werden zwei unterschiedliche Verzögerungen des Wertes am A-Eingang XOR-verknüpft an den Z-Ausgang geschaltet. Die erste Verzögerung erfolgt über die bereits verwendeten 90 NOR3/IVAP-Gatter, die zweite wird über eine serielle Kette von 30 Standardinvertern IV realisiert. Aufgrund der geringeren Signalverzögerung der Inverterkette entstehen bei Änderungen des A-Eingangs meßbare Impulse am Z-Ausgang, deren Anfangszeit und Dauer für steigende und fallende Signalflanken unterschiedlich sind und so die Berechnung der Schaltgeschwindigkeit ermöglichen.

Bild 9.15 faßt die Zusammenhänge zwischen NAND-Tree, Tristate-Freigabe und Process-Monitor zusammen.

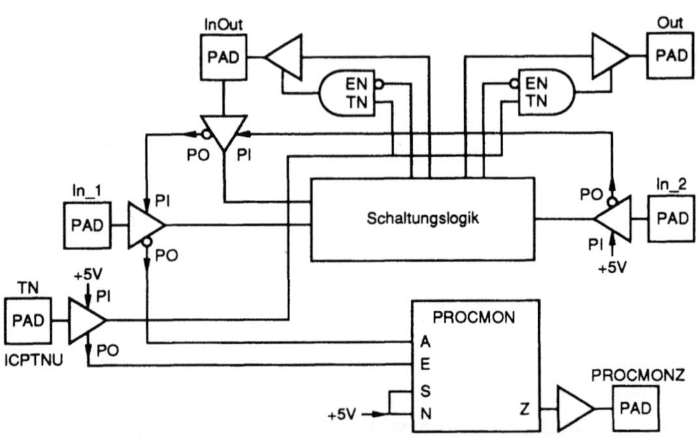


**Bild 9.15**   Testschaltungen des Halbleiterherstellers

Der NAND-Tree beginnt beim Eingangstreiber des Pad In_2, führt über die Eingangskomponenten des bidirektionalen Treibers des Pad InOut zum Eingangstreiber von In_1 und endet am Eingang A von PROCMON. Der Eingangstreiber von Pad TN (ICPTNU) führt das TN-Signal an die PROCMON-Schaltung und an die TN-Eingänge der tristate-fähigen Treiber der Pads InOut und Out. Die Ergebnisse gelangen über den Ausgangstreiber des Pad PROCMONZ aus der Beispielschaltung.

## 9.4   Der Funktionstest

Fehlermodelle liefern uns vereinfachte logische Fehler, die von der uns weitgehend unbekannten physikalischen Realisierung abstrahiert sind, aber trotzdem die Entwicklung ausreichend guter strukturorientierter Testprogramme erlauben (Abschnitt 9.1). Bei einem Testautomaten (ATE) für gefertigte Schaltungen sind Teststimuli und Beobachtungszeitpunkte gegenüber einem Simulator erheblich eingeschränkt (Abschnitt 9.2). Ein Design-for-Testability ist eine gut testbare Schaltung durch testunterstützende Maßnahmen wie Scan-Pfad, Speichertest oder Signaturanalyse (Abschnitt 9.3). Bevor wir uns in den nächsten Abschnitten der praktischen Gewinnung von Testmustern und schließlich dem realen Test zuwenden, wollen wir, auch im Rückblick auf dieses Buch, die funktionsorientierten Tests betrachten.

Der funktionsorientierte Test durch Simulation soll vor der Fertigung die Funktion der Schaltung verifizieren. Im Testautomaten wird nach der Fertigung die Struktur der Schaltung auf Fertigungsfehler überprüft, was grundsätzlich unabhängig von der Schaltungsfunktion ist. Beim ATE-Test nach der Fertigung können wir noch unterscheiden zwischen

- dem ATE-Test oder Produktionsendtest beim Halbleiterhersteller, der - zumal in der Serienfertigung - mit möglichst wenig Testmustern in möglichst kurzer Zeit jeden Chip testet, und

- dem ATE-Test in unserem Labor als Vorstufe zum Systemtest, bei dem die Schaltung in eine Systemumgebung eingebaut ist.

Im ersten Fall macht der Halbleiterhersteller zusätzliche Auflagen, die wir im nächsten Abschnitt ansprechen. Im zweiten Fall sind wir auch an einer Funktionsüberprüfung, Laufzeiten und ähnlichem interessiert, insbesondere dann, wenn es sich um einen Prototypen handelt.

Schließlich hängen Funktions- und Strukturtest in unserem Falle doch eng zusammen, da bei Mikroprozessoren aus Funktionstests ein wesentlicher Teil der Testmuster abgeleitet werden kann. Für die Testmusterentwicklung gibt es unterschiedliche Möglichkeiten wie in Bild 9.16 angedeutet.

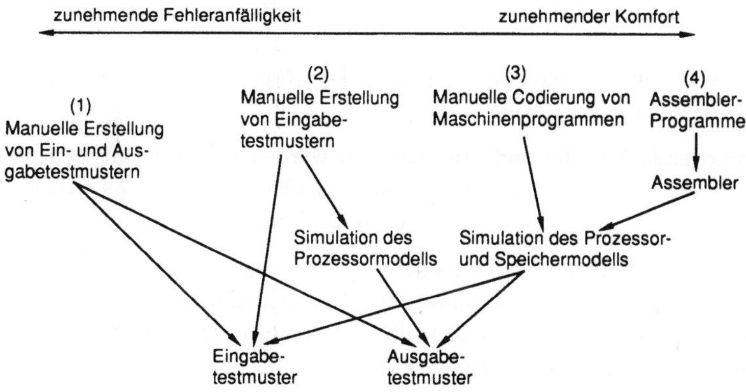


**Bild 9.16**  Möglichkeiten der Testmustergewinnung

Zunächst können Testmuster anhand der Spezifikation manuell erstellt werden (1). Mit zunehmender Schaltungskomplexität und gerade bei pipelinebasierten RISC-Prozessoren ist diese Methode jedoch zu fehleranfällig. Einzelne Operationen werden erst mehrere Taktzyklen nach dem Fetch ausgeführt, was zu einer verminderten Transparenz am Daten- und Adreßbus führt.

Da wir vom Interpreter-Modell über das Grobstrukturmodell bis zum Gattermodell aufeinander aufbauende Schaltungsmodelle haben, bietet es sich wie bei jeder Schaltung an, nur die Eingabetestmuster zu entwickeln und die Ausgabetestmuster durch die Simulation zu bestimmen (2), indem mit einem Monitor die Pegel aller Pins in jedem Zyklus festgehalten werden.

Eingabetestmuster für Mikroprozessoren basieren zum überwiegenden Teil auf kurzen typischen Maschinenprogrammen. Um diese in Eingabetestmuster umsetzen zu können, müssen die Prozessor-Modelle auch den Arbeitsspeicher mit dem Programm modellieren (3).

Die konsequente Fortsetzung besteht darin, auch den für alle Modelle passenden Assembler einzubeziehen, der dann für Interpreter-, Grobstruktur- und Gattermodell sowie den ATE die grundsätzlich gleichen Eingabetestmuster liefert. Dies bezeichnen wir als (funktionsorientierte) *durchgängige Teststrategie*.

Allerdings ist jedes nachfolgende Modell bzw. der Chip selbst detaillierter und mächtiger als der Vorgänger, so daß zusätzliche Testmuster hinzukommen. Beispielsweise verfügt das Grobstrukturmodell zusätzlich über Caches, das Gattermodell über einen Scan-Pfad und der Chip über tatsächliche elektrisch-physikalische Eigenschaften.

Entsprechende Modelle und Simulationen werden in den Kapiteln 5, 🖫2 und H3 für den Interpreter, in den Kapiteln 7, 🖫3 und H4 für das Grobstrukturmodell und in 8 und H5 für das Gattermodell angesprochen.

Ab der Simulation des Gattermodells können auch Parameter wie Betriebsspannung oder Umgebungstemparatur berücksichtigt werden. Mit eingeschränkter Genauigkeit läßt sich die maximal zu erwartende Taktfrequenz bestimmen. Ist die Schaltung anschließend plaziert und verdrahtet, stehen auch Verbindungslängen und kapazitive Lasten einzelner Gatter fest, die in eine Post-Layout-Simulation einfließen, mit der das Timing exakter vorhergesagt werden kann.

In praktisch jeder CAD-Entwurfsumgebung zur Entwicklung realer großer Schaltungen gibt es Hürden und Umwege. Im vorliegenden Fall gab es vom

Grobstrukturmodell in der HDL VERILOG einen Wechsel zum Gattermodell mit der Simulationsumgebung des Halbleiterherstellers. Theoretisch wäre es kein Problem, auch diesen Teil unter VERILOG zu realisieren, aber auch der Halbleiterhersteller hat gute rechtliche und praktische Gründe, auf seinem Referenzsimulator zu bestehen.

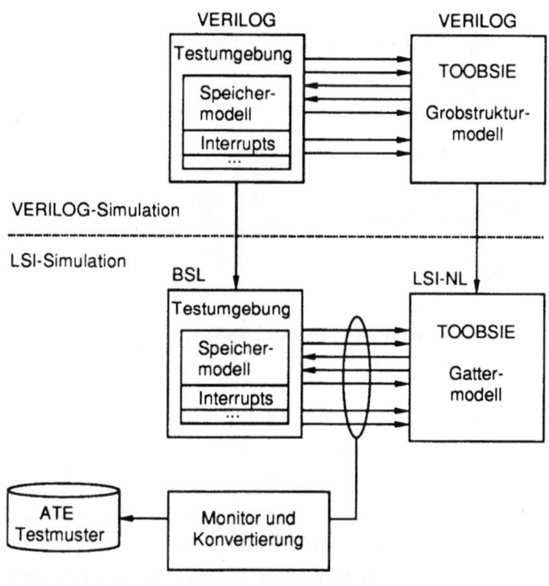


**Bild 9.17**  Extraktion von ATE-Testmustern

Da wir den Leser nicht mit einer weiteren Simulationssprache belasten wollen, die im übrigen nichts grundsätzlich neues enthält, beschränken wir uns auf Bild 9.17, das den Wechsel der Simulationsumgebung andeutet. Dort ist auch der „Monitor" plaziert, der die Gattersimulation beobachtet und ATE-Testmuster extrahiert.

Bild 9.18 zeigt abschließend einen Ausschnitt aus den gewonnenen Test-vektoren bei der Simulation des Verdreifachungs-Programms (Bild 5.15). CP ist hier stets 1, da in jedem Zyklus nach der positiven Taktflanke die Pegel extrahiert werden.

```
*   N                                        N N I   N B             S S S S   R
*   R DATA                                   M I R   H U             C C I I R T
*C  S 33222222222221111111111110000000000   H R I   L S CONFIG       A I S S T W                              T
*P  T 10987654321098765432109876543210      S Q D   T P 43210        N N E I E N RTS RTADRA RTADRB            N
*----------------------------------------------------------------------------------------------------------------
  1 0 zzzzzzzzzzzzzzzzzzzzzzzzzzzzzzzz       1 1 000 1 0 00000        0 0 0 0 0 1 000 000000 000000            1
  1 0 zzzzzzzzzzzzzzzzzzzzzzzzzzzzzzzz       1 1 000 1 0 00000        0 0 0 0 0 1 000 000000 000000            1
  1 0 zzzzzzzzzzzzzzzzzzzzzzzzzzzzzzzz       1 1 000 1 0 00000        0 0 0 0 0 1 000 000000 000000            1
  1 0 zzzzzzzzzzzzzzzzzzzzzzzzzzzzzzzz       1 1 000 1 0 00000        0 0 0 0 0 1 000 000000 000000            1
  1 0 zzzzzzzzzzzzzzzzzzzzzzzzzzzzzzzz       1 1 000 1 0 00000        0 0 0 0 0 1 000 000000 000000            1
* Es folgt der erste Befehl des VOS
  1 1 10110000000000000000000000000010      0 1 000 1 0 00000        0 0 0 0 0 1 000 000000 000000            1
  1 1 10110000000000000000000000000010      0 1 000 1 0 00000        0 0 0 0 0 1 000 000000 000000            1
  1 1 10110000000000000000000000000010      1 1 000 1 0 00000        0 0 0 0 0 1 000 000000 000000            1
  1 1 11100000000011100000000000000000      0 1 000 1 0 00000        0 0 0 0 0 1 000 000000 000000            1
*...
* OR-Befehl
  1 1 01000100000010000000000000000000      0 1 000 1 0 00000        0 0 0 0 0 1 000 000000 000000            1
  1 1 01000100000010000000000000000000      0 1 000 1 0 00000        0 0 0 0 0 1 000 000000 000000            1
  1 1 01000100000010000000000000000000      1 1 000 1 0 00000        0 0 0 0 0 1 000 000000 000000            1
  1 1 00001110000100000000000000001000      0 1 000 1 0 00000        0 0 0 0 0 1 000 000000 000000            1
  1 1 00001110000100000000000000001000      0 1 000 1 0 00000        0 0 0 0 0 1 000 000000 000000            1
*...
* HALT-Befehl
  1 1 11111111000000000000000000000000      1 1 000 1 0 00000        0 0 0 0 0 1 000 000000 000000            1
  1 1 00000000000000000000000000000000      0 1 000 1 0 00000        0 0 0 0 0 1 000 000000 000000            1
  1 1 00000000000000000000000000000000      0 1 000 1 0 00000        0 0 0 0 0 1 000 000000 000000            1
  1 1 00000000000000000000000000000000      1 1 000 1 0 00000        0 0 0 0 0 1 000 000000 000000            1
  1 1 11111111000000000000000000000000      0 1 000 1 0 00000        0 0 0 0 0 1 000 000000 000000            1
  1 1 11111111000000000000000000000000      0 1 000 1 0 00000        0 0 0 0 0 1 000 000000 000000            1
  1 1 11111111000000000000000000000000      1 1 000 1 0 00000        0 0 0 0 0 1 000 000000 000000            1
  1 1 zzzzzzzzzzzzzzzzzzzzzzzzzzzzzzzz       1 1 000 1 0 00000        0 0 0 0 0 1 000 000000 000000            1
  1 1 zzzzzzzzzzzzzzzzzzzzzzzzzzzzzzzz       1 1 000 1 0 00000        0 0 0 0 0 1 000 000000 000000            1
```

**Bild 9.18**  Extrahierte Testmuster

Nach der 5 Takte dauernden Reset-Phase mit hochohmigem Datenbus wird
der erste Befehl im Betriebssystem ausgeführt; das Bit-Muster am Datenbus
entspricht daher noch nicht dem ersten Befehl im Verdreifachungs-
Programm. Erst danach geht die Kontrolle an das Testprogramm, das mit
dem OR-Befehl beginnt (44080000h). Er liegt drei Takte am Datenbus an, da
für Zugriffe auf den Hauptspeicher zwei Wartezyklen simuliert werden. Nach
dem Laden der HALT-Instruktion zeigt der Datenbus den Wert FF000000h. Die
Testumgebung hält daraufhin den Prozessor an, und der Datenbus wird
wieder hochohmig.

Im nächsten Abschnitt wird die Umsetzung funktionsorientierter Testmuster
noch einmal aufgegriffen.

# 9.5 Praktische Gewinnung von Testdaten

Durch die Simulation von Assemblerprogrammen haben wir im vorigen Abschnitt funktionsorientierte Testprogramme für den Produktionsendtest beim Halbleiterhersteller und für unseren ATE-Test gewonnen. Dieses Vorgehen ist im Falle unseres RISC-Prozessors besonders ergiebig. Aber auch dort sind weitere Maßnahmen erforderlich, um eine sehr gute Fehlerüberdeckung im Sinne unserer abstrakten Fehlermodelle zu erreichen. Außerdem gibt der Halbleiterhersteller weitere qualitätssichernde Maßnahmen vor.

Das zweite Ziel dieses Abschnittes ist die Aufbereitung und Anpassung der Testdaten an die speziellen Erfordernisse des Testautomaten.

## 9.5.1 Vorgaben für Testmuster und Testblöcke

Der Halbleiterhersteller LSI Logic gibt folgende Anforderungen für eine Prototypenfertigung vor:

* einen Testblock für den Tristate-Test mit einer Testzykluszeit von 2 000 ns entsprechend einer Testvektorfrequenz von 500 kHz (Testblock Z);

* einen Testblock für die Ruhestrommessung mit einem Testzyklus von 2 000 ns entsprechend 500 kHz (Testblock Y);

* einen Block für den Test des NAND-Tree und des Process-Monitors PROCMON (Abschnitt 9.3) mit 2 000 ns oder 500 kHz (Testblock P);

* einen Block für den Test der RAM-Zellen mit 2 000 ns oder 500 kHz mit vorgegebenen Testmustern (Testblock L);

* maximal zwei funktionale Testblöcke mit jeweils etwa 16 000 Vektoren mit einem Testzyklus von 50 ns entsprechend 20 MHz (Testblock Y);

* eine Simulation der Testblöcke mit dem LSI-Simulationssystem;

* die Unempfindlichkeit der Testmuster gegen einen Signal-Skew von bis zu 4 ns wegen möglicher Laufzeitunterschiede im verwendeten Testgerät;

* eine Unempfindlichkeit der Testmuster gegen Vergrößerung der Zykluszeit wegen unterschiedlicher Testergeschwindigkeit bei der Die-Selektion und beim Endtest.

Hinzu kommen weitere technische Einzelheiten. Die letzten vier Punkte stellen sicher, daß alle Testmuster auch real verwendbar sind und beim Test nicht Schaltgeschwindigkeiten und Signal-Synchronisationen voraussetzen, welche vom Testautomaten nicht erreichbar sind.

Die Unempfindlichkeit gegen Signal-Skew und Verlängerung des Testzyklus wird festgestellt, indem die Testmuster durch ein Konvertierungsprogramm gestört werden („Dither and Scale"). Simulationsunterschiede zwischen gestörten und ungestörten Testmustern decken Mängel auf, die das Bestehen eines Tests einer an sich fehlerfreien, aber zu empfindlichen Schaltung verhindern können.

## 9.5.2 Tristate-, Ruhestrom-, Prozeß- und Speicher-Test

Im Testblock Z für Tristate-Treiber sollen die Treiber für den Daten- und den Adreßbus in einen hochohmigen Zustand gebracht werden und damit die wesentlichen Teile der Bus-Controll-Unit BCU überprüft werden. Wir lassen den Prozessor für das asynchrone und das synchrone Busprotokoll folgende Bus-Operationen ausführen: Zugriffe auf Instruktion und Daten, verzögerten und verlängerten Zugriff und eine Bus-Abkoppelung. Es sollen Zugriffe auf Worte, Halbworte und Bytes getestet werden sowie bei den tristate-fähigen Ausgangstreibern alle Übergänge zwischen 0, 1 und Z.

Im Testblock Y zur Messung des Ruhestroms müssen alle Speicherelemente vollständig initialisiert werden: RAM- und CAM-Speicher sowie Register mit und ohne Reset. Während die großen Speicher und die reset-fähigen Register durch Schreibzugriffe leicht gelöscht werden können, müssen die verbleibenden Register mit Instruktionssequenzen in einen eindeutigen Zustand gebracht werden. Hierzu gehört beispielsweise auch, den Branch-Target-Cache BTC nach einem Reset mit wohldefinierten Sprungbefehlen zu füllen.

Für eine präzise Messung des Ruhestromverbrauchs ist schließlich ein inaktiver Prozessorzustand notwendig, in dem alle Eingänge im Zustand 1 sind.

Im Testblock P für Prozessparameter werden zunächst die Empfindlichkeiten der Eingangstreiber bestimmt, indem über den NAND-Tree die Reaktion auf maximale Spannungen für 0-Werte und minimale für 1-Werte überprüft wird. Dabei müssen der 0-Pegel direkt nach einer fallenden Signalflanke und der 1-Pegel direkt nach einer steigenden getestet werden.

Nach einem Reset werden entsprechend der Reihenfolge der seriell im NAND-Tree verketteten Eingänge diese nach und nach invertiert, und zwar eine Änderung pro Testvektor. Danach erfolgt eine erneute Invertierung in umgekehrter Reihenfolge.

Nach dem Test der Eingangstreiber wird der Process-Monitor mit 8 Testvektoren versorgt. Die ersten beiden testen die Selektionslogik von PROCMON, die weiteren bestimmen die Schaltgeschwindigkeit der Transistoren, was die eigentliche Aufgabe des Process-Monitors ist. Diese wird aus unterschiedlichen Verzögerungszeiten von Signalen und Impulsen bestimmt.

Der Testblock L für die RAM-Speicherzellen des Prozessors TOOBSIE schließlich ist vom Halbleiterhersteller vorgegeben und sehr umfangreich.

## 9.5.3  Der funktionale Test

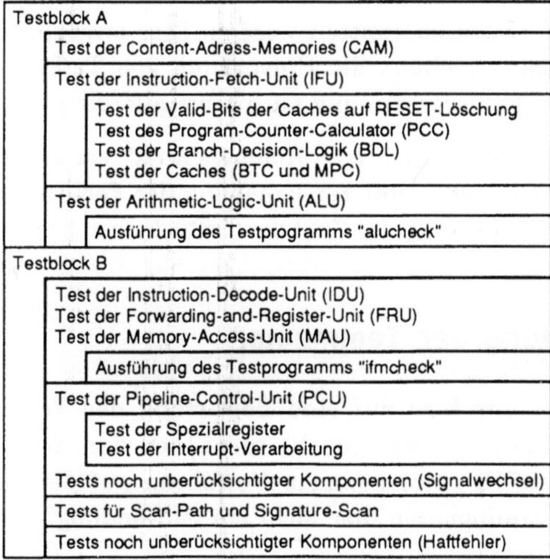


**Bild 9.19**  Aufbau des funktionalen Tests

Wie im vorigen Abschnitt grundsätzlich erläutert, müssen im Rahmen der funktionalen Testblöcke A und B alle Komponenten des Prozessors geprüft werden, soweit dies nicht durch die anderen Testblöcke bereits geschehen ist. Es soll eine möglichst hohe Fehlerüberdeckung erreicht werden. Die große (und trotzdem knappe) Anzahl von jeweils etwa 16 000 Testvektoren erlaubt hier nur die recht grobe Übersicht über die verschiedenen Tests in Bild 9.19.

Mit Ausnahme des großen CAM-Tests im Speichertestbetrieb und der Scan-Tests basieren die Testmuster auf Befehlssequenzen. Diese wurden entweder manuell programmiert oder im Fall der Programme alucheck und ifmcheck durch Abtastung entsprechender Simulationsprogramme gewonnen. Solche Testergebnisse werden auf drei Arten aufbereitet: Sprungbefehle, Store-Befehle und die Signaturanalyse.

Bei Sprungbefehlen muß berücksichtigt werden, daß das Testergebnis mit einer Zyklusverzögerung am Adreßbus sichtbar wird. Store-Befehle können Ergebnisse sowohl auf dem Daten- als auch auf dem Adreßbus ausgeben, was leicht zu Konflikten mit Speicherbelegungen und Speicherschutz-mechanismen führt. Daher wurden entsprechende Testausgaben manuell auf der Bit-Ebene programmiert.

Die Signaturanalyse ist dagegen unabhängig von Befehlen, das Testergebnis kann direkt dem Tester übermittelt werden. Dies ermöglicht in einigen Tests wie dem Programm alucheck die Einsparung von Testvektoren. Die Wahr-scheinlichkeit zur Fehlererkennung ist hierbei allerdings geringer.

Die „Tests noch unberücksichtiger Komponenten" wurden nach Auswertung der zuvor erstellten Testmuster zur Erhöhung der Fehlerüberdeckung erstellt. Dabei mußte die Begrenzung der Zahl der Testvektoren beachtet werden.

## 9.5.4  Bewertung der Testmuster

Wir beschränken uns hier auf eine Bewertung der Testprogramme durch Simulationen. Denn da wir (noch) nicht bei der Serienproduktion des Prozessors TOOBSIE sind, kommen Verfahren auf der Basis von Ausfall-statistiken im Testautomaten hier nicht zur Anwendung.

Eine besonders einfache Bewertung der Testmuster ist der *Toggle-Test*. Gemessen wird die Anzahl der Schaltungsknoten, die in der Simulation die Werte 0 und 1 erreicht haben, die dann zur Gesamtknotenzahl in ein prozentuales Verhältnis gesetzt wird. Eine Toggle-Rate von 100% bedeutet daher, daß jeder Schaltungsknoten mindestens einmal den Zustand gewech-selt („gewackelt") hat.

Mit einem speziell dafür geeigneten Programm ergeben sich für die einzelnen Testblöcke die Raten in Tabelle 9.20. Diese Tabelle sagt mehr aus, als die Gesamtrate von 100% aller Testblöcke zusammen. Für eine wirkliche Qualitätsbewertung ist allerdings die Haftfehlerüberdeckung aussagekräftiger.

| Testblock | A | B | L | P | Y | Z | A+B+L+P+Y+Z |
|---|---|---|---|---|---|---|---|
| Toggle-Rate | 96,4% | 94,5% | 34,4% | 32,9% | 72,0% | 46,5% | 100% |

**Tabelle 9.20**  Toggle-Raten der Testblöcke

Die Fehlerüberdeckung bezüglich der Stuck-at-Fehler wird durch eine *Fehlersimulation* ermittelt. Ein Fehlersimulator baut nacheinander alle möglichen Haftfehler in die Schaltung ein und mißt jeweils, ob sie durch das Testprogramm erkannt werden. Der Simulationsaufwand für dieses Verfahren ist sehr hoch. Eine sehr zeitsparende und nicht gravierende Einschränkung besteht darin, jeweils nur *einen* solchen Fehler einzubauen.

Wir haben den Fehlersimulator VERIFAULT von CADENCE verwendet. Allerdings mußte und konnte hierzu das Gattermodell in eine simulierbare VERILOG-Darstellung rückübersetzt werden. Vor einer Simulation wird dabei die Menge der möglichen Fehler in Äquivalenzklassen unterteilt, die während der Simulation gleiche Auswirkungen besitzen. Aus diesen Klassen wird jeweils ein Primärfehler als Repräsentant ausgewählt.

Eine weitere wichtige Eigenschaft betrifft die Erkennung von Fehlern als sichere und als potentielle Fehler. Als sicher erkannt gilt ein Fehler, wenn an einem Schaltungsausgang eine 0 statt einer 1 oder umgekehrt erscheint. Potentiell erkannt ist ein Fehler, wenn der hochohmige Zustand Z statt 0 oder 1 erscheint. Je nach Simulationssteuerung kann bei potentieller Erkennung abgebrochen werden (drop potential) oder fortgefahren werden, bis eine sichere Erkennung gewährleistet ist.

Die Fehlersimulation liefert neben einer Auflistung aller Haftfehler und ihrem Erkennungsstatus für TOOBSIE die Tabelle 9.21.

Die insgesamt über 21 000 möglichen Haftfehler des VERILOG-Gattermodells sind somit durch fast 18 000 Primärfehler darstellbar, von denen fast 99% erkennbar und nur gut 1% nicht erkennbar sind. Mit potentiell erkennbaren

Fehlern haben wir uns hier nicht begnügt. Natürlich berücksichtigt das Haftfehlermodell nicht alle technisch möglichen Fehler (Abschnitt 9.1).

|                 | Total # | Total % | Prime # | Prime % |
|-----------------|---------|---------|---------|---------|
| Untestable      | 631     |         | 631     |         |
| Detected        | 20917   | 98.9    | 17632   | 98.7    |
| Potential       | 0       | 0.0     | 0       | 0.0     |
| Undetected      | 224     | 1.1     | 219     | 1.3     |
| Drop_potential  | 0       | 0.0     | 0       | 0.0     |
| All             | 21141   |         | 17851   |         |

**Tabelle 9.21**   Ergebnisse der Fehlersimulation mit VERIFAULT

Die als nicht testbar eingestuften Fehler besitzen aufgrund von Schaltungsredundanzen keine Auswirkungen auf die Schaltungsfunktion.

## 9.5.5  Vorbereitung der Testdaten für den ATE

Die bisherigen Testblöcke wurden zunächst für den Produktionsendtest beim Halbleiterhersteller aufgebaut. Sie können natürlich auch auf dem hauseigenen ATE durchgeführt und analysiert werden. Während wir nicht auf die Formatierungen des Produktionsendtests eingegangen sind, wollen wir jetzt für unseren ATE den Testvektoren Formate und Templates zuordnen. In Abschnitt 9.2.2 hatten wir erläutert, daß ein Template einen Testzyklus lang allen Signalen ein Format zuordnet (Signalform, Ein- oder Ausgang usw.; Bilder 9.9 und 9.10). Für ein bestimmtes Signal kann sein Format mit den Testzyklen variieren.

Im allgemeinen werden zu Beginn eines Testzyklus die Eingangs-Pins des Chips mit Eingabetestmustern belegt, dann wird ein Taktsignal generiert und schließlich werden die Ausgangs-Pins mit den Ausgabetestmustern verglichen. Bild 9.22 zeigt als Beispiel einen asynchronen Speicherzugriff, bei dem zusätzlich ein Memory-Handshake-Signal nMHS generiert wird. Bei dieser Operation sind übrigens mindestens zwei Takte des ATE notwendig. Die maximale Testgeschwindigkeit reduziert sich daher von 50 auf 25 MHz. Für einen Geschwindigkeitstest ist eine andere Signalaufteilung nötig, da für TOOBSIE eine Taktfrequenz oberhalb von 25 MHz zu erwarten ist.

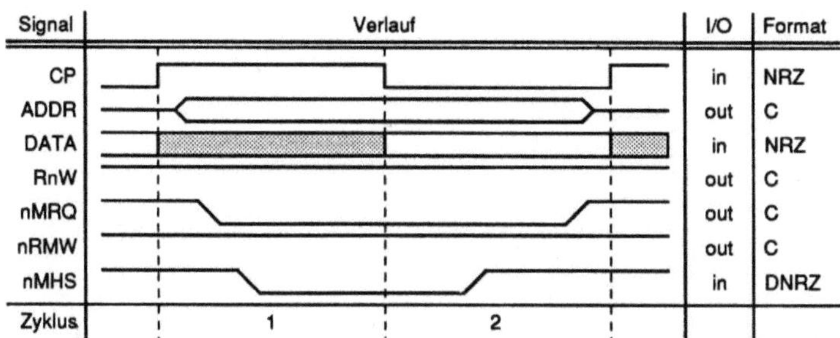



**Bild 9.22**  Signalformate beim asynchronen Speicherzugriff

Der Adreßbus ist ein Beispiel für ein Signal, das mehrere Formate benötigt:
normalerweise ist er (Chip-)Ausgang, während eines Reset muß er
hochohmig sein.

Gruppen von Signalen, im wesentlichen Busse, können zusammengefaßt
werden. Für jede mögliche Kombination der Formate einzelner Signale muß
nun ein Template vergeben und benannt werden. Zur Vereinfachung geht aus
unserem Namensaufbau (auf den zweiten Blick) die Formatierung wesentlicher Teilnehmer hervor (Tabelle 9.23). Beispielsweise ergibt sich für die
Situation in Bild 9.22 das Template A1 IF O0 R0 TM mit treibendem Adreßbus,
Datenbus als Eingang (und trivialerweise als Ausgang inaktiv) usw. Der
Datenbus hat drei Betriebsarten: Eingang IF O0, Ausgang I0 OF und
hochohmig I0 O0.

| Symbol | Anwendung | Wert | Bedeutung | Betriebsart |
|--------|-----------|------|-----------|-------------|
| A | Adreßbus | 0 | inaktiv | MASK |
|   |          | 1 | treibend | COMPARE |
| I | Datenbus, Eingang | 0 | inaktiv | MASK |
|   |                   | F | Eingang | FORCE |
| O | Datenbus, Ausgang | 0 | inaktiv | MASK |
|   |                   | F | treibend | COMPARE |
| R | RAM-Testbus | 0 | inaktiv | MASK |
|   |             | 1 | treibend | FORCE |
| T | Tristate-Test | 0 | pull-down | FORCE |
|   |               | 1 | pull-up | FORCE |
|   |               | M | inaktiv | MASK |

**Tabelle 9.23**  Namensgebung für Templates

Bild 9.24 zeigt abschließend einen ATE-gerechten Ausschnitt, der noch um einen Initialisierungskopf für testerspezifische Einstellungen wie Testfrequenz, Spannungsversorgung usw. erweitert werden muß.

```
* "                                                 P                            ";
* "            N                        FN  NNNINNB  ASSSSSS  R  R       N N";
* "            R    A      D      AKARRMMIRIHUC NCCOIIIRTRT  T P   LLAR";
* "          C S  D      A      CUCMNRHRIRLSN IAIUSSSTWTA A MTADDT";
* "TEMPLATE  P T  R      T      MMCWWQSQDATPF CNNTEIOENSA B ZNBBRB";
* "________________________________________________________________";
* "RESET-Zyklen"
"A0 I0 00 R0 TM" 1 0 00000000 00000000 0 1 0 1 1 1 1 1 0 1 1 0 0b 0 0 0 0 0 0 0 1 0 00 00 0 1 0 0 0 1;
"A0 I0 00 R0 TM" 0 0 00000000 00000000 0 1 0 1 1 1 1 1 0 1 1 0 0b 0 0 0 0 0 0 0 1 0 00 00 0 1 0 0 0 1;
"A0 I0 00 R0 TM" 1 0 00000000 00000000 0 1 0 1 1 1 1 1 0 1 1 0 0b 0 0 0 0 0 0 0 1 0 00 00 0 1 0 0 0 1;
"A0 I0 00 R0 TM" 0 1 00000000 00000000 0 1 0 1 1 1 1 1 0 1 1 0 0b 0 0 0 0 0 0 0 1 0 00 00 0 1 0 0 0 1;
* "erster OR-Befehl"
"A1 IF 00 R0 TM" 1 1 00000000 44080000 2 1 1 1 1 0 0 1 0 1 1 0 0b 0 0 0 0 0 0 1 0 1 0 00 00 0 1 0 0 0 1;
"A0 IF 00 R0 TM" 0 1 00000000 44080000 2 1 1 1 1 1 1 1 0 1 1 0 0b 0 0 0 0 0 0 1 0 1 0 00 00 0 1 0 0 0 1;
"A1 IF 00 R0 TM" 1 1 00000004 0e100008 2 1 1 1 1 0 0 1 0 1 1 0 0b 0 0 0 0 0 0 0 0 1 0 00 00 0 1 0 0 0 1;
"A0 IF 00 R0 TM" 0 1 00000000 0e100008 2 1 1 1 1 1 1 1 0 1 1 0 0b 0 0 0 0 0 0 0 0 1 0 00 00 0 1 0 0 0 1;
"A1 IF 00 R0 TM" 1 1 00000008 49000000 2 1 1 1 1 0 0 1 0 1 1 0 0b 0 0 0 0 0 0 0 0 1 0 00 00 0 1 0 0 0 1;
"A0 IF 00 R0 TM" 0 1 00000000 49000000 2 1 1 1 1 1 1 1 0 1 1 0 0b 0 0 0 0 0 0 0 0 1 0 00 00 0 1 0 0 0 1;
"A1 IF 00 R0 TM" 1 1 0000000c 6a108001 2 1 1 1 1 0 0 1 0 1 1 0 0b 0 0 0 0 0 0 1 0 1 0 00 00 0 1 0 0 0 1;
"A0 IF 00 R0 TM" 0 1 00000000 6a108001 2 1 1 1 1 1 1 1 0 1 1 0 0b 0 0 0 0 0 0 1 0 1 0 00 00 0 1 0 0 0 1;
"A1 IF 00 R0 TM" 1 1 00000020 00000002 2 1 0 1 1 0 0 1 0 1 1 0 0b 0 0 0 0 0 0 0 0 1 0 00 00 0 1 0 0 0 1;
"A0 IF 00 R0 TM" 0 1 00000000 00000002 2 1 0 1 1 1 1 1 0 1 1 0 0b 0 0 0 0 0 0 0 0 1 0 00 00 0 1 0 0 0 1;
"A1 IF 00 R0 TM" 1 1 00000010 fc07ffff 2 1 1 1 1 0 0 1 0 1 1 0 0b 0 0 0 0 0 0 1 0 1 0 00 00 0 1 0 0 0 1;
"A0 IF 00 R0 TM" 0 1 00000000 fc07ffff 2 1 1 1 1 1 1 1 0 1 1 0 0b 0 0 0 0 0 0 1 0 1 0 00 00 0 1 0 0 0 1;
"A1 IF 00 R0 TM" 1 1 00000014 60084003 2 1 1 1 1 0 0 1 0 1 1 0 0b 0 0 0 0 0 0 0 0 1 0 00 00 0 1 0 0 0 1;
"A0 IF 00 R0 TM" 0 1 00000000 60084003 2 1 1 1 1 1 1 1 0 1 1 0 0b 0 0 0 0 0 0 0 0 1 0 00 00 0 1 0 0 0 1;
"A1 IF 00 R0 TM" 1 1 0000000c 6a108001 2 1 1 1 1 0 0 1 0 1 1 0 0b 0 0 0 0 0 0 1 0 1 0 00 00 0 1 0 0 0 1;
"A0 IF 00 R0 TM" 0 1 00000000 6a108001 2 1 1 1 1 1 1 1 0 1 1 0 0b 0 0 0 0 0 0 1 0 1 0 00 00 0 1 0 0 0 1;
"A1 IF 00 R0 TM" 1 1 00000010 fc07ffff 2 1 1 1 1 0 0 1 0 1 1 0 0b 0 0 0 0 0 0 1 0 1 0 00 00 0 1 0 0 0 1;
"A0 IF 00 R0 TM" 0 1 00000000 fc07ffff 2 1 1 1 1 1 1 1 0 1 1 0 0b 0 0 0 0 0 0 1 0 1 0 00 00 0 1 0 0 0 1;
"A1 IF 00 R0 TM" 1 1 0000000c 6a108001 2 1 1 1 1 0 0 1 0 1 1 0 0b 0 0 0 0 0 0 1 0 1 0 00 00 0 1 0 0 0 1;
"A0 IF 00 R0 TM" 0 1 00000000 6a108001 2 1 1 1 1 1 1 1 0 1 1 0 0b 0 0 0 0 0 0 1 0 1 0 00 00 0 1 0 0 0 1;
"A1 IF 00 R0 TM" 1 1 00000018 2e080009 2 1 1 1 1 0 0 1 0 1 1 0 0b 0 0 0 0 0 0 0 0 1 0 00 00 0 1 0 0 0 1;
"A0 IF 00 R0 TM" 0 1 00000000 2e080009 2 1 1 1 1 1 1 1 0 1 1 0 0b 0 0 0 0 0 0 0 0 1 0 00 00 0 1 0 0 0 1;
*"HALT-Befehl"
"A1 IF 00 R0 TM" 1 1 0000001c ff000000 2 1 1 1 1 0 0 1 0 1 1 0 0b 0 0 0 0 0 0 0 0 1 0 00 00 0 1 0 0 0 1;
"A0 IF 00 R0 TM" 0 1 00000000 ff000000 2 1 1 1 1 1 1 1 0 1 1 0 0b 0 0 0 0 0 0 0 0 1 0 00 00 0 1 0 0 0 1;
"A1 IF 00 R0 TM" 1 1 00000020 00000002 2 1 1 1 1 0 0 1 0 1 1 0 0b 0 0 0 0 0 0 0 0 1 0 00 00 0 1 0 0 0 1;
"A0 IF 00 R0 TM" 0 1 00000000 00000002 2 1 1 1 1 1 1 1 0 1 1 0 0b 0 0 0 0 0 0 0 0 1 0 00 00 0 1 0 0 0 1;
"A1 I0 0F R0 TM" 1 1 00000024 00000006 2 1 0 1 0 0 0 1 0 1 1 0 0b 0 0 0 0 0 0 1 0 1 0 00 00 0 1 0 0 0 1;
"A0 I0 00 R0 TM" 0 1 00000000 00000000 2 1 0 1 1 1 1 1 0 1 1 0 0b 0 0 0 0 0 0 1 0 1 0 00 00 0 1 0 0 0 1;
"A0 I0 00 R0 TM" 1 1 00000000 00000000 2 1 1 1 1 1 1 1 0 1 1 0 0b 0 0 0 0 0 0 1 0 1 0 00 00 0 1 0 0 0 1;
```

**Bild 9.24**  Testdaten mit Templates

Bild 9.24 zeigt aus dem Multiplikationsprogramm (Abschnitt 5.3.3) extrahierte Testdaten für den ATE. Jede Zeile ist ein Testvektor mit Ein- und Ausgabetestmuster. Zum Beispiel definieren mit A1 beginnende Templates den Adreßbus ADR als Chip-Ausgang, der vom ATE mit den Soll-Werten verglichen wird. Das Taktsignal CP wechselt zyklisch seinen Wert, sein Format ist NRZ. Die Speicheradresse für den zu ladenden Befehl gibt ADR an.

Falls keine Sprünge ausgeführt werden, steigt sie um 4 an. Dazwischen wechselt CP auf 0 und das Template auf A0xx, da in der zweiten Takthälfte die Adresse nicht mehr vom ATE verglichen werden soll.

Weiter wird deutlich, daß nach einer Initialisierungs- und Reset-Phase als erste Instruktion der Befehl OR R01 R00 00 mit dem hexadezimalen Code 44080000h geladen wird. Das Programm wird mit einem HALT-Befehl FF000000h beendet.

# 9.6   Der ATE-Test

**Bild 9.25**   Adapter zum ATE

Für den Designer ist der ATE-Test zusammen mit dem ersten Lauf auf dem Testboard der Höhepunkt einer intensiven Entwicklungsarbeit. Für den Leser ist die Ergiebigkeit dieses Abschnitts geringer.

## 9.6.1  Aufbau der DUT-Karte

Für die Kontaktierung des Chips TOOBSIE mit dem ATE muß eine DUT-Karte (Device under Test, Abschnitt 9.2) als Interface angefertigt werden. Sie basiert auf einer Lochrasterplatine vom Hersteller des Testautomaten, die mit einer Kontaktfläche die elektrische Verbindung zum ATE herstellt. Auf der Platine wird ein spezieller Testsockel befestigt, bei dem für einen Austausch der

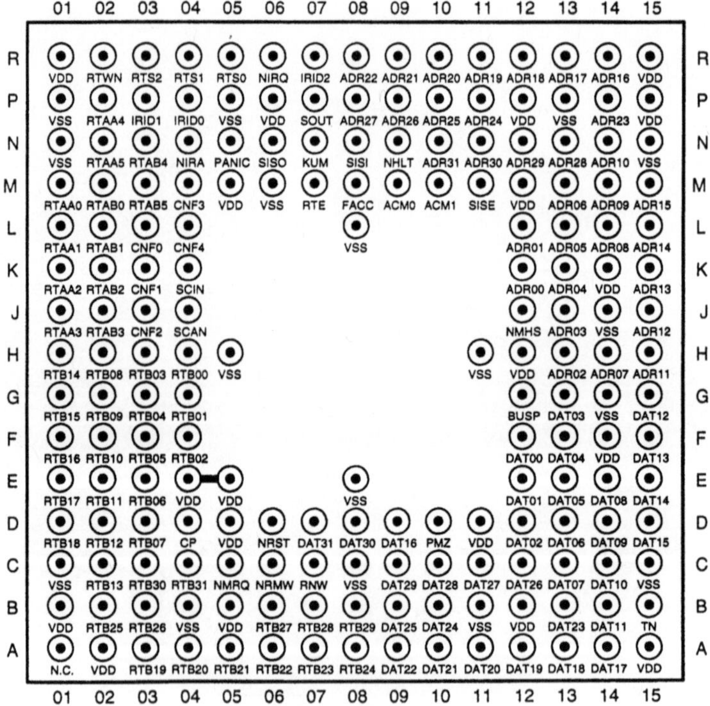

**Bild 9.26**  Pin-Diagramm

Prüflinge die Kontaktierung durch eine Mechanik gelöst werden kann (Bild 9.25).

| Gattermodell | Pinout | Pin |
| --- | --- | --- |
| RTSEL | RTS2 | R03 |
|  | RTS1 | R04 |
|  | RTS0 | R05 |
| RTWEN | RTWN | R02 |
| RTE | RTE | M07 |
| RTADRA | RTAA5 | N02 |
|  | RTAA4 | P02 |
|  | RTAA3 | J01 |
|  | RTAA2 | K01 |
|  | RTAA1 | L01 |
|  | RTAA0 | M01 |
| RTADRB | RTAB5 | M03 |
|  | RTAB4 | N03 |
|  | RTAB3 | J02 |
|  | RTAB2 | K02 |
|  | RTAB1 | L02 |
|  | RTAB0 | M02 |
| CONFIG | CNF4 | L04 |
|  | CNF3 | M04 |
|  | CNF2 | J03 |
|  | CNF1 | K03 |
|  | CNF0 | L03 |
| SCANIN | SCIN | K04 |
| IRQ_ID | IRID2 | R07 |
|  | IRID1 | P03 |
|  | IRID0 | P04 |
| NIRQ | NIRQ | R06 |
| SCAN | SCAN | J04 |
| CP | CP | D04 |
| NRESET | NRST | D06 |
| SIGSE | SISE | M11 |
| SIGSI | SISI | N08 |
| NHLT | NHLT | N09 |

| Gattermodell | Pinout | Pin |
| --- | --- | --- |
| NMHS | NMHS | J12 |
| BUSPRO | BUSP | G12 |
| TN | TN | B15 |
| RTOUTB | RTB31 | C04 |
|  | RTB30 | C03 |
|  | RTB29 | B08 |
|  | RTB28 | B07 |
|  | RTB27 | B06 |
|  | RTB26 | B03 |
|  | RTB25 | B02 |
|  | RTB24 | A08 |
|  | RTB23 | A07 |
|  | RTB22 | A06 |
|  | RTB21 | A05 |
|  | RTB20 | A04 |
|  | RTB19 | A03 |
|  | RTB18 | D01 |
|  | RTB17 | E01 |
|  | RTB16 | F01 |
|  | RTB15 | G01 |
|  | RTB14 | H01 |
|  | RTB13 | C02 |
|  | RTB12 | D02 |
|  | RTB11 | E02 |
|  | RTB10 | F02 |
|  | RTB09 | G02 |
|  | RTB08 | H02 |
|  | RTB07 | D03 |
|  | RTB06 | E03 |
|  | RTB05 | F03 |
|  | RTB04 | G03 |
|  | RTB03 | H03 |
|  | RTB02 | F04 |
|  | RTB01 | G04 |
|  | RTB00 | H04 |
| SIGSO | SISO | N06 |
| FACC | FACC | M08 |

| Gattermodell | Pinout | Pin |
| --- | --- | --- |
| ACCMODE | ACM1 | M10 |
|  | ACM0 | M09 |
| ADDR_BUS | ADR31 | N10 |
|  | ADR30 | N11 |
|  | ADR29 | N12 |
|  | ADR28 | N13 |
|  | ADR27 | P08 |
|  | ADR26 | P09 |
|  | ADR25 | P10 |
|  | ADR24 | P11 |
|  | ADR23 | P14 |
|  | ADR22 | R08 |
|  | ADR21 | R09 |
|  | ADR20 | R10 |
|  | ADR19 | R11 |
|  | ADR18 | R12 |
|  | ADR17 | R13 |
|  | ADR16 | R14 |
|  | ADR15 | M15 |
|  | ADR14 | L15 |
|  | ADR13 | K15 |
|  | ADR12 | J15 |
|  | ADR11 | H15 |
|  | ADR10 | N14 |
|  | ADR09 | M14 |
|  | ADR08 | L14 |
|  | ADR07 | H14 |
|  | ADR06 | M13 |
|  | ADR05 | L13 |
|  | ADR04 | K13 |
|  | ADR03 | J13 |
|  | ADR02 | H13 |
|  | ADR01 | L12 |
|  | ADR00 | K12 |
| NMRQ | NMRQ | C05 |
| RNW | RNW | C07 |
| NRMW | NRMW | C06 |

| Gattermodell | Pinout | Pin |
| --- | --- | --- |
| PROCMONZ | PMZ | D10 |
| NIRA | NIRA | N04 |
| SCANOUT | SOUT | P07 |
| PANIC | PANIC | N05 |
| KUMODE | KUM | N07 |
| DATA_BUS | DAT31 | D07 |
|  | DAT30 | D08 |
|  | DAT29 | C09 |
|  | DAT28 | C10 |
|  | DAT27 | C11 |
|  | DAT26 | C12 |
|  | DAT25 | B09 |
|  | DAT24 | B10 |
|  | DAT23 | B13 |
|  | DAT22 | A09 |
|  | DAT21 | A10 |
|  | DAT20 | A11 |
|  | DAT19 | A12 |
|  | DAT18 | A13 |
|  | DAT17 | A14 |
|  | DAT16 | D09 |
|  | DAT15 | D15 |
|  | DAT14 | E15 |
|  | DAT13 | F15 |
|  | DAT12 | G15 |
|  | DAT11 | B14 |
|  | DAT10 | C14 |
|  | DAT09 | D14 |
|  | DAT08 | E14 |
|  | DAT07 | C13 |
|  | DAT06 | D13 |
|  | DAT05 | E13 |
|  | DAT04 | F13 |
|  | DAT03 | G13 |
|  | DAT02 | D12 |
|  | DAT01 | E12 |
|  | DAT00 | F12 |

**Tabelle 9.27**  Pinout des Gattermodells

Als nächstes werden die Pins der Spannungsversorgung für den Prozessor miteinander verdrahtet und zur zentralen Versorgungsspannung der DUT-Karte geführt. Damit die Betriebsspannung nicht bei Lastwechseln kurzzeitig zusammenbrechen kann, sollten alle Pins der Spannungsversorgung paarweise einen Stützkondensator erhalten. Dann werden die übrigen Prozessor-Pins über Reihenschutzwiderstände mit jeweils einem ATE-Kanal verdrahtet. Zusätzlich werden alle möglicherweise hochohmigen Leitungen mit einem Widerstand verbunden, mit dem das Signal durch Anlegen einer Spannung auf Hochohmigkeit geprüft werden kann (Tristate-Test).

Bild 9.26 zeigt das Pin-Diagramm von TOOBSIE. Gegenüber dem CHIP des Gattermodells hat sich die Anzahl der Anschlüsse deutlich erhöht, weil jetzt zum einen Busse nicht mehr zusammengefaßt sind und weil zum anderen im Schematic die Versorgungsspannung nur implizit vorhanden ist. Tabelle 9.27 ordnet als *Pinout* den Anschlüssen des Gattermodells die Pin-Namen und deren geometrische Lage zu.

## 9.6.2  Durchführung der Tests

Die DUT-Karte wird für den Test mit dem Interface des Testautomaten verschraubt. Danach müssen die Testprogramme, die auf der Workstation erstellt und konvertiert wurden, zum Testautomaten übertragen werden. Dies kann über eine serielle Schnittstelle oder auch mittels Diskette geschehen.

Die vom Halbleiterhersteller gefertigten Prototypen können nun nacheinander in den Testautomaten eingesetzt und getestet werden. Dazu führt der ATE bei eingesetztem Prototyp ein Testprogramm aus. Die Testvektoren werden nach einer Setup-Phase zur Initialisierung des ATE-Speichers gemäß den Templates in Eingangs- und Ausgangsvektoren aufgespalten. Die Eingangs-vektoren werden entsprechend ihrem Format an die Eingangs-Pins des Chips gelegt. Die Ausgangsvektoren dienen als Referenz für die Bewertung der Ausgangs-Pins. Stimmen die Ergebnisse für jeden Testvektor des Test-programms überein, hat der Chip den Test bestanden.

Bei der Ausführung von Testprogrammen lassen sich die Parameter Ver-sorgungsspannung, Chip-Temperatur und vor allem die Zyklusdauer in sinnvollen Bereichen variieren. Dabei ist besonders bei der Kombination aus hoher Chip-Temperatur und hoher Versorgungsspannung darauf zu achten, daß sich der Chip nicht überhitzt.

## 9.6.3  Ergebnisse der Tests

Der Umfang der Testergebnisse steht in keinem Verhältnis zur Vorarbeit. Die Ergebnisse beschränken sich auf die Funktionstüchtigkeit der Prototypen (ok oder nicht) und auf die maximale Durchlaufverzögerung der Halbleiter.

Bei einer Umgebungstemperatur von $20^{\circ}$C, einer Versorgungsspannung von 5 V und einer geeigneten Zyklusdauer wurden alle Testprogramme zu den oben erläuterten Testblöcken Z, Y, P, L, A und B mit allen 10 Prototypen von

TOOBSIE ausgeführt. Die für einen Testblock relevante Zyklusdauer geht aus den Herstellervorgaben hervor. Für die statistischen Untersuchungen kann sie allerdings variiert werden, wobei der Hersteller dann natürlich keine Garantie mehr für das Bestehen der Tests gibt.

Alle 10 Exemplare haben alle Tests erfolgreich bestanden.

Dies läßt den Schluß zu, daß der Hersteller unseren Entwurf - unter Berücksichtigung einer nicht ganz vollständigen Fehlerüberdeckung von fast 99% - korrekt implementiert hat, bezogen auf unsere Testprogramme. Unabhängig vom Produktionstest beim Hersteller wurde ein weiterer Testblock T erstellt, mit dem eine Fehlerüberdeckung von 100% erreicht wird. Aus Platzgründen konnte dieser allerdings nicht in den Produktionstest übernommen werden. Auch der T-Test wurde bestanden. Darüber hinaus ist für weitergehende Funktionstests mit „richtigen" Programmen ein Testboard wie in den Abschnitten 9.7 und 9.8 sinnvoll.

Die folgenden Beispiele zeigen zwei Möglichkeiten zur statistischen Untersuchung mit dem ATE. Überprüft werden die Streuung der elektrischen Eigenschaften und die Abhängigkeit der Schaltgeschwindigkeit von der Temperatur.

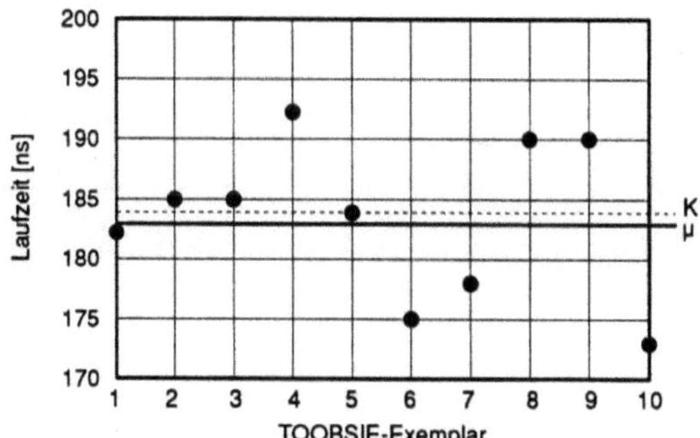


**Bild 9.28** Laufzeiten der Prototypen

Im Abschnitt 9.3 wurden testbarkeitserhöhende Maßnahmen erläutert. Hierzu gehören der NAND-Tree mit Process-Monitor auf dem Chip, mit dem ein Testpfad zur Überprüfung der elektrischen Parameter gebildet wird. Dazu wird im Testblock P die Laufzeit eines Signals durch diesen Testpfad ermittelt und zu einem definierten Abtastzeitpunkt mit einem vorher berechneten Wert verglichen. Ein Kriterium ist ein Signalwechsel am Ausgang des Process-Monitors nach einer bestimmten Laufzeit. Wird nun bei fester ATE-Periode der Abtastzeitpunkt des Signals schrittweise verkürzt, so stellt der ATE unterhalb der Signallaufzeit eine Abweichung fest.

Dieses Verfahren wird für jeden Prototypen durchgeführt und liefert Bild 9.28. Die Laufzeit schwankt zwischen 173 und 192 Nanosekunden. Der Durchschnitt $\mu$ ist 183,4 ns, der vorherberechnete Wert K liegt bei 184,6 ns.

Dieser Testpfad ist für die Funktion von TOOBSIE unerheblich und stellt keinen kritischen Pfad dar. Ein solcher ist abhängig von der Konfiguration des Prozessors und geht im langsamsten Fall durch die Cache-RAM-Zellen. Seine Laufzeit bestimmt die maximale Taktfrequenz. Bei einer Zyklusdauer von 36 ns passieren alle Prototypen umfangreiche funktionale Tests, die den Testblöcken A und B ähnlich sind.

Dies entspricht einer Taktfrequenz von 27,8 MHz.

Die dem ATE mögliche nächstgeringere Zyklusdauer beträgt 32 ns entsprechend 31,3 MHz. Hier bestand nur das nach Bild 9.28 besonders schnelle Exemplar 10 den Test und auch nur dann, wenn der Chip auf $10^{\circ}$C gekühlt wurde. Über den Frequenzbereich zwischen 27,8 und 31,3 MHz sind mit der vorliegenden ATE-Konfiguration aufgrund der groben Diskretisierung keine Aussagen möglich.

```
Temperatur 10 C                        o    Test nicht bestanden
                                       x    Test bestanden

                    5,20V   o    x    x    x    x    x
                    5,15V   o    x    x    x    x    x
                    5,10V   o    x    x    x    x    x
    Versorgungs-    5,05V   o    x    x    x    x    x
    spannung        5,00V   o    o    x    x    x    x
                    4,95V   o    o    x    x    x    x
                    4,90V   o    o    x    x    x    x
                    4,85V   o    o    x    x    x    x
                    4,80V   o    o    x    x    x    x
                            28ns 32ns 36ns 40ns 42ns 46ns

                                 Zyklusdauer
```

**Bild 9.29**  Abhängigkeit von Spannung und Zyklus (Schmoo-Plot)

Bild 9.29 zeigt einen *Schmoo-Plot* als Ergebnis mehrerer ATE-Läufe, bei denen die Taktfrequenz und die Versorgungsspannung variiert wurden. Bei kleinerer Taktfrequenz reicht demnach eine niedrigere Versorgungsspannung, unterhalb von 32 ns wird der Test in keinem Fall bestanden.

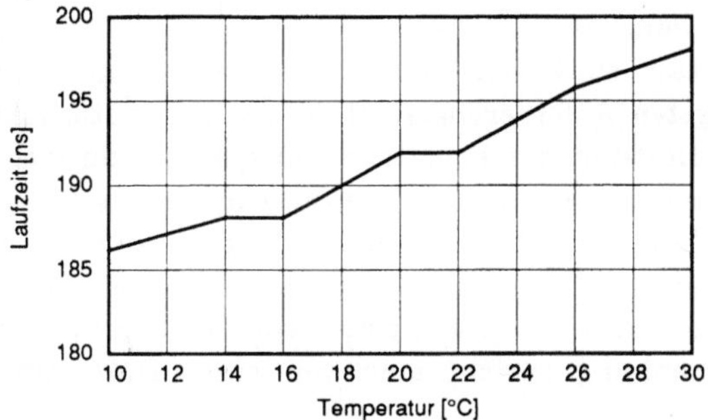

**Bild 9.30**   Temperaturkoeffizient der Laufzeit

Als zweites Beispiel wird in Bild 9.30 die Abhängigkeit der Laufzeit von der Temperatur ermittelt. Mit Hilfe eines Peltier-Elementes, mit dem elektrische Energie in eine positive oder negative Temperaturdifferenz zwischen Umgebung und Chip-Oberseite umgesetzt werden kann, wird ein Prototyp auf eine definierte Temperatur gebracht. Anschließend wird mit dem ATE wie oben die Laufzeit des Testpfades ermittelt. Für den untersuchten Temperaturbereich von 10 bis 30°C ergibt sich ein Temperaturkoeffizient von 0,9 ns / °C , bedingt durch die Temperaturabhängigkeit der Beweglichkeit der elektrischen Ladungsträger.

# 9.7   Das Testboard

Der Test eines Prozessors im Testautomaten allein reicht nicht aus, denn eine hohe Fehlerüberdeckung stellt nur eine korrekte Fertigung des Gattermodells sicher. Zwar enthielt in unserem Falle der Produktionsendtest auch wesentliche Teile eines Funktionstests; dieser deckt jedoch nur einen kleinen Ausschnitt der mächtigen und komplexen Gesamtfunktion ab. Und überhaupt soll unser TOOBSIE nun endlich auch wirklich einmal laufen ...

Erst unter halbwegs realen Bedingungen lassen sich reale Programme ausführlich testen. Es können größere Benchmarks (genormte Testprogramme) durchgeführt werden, um so zu verschiedenen Messungen der realen Performance zu kommen. (Zur Problematik solcher Leistungsmessungen verweisen wir auf [Hennessy, Patterson 1994].)

Vom Testboard wünschen wir uns einen guten Zugriff auf den zu untersuchenden Prozessor, ein flexibles Bus-Timing und eine gute Erweiterbarkeit. Eine der wichtigsten Anforderungen ist daher eine leistungsfähige Schnittstelle zu einem Host-Computer, um dort entwickelte und cross-assemblierte Programme einfach und effizient in den Speicher des Testsystems schreiben und umgekehrt diesen Speicher ohne Beteiligung der zu testenden CPU lesen zu können. Dann braucht nämlich für den Zielprozessor keinerlei Lade-Software entwickelt zu werden, was potentielle Fehlerquellen einschränkt. In diesem Zusammenhang spricht man von einer DMA-Fähigkeit (Direct Memory Access).

Während des Ladevorgangs wird der zu testende Prozessor TOOBSIE angehalten, bis Programm und Daten vollständig in seinen Speicher geschrieben sind. Nach dem Testprogrammlauf kann er wieder angehalten werden, um den Inhalt des Testspeichers zur weiteren Analyse an den Host zurückzugeben.

Um alle Merkmale von TOOBSIE testen zu können, muß neben einem asynchronen Bus-Timing und einem 32 Bit breiten Datenbus auch die Erzeugung von Interrupts unterstützt werden. Die Cache-Konfigurationsleitungen sollten zur Effizienzmessung von außen zugänglich sein.

Ein solches Testsystem kann neben der Verifikation des Prozessors mit Hilfe von Assembler-Programmen weitere Aufgaben übernehmen. Soll beispielsweise als nächstes ein eigenständiges Computersystem mit der CPU aufgebaut werden, so bietet es sich an, die Grund-Software mit Hilfe des Testsystems zu implementieren. Dank der DMA-Fähigkeit sind zu Beginn keine lauffähigen Programme erforderlich.

Schrittweise kann ein einfaches Betriebssystem implementiert werden, das zur Kommunikation mit der Außenwelt die DMA-Schnittstelle zum Host-Computer mitbenutzt. Bildschirmausgaben können in einem festgelegten Speicherbereich hinterlegt werden, den der Host in regelmäßigen Abständen ausliest und auf dem Monitor ausgibt. Umgekehrt können Tastatureingaben vom Host in einem anderen Speicherbereich abgelegt und dort vom Betriebssystem ausgewertet werden. Sogar komplexere Peripherie wie Massenspeicher und entsprechende Schnittstellen lassen sich nach diesem Schema vom Host „emulieren". Erst wenn das Betriebssystem zuverlässig läuft, wird das Testsystem sukzessive vom Host abgenabelt.

Hieraus ergibt sich als weitere Anforderung an unser Testsystem seine Erweiterbarkeit. Die eleganteste Art ist ein Steckkartensystem, bei dem auf einer Basisplatine oder *Backplane* mehrere Einsteckkarten verbunden und hinzugefügt werden. Sogar der Prozessor läßt sich mit einer Einsteckkarte in das System einbinden, womit das Testsystem auch für andere Prozessoren in Frage kommt und „universell" wird.

Für die effiziente Fehlersuche wäre ein optionaler Hardware-Debugger hilfreich, der beispielsweise den Zustand des Daten- und Adreßbusses über ein 7-Segment-Display anzeigt oder eine Einzelschrittverarbeitung *(Single-Step)* unterstützt. Alle notwendigen Signale sind für eine solche Erweiterungskarte bereits auf der Backplane vorhanden.

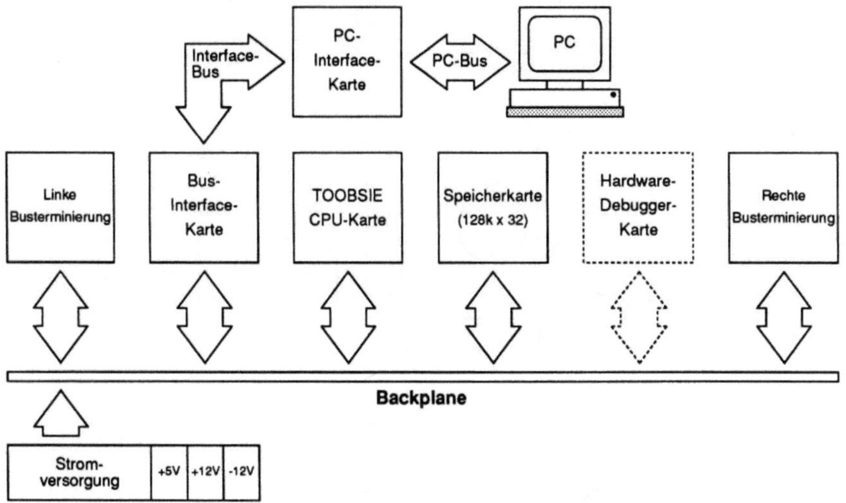


**Bild 9.31**  Das Testboard

Bild 9.31 zeigt das Blockschaltbild des (ziemlich) universellen Testsystems. Als Backplane dient eine Platine mit zehn 96-poligen Steckverbindern, von denen mindestens fünf belegt sind. Die Kommunikation mit dem Host-Computer (in unserem Fall ein IBM-PC-kompatibles System) übernimmt eine Bus-Interface-Karte. Neben einer Speicherkarte gibt es natürlich eine Karte mit dem Test-prozessor TOOBSIE. Damit die Signale an den Enden der Backplane nicht reflektiert werden und dadurch Störungen verursachen, sind beide Enden mit Busterminierungskarten abgeschlossen. Gestrichelt ist der optionale Hardware-Debugger angegeben. Die Stromversorgung übernimmt ein separates Netzteil, das sowohl 5V für die Logik als auch ±12V für eine geplante RS232-Schnittstellenkarte liefert.

Die nachfolgende Erläuterung der einzelnen Baugruppen verwendet die Bauteile in Bild 9.32.

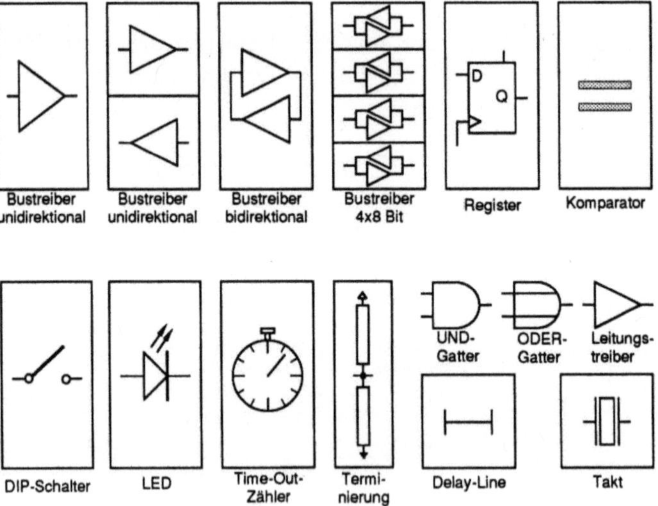


**Bild 9.32**  Legende einiger Bausteine

## 9.7.1  Die Backplane

Die Backplane dient als „Rückgrat" der Kommunikation der einzelnen Komponenten miteinander. Hier werden der Daten- und Adreßbus sowie Steuerleitungen für Speicherzugriffe, Interrupt- und Busvergabe und eine globale Reset-Leitung untergebracht. Außerdem wird die Betriebsspannung

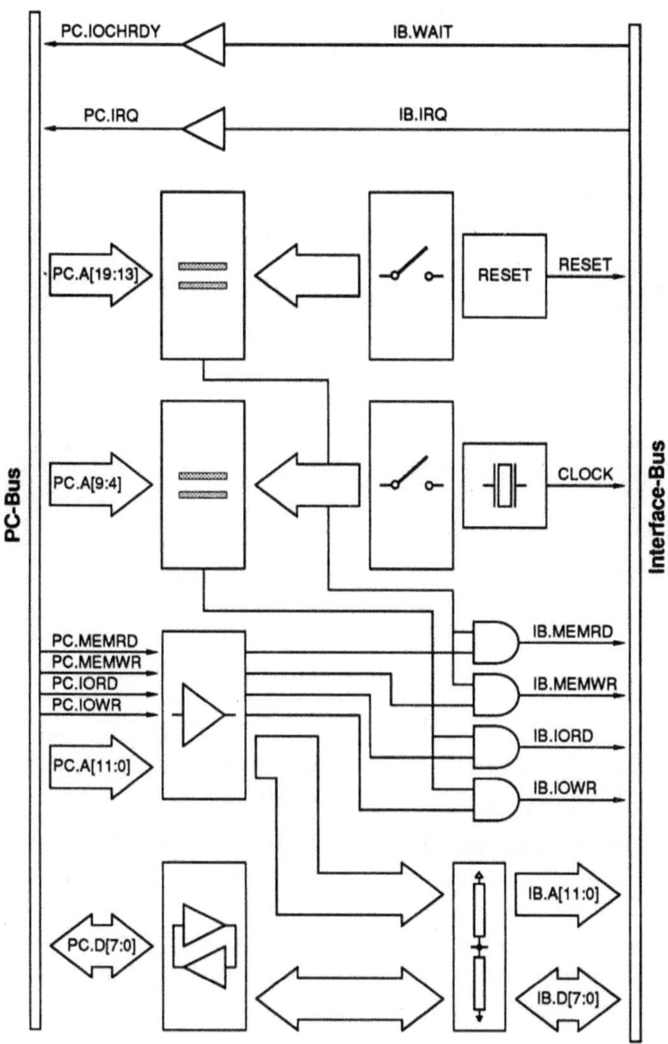


**Bild 9.33** Die PC-Interface-Karte

verteilt. Das asynchrone Bus-Timing der CPU wird auch für das der Einsteckkarten eingesetzt. Unterschiedlich schnelle und vom Takt unabhängige
Komponenten lassen sich dadurch einfach verschalten.

## 9.7.2   Die PC-Interface-Karte und die Bus-Interface-Karte

Zur effizienten Anbindung des Testsystems an den Host-Rechner sind die Bus-Interface-Karte und die PC-Interface-Karte durch eine 60-adrige Flachbandleitung *(Interface-Bus)* verbunden, wobei die Hälfte der Leitungen zur Störunterdrückung masseführend ist. Diese Signale umfassen einen 8 Bit breiten Datenbus, eine 12-Bit-Adreßleitung und weitere Steuersignale.

Das Blockschaltbild der PC-Interface-Karte in Bild 9.33 zeigt zwei Komparatoren, die zwei unterschiedliche Speicherbereiche des PC ausdekodieren. Zum einen wird eine 4 kByte große Seite in den Programm- und Datenspeicher des PC eingeblendet, über die wahlfrei auf einen zusammenhängenden 4-kByte-Speicherbereich des Testsystems zugegriffen werden kann (dieser hat einen 4 GByte großen linearen Adreßraum mit $2^{32}$ Adressen). Die Adresse dieser Seite im PC läßt sich über einen 8-fachen DIP-Schalter konfigurieren. Bei IBM-PC-Systemen liegt der für Erweiterungen bestimmte Speicherbereich zwischen den Adressen C0000h und DFFFFh.

Weitere 16 Adressen des zusätzlichen I/O-Bereiches im PC werden zum Schreiben und Lesen der Steuerregister auskodiert, über die z.B. die oberen Adreß-Bits der eingeblendeten Seite eingestellt werden können. Die Steuerleitungen sind für beide Speicherbereiche getrennt herausgeführt. Außerdem werden der Datenbus PC.D[7:0] und die Adreß-Bits PC.A[11:0] für die Speicherseite gepuffert, um die kapazitive Belastung dieser Leitungen auf dem PC-Bus zu minimieren. Am Steckverbinder für den Interface-Bus werden mit einer passiven Terminierung Leitungsreflexionen unterdrückt.

Ein Reset-Generator setzt die Bus-Interface-Karte (Bild 9.34) nach dem Einschalten in einen definierten Zustand. Außerdem wird der PC-Systemtakt über CLOCK der Bus-Interface-Karte für Erweiterungszwecke zur Verfügung gestellt. Diese kann mittels IB.WAIT einen Lese- oder Schreibzugriff des PC vom oder zum Testspeicher verlängern oder mit IB.IRQ bei Fehlern einen Interrupt anfordern.

Die Adreß-, Daten- und Steuersignale gelangen zur Verbesserung der Spannungspegel über Terminierungswiderstände an Pufferbausteine mit Schmitt-Trigger-Eingängen. Der Datenbus IB.D[7:0] muß vom Interface-Bus zur Backplane durchgehend bidirektional ausgelegt sein, damit der Testspeicher sowohl beschrieben als auch gelesen werden kann. Es können dann von der Host-Seite aus nur 8-Bit-Zugriffe durchgeführt werden; jeweils einer

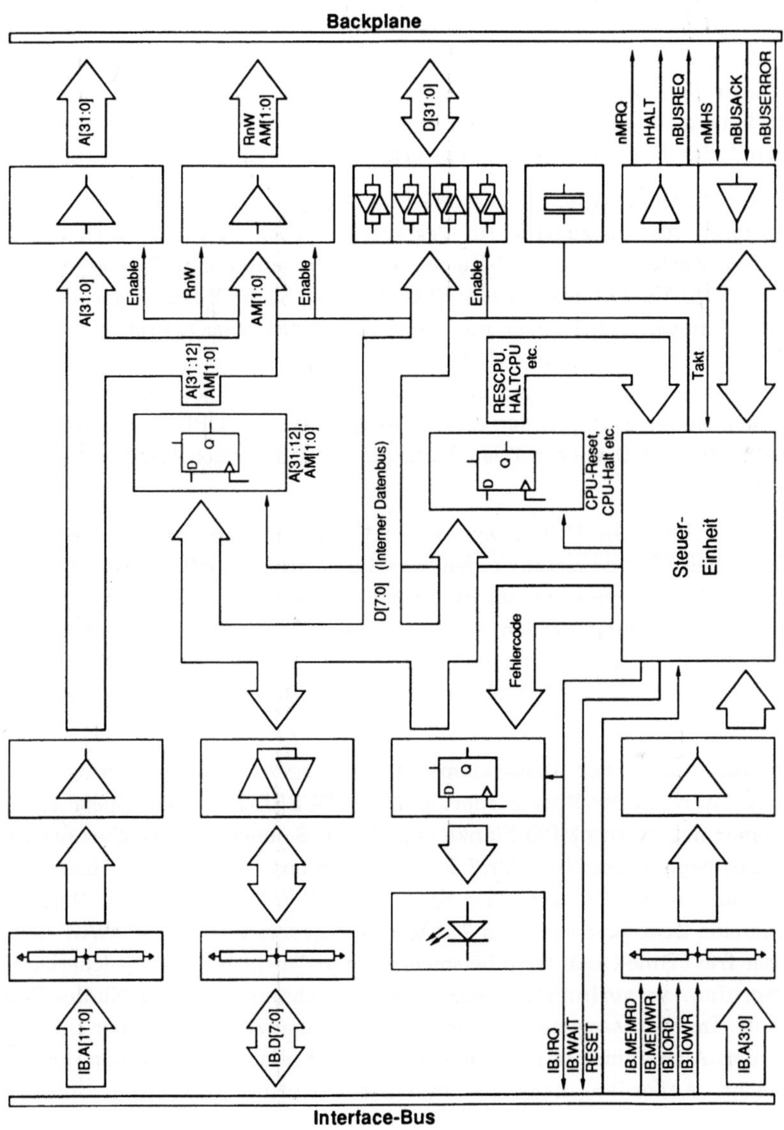


**Bild 9.34**  Die Bus-Interface-Karte

von vier Bustreibern wird dazu mit den unteren beiden Adreß-Bits ausgewählt. Die 12 Adreßleitungen IB.A[11:0] des PC sind über beide Interface-Karten mit den Adreßsignalen A[11:0] der Backplane verbunden. Die übrigen 20 Adreßleitungen A[31:12] werden über Steuerregister geschaltet und ermöglichen dadurch die bereits eingangs erläuterte Seitenauswahl (Paging).

Die Steuereinheit ist für die gesamte Bus-Interface-Karte zuständig. Da es zwei Initiatoren für Buszugriffe im Testsystem geben kann, nämlich die Bus-Interface-Karte und die CPU-Karte, verhindert eine kleine Busvergabe-Logik auf der CPU-Karte mögliche Konflikte. Dazu stellt die Bus-Interface-Karte vor einem Speicherzugriff einen Bus-Request mit nBUSREQ. Erst wenn von der CPU-Karte ein Bus-Acknowledge auf nBUSACK kommt, werden die Ausgangstreiber freigegeben und der Speicherzugriff durchgeführt. Die CPU wird während dieser Zeit von der Auswahl-Logik auf der CPU-Karte angehalten. Sobald nBUSREQ wieder 1 ist, kann die CPU den nächsten Speicherzugriff durchführen.

Alternativ kann die CPU über ein spezielles nHALT-Signal in einen dauerhaften „Tiefschlaf" versetzt werden, was die Speicherzugriffe von der Host-Seite aus beschleunigt. Speicherzugriffe des PC müssen so nicht mehr mit denen der CPU abgestimmt werden. Insbesondere wenn ganze Programmblöcke über die Schnittstelle geladen werden sollen, kann dieses Merkmal sehr nützlich sein. Gesteuert wird nHALT über ein spezielles vom PC beschreibbares Steuerregister.

Das Bus-Timing des Testsystems ist im Gegensatz zum Timing des PC asynchron. Nach der Busanforderung über nBUSREQ wird der Speicherzugriff mit einer negativen nMRQ-Flanke eingeleitet. Solange der Speicher noch kein Freigabe-Signal (positive nMHS-Flanke) generiert hat, wird der Host von der Steuereinheit der Bus-Interface-Karte über IB.WAIT angehalten. Nach einer maximalen Zeitdauer von etwa 2 µs gibt die Steuereinheit die IB.WAIT-Leitung wieder frei (Time-Out). Wird beispielsweise auf nicht belegte Speicherbereiche zugegriffen, so verhindert dieser Schutzmechanismus eine Endlos-Warteschleife. Im Statusregister werden dann ein entsprechendes Fehler-Bit gesetzt und der Ausnahmezustand über eine Leuchtdiode nach außen kenntlich gemacht. Außerdem kann optional ein Interrupt vom Host angefordert werden.

Die Leitung nBUSERROR auf dem Systembus wird von der angesprochenen Peripherie aktiviert, falls ein Zugriff nicht erfolgreich bearbeitet werden konnte, beispielsweise wenn mit 16 oder 32 Bit auf eine ungerade Adresse

zugegriffen wird. Auch dieser Ausnahmezustand wird mit einer Leuchtdiode
signalisiert und im Statusregister festgehalten. Dieses läßt sich vom Host aus
zurücksetzen.

## 9.7.3  Die Speicherkarte

Die Speicherkarte des Testsystems in Bild 9.35 stellt maximal 512 kByte
statisches RAM zur Verfügung. Der Speicher ist in 128 k Worte à 32 Bit
organisiert. Um den Datendurchsatz der CPU durch möglichst kleine
Zugriffszeiten zu optimieren, werden handelsübliche Cache-RAM-Bausteine
eingesetzt. Diese Speicherbausteine sind zu 8 Bit à 32 kByte organisiert, und
ihre Zugriffszeit beträgt je nach Ausführung 15 bis 35 ns. Maximal 16
Bausteine dieser Art finden in vier Speicherbänken auf der Karte Platz.

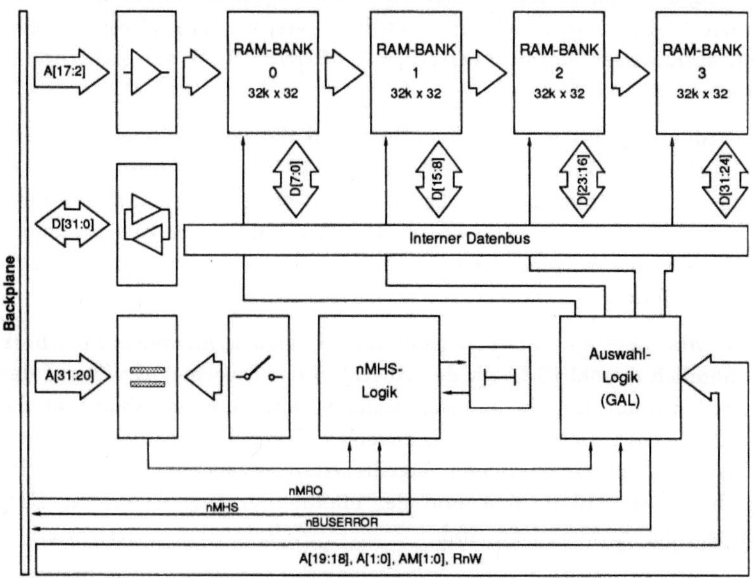


**Bild 9.35**  Die Speicherkarte

Wie bei den anderen Karten sind Daten- und Adreßbus durch Bustreiber
gepuffert. Die Selektionslogik für die Speicherkarte ist denkbar einfach. Die
Adressen A[2:17] sind direkt mit der Adresse RA[0:15] aller RAM-Bausteine

verbunden und wählen somit stets ein 32 Bit breites Wort aus. Die Adressen
A[18:19] selektieren jeweils eine der vier RAM-Bänke. A[19:31] werden an zwei
8-Bit-Komparatoren geführt und mit einer über DIP-Schalter eingestellten
Adresse verglichen. Gegebenenfalls wird ein Speicherzugriff von der Karte
bedient. Dadurch ist es möglich, weitere Karten in das System einzubinden,
dann natürlich mit einer anderen Basisadresse.

Die Adreß-Bits A[0:1] sowie die beiden Access-Mode-Signale AM[0:1] und die
RnW-Leitung steuern über einen programmierbaren GAL-Logikbaustein
Schreib- und Lesezugriffe. Je nach Access-Mode (8, 16 oder 32 Bit) müssen die
Schreibleitungen der einzelnen RAMs innerhalb der vier Speicherbänke
entweder einzeln, paarweise oder komplett aktiviert werden. Bei Lesezugriffen
wird hingegen stets ein 32-Bit-Wort auf den Bus gelegt. (Falls die CPU nur
einen 8-Bit-Zugriff durchführt, werden die restlichen 24 Bit ohnehin von der
CPU-Logik ausgeblendet.) Sofern ein 16-Bit-Zugriff auf eine ungerade Adresse
oder ein 32-Bit-Zugriff auf eine nicht durch vier teilbare Adresse durchgeführt
wird, signalisiert dieser Baustein mit nBUSERROR die nicht erfolgreiche
Aktion.

Die Bedienung des asynchronen Busprotokolls ist etwas komplizierter. Die
CPU leitet mit einem Memory-Request nMRQ einen Buszugriff ein, den die
Peripheriekarte (hier die Speicherkarte) mit einer fallenden nMHS-Flanke als
Memory-Handshake quittieren muß. Nach Ablauf der Speicherzugriffszeit
signalisiert eine steigende nMHS-Flanke das Ende des Zugriffs, so daß die CPU
fortfahren kann.

Genau hier liegt eine Schwierigkeit beim Design asynchroner Speicherkarten,
wie nämlich die nMHS-Logik den Abschluß des Speicherzugriffs auf das RAM
feststellen kann. Es gibt nur sehr wenige RAMs, die den Ablauf der Zugriffszeit über einen zusätzlichen Pin anzeigen. Handelsübliche Speicherbausteine
werden mit unterschiedlichen Zugriffszeiten angeboten, und es ist lediglich
gewährleistet, daß nach Ablauf der maximalen Zugriffszeit die Daten am
Ausgang des RAMs gültig sind.

Das nMHS-Signal für unsere Speicherkarten wird mit einer Verzögerungs-
leitung (Delay-Line) aufgebaut, die ein Eingangssignal durch interne Gatter-
laufzeiten um eine festgelegte Zeitspanne verzögert. Das nMRQ-Signal löst bei
Übereinstimmung der Adreß-Bits A[19:31] mit der eingestellten Adresse eine
negative nMHS-Flanke aus, die dann wieder auf 1 wechselt, wenn das ver-
zögerte nMRQ das Ende des Speicherzugriffs signalisiert.

## 9.7.4  Die CPU-Karte

Die CPU-Karte in Bild 9.36 besteht aus der CPU TOOBSIE, einem Taktgenerator, einer kleinen Steuerlogik und den Bustreibern. Da für die
Ausgangs-Pads von TOOBSIE nur schwache 4mA-Treiber verwendet wurden,
müssen die Daten- und Adreßsignale unbedingt mit Bustreibern gepuffert
werden; andernfalls könnte es aufgrund zu vieler Einsteckkarten auf dem
Systembus zur Überlastung der Pads kommen. Damit die Zeitverluste durch
die Treiber möglichst gering bleiben, werden ABT-Bustreiber eingesetzt
(Advanced BiCMOS Technology).

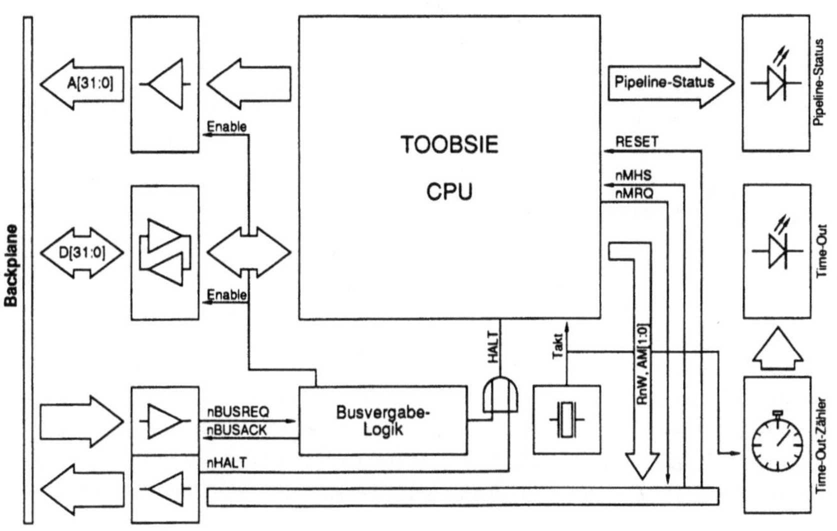


**Bild 9.36**  Die CPU-Karte

Da die Peripherie über eine asynchrone Schnittstelle bedient wird, ist der CPU-
Takt unabhängig und läßt sich nach den Erfordernissen des zu testenden
Prozessors auswählen. Neben der CPU muß ein Time-Out-Zähler mit dem
Takt versorgt werden, der wie bei der Bus-Interface-Karte Zugriffe auf
unbelegte Speicherbereiche abbricht und über eine Leuchtdiode anzeigt.

Außerdem gibt es die bereits beschriebene Busvergabe-Logik, die Busanforde-
rungen nBUSREQ der Bus-Interface-Karte mit dem Freigabesignal nBUSACK
bestätigt und während der Busvergabe die CPU anhält. Da TOOBSIE über ein

spezielles HALT-Signal verfügt, gestaltet sich die dafür erforderliche Logik sehr
einfach. Bei Prozessoren ohne HALT-Signal muß während der externen
Busvergabe die CPU über den Takt angehalten werden.

Swap-Zugriffe, die insbesondere beim Beschreiben von Semaphoren in Multi-
tasking-Betriebssystemen wichtig sind, werden von der Logik auf der CPU-
Karte in zwei aufeinanderfolgende Speicherzugriffe unterteilt. Dadurch wird
keine spezielle Logik auf weiteren Steckkarten notwendig.

Zusätzliche Leuchtdioden zeigen die Auslastung der Pipeline an, indem im
Normalbetrieb Auslastungs-Bits auf den Leitungen des RAM-Testbusses
herausgeführt werden. Das ermöglicht insbesondere bei der Einzelschrittverarbeitung die Veranschaulichung des Pipeline-Konzeptes. Außerdem läßt
sich die Cache-Konfiguration mit Hilfe eines 5-fach-DIP-Schalters einstellen.
Gerade bei der Bewertung der Cache-Strategien durch Benchmarks ist dies
interessant.

### 9.7.5  Bewertung

Der Einsatz des Bus-Konzeptes beim Testboard von TOOBSIE erweist sich als
sinnvoll. Durch zusätzliche Karten für EPROM, SCSI-Adapter und
asynchrone Schnittstelle nach RS-232 läßt sich das System nach und nach zu
einem eigenständigen und unabhängigen Computersystem ausbauen.
Allerdings hat die Universalität auch einen Nachteil: aufgrund der vielen
Bustreiber, die ein offenes System erfordert, sinkt die Performance. Bei jedem
Lesezugriff müssen vier Laufzeiten von Bustreibern berücksichtigt werden: die
der Adreßsignale von der CPU-Karte auf den Bus und von dort in die Speicherkarte, dann die Laufzeiten der Datensignale von der Speicherkarte auf den Bus
und von dort aus zurück auf die CPU-Karte.

## 9.8  Um ehrlich zu sein ...

Dem aufmerksamen Leser des vorigen Abschnitts wird nicht entgangen sein,
daß keine *Ergebnisse* zum Test von TOOBSIE auf dem doch so komfortablen
Testboard berichtet wurden. Auch wenn der Entwurf dieses Testboards
parallel zur Entwicklung des Prozessors selbst begonnen wurde, war er bis
zum Redaktionsschluß nicht fertig.

Stattdessen wurde das einfachere Board im Bild 9.37 realisiert, das ebenfalls einen Prozessortest mit vollwertigen nichttrivialen Maschinenprogrammen durchführen kann.

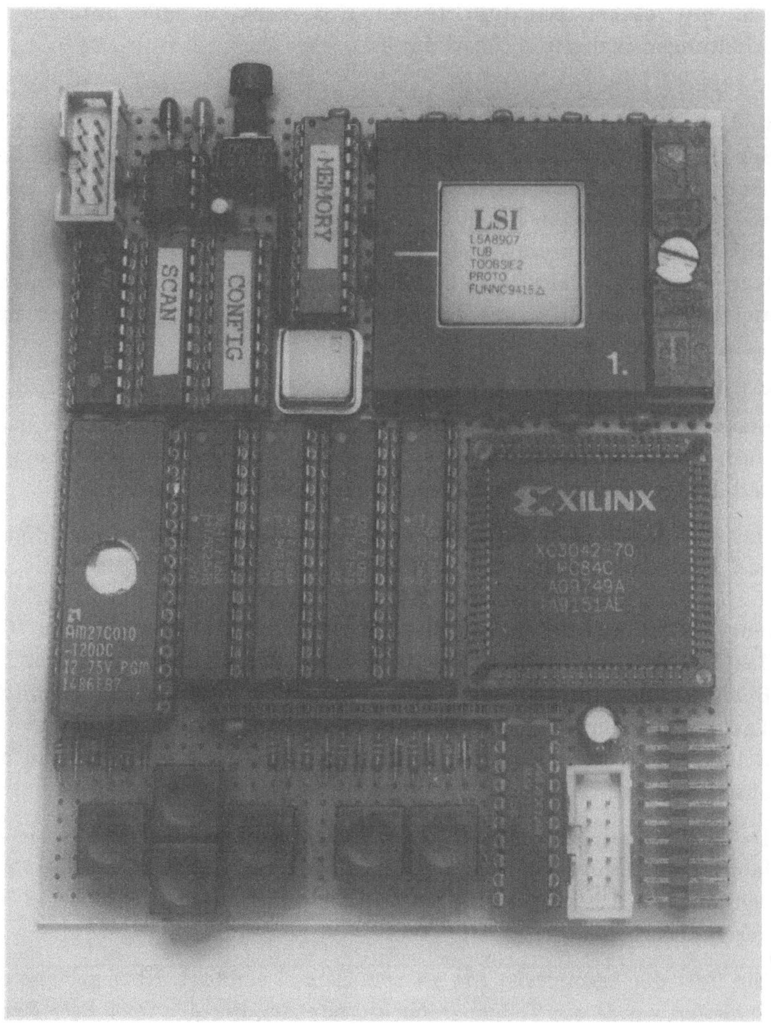


**Bild 9.37**  FPGA-basiertes Testboard

Den Kern dieser Minimallösung bildet neben der CPU TOOBSIE ein universell konfigurierbarer Logikbaustein, ein Field-Programmable Gate-Array (FPGA) XILINX XC3042 mit einer Komplexität von bis zu 4.200 Gatteräquivalenten und 73 Ein-/Ausgabe-Pins. Dieses FPGA kann beliebig oft rekonfiguriert werden, d.h. mit einem Baustein lassen sich nacheinander unterschiedliche Schaltungen realisieren (Abschnitt 2.1).

Das FPGA ist mit dem Daten- und Adreßbus der CPU verbunden. Außerdem sind vier Speicherbausteine daran angeschlossen, die zusammen 128 kByte Speicher zur Verfügung stellen (32k Worte à 32 Bit). Über drei Leitungen (Dateneingang, Datenausgang und Takt) läßt sich das FPGA von einem PC nach dem Einschalten derart konfigurieren, daß sich danach über die gleichen Leitungen das auszuführende Maschinenprogramm seriell in den Speicher schreiben läßt. TOOBSIE muß während des Ladevorganges mit einem Reset angehalten werden, damit der Datenverkehr zwischen FPGA und Speicher nicht behindert wird.

Sobald das Programm vollständig in den Speicher geladen ist, werden die Ausgangs-Pins des FPGA hochohmig geschaltet und der Prozessor gestartet. Nach einer gewissen Zeit kann er mit einem weiteren Reset wieder angehalten und der Speicher über die 3-Draht-Leitung ausgelesen werden.

Das FPGA läßt sich auch während des Programmlaufs so rekonfigurieren, daß sich der Zustand der Daten- und Adreßleitungen über die serielle Verbindung vom PC abfragen läßt oder der Prozessor beim Erreichen einer eingestellten Adresse angehalten wird (Breakpoint). Außerdem kann TOOBSIE das FPGA selbstständig rekonfigurieren und es somit im „Stand-Alone-Betrieb" als Peripheriebaustein verwenden (asynchrone Schnittstelle, Tastaturdekoder etc.). Als Erweiterungen sind ein LC-Display sowie eine Echtzeituhr vorgesehen. Batteriebetrieben ist diese Schaltung auch mobil einsatzfähig.

Da keine Bustreiber den Datenverkehr zwischen CPU und Speicher verlangsamen, konnte bei dieser Minimallösung TOOBSIE mit 24 MHz getaktet werden. Alle Testprogramme wurden auch im Dauerbetrieb über 16 Stunden korrekt bearbeitet.

Ein Test der besonderen Art sei zum Schluß erwähnt. Über geeignete kleine Schleifen wurde ein Tongenerator angesteuert, der den *Root Beer Rag* spielt. (Natürlich verbringt das Programm dabei seine Zeit fast nur in Warteschleifen.) Nach dem Einschalten des Multi-Purpose und des Branch-Target-

Cache spielte die gleiche Melodie wie auf einem Plattenspieler mit falscher Geschwindigkeit wesentlich schneller und höher. Bei dieser akustischen Testausgabe mit ständigen kurzen Schleifen kommen die performance-steigernden Caches natürlich besonders gut zur Entfaltung.

# 10 Zusammenfassung und Ausblick

Am Ende eines Buches sollten wir uns zurücklehnen und zusammenfassen, was wir gelernt haben (und was nicht), es sollten Hinweise auf die Ergänzungen im Hintergrundband gegeben werden, vor allem aber sollten auch einige weiterführende und verwandte Fach- und Forschungsthemen zumindest einmal angeschnitten werden.

Es wurde vorhergesagt, daß im Jahre 2000 die Elektronik die führende Industriebranche schlechthin sein wird und daß der kundenspezifische Entwurf integrierter Schaltungen hierfür eine Schlüsseltechnologie ist und sein wird. Durch den exponentiellen Anstieg von Chip-Größe und Integrationsdichte in den letzten Jahrzehnten hat sich die Kunst des Chip-Entwurfs ständig gewandelt. Im Zentrum des heutigen Semi-Custom-Entwurfs stehen programmiersprachenähnliche Beschreibungen der zu entwerfenden Schaltung mit Hardware-Beschreibungssprachen (HDL). Diese begleiten den Entwurf vom ersten abstrakten, aber bereits simulierbaren Verhaltensmodell bis zur Gatterebene. Spätestens dort übernehmen automatische CAD-Werkzeuge den restlichen Entwurf bis zur Fertigung.

Ein Ziel unserer Betrachtungen war der Entwurf *großer* Schaltungen. Als großes Beispiel und weiteres aktuelles Gebiet haben wir uns die RISC-Prozessoren ausgesucht, die im letzten Jahrzehnt die Rechnerarchitektur intensiv geprägt haben. Sie sind gekennzeichnet durch einfache homogene Befehlssätze, die sich zunächst auf einfache Weise als parallele Pipelines auf dem Chip realisieren lassen.

Nach einem kurzen Überblick über die technologischen Grundlagen und Stile des VLSI-Entwurfs (CMOS, halb- und vollkundenspezifischer Entwurf, Gate-

Array, FPGA) haben wir den Entwurfsprozeß charakterisiert: er führt von einer ersten Anforderungsanalyse über eine externe und interne Spezifikation von Verhalten und Grobstruktur über die Darstellung durch eine Gatternetzliste bis zum Plazieren und Verdrahten und schließlich zur Fertigung des Chips durch den Halbleiterhersteller. Hinzu kommen begleitende und vorausschauende Aktivitäten wie die Berücksichtigung von Testbarkeit und Test und die Planung des späteren Einsatzes in einem System. Dabei haben wir die Möglichkeit, den Entwurf nicht nur im Sinne einer Zerlegungshierarchie zu verfeinern, sondern ihn auch auf verschiedenen Abstraktionsebenen angepaßt darzustellen.

Hardware-Beschreibungssprachen, insbesondere die HDL VERILOG werden vor allem in den Kapiteln 11 und ▣ 1 gründlich unter besonderer Berücksichtigung unseres Entwurfes eingeführt. Eine HDL ist eine klassische höhere Programmiersprache erweitert um Parallelität, Zeit und hardware-nahe Datenstrukturen. Hierarchisch entworfene HDL-Modelle stellen eine eindeutige Dokumentation dar und können simuliert werden. Sie sind Ausgangspunkt für die manuelle oder automatische Synthese des nächsten, auf einer tieferen Abstraktionsebene verfeinerten HDL-Modells.

Unser großer Entwurf des realen RISC-Prozessors TOOBSIE begann mit einer groben Auswahl der Prozessorarchitektur, wobei wir besonderen Wert auf nützliche On-Chip-Zwischenspeicher (Caches) gelegt haben. Nach einer externen Spezifikation des RISC-Befehlssatzes, präzisiert durch ein VERILOG-Modell eines Interpreters, und nach einer schon genaueren internen Spezifikation des Datenflusses, des Timings und der Pipeline-Stufen sowie der begleitenden Caches und Interrupts begann die eigentliche Modellierungsarbeit mit der Ausarbeitung der einzelnen Pipeline-Stufen. Diese verarbeiten in einem kontinuierlichen Datenfluß mehrere Befehle parallel, wobei es gilt, Pipeline-Hemmnisse geschickt aufzufangen. Dabei haben wir Fragen des Controllers und des Einsatzes in einer Systemumgebung noch nicht behandelt.

Wir haben uns für eine Pseudo-Harvard-Architektur entschieden, bei der zwar Daten und Instruktionen über den gleichen und einzigen Speicherbus laufen und sich daher gegenseitig blockieren können, die aber durch einen Multi-Purpose-Cache entschärft wird. Außerdem haben wir einen Branch-Target-Cache eingesetzt, der sich häufig benutzte oder kritische Sprungbefehle merkt und damit die Pipeline entlastet. Dabei versucht der Cache, aufgrund gewonnener Erfahrungen das voraussichtliche künftige Sprungverhalten spekulativ vorherzusagen. Unser Prozessor ist interrupt-fähig und unterstützt einen Kernel-/User-Modus.

Wir haben versucht, eine Balance zu finden zwischen einem abstrakten Grobstrukturmodell, das besonders gut lesbar ist, und einem bezüglich der wesentlichen Signale und Bauteile bereits gut strukturierten Modell, das eine einfachere Gattersynthese erlaubt. Diese haben wir beispielhaft und ausschnittsweise durchgeführt und so den Weg aufgezeigt zu einer hierarchischen Netzliste aus Komponenten der Bibliothek des Halbleiterherstellers, dem Gattermodell. Diese Synthese wurde teils automatisch, teils manuell durchgeführt. Schließlich haben wir uns über den erfolgreichen Test des gefertigten Prozessors im Testautomaten und auf einem ersten Testboard gefreut.

Das Ziel einer vollständigen Entwurfs- und Projektdokumentation haben wir noch nicht erreicht, hierzu wird auf den Hintergrundband verwiesen. Dort werden die Befehle noch einmal in allen Einzelheiten behandelt, die relevanten HDL-Modelle sind übersichtlich abgedruckt, die noch nicht kommentierten Teile des Grobstrukturmodells wie der Pipeline- und der Bus-Controller sowie der Branch-Target-Cache und die Interrupts und schließlich die Systemumgebung sowie erste Experimente mit diesem Modell sind Gegenstand eines weiteren Kapitels. Das vollständige hierarchische Gattermodell ermöglicht es Experten, den Prozessor nachzubauen, ggf. nach Anpassung der Gatterbibliothek.

Auch wenn wir es mit Hilfe des Hintergrundbandes und der beiliegenden Diskette im wesentlichen schaffen, unseren Entwurf vollständig darzulegen, bleiben dennoch Wünsche offen. So waren wir oft damit beschäftigt, eine nicht einfache Lösung überhaupt zu dokumentieren, konnten aber zu wenig auf die vermiedenen Schwierigkeiten oder ungünstigeren Alternativen eingehen. Wir haben gezeigt, wie etwas geht, aber oft nicht, wie es nicht geht...

Beispielsweise liegt es in der dynamischen Natur großer Modelle, daß sie sehr umfangreiche Simulationen erfordern und lange Simulationsergebnisse produzieren. Hier ist ein Buch ein besonders ungünstiges Medium, wesentlich günstiger ist die interaktive Arbeit am Rechner. Dies hat darüber hinaus den großen Lernvorteil, daß sich der Benutzer seine eigenen Simulationen ausdenkt und seine eigenen Fragen an das Modell stellt. Hierzu wird ausdrücklich aufgefordert.

Konnten wir schon auf die Simulationen mit *einem* Modell wenig eingehen, so reichte es erst recht nicht für eine gründliche vertikale Verifikation, bei der die Simulationsergebnisse *mehrerer* Modelle verglichen, abgeglichen und im wesentlichen als äquivalent bestätigt werden. Dies ist übrigens bei Modellen wie unserem Grobstrukturmodell die derzeit einzige realistische Verifikationsmethode; andernorts propagierte formale Verifikationen eignen sich wegen der vor allem stark parallelen Komplexität nicht für eine realistische und aussagekräftige Beweisführung.

Ist ein großes VLSI-Entwurfsbeispiel bereits für sich genommen sehr lehrreich, manchmal schmerzlich lehrreich, so bietet es sich natürlich an, davon ausgehend weitere Untersuchungen und Forschungen zur Entwurfsmethodik anzustellen. Dies haben die im Vorwort genannten Projektteilnehmer getan, und es soll an dieser Stelle zumindest ein kleiner Ausblick auf die durchgeführten Forschungen gegeben werden.

Außerdem möchten wir einige halbwegs aktuelle Lehrbücher zum VLSI-Entwurf ganz allgemein nennen: [Bode 1990, Eschermann 1993, Eveking 1991, Fabricius 1990, Furber 1989, Gajski etal. 1992, Hartenstein 1987, Hennessy, Patterson 1990 und 1994, Kemper, Meyer 1989, Mukherjee 1986, Patterson, Hennessy 1994, Rammig 1989, Rosenstiel, Camposano 1989, Sternheim etal. 1993, Thomas, Moorby 1991, Wojtkowiak 1988, Wolf 1994].

## 10.1  Effizienz und Komplexität

Die im Kapitel 3 vorbereiteten Entwurfsentscheidungen zur RISC-Architektur und zum RISC-Befehlssatz fielen für den Leser (und teilweise sogar für das Design-Team) vom Himmel. In einem Entwurf für einen kommerziellen Auftraggeber mit konkretem Einsatzfeld sind hierzu gründliche und in diesem frühen Stadium kostensparende Analysen notwendig. Wir haben solche Analysen teilweise erst parallel zum Projektverlauf durchgeführt, was zu einigen Iterationen des Entwurfs geführt hat.

Insbesondere sind in [Schäfers 1994] auf einer Abstraktionsebene deutlich oberhalb des Grobstrukturmodells, aber bereits mit abstrakten Pipelines umfangreiche Simulationen und statistische Auswertungen durchgeführt worden zu verschiedenen Varianten der Caches, zu Sprungbefehlen und vor allem zu deren dynamischem Verhalten. Hier konnten wesentliche Eigenschaften und Entscheidungen zum Befehlssatz, zur Strategie der Caches, ihrer Größe und vieles andere abgeleitet bzw. im nachhinein bestätigt, manchmal auch widerlegt werden. Bei diesen Untersuchungen war es von Vorteil, daß wir uns auf eine SPARC-ähnliche Architektur konzentriert haben und daher von einer genauen Analyse der Befehlshäufigkeiten in SPARC-Programmen ausgegangen sind und diese dann verbessert haben.

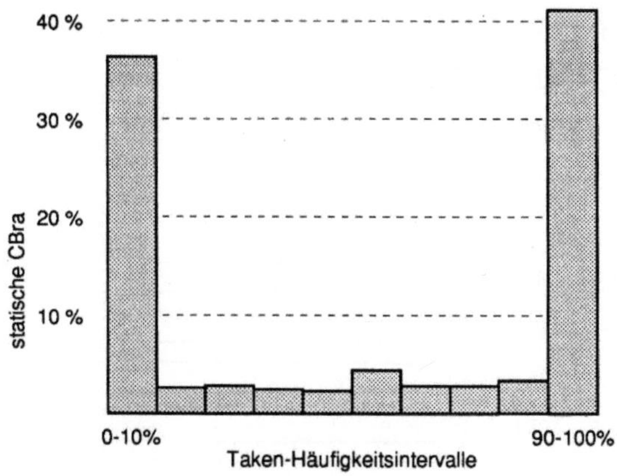


**Bild 10.1**   Stabilität bedingter Sprünge

Im Abschnitt 5.2.2 haben wir die bedingten Sprünge von TOOBSIE eingeführt. Jeder solche BCC-Befehl (hier CBra genannt) wird bei jeder Ausführung in einem Programm genommen (Taken) oder nicht. Bild 10.1 faßt die *Stabilität* der CBra-Befehle eines Programms zusammen: zunächst wird für jeden überhaupt ausgeführten CBra des Programmtextes seine dynamische Taken-Häufigkeit gemessen, dann wird diese einer der 10 Häufigkeitsklassen zugeordnet. Knapp 41% aller bedingten Sprünge des Programmtextes werden fast immer genommen, 36% fast nie. Dies bedeutet, daß etwa 77% aller bedingten Sprünge sehr stabil sind (Stabilität mindestens 80%).

Solche Überlegungen erlauben die Entwicklung effizienter Cache-Strategien. Weiterführend wurde die *Lauflänge* bedingter Sprünge untersucht, nämlich wie oft hintereinander die gleiche Sprungentscheidung Taken bzw. nicht Taken auftritt. Hieraus läßt sich der Wert spekulativer Cache-Vorhersagen abschätzen.

Mühsam, aber sehr interessant ist die analytische Berechnung etwa des CPI
(Cycles Per Instruction): ausgehend von gewissen Einzelwahrscheinlichkeiten
werden die Wahrscheinlichkeiten etwa der Caches und schließlich des
Prozessors errechnet. Allerdings müssen viele Eingangsparameter doch
zunächst experimentell durch die Simulation von Benchmarks gewonnen
werden.

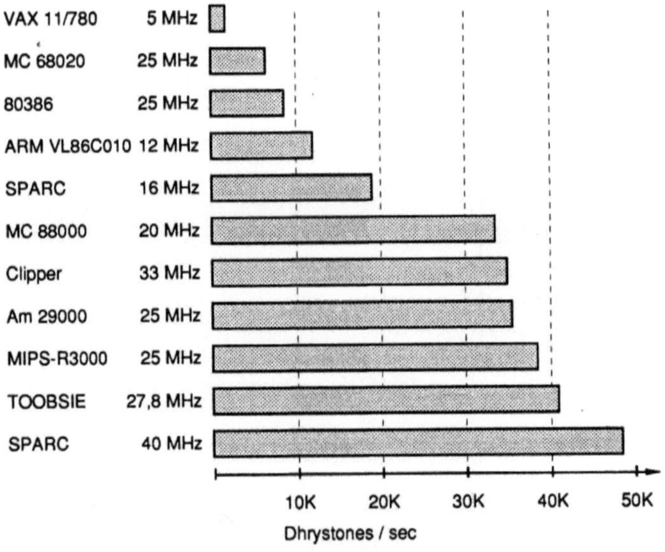


**Bild 10.2**   Der Benchmark Dhrystone für einige RISC-Prozessoren

Einer der bekanntesten Tests zur Rechnereffizienz ist der Benchmark
Dhrystone, der auf einer nichtnumerischen Anwendung basiert (Abschnitt
4.2.2). Der einmalige Durchlauf einer bestimmten Schleife dieser Anwendung wird ebenfalls als Dhrystone bezeichnet. Bild 10.2 ordnet hierzu TOOBSIE
zwischen bekannten Prozessoren ein.

Ein weiterer Schwerpunkt der Dissertation [Schäfers 1994] ist die Frage der
Bewertung der HDL-Modelle. Schon aus dem Software-Engineering sind sehr
zahlreiche, mehr oder weniger nützliche Software-Maße oder auch Komplexitätsmaße bekannt, die bestimmte qualitative Eigenschaften der Programme
quantitativ messen sollen. Da Hardware-Beschreibungssprachen insbesondere

die Mächtigkeit normaler Programmiersprachen umfassen, bietet es sich an, diese Komplexitätsmaße auch hier anzuwenden. Da jedoch die Parallelität hinzukommt, ergeben sich weitere interessante Fragen, wie etwa die Lesbarkeit oder die Entwurfssicherheit paralleler Modelle zu messen sind. Es handelt sich hierbei allerdings um ein inhärent schwieriges Gebiet, zu dem es keine einfachen Antworten gibt.

Weitere Arbeiten zu diesem Gebiet finden sich in [Bray, Flynn 1991, Cragon 1992, Dubey, Flynn 1991, Fenton 1991, Halstead 1977, Hennessy, Patterson 1990 und 1994, Lee, Smith 1984, Mansfeld 1993, Mansfeld, Schäfers 1993, Reitner 1994, Schäfers 1993 und 1994, Schäfers etal. 1993 und 1994, Scholz, Schäfers 1995, Smith 1982, Zuse 1991].

## 10.2 Spezifikation, Analyse und Simulation großer VLSI-Entwürfe mit Statecharts und Activitycharts

Der Leser ist bis hierher sicherlich überzeugt, welche enormen Vorteile, Vereinfachungen und Verbesserungen der Entwurfssicherheit der Einsatz von Hardware-Beschreibungssprachen gegenüber den klassischen „Gattergräbern" bietet. Auf der anderen Seite ist auch ein Grobstrukturmodell nicht an einem Tage zu erbauen, und es erfordert trotz aller Bemühungen um eine gute Gliederung und Kommentierung einen hohen Einarbeitungsaufwand. Es stellt sich daher die Frage nach CAD-Werkzeugen und Methoden,

- die oberhalb der HDL-Modellierung angesiedelt sind,

- die eine bessere graphische Unterstützung durch Zustandsdiagramme, Flußdiagramme und ähnliches bieten,

- die gleichwohl exakt und simulierbar sind,

- die einen Ausgang zu den normalen HDL-Modellen bieten und

- die einen schnelleren Entwurf in der Spezifikation ermöglichen und so beispielsweise eine Suche nach Architekturvarianten gut unterstützen.

Zu diesen Fragen wurde das Konzept der *Statecharts* und *Activitycharts* untersucht, das in dem CAD-System STATEMATE realisiert ist. Es wurde bisher erfolgreich etwa in der Automobil- und Luftfahrtindustrie eingesetzt, während die Anwendung im großen VLSI-Entwurf noch nicht ausführlich untersucht wurde. Hier setzt die Dissertation [Cochlovius 1994] an.

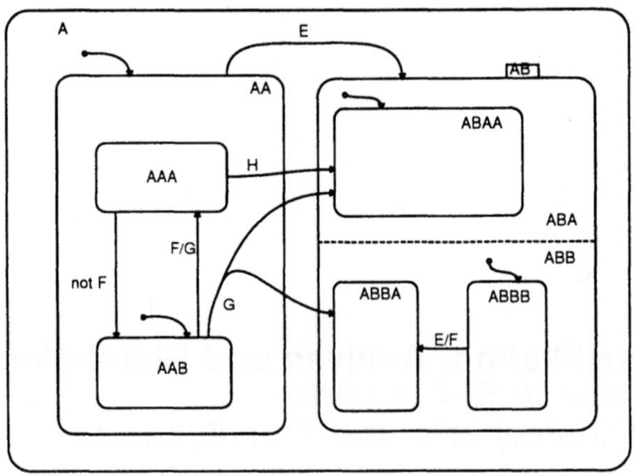


**Bild 10.3**   Ein einfaches Statechart

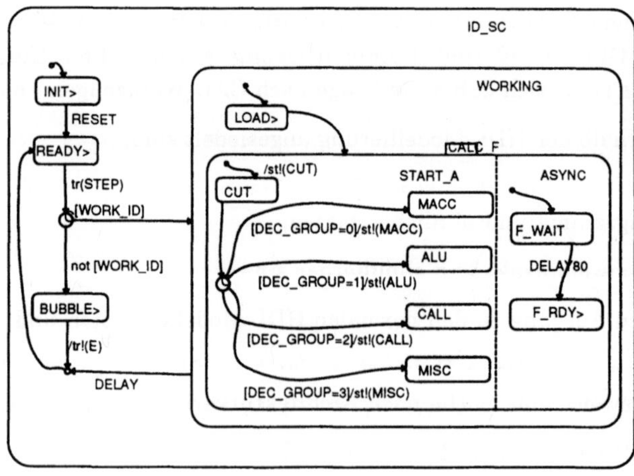


**Bild 10.4**   Statechart zur Kontrolle der Instruction-Decode-Stufe

Bild 10.3 zeigt ein einfaches Statechart mit Transitionen. Ausgehend von ganz normalen Zustands-Übergangs-Diagrammen kommen hier die hierarchische Verschachtelung von Zuständen und vor allem parallele Unterzustände hinzu. So ist der gesamte oder Wurzelzustand A hierarchisch zerlegt in AA und AB. Diese Aufspaltung ist alternativ zu sehen, d.h. A ist entweder im Zustand AA oder in AB. Dagegen zerfällt letzterer in die beiden parallelen Unterzustände ABA und ABB, die mit der Aktivierung von AB gleichzeitig aktiviert werden. Die Hierarchie wird gegenüber normalen Hardware-Beschreibungssprachen insofern besser unterstützt, als mit einem Zustand auch alle Unterzustände und deren Nachfolger entweder alternativ oder parallel aktiviert werden.

Bild 10.4 zeigt ein kleines Unter-Statechart aus der Modellierung von TOOBSIE. Diese wurde übrigens vollständig durchgeführt und kann TOOBSIE-Programme ganz normal ausführen. Neben den Statecharts zur Modellierung des parallelen und strukturierten Zustands- oder Kontrollverhaltens gibt es Activitycharts, die die hierarchische Aufteilung eines Systems in funktionale Einheiten modellieren. Diese Einheiten werden dann durch assoziierte Statecharts kontrolliert.

Bild 10.5 zeigt eine interessante graphische und ebenfalls hierarchisch strukturierbare Benutzeroberfläche des Prozessormodells, die selbst entworfen wurde. Hier können während der Simulation wie in einem Cockpit interessierende Werte, Daten, Aktivitäten und ähnliches angezeigt und durch Lämpchen, Tasten, Knöpfe usw. am Bildschirm kontrolliert werden. Diese *Animation* unterstützt ein besonders flexibles Experimentieren.

Neben der Möglichkeit der direkten Simulation wird STATEMATE durch dynamische Testwerkzeuge unterstützt, die beispielsweise Verklemmungen entdecken können oder nie oder gleichzeitig benutzte und damit unsichere Komponenten. Man mag sich für die maximale Anzahl von Leerschritten in einer Pipeline interessieren oder die Unmöglichkeit von Races untersuchen.

Das in [Cochlovius 1994, Gummert 1994, Halliger 1994 und Wodtke 1994] entwickelte STATEMATE-Modell des Prozessors TOOBSIE umfaßt 13 Statecharts, 10 Activitycharts und etwa 1 000 Zeilen C-Code. Es ist damit deutlich übersichtlicher als das knapp 10 000 Zeilen umfassende VERILOG-Grobstrukturmodell. Es kann als Spezifikationsmodell angesehen werden, das bereits wesentliche Architekturkomponenten abstrakt enthält, ohne sich in den Details des Grobstrukturmodells zu verlieren. So können Architektur-varianten am Anfang leichter ausprobiert werden.

Gerade wegen der mächtigen und vielfältigen Modellierungsmöglichkeiten erfordert das state- und activitychart-gestützte Entwerfen allerdings auch eine intensive Einarbeitung und Umgewöhnung. Das entsprechende Modell wurde teilweise erst nach dem Grobstrukturmodell entwickelt. Weiterführende Literatur findet sich in [Cochlovius, Golze 1994, Furbach 1993, Harel 1987, Harel etal. 1990, Huizing 1991].

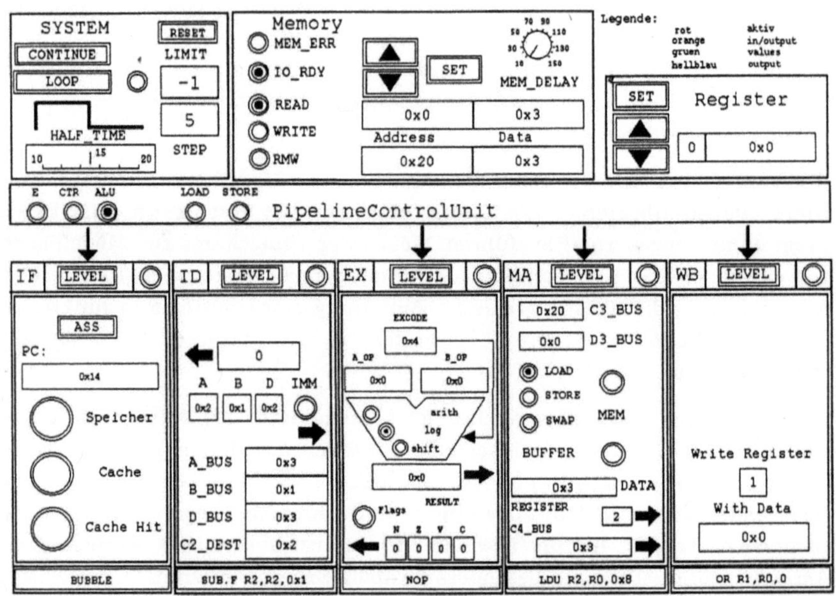


**Bild 10.5**   Typische Benutzeroberfläche

## 10.3 Fehlermodelle und Testmuster für HDL-Modelle

Digitale Chips werden nicht nur während des Entwurfs in der Simulation, sondern auch und vor allem nach der Fertigung auf vielfältige Weise getestet, zunächst im Testautomaten, dann natürlich auch im realen System. Für diesen Produktionstest im Testautomaten werden Test-Stimuli oder Test-programme entwickelt (Kapitel 9). Typischerweise werden solche Produktionstestmuster ausschließlich anhand des Gattermodells entwickelt. Dabei werden hypothetisch alle diejenigen Fehler zugelassen, bei denen ein Gattereingang oder -ausgang auf einem konstanten Wert stecken bleibt (z.B. stuck-at-0).

Die Entwicklung solcher Testmuster auf der Gatterebene ist sehr zeitintensiv. Da sich der VLSI-Entwurf jedoch immer mehr von der Gatterebene entfernt, bis hin zur automatischen Gattersynthese, bei der der Entwickler das Gattermodell gar nicht mehr versteht, liegt es nahe, bereits auf höheren HDL-Ebenen brauchbare Testmuster zu entwickeln. Beispielsweise könnte ein höheres Fehlermodell in Analogie zum stuck-at-0 in einem stuck-at-then bestehen: bei einer Fallunterscheidung mit if und else würde der hypothetische Fehler darin bestehen, daß immer der erste Zweig genommen wird. Dann gilt es, diesen Fehler durch geeignete Testmuster zu entdecken. Die Idee solcher höheren Fehlermodelle ist nicht neu, sie ist jedoch mit erheblichen Schwierigkeiten verbunden.

Stark vereinfacht werden solche Fehlermodelle immer wirklichkeitsfremder, je abstrakter und verhaltensorientierter das HDL-Modell ist und je schwerwiegender der eingebaute Fehler ist. (Das klemmende 29. Bit eines Busses im Test zu finden ist sicher viel schiweriger als einen ganzen festsitzenden Bus.) Die so gewonnenen Testmuster sind dann immer weniger in der Lage, typische Produktionsfehler zu erkennen. Hier setzt die Dissertation [Wachsmann 1994] an. Zunächst anhand kleinerer Modelle, etwa für den einfachen Prozessor SISC des Abschnitts ▣1.4 auf der Diskette, oder für die PC-Logik von TOOBSIE, später auch für größere Modelle, wird die Brauchbarkeit verschiedener höherer Fehlermodelle wie stuck-at-then analysiert. Die gewonnen Testprogramme werden dann auf ihre Brauchbarkeit als Produktionstest untersucht.

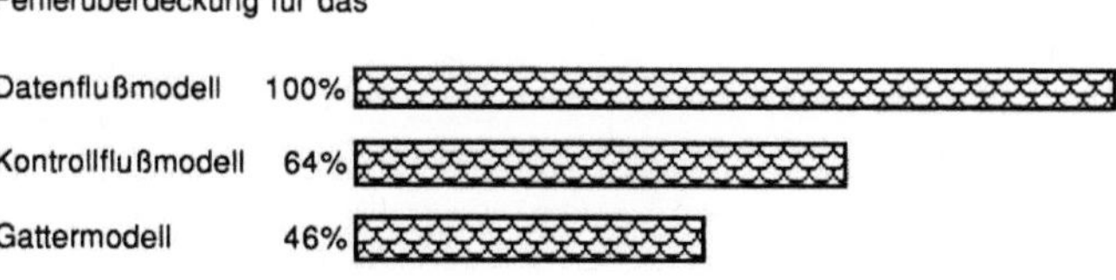



**Bild 10.6**   Fehler vom Typ stuck-at-then oder stuck-at-else

In Bild 10.6 werden beispielsweise drei kleine, vom Verhalten her äquivalente Modelle betrachtet. Für die Fehler vom Typ stuck-at-then und stuck-at-else ergibt sich ein gewisses Testprogramm, das im ursprünglichen Datenflußmodell eine hundertprozentige Fehlerüberdeckung liefert, in den beiden übrigen Modellen dagegen eine unzulängliche. Dies deutet typische Schwierigkeiten an.

Es zeigt sich, daß die Testmusterentwicklung auf höheren Entwurfsebenen zum einen davon abhängt, wie hardware-nahe und strukturiert das HDL-Modell ist, zum anderen ist es hilfreich, Richtlinien zum Modellierungsstil zu beachten, die die Entwicklung von Testmustern unterstützen. Dies kann als abstrakte Erweiterung des Design-for-Testability angesehen werden. Weitere Literatur hierzu bieten [Armstrong 1993, Chakraborty, Ghosh 1988, Chao, Gray 1988, Davidson, Lewandowski 1986, O'Neil etal. 1990, Rao etal. 1993, Rosenthal, Wachsmann 1994, Ward, Armstrong 1990].

Raum für Notizen:

Raum für Notizen:

# HDL-Modelle

## für Schaltungen und Architekturen

### Eine begleitende Einführung

**Raum für Notizen:**

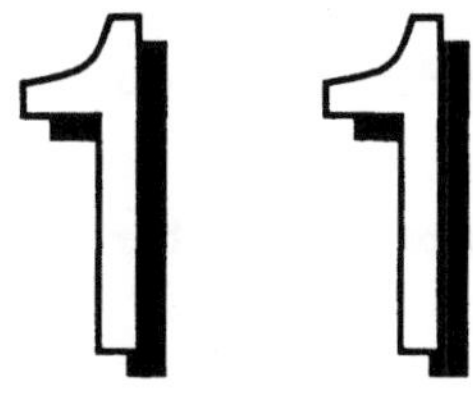

# Die Hardware-Beschreibungssprache VERILOG

Dieses Kapitel behandelt ausführlich die Hardware-Beschreibungssprache VERILOG. Der Leser wird in die Lage versetzt, selbst Hardware-Modelle anzufertigen und das Interpreter-Modell, vor allem aber das Grobstruktur-modell des RISC-Prozessors TOOBSIE genau zu verstehen. Die Einführung ist als Kursus und als Nachschlagewerk konzipiert. Ein Übungssimulator VeriWell ist zusammen mit dem Text dieses Kapitels auf der Diskette vor-handen, so daß alle Beispiele auf einem PC oder einer SUN ausprobiert werden können. (Die Diskette enthält Hinweise zum Gebrauch von VeriWell.)

Im Kleinen werden alle relevanten Befehle erläutert: durch ihre Syntax, als Textbeschreibung, in kleinen Beispielen und durch Querverweise auf die Sprache C (Abschnitt 11.2). Es werden typische Modellierungskonzepte ange-boten wie Parallelität, Zeit, Hierarchie, Pipelining und durch Beispiele mittlerer Größe unterstützt (Abschnitt 11.3). Im Großen gibt es zwei Beispiele eines einfachen RISC-Rechners als Verhaltens- und als Strukturmodell (Abschnitt 11.4). Im ganz Großen sind die erwähnten TOOBSIE-Modelle die konsequente Fortsetzung dieser Einführung.

Für eine präzise Darstellung der einzelnen Befehle wird das Format EBNF (Extended Backus Naur Format) verwendet. Es gibt eine Zusammenfassung der EBNF-Technik im nächsten Abschnitt 11.1, zu jedem einzelnen Befehl gibt es einige EBNF-Regeln, und Abschnitt 11.5 faßt alle EBNF-Regeln zum Nach-schlagen noch einmal zusammen.

42 kleinere und 4 größere getestete Beispiele, meist mit zugehörigem Simula-tionsergebnis, erleichtern das Lernen und Nachschlagen. VERILOG-Befehle,

Variable und ähnliche VERILOG-Namen sind in der Schriftart `Courier` hervorgehoben.

Diese Einführung basiert auf [Ackad 1994]. Weitere Lehrbücher sind [Sternheim etal. 1993, Thomas, Moorby 1991].

## 11.1 Erläuterung des Syntaxformates EBNF

Wie in einer natürlichen Sprache regelt eine Grammatik oder Syntax, welche Programme (syntaktisch) korrekt aufgebaut sind, ohne etwas über die Bedeutung oder Semantik der Befehle zu sagen. Mit EBNF (Extended Backus Naur Format) kann die Syntax einer Programmiersprache beschrieben werden.

Man kann dann direkt ablesen, daß beispielsweise eine `if`-Anweisung in Pascal stets aus einem `if`-Teil und einem `then`-Teil besteht mit einem optionalen `else`-Teil (oder daß VERILOG gerade auf das `then` verzichtet). Eine Reihenfolge mit dem `else` vor dem `if` ist syntaktisch unzulässig.

Die grundlegenden Konstrukte von EBNF sind die Definition, die Auswahl von Alternativen, die Aneinanderreihung sowie die Rekursion. Die *Definition* (dargestellt durch : : =) definiert einen Bezeichner (links) durch eine Zeichenkette (rechts). Durch

```
Buchstabe_a ::= a
```

wird beispielsweise der Buchstabe a beschrieben. Sollen unter dem Buchstaben a sowohl ein kleines als auch ein großes A verstanden werden, wird die *Auswahl* mittels eines | verwendet:

```
Buchstabe_a ::= a | A
```

Eine Ziffer kann in EBNF als

```
Ziffer ::= 0 | 1 | 2 | 3 | 4 | 5 | 6 | 7 | 8 | 9
```

definiert werden. Um dann eine beliebige Zahl aus beliebig vielen Ziffern darstellen zu können, wird die *Rekursion*

```
Zahl ::= <Ziffer> | <Ziffer> <Zahl>
```

eingesetzt. Die Zahl ist eine Auswahl zwischen einer Ziffer oder einer Ziffer gefolgt von einer Zahl. Für `Ziffer` muß nach der ersten Definition genau eine Ziffer, für `Zahl` eine Zahl eingesetzt werden. Die Definition einer Zahl ist rekursiv, da ihre Definition auf sich selbst zurückgreift. Eine alternative Darstellung einer Zahl ist:

```
Zahl ::= <Ziffer> | <Zahl> <Zahl> .
```

EBNF-Beschreibungen sind daher nicht eindeutig. Eine Beschreibung mittels EBNF legt offiziell nur die Syntax, nicht jedoch die Semantik der Zeichenketten fest. Soll beispielsweise eine `for`-Schleife in Pascal durch EBNF beschrieben werden, so kann dies folgendermaßen aussehen:

```
for_Schleife ::= FOR <Variable>:=<Zahl> TO <Zahl> <Schrittweite> DO
                 <Anweisung>;
Variable     ::= <Variable> <Variable> | <Ziffer> | a | b | c | d | e | f
                 | g | h | i | j | k | l | m | n | o | p | q | r | s | t
                 | u | v | w | x | y | z | A | B | C | D | E | F | G | H
                 | I | J | K | L | M | N | O | P | Q | R | S | T | U | V
                 | W | X | Y | Z
Schrittweite ::=   | STEP <Zahl>
```

Die Angabe der Schrittweite ist optional. Daher wird für die `Schrittweite` entweder das leere Wort (vor `|`) oder `STEP <Zahl>` eingesetzt. Die Definitionen von `Zahl` und `Ziffer` kennen wir bereits. Die `Anweisung` muß später noch definiert werden. Durch die Bezeichnungen `Variable`, `Zahl` und `Anweisung` wird den eingesetzten Zeichenketten inoffiziell bereits eine gewisse semantische Bedeutung zugesprochen. Bei geschickter Namensgebung wird so das Verständnis der Sprache gefördert. Eine ungeschickte, aber ebenso korrekte Darstellung der `for`-Schleife wäre:

```
for_Schleife ::= FOR <Zahl1>:=<for> TO <Variable> <Anweisung1> DO <A>;
Zahl1        ::= <Zahl1> <Zahl1> | <Ziffer>   | a | b | c | d | e | f | g
                 | h | i | j | k | l | m | n | o | p | q | r | s | t | u
                 | v | w | x | y | z | A | B | C | D | E | F | G | H | I
                 | J | K | L | M | N | O | P | Q | R | S | T | U | V | W
                 | X | Y | Z
for          ::= <Zahl>
Variable     ::= <Zahl>
Anweisung1   ::= | STEP <for>
A            ::= <Anweisung>
```

Hier steht `Zahl1` für eine Variable, die Zeichenkette `for` wird durch eine Zahl ersetzt, ebenso `Variable`. Die `Anweisung1` meint die Schrittweite, und `A` ist die noch zu definierende Anweisung.

# 11.2 Die VERILOG-Befehle

Dieser Abschnitt ist sowohl zum Nachschlagen als auch zum Lernen der Befehle gedacht. Neben der Einteilung in Strukturbefehle (z.B. `module`), Variablen (wie `integer`), Operationen (+), Programmsteuerung (`case`) und sonstige Befehle ist jeder Befehl bzw. eine kleine Gruppe eng verwandter Befehle nach folgendem Schema dargestellt.

1.  Name oder Bedeutung der Befehlsgruppe, numeriert mit B1, B2, ...;

2.  EBNF-Syntax;

3.  verbale Beschreibung;

4.  kurzes Beispiel;

5.  Hinweis auf entsprechende Befehle in C.


Es gibt folgende Gruppen.


| | | | |
|---|---|---|---|
| B1 | `module, endmodule` | B22 | Präzedenzen |
| B2 | `parameter, defparam` | B23 | `always` |
| B3 | `begin, end` | B24 | `initial` |
| B4 | `task, endtask` | B25 | `at @` |
| B5 | `function, endfunction` | B26 | `wait` |
| B6 | `input, output, inout` | B27 | Warten `#` |
| B7 | `integer` | B28 | `if, else` |
| B8 | `wire` | B29 | `?, :` |
| B9 | `reg` | B30 | `case, casez` |
| B10 | `event` | B31 | `while` |
| B11 | Konstante | B32 | `forever` |
| B12 | Arithmetik `+, -, *, /, %` | B33 | `for` |
| B13 | Vergleich `==, !=, ===, !==, <,` | B34 | `fork, join` |
| | `>, <=, >=` | B35 | `` `define `` |
| B14 | Logik `!, &&, ||` | B36 | Kommentare `//, /* ... */` |
| B15 | Bit-weise Logik `~, &, |` | B37 | `$display, $write` |
| B16 | Konkatenation `{}` | B38 | `$finish` |
| B17 | Wiederholte Konkatenation | B39 | `$stop` |
| B18 | Shift `<<, >>` | B40 | `$readmemh, $readmemb` |
| B19 | Auslösen eines Events `->` | B41 | `$gr_waves` |
| B20 | `assign` | B42 | `$define_group_waves` |
| B21 | Zuweisung `=` | B43 | `$gr_waves_memsize` |

## 11.2.1 Strukturbefehle

```
                    B1   module, endmodule
```

```
VERILOG-Programm      ::= <Modul> | <Modul> <Modul>
Modul                 ::= module <Modul_Name> <Parameterliste>; <Modul_Rumpf>
                          endmodule
Modul_Name            ::= <Bezeichner>
Parameterliste        ::= | ( <Liste> )
Liste                 ::= <Bezeichner> | <Liste> , <Liste>
Modul_Rumpf           ::= <Parameter-Deklaration> | <Eingangsdeklaration>
                          | <Ausgangsdeklaration>
                          | <Bidirekt-Deklaration>
                          | <Register-Deklaration> | <Integer-Deklaration>
                          | <Wire-Deklaration> | <Event-Deklaration>
                          | <Gatter-Definition> | <Modul-Definition>
                          | <always-Definition> | <initial-Definition>
                          | <Continuous_Assignment> | <Funktion> | <Prozedur>
                          | <Modul_Rumpf> <Modul_Rumpf>
```

Die Module stellen die grundlegenden Bausteine von VERILOG dar. Sie
repräsentieren kleine oder große Hardware-Komponenten wie AND-Gatter,
Zähler, CPU oder ein ganzes Rechnernetz. Ein Modul kann mit Untermodulen
hierarchisch zerlegt werden. module und endmodule umschließen den
Modul. Nach module und dem Modulnamen folgt eine optionale Parameterliste als Verbindung mit anderen Modulen. Zwar können andere Module
auch direkt auf Variable des Moduls zugreifen; dies führt jedoch zu einer
schlecht überprüfbaren Struktur und sollte daher vermieden werden.

Es folgt im Modulrumpf die Definition lokaler Variablen. Für sie muß der Typ
(z.B. reg) angegeben werden. Falls die Variable Teil der Parameterliste ist,
wird angegeben, ob sie Eingang, Ausgang oder beides ist.

Beispiel 11.1 gibt die Zahlen 1 bis 10 auf dem Bildschirm aus.

```
module counter;
integer R;

initial
   for (R=1; R <= 10; R = R + 1)
     $display ("R= %d", R);
endmodule
```

**Beispiel 11.1  Ein Modul**

Die Anweisung $display entspricht dem printf in C und gibt Variable und
Text formatiert auf dem Bildschirm aus. Zum Modul gibt es kein Pendant in C.

```
┌─────────────────────────────────────────────────┐
│              B2   parameter, defparam            │
└─────────────────────────────────────────────────┘
```

```
Parameter-Deklaration   ::= parameter <Bereich> <Zuweisungsliste>;
Bereich                 ::= | [<Ausdruck> : <Ausdruck>]
Zuweisungsliste         ::= <Parameter-Zuweisung>
                          | <Parameter-Zuweisung> , <Zuweisungsliste>
Parameter-Zuweisung     ::= <Linksausdruck> = <Ausdruck>
```

**Eine Konstante wird mit** parameter **deklariert. Sie kann vom Modul selbst
nicht geändert, jedoch bei einer Modul-Instanziierung durch** defparam
**erneut festgelegt werden, so daß mehrere Instanzen eines Moduls sich in den
Parametern unterscheiden können.**

**Im Beispiel 11.2 werden zwei Module** counter **instanziiert;** COUNTER1 **zählt
bis 5,** COUNTER2 **bis 10. Zunächst wird ein allgemeiner Modul** counter
**deklariert, welcher bis zum Parameter** Max **zählt. Dieser wird bei der Instanziierung festgelegt.**

```
module counter;
parameter Max = 0;

integer R;

initial
  for (R=1; R <= Max; R = R + 1)
    $display ("R= %d", R);
endmodule


module main_module;
defparam COUNTER1.Max   = 5,
         COUNTER2.Max   = 10;

counter COUNTER1 ();
counter COUNTER2 ();
endmodule
```

**Beispiel 11.2**  Parameter

```
┌─────────────────────────────────────────────────┐
│                  B3   begin, end                 │
└─────────────────────────────────────────────────┘
```

```
Verbundanweisung        ::= <benannte_Verbundanweis>
                          | <unbenannte_Verbundanweis>
benannte_Verbundanweis  ::= begin : <Blockname> <Anweisungen> end
Blockname               ::= <Bezeichner>
Anweisungen             ::= <Anweisung> | <Anweisung> <Anweisungen>
unbenannte_Verbundanweis::= begin <Anweisungen> end
```

**Mehrere zusammengehörende Anweisungen fassen** begin **und** end **zu einer**
Verbundanweisung **oder einem** *Anweisungsblock* **zusammen. Er kann**

optional benannt werden, was in ihm die Definition lokaler Variablen ermöglicht.

Beispiel 11.3 zeigt einen Modul mit vier initial-Anweisungen. Die ersten beiden Blöcke enthalten jeweils eine Anweisung, der dritte eine Verbundanweisung, der vierte enthält einen benannten Block mit der lokalen Variablen A_LOCAL.

```
module begin_example;
reg A,
    B;

initial
  A = 1;

initial
  B = 1;

initial begin
  A = 1;
  B = 1;
end

initial begin : block1
  reg A_LOCAL;
  A_LOCAL = 1;
  B = A && A_LOCAL;
end
endmodule
```

**Beispiel 11.3** Blöcke

In C entspricht { , } dem begin, end.

```
B4  task, endtask
```

```
Prozedur                 ::= task <Prozedurname>; <Prozedur-Funktion-Deklar>
                             <Anweisungen> endtask
Prozedurname             ::= <Bezeichner>
Prozedur-Funktion-Deklar::= <Parameter-Deklaration> | <Register-Deklaration>
                             | <Integer-Deklaration>
Register-Deklaration     ::= reg <Bereich> <Variablenliste>;
Integer-Deklaration      ::= integer <Bereich> <Variablenliste>;
```

task und endtask umfassen eine Prozedur, mit der logisch zusammenhängende Programmteile zusammengefaßt werden können. Eine Task darf im Gegensatz zu einer Funktion (B5) Zeitkontrollen besitzen (Zeitverzögerung #, Ereignis-Kontrolle @ und wait-Anweisung wait, B25-B27).

Der Modul in Beispiel 11.4 besteht aus zwei Tasks sowie einem `initial`-Block, indem zunächst die Task `add` mit den aktuellen Parametern 1 und 2 aufgerufen wird. Diese Task besitzt also zwei formale Parameter. Das Ergebnis der Addition wird in der globalen Variable `RESULT` abgelegt. Der Aufruf der parameterlosen Task `display_result` gibt das Ergebnis auf dem Bildschirm aus.

```
module task_example;
reg   [7:0] RESULT;

task add;
input [7:0] A,
            B;
RESULT = A + B;
endtask

task display_result;
$display ("Die Addition lieferte %d", RESULT);
endtask

initial begin
  add (1, 2);
  display_result;
end
endmodule
```

**Beispiel 11.4**   Eine Task

Die Task entspricht einer Funktion in C mit der Einschränkung, daß eine Task kein Ergebnis über ihren Namen liefern kann.

```
┌──────────────────────────────────────────────┐
│           B5   function, endfunction          │
└──────────────────────────────────────────────┘

Funktion                  ::= function <Bereich> <Funktionsname>;
                              <Prozedur-Funktion-Deklar> <Anweisungen>
                              endfunction
Funktionsname             ::= <Bezeichner>
Prozedur-Funktion-Deklar::= <Parameter-Deklaration> | <Register-Deklaration>
                            | <Integer-Deklaration>
Register-Deklaration      ::= reg <Bereich> <Variablenliste>;
Integer-Deklaration       ::= integer <Bereich> <Variablenliste>;
```

`function` und `endfunction` begrenzen eine `Funktion`. Auch hier wird ein logisch zusammenhängendes Programmstück gebildet. Eine Zeitkontrolle ist im Funktionscode unzulässig. Daher entspricht der Funktionscode einer kombinatorischen Logik, welche aus den Argumenten ein Ergebnis verzögerungsfrei berechnet. Eine Funktion gibt genau einen Wert über ihren Namen zurück und muß mindestens einen formalen Parameter besitzen.

Die Funktion `maximum` im Beispiel 11.5 berechnet das übliche Maximum zweier Werte, die beim Aufruf übergeben werden. Der `initial`-Block ruft die Funktion mehrfach mit Testwerten auf und gibt die Ergebnisse aus.

```
module funktion_example;

function maximum;
input A,
      B;
if (A > B)
  maximum = A;
else
  maximum = B;
endfunction

initial begin
   $display ("maximum (0,0)=%d", maximum (0,0));
   $display ("maximum (1,0)=%d", maximum (1,0));
   $display ("maximum (0,1)=%d", maximum (0,1));
end
endmodule
```

```
VERILOG-XL 1.6b    Aug 12, 1994  17:47:51
  * Copyright Cadence Design Systems, Inc. 1985, 1988.   *
  *      All Rights Reserved.         Licensed Software.  *
  * Confidential and proprietary information which is the *
  *        property of Cadence Design Systems, Inc.       *
Compiling source file "bsp4.v"
Highest level modules:
funktion_example

maximum (0,0)=0
maximum (1,0)=1
maximum (0,1)=1
12 simulation events
CPU time: 0.2 secs to compile + 0.0 secs to link + 0.0 secs in simulation
```

**Beispiel 11.5**  Funktion mit Simulationsausgabe

Wie hier werden wir das Simulationsergebnis oft direkt an das Programm anfügen.

Zu sehen sind zunächst eine Startmeldung des Simulators (`VERILOG-XL ...`) und der Startmodul, bevor die eigentliche Simulationsausgabe erscheint. Daran schließen sich die Anzahl bearbeiteter Ereignisse an, die benötigte Rechenzeit sowie eine Schlußzeile. Sowohl die Startmeldung als auch die letzten zwei Zeilen werden im folgenden nicht erneut aufgeführt, da sie im wesentlichen stets gleich sind.

Die Funktion entspricht der in C mit der Restriktion, daß sie ein Ergebnis über den Funktionsnamen liefern muß.

```
                    B6  input, output, inout
```

```
Eingangsdeklaration      ::= input <Bereich> <Variablenliste>;
Ausgangsdeklaration      ::= output <Bereich> <Variablenliste>;
Bidirekt-Deklaration     ::= inout <Bereich> <Variablenliste>;
```

Durch `input` wird eine Variable als Eingang eines Moduls deklariert. Eine `input`-Variable kann gelesen, aber nicht geändert werden. Eine `output`-Variable kann nur vom Modul beschrieben werden, dessen Ausgang sie darstellt. Andere Module können sie nur lesen. `inout`-Variablen sind les- und schreibbar. `input` kann auch bei Tasks und Funktionen benutzt werden.

Für Ein- und Ausgänge wird anschließend der Typ deklariert. Für einen Wire der Breite 1 kann diese Angabe entfallen. Beispiel 11.6 berechnet erneut das Maxmimum zweier Eingangsvariablen und übergibt das Ergebnis im Register RESULT. A und B sind default-mäßig 1-Bit-Wires.

```
module maximum (A, B, RESULT);
input   A,
        B;
output  RESULT;
reg     RESULT;

always @(A or B)
  if (A > B)
    RESULT = A;
  else
    RESULT = B;
endmodule
```

**Beispiel 11.6**  Modulparameter

Das Schlüsselwort `inout` wird hauptsächlich für die Modellierung bidirektionaler Datenbusse benötigt. Sollen in beiden Richtungen Daten ausgetauscht werden, wäre `input` oder `output` jeweils zu restriktiv. Das Beispiel 11.7 implementiert zwei Module, welche über eine bidirektionale Leitung (im Hauptmodul `DATA`, im Untermodul `VALUE` genannt) Daten austauschen. Abschnitt 11.3.7 behandelt die bidirektionale Kommunikation ausführlich.

```
submodule SUBMODULE (DATA, ENABLE);
```

verbindet die Leitungen des Haupmoduls mit denen des Untermoduls. Der Hauptmodul schickt dem Untermodul ein 8 Bit breites Byte. Der Untermodul zieht dieses von 255 ab und gibt das Ergebnis über die gleiche Leitung zurück. Da die Datenleitung in beiden Richtungen und von beiden Modulen benutzt wird, muß eine zusätzliche Steuerleitung, in beiden Modulen ENABLE genannt, die Schreibzugriffe synchronisieren. Dabei liest der Untermodul einen Wert, wenn der Hauptmodul die Leitung ENABLE auf 1 gesetzt hat und legt diesen im Zwischenspeicher MEMORY ab. Setzt der Hauptmodul ENABLE auf 0, so zieht der Untermodul den Zwischenspeicher von 255 ab und legt das Ergebnis auf den bidirektionalen Bus.

Zu beachten ist, daß die nicht schreibende Seite ihr mit der Datenleitung verbundenes Register BUFFER auf den Wert z setzen muß. z steht für hochohmig (B11) und bedeutet, daß die Seite den Bus für einen Schreibzugriff der anderen Seite freigibt. Zu beachten ist weiterhin, daß eine inout-Variable kein reg sein kann, sondern ein wire sein muß.

Da man einem wire nicht direkt einen Wert zuweisen kann, wird im Untermodul durch

```
wire [7:0] VALUE = BUFFER;
```

mit dem Register BUFFER ständig verbunden (Continuous Assignment, B20). Kurz gesagt übernimmt VALUE bei jeder Änderung von BUFFER dessen Inhalt. Ist der BUFFER des Untermoduls z, so wirkt sich nur der BUFFER des Hauptmoduls auf die Datenleitung DATA = VALUE aus. Denn auch im Hauptmodul wird durch

```
wire [7:0] DATA = BUFFER;
```

dem Datenbus ein Register ständig zugewiesen.

```
module submodule (VALUE, ENABLE);
inout [7:0] VALUE;
input        ENABLE;

reg   [7:0] BUFFER;
reg   [7:0] MEMORY;
wire  [7:0] VALUE = BUFFER;              // Continuous Assignment

always @(VALUE or ENABLE)
  if (ENABLE == 1) begin
```

```
      BUFFER = 8'bz;
      #2;
      MEMORY = VALUE;
   end
   else
      BUFFER = 255 - MEMORY;
endmodule


module mainmodul;
reg  [7:0] BUFFER;
wire [7:0] DATA = BUFFER;              // Staendige Zuweisung
reg        ENABLE;

submodule SUBMODULE (DATA, ENABLE);

initial begin
   BUFFER = 0;
   ENABLE = 1; #10;
   ENABLE = 0; #1;
   BUFFER = 8'bz;
   #10;
   $display ("DATA = %d", DATA);

   BUFFER = 100;
   ENABLE = 1; #10;
   ENABLE = 0; #1;
   BUFFER = 8'bz;
   #10;
   $display ("DATA = %d", DATA);
end
endmodule
```

**Beispiel 11.7**   Bidirektionale Verbindung

Ein direktes Äquivalent gibt es in C nicht, da dort alle Variablen gelesen und geändert werden können.


## 11.2.2 Variablendeklaration

```
┌────────────────────────────────────────────────────┐
│                    B7  integer                     │
└────────────────────────────────────────────────────┘
```

Integer-Deklaration    ::= integer <Bereich> <Variablenliste>;

integer definiert eine oder mehrere Variablen. Dabei kann die Breite in Bit angegeben werden, indem sie der Liste mit den Variablennamen vorangestellt wird. Die Breite ist bei allen Variablen der Liste gleich.

Dies entspricht dem int in C.

**B8  wire**

| Wire-Deklaration | ::= wire <Bereich> <Variablenliste>; |

Variablen des Typs `wire` können pro Bit die Werte 0, 1, x (unbestimmt) und z (hochohmig) annehmen (B11). Die Breite kann in Bit angegeben werden, indem sie der Liste mit den Variablennamen vorangestellt wird. Sie ist dann für die ganze Liste gleich. Ein Wire stellt ein Verbindungsnetz zwischen mehreren Punkten dar. Ein Wire kann nicht speichern und daher keinen direkten Wert zugewiesen bekommen. Wohl aber kann er einen Wert durch eine „ständige Zuweisung" (Continuous Assignment, B20) `assign` erhalten.

Durch die Instanziierung eines Untermoduls in einem Modul werden die Leitungen in der Parameterliste des Untermoduls mit denen des Moduls verbunden; dies entspricht ebenfalls einer ständigen Zuweisung. Wurde dem Wire ein Register durch eine der oben angeführten Zuweisungsalternativen zugewiesen, so kann der Wert des Wire durch eine Zuweisung an das zugehörige Register gesteuert werden.

Der Hauptmodul `modul` im Beispiel 11.8 instanziiert einen Modul `SUBMODULE1` vom Typ `submodule1` und entsprechend `SUBMODULE2`. Die Instanz `SUBMODULE1` generiert Rechteckimpulse der Periode 20 für die anderen Module. Da sie die Leitung `CLOCK_SUBMODULE1` beschreibt, muß diese einen zugewiesenen Wert speichern können und daher ein Register sein (B9). Durch die Instanziierung

```
submodule1 SUBMODULE1 (CLOCK_MAINMODULE);
```

wird das Register `CLOCK_SUBMODULE1` von `SUBMODULE1` mit dem Wire `CLOCK_MAINMODULE` des Hauptmoduls verbunden. `CLOCK_MAINMODULE` darf nicht vom Typ `reg` sein, da bereits `CLOCK_SUBMODULE1` eine Registervariable ist. Die Instanziierung

```
submodule2 SUBMODULE2
    (CLOCK_MAINMODULE, CLOCK_DIV_2_MAINMODULE);
```

verbindet den Wire `CLOCK_SUBMODULE2` mit dem Wire `CLOCK_MAINMODULE` des Hauptmoduls und damit mit dem Wire `CLOCK_SUBMODULE1`. `CLOCK_SUBMODULE2` muß ebenfalls vom Typ `wire` sein, da er indirekt mit dem Register `CLOCK_SUBMODULE1` verbunden ist.

Durch solche Zuweisungen können sich also Ketten von Leitungen über mehrere Module hinweg bilden. Dabei ist jedoch nur der Anfang der Kette ein Register; alle anderen Leitungen sind Wires.

```verilog
module submodule1 (CLOCK_SUBMODULE1);
output CLOCK_SUBMODULE1;
reg    CLOCK_SUBMODULE1;

always begin
  CLOCK_SUBMODULE1 = 0;              // Clock auf 0 setzen
  #10;                              // 10 Zeiteinheiten warten
  CLOCK_SUBMODULE1 = 1;              // Clock auf 1 setzen
  #10;                              // 10 Zeiteinheiten warten
end
endmodule


module submodule2 (CLOCK_SUBMODULE2, CLOCK_DIV_2_SUBMODULE2);
input  CLOCK_SUBMODULE2;
output CLOCK_DIV_2_SUBMODULE2;
reg    CLOCK_DIV_2_SUBMODULE2;

always begin
  CLOCK_DIV_2_SUBMODULE2 = 0;        // Clock auf 0
  @(CLOCK_SUBMODULE2);              // zweimal warten
  @(CLOCK_SUBMODULE2);
  CLOCK_DIV_2_SUBMODULE2 = 1;        // Clock auf 1
  @(CLOCK_SUBMODULE2);              // zweimal warten
  @(CLOCK_SUBMODULE2);
end
endmodule


module modul;
wire CLOCK_MAINMODULE,
     CLOCK_DIV_2_MAINMODULE;

 submodule1 SUBMODULE1 (CLOCK_MAINMODULE);
.submodule2 SUBMODULE2 (CLOCK_MAINMODULE, CLOCK_DIV_2_MAINMODULE);

 always @(CLOCK_DIV_2_MAINMODULE)
   $display ("CLOCK_DIV_2_MAINMODULE aendert sich");

 initial begin
   #100;                            // 100 Zeiteinheiten warten
   $finish;                         // und die Simulation beenden
 end
endmodule
```

**Beispiel 11.8**  Wires


Ein Wire hat gegenüber einem `int` in C zusätzliche hardwarenahe Eigenschaften.


| B9    reg |
| --- |

```
Register-Deklaration    ::= reg <Bereich> <Variablenliste>;
```

Variablen des Typs `reg` können pro Bit die Werte 0, 1, **x** (unbestimmt) und **z** (hochohmig) annehmen (B11). Dabei kann die Breite der Variablen in Bit angegeben werden, indem sie der Liste mit den Variablennamen vorangestellt wird. Die Breite ist bei allen Variablen der Liste gleich. Eine Registervariable (kurz: Register) stellt ein Speicherelement dar und behält einen zugewiesenen Wert bis zur nächsten Zuweisung.

Im Beispiel 11.9 gibt ein Zähler die Zahlen von 1 bis 10 aus.

```
module counter;
reg [3:0] R;

initial
  for (R=1; R <= 10; R = R + 1)
    $display ("R= %d", R);
endmodule
```

**Beispiel 11.9** Register

Ein Register hat gegenüber einem `int` in C zusätzliche hardwarenahe Eigenschaften.

**B10   event**

```
Event-Deklaration       ::= event <Variablenliste>;
```

Eine Variable vom Typ `event` stellt ein abstraktes Ereignis dar, dessen Interpretation dem Anwender überlassen bleibt: er mag darunter das Eintreffen einer positiven Flanke verstehen oder die Bestätigung eines anderen Moduls. Prinzipiell lassen sich solche Ereignisse auch durch Register modellieren, allerdings nicht so elegant. Es werden nicht (dauerhafte) *Zustände*, sondern deren (punktuelle) *Änderungen* modelliert.

Beispiel 11.10 enthält einen Sender und einen Empfänger. Der Sender, ein `initial`-Block, soll dem Empfänger, einem `always`-Block, einen 8 Bit breiten Wert schicken, welchen der Empfänger auf dem Bildschirm ausgibt. Der Datenaustausch geschieht über die Variable `DATA`, in welcher der Wert abgelegt wird. Daher muß der Registertyp `reg` gewählt werden. Über die `event`-Variable `STROBE` teilt der Sender dem Empfänger das Anliegen eines neuen Wertes mit. Der Empfänger wartet mit

```
    always @(STROBE)
```

**auf ein neues Ereignis, das der Sender durch**

```
    ->STROBE;
```

**auslöst (B19).**

```
module send_receive;
reg [7:0] DATA;
event     STROBE;

// Sender
initial begin
  #10;
  DATA =   0; ->STROBE; #10;      // Wert anlegen,
  DATA = 100; ->STROBE; #10;      // zur Uebernahme auffordern
  DATA = 255; ->STROBE; #10;      // und 10 Takte warten
  DATA = 255; ->STROBE; #10;
end

// Empfaenger
always @(STROBE)
  $display ("Ein neuer Wert trifft ein: %d", DATA);
endmodule
```

**Beispiel 11.10**  Event

Eine alternative Modellierung mit einem Register zeigt Beispiel 11.11.

```
module send_receive_2;
reg [7:0] DATA;
reg       STROBE;

// Sender
initial begin
  #10;
  DATA =   0; STROBE = 1; #5; STROBE = 0; #5;    // Wert anlegen,
  DATA = 100; STROBE = 1; #5; STROBE = 0; #5;    // zur Uebernahme
  DATA = 255; STROBE = 1; #5; STROBE = 0; #5;    // auffordern
  DATA = 255; STROBE = 1; #5; STROBE = 0; #5;    // und warten
end

// Empfaenger
always @(posedge STROBE)
  $display ("Ein neuer Wert trifft ein: %d", DATA);
endmodule
```

**Beispiel 11.11**  Register statt Event

Der Empfänger wartet durch

```
always @(posedge STROBE)
```

bis sich STROBE von 0 auf 1 ändert; ohne posedge (B25) würde auf *jede*
Änderung von STROBE reagiert.

Ein direktes Gegenstück zum event gibt es in C nicht.

```
                         B11    Konstante

Konstante               ::= <optionales-Vorzeichen> <Breite> <Basis> <Mantisse>
optionales-Vorzeichen   ::=  | + | -
Breite                  ::=  | <Dezimalzahl>
Dezimalzahl             ::= <Dezimalziffer> | <Dezimalziffer> <Dezimalzahl>
Dezimalziffer           ::= 0 | 1 | 2 | 3 | 4 | 5 | 6 | 7 | 8 | 9
Basis                   ::=  | 'b | 'B | 'o | 'O | 'd | 'D | 'h | 'H
Mantisse                ::= <Mantissenziffer> | <Mantissenziffer> <Mantisse>
Mantissenziffer         ::= <Dezimalziffer> | <Hexadezimalziffer>
                             | x | X | z | Z | ? | _
Hexadezimalziffer       ::= a | A | b | B | c | C | d | D | e | E | f | F
```

Konstanten können zu unterschiedlichen Basen gebildet werden. Wird keine
Basis angegeben, so wird 10 verwendet. Es sind die Basen 2 ('b oder 'B), 8
('o, 'O), 10 ('d', 'D) sowie 16 ('h, 'H) möglich. Mit der Angabe einer Kon-
stantenbreite wird die Angabe einer Basis zwingend. Die Breite der
Konstante wird der Basis als Dezimalzahl vorangestellt.

Als Mantisse sind lediglich die Ziffern der gewählten Basis zulässig (bei der
Basis 2 etwa nur 0 und 1) sowie die Zeichen x, X, z, Z, ? und _. z und Z stellen
den Wert „hochohmig" dar. x und X werden als „unbestimmt" interpretiert.
Statt z bzw. Z kann auch das ? verwendet werden. Das Zeichen _ dient nur der
besseren Lesbarkeit. Die Bedeutung von z und x wird jetzt näher erläutert.

Im Beispiel 11.12 werden dem Register DATA einige typische Konstanten zugewiesen und ausgegeben. Die Formatierung ist nicht mehr %d, sondern %b zur
Ausgabe einer Binärzahl.

Durch

```
DATA = 1'b1;
```

erhält DATA den Wert 1, obwohl die Konstante explizit die Weite 1 Bit hat. Die
restlichen Bits werden durch 0 ergänzt. In

```
DATA = 'bz;
```

wird keine Breite angegeben; es wird in diesem Fall mit z statt mit 0 ergänzt.

```
    module constant_example;
    reg  [7:0] DATA;

    initial begin
      DATA =                    0; $display ("DATA = %b", DATA);   // dezimal    0
      DATA =                   10; $display ("DATA = %b", DATA);   // dezimal   10
      DATA =                'h10; $display ("DATA = %b", DATA);   // dezimal   16
      DATA =                'b10; $display ("DATA = %b", DATA);   // dezimal    2
      DATA =                  255; $display ("DATA = %b", DATA);   // dezimal  255
      DATA =                1'b1; $display ("DATA = %b", DATA);
      DATA =     'bxxxxzzzz; $display ("DATA = %b", DATA);
      DATA = 'b1010_1010; $display ("DATA = %b", DATA);
      DATA =               1'bz; $display ("DATA = %b", DATA);
      DATA =                'bz; $display ("DATA = %b", DATA);
    end
    endmodule


    Highest level modules:
    constant_example

    DATA = 00000000
    DATA = 00001010
    DATA = 00010000
    DATA = 00000010
    DATA = 11111111
    DATA = 00000001
    DATA = xxxxzzzz
    DATA = 10101010
    DATA = 0000000z
    DATA = zzzzzzzz
```

**Beispiel 11.12**  Konstanten

Beispiel 11.13 erläutert die Bedeutung von x und z genauer. Die zwei Register
REG1 und REG2 treiben beide den Wire W. Dies entspricht dem Zusammen-
schalten zweier möglicherweise hochohmiger Treiber an eine gemeinsame
Ausgangsleitung. Sind jedoch beide Treiber nicht hochohmig, so kommt es bei
unterschiedlichen Ausgangswerten zu Konflikten.

Zum Beginn der Simulation sind REG1 und REG2 noch undefiniert mit x in
allen Bit-Positionen. Ihre Verknüpfung liefert ebenfalls überall x. Werden
beide Register auf 0 gesetzt, kommt es zu keinem Konflikt. Durch

```
        REG1 = 10; REG2 = 8'bz;
```

wird der zweite Treiber hochohmig, so daß das erste Register den Ausgang W
alleine treibt. Nach der Zuweisung

```
        REG2 = 8'b11111111;
```

kommt es nur an Bit-Positionen mit unterschiedlichen Werten zu Konflikten.

```
module constant_example_2;
reg  [7:0] REG1,
           REG2;
wire [7:0] W = REG1;
assign     W = REG2;

initial begin
                                $display ("W = %b", W);
  REG1 =  0; REG2 =          0; $display ("W = %b", W);
  REG1 = 10; REG2 =      8'bz; $display ("W = %b", W);
             REG2 = 8'b11111111; $display ("W = %b", W);
             REG2 =      8'bx; $display ("W = %b", W);
             REG2 =      8'bz; $display ("W = %b", W);
end
endmodule
```

```
Highest level modules:
constant_example_2

W = xxxxxxxx
W = 00000000
W = 00001010
W = xxxx1x1x
W = xxxxxxxx
W = 00001010
```

**Beispiel 11.13**  x und z

**Mit**

```
    REG2 = 8'bx;
```

werden dann alle Bits undefiniert, was sich auf den Ausgang überträgt.
Wichtig ist der Unterschied zwischen den beiden Fällen, bei denen alle Bits von
REG2 auf z und auf x gesetzt sind. Im ersten Fall beeinflußt dieses Bit weitere
angeschlossene Leitungen *nicht*; im zweiten Fall „treibt" die Variable die
angeschlossenen Leitungen mit einem undefinierten Wert.

Die Konstantendefinition entspricht der in C; auch dort kann eine Konstante
zu den Basen 2, 8, 10 oder 16 angegeben werden. Nicht möglich sind x, z oder ?
sowie die Breite einer Konstanten.

## 11.2.3 Operationen

```
          B12   Arithmetik +,  -,  *,  /,  %

Ausdruck1                    ::= <Ausdruck> <Grundrechenart-Operator> <Ausdruck>
Grundrechenart-Operator ::= + | - | * | / | %
Argumente2                   ::= <Variablenname> | <Argumente2>, <Argumente2>
Vorzeichen                   ::= + | -
```

+, −, * und / haben die übliche Bedeutung. Der Operator % liefert den Rest einer Division. + und − können auch als unäre Operatoren das Vorzeichen angeben.

Diese Operatoren haben in C die gleiche Bedeutung.

```
┌─────────────────────────────────────────────────────┐
│ B13  Vergleich  ==,  !=,  ===,  !==,  <,  >,  <=,  >= │
└─────────────────────────────────────────────────────┘

Ausdruck7                   ::= <Ausdruck> <Vergleichs-Operator> <Ausdruck>
Vergleichs-Operator         ::= == | != | === | !== | < | > | <= | >=
```

Es werden Ausdrücke verglichen. ==, ! =, <, >, <= sowie >= bedeuten wie in C „gleich", „ungleich", „kleiner" usw.; === und ! == berücksichtigen auch die Werte x und z. Während erstere Operatoren auf einer *logischen* Ebene vergleichen, tun === und seine Negation ! == dies *wörtlich*. Die Unterschiede erläutert Beispiel 11.14. Es wird auch auf Kapitel 4 hingewiesen.

```
module compare;

initial begin
   $display ("1'bx  ==  1'b1 = %b", 1'bx  ==  1'b1);
   $display ("1'bx  === 1'b1 = %b", 1'bx  === 1'b1);
   $display ("1'bx  ==  1'bx = %b", 1'bx  ==  1'bx);
   $display ("1'bx  === 1'bx = %b", 1'bx  === 1'bx);
   $display ("1'bz  !=  1'b1 = %b", 1'bz  !=  1'b1);
   $display ("1'bx  <=  1'b1 = %b", 1'bx  <=  1'b1);
   $display ("2'bxx ==  2'b11 = %b", 2'bxx ==  2'b11);
end
endmodule
```
```
Highest level modules:
compare

1'bx  ==  1'b1  = x
1'bx  === 1'b1  = 0
1'bx  ==  1'bx  = x
1'bx  === 1'bx  = 1
1'bz  !=  1'b1  = x
1'bx  <=  1'b1  = x
2'bxx ==  2'b11 = x
```

**Beispiel 11.14**  Vergleichsoperatoren

„Logische Gleichheit" bedeutet, daß beide Seiten mit 0 oder 1 definiert und gleich sind. Der erste logische Vergleich zwischen 1'bx und 1'b1 liefert x, da der erste Ausdruck undefiniert ist. Der zweite und wörtliche Vergleich liefert 0 (falsch), da ein x ein anderer Wert als 1 ist.

Der Vergleich zweier Unbestimmter x ist logisch unbestimmt, wörtlich dagegen gleich (Ergebnis x bzw. 1). Zu beachten ist beim letzten Vergleich, daß das Ergebnis 1 Bit breit ist, obwohl die verglichenen Ausdrücke jeweils zwei Bit umfassen.

Diese Operatoren existieren bis auf === und !== mit der gleichen Bedeutung in C.

```
┌─────────────────────────────────────────────────────────┐
│                    B14   Logik  !,  &&,  ||              │
└─────────────────────────────────────────────────────────┘
```

```
Ausdruck3                 ::= <Ausdruck> <logischer-Op-zweistellig> <Ausdruck>
logischer-Op-zweistellig::= && | ||
Ausdruck4                 ::= <logischer-Op-einstellig> <Ausdruck>
logischer-Op-einstellig ::= !
```

Die logischen Operatoren Negation (!), Oder (||) und Und (&&) verknüpfen mehrere Operanden. Beispielsweise kann eine if-Bedingung die Erfüllung mehrerer Bedingungen fordern. Da jeder Operand aber neben den numerischen Werten auch x und z enthalten kann, muß für die logischen Operatoren auch die Verknüpfung dieser Werte definiert werden. Das Ergebnis einer Operation ist x, wenn in irgendeiner Bit-Position eines Operanden ein x oder z vorkommt. Eine Ausnahme gilt, wenn das Ergebnis durch einen der beiden Operanden bereits eindeutig festgelegt ist. So ist der Wert von

```
1'bx && 1'b0
```

0, da eine Und-Verknüpfung mit 0 stets 0 ergibt. Tabelle 11.15 definiert die Und-Verknüpfung.

| && | 0 | 1 | x | z |
|----|---|---|---|---|
| 0 | 0 | 0 | 0 | 0 |
| 1 | 0 | 1 | x | x |
| x | 0 | x | x | x |
| z | 0 | x | x | x |

**Tabelle 11.15**  Und-Verknüpfung mit x und z

Beispiel 11.16 verdeutlicht Verknüpfungen auf der logischen Ebene.

```
module logical_operators;

initial begin
  $display ("! 1'b1 = %b", ! 1'b1);
  $display ("! 1'bx = %b", ! 1'bx);
  $display ("! 1'bz = %b", ! 1'bz);
  $display ("1'b1  && 1'b0 = %b", 1'b1  && 1'b0 );
  $display ("1'bx  && 1'b0 = %b", 1'bx  && 1'b0 );
  $display ("1'bx  && 1'b1 = %b", 1'bx  && 1'b1 );
  $display ("1'bx  || 1'b0 = %b", 1'bx  || 1'b0 );
  $display ("1'bx  || 1'b1 = %b", 1'bx  || 1'b1 );
  $display ("2'b00 || 2'bxx = %b", 2'b00 || 2'bxx);
end
endmodule
```

```
Highest level modules:
logical_operators

!  1'b1 = 0
!  1'bx = x
!  1'bz = x
1'b1  && 1'b0 = 0
1'bx  && 1'b0 = 0
1'bx  && 1'b1 = x
1'bx  || 1'b0 = x
1'bx  || 1'b1 = 1
2'b00 || 2'bxx = x
```

Beispiel 11.16   Logische Verknüpfungen

Auch der Ausdruck

```
    1'bx || 1'b1
```

ergibt 1, da der zweite Operand das Ergebnis bereits eindeutig festlegt. Die
letzte Anweisung verknüpft zwei Ausdrücke mit jeweils zwei Bit, das Ergebnis
ist gleichwohl nur ein Bit breit.

Diese Operatoren existieren außer für x und z auch in C.

B15   Bit-weise Logik  ~,  &,  |

```
Ausdruck5                 ::= <Ausdruck> <bitweiser-Op-zweistellig> <Ausdruck>
bitweiser-Op-zweistellig::= & | |
Ausdruck6                 ::= <bitweiser-Op-einstellig> <Ausdruck>
bitweiser-Op-einstellig ::= ~
```

Zu beachten ist bei der EBNF des zweistelligen bit-weisen Operators, daß das
erste | die Auswahlentscheidung des EBNF darstellt, während das zweite |
ein Zeichen der Sprache VERILOG darstellt.

Die bit-weisen Operatoren Negation (~), Oder ( | ) und Und (&) erlauben die bit-weise Verknüpfung von Ausdrücken. Das Ergebnis hat die gleiche Breite wie der breiteste verknüpfte Ausdruck, dabei werden an jeder Bit-Stelle die Operanden entsprechend verknüpft. Da jedes Bit einen der vier Werte 0, 1, x oder z annehmen kann, müssen die bit-weisen Operatoren erweitert werden. Hier gilt die gleiche Regel wie bei den logischen Operatoren. Besitzt nur ein verknüpftes Bit den Wert x oder z, so ist das Ergebnis x, es sei denn, es ist bereits durch einen Operanden alleine bestimmt. Dies ist beispielsweise der Fall bei der Verknüpfung

```
1'bx & 1'bz & 1'b1 & 1'b0
```

mit dem Ergebnis 0. Beispiel 11.17 wendet bit-weise Operatoren an.

```
module bitwise_operators;

initial begin
  $display ("~ 4'bzx10         = %b", ~ 4'bzx10);
  $display ("4'b001x & 4'b0x10 = %b", 4'b001x & 4'b0x10);
  $display ("2'b1x | 2'b00      = %b", 2'b1x | 2'b00);
end
endmodule

Highest level modules:
bitwise_operators

~ 4'bzx10         = xx01
4'b001x & 4'b0x10 = 0010
2'b1x | 2'b00     = 1x
```

**Beispiel 11.17**  Bit-weise Verknüpfungen

Die erste `$display`-Anweisung invertiert eine 4 Bit breite Variable. Die zweite zeigt eine Und-Verknüpfung; die dritte eine Oder-Operation. Zu beachten ist, daß das Ergebnis mehrere Bits hat.

Diese Operatoren existieren auch in C, jedoch nicht für x und z.

## B16  Konkatenation  { }

```
Konkatenation   ::= { <Ausdruckliste> }
Ausdruckliste   ::= <Ausdruck> | <Ausdruck> , <Ausdruckliste>
```

Die Konkatenation hängt mehrere Ausdrücke zu einem neuen Ausdruck
hintereinander. Zwei konkatenierte 3 Bit breite Ausdrücke sind 6 Bit breit.
Beispiel 11.18 konkateniert drei Variablen der Breiten 3, 4 und 2.

```
module concatenation;

initial
  $display ("{3'b100, 4'bxxzz, 2'ha} = %b", {3'b100, 4'bxxzz, 2'ha});
endmodule
```

```
Highest level modules:
concatenation

{3'b100, 4'bxxzz, 2'ha} = 100xxzz10
```

**Beispiel 11.18**  Konkatenation

Zu beachten ist die Angabe 2'ha für den dritten Ausdruck,. Es soll ein
Ausdruck mit dem Wert dezimal 10 in zwei Bits dargestellt werden, obwohl 4
Bits benötigt würden. Durch die Angabe 2' werden jedoch nur die untersten
beiden Bits verwendet.

Eine solche Operation existiert in C nicht.

## B17    Wiederholte Konkatenation

```
Wiederholung          ::= { <Ausdruck> { <Ausdruckliste> } }
Ausdruckliste         ::= <Ausdruck> | <Ausdruck> , <Ausdruckliste>
```

In der Wiederholung muß der Ausdruck konstant sein. Durch

```
    { 4 { 2'b00, 2'b11} }
```

wird

```
    16'b0011001100110011
```

erzeugt.

Eine solche Operation existiert in C nicht.

## B18  Shift <<, >>

```
Shiften          ::= <Ausdruck> <Shiftoperator> <Ausdruck>
Shiftoperator    ::= << | >>
```

Die Shift-Operation << verschiebt die Bits in die Richtung höherwertiger Bit-Positionen, >> in die andere Richtung. Dabei ist der rechte Ausdruck die Shift-Distanz. Ist sie negativ, wird entgegengesetzt geschoben.

Beispiel 11.19 schiebt zuerst um 4 Bit nach links, dann 4 Bit nach rechts und schließlich um -4 Bit nach links, folglich nach rechts.

```
module shift;

initial begin
  $display ("%b", 8'b0000_1111 << 4);
  $display ("%b", 8'b0000_1111 >> 4);
  $display ("%b", 8'b0000_1111 << -4);
end
endmodule
```
```
Highest level modules:
shift

11110000
00000000
00000000
```

**Beispiel 11.19**  Shiften

Die gleichen Operationen existieren in C.

```
         B19    Auslösen eines Events  ->
```
```
Ausloesen            ::= -> <Ereignis-Variable>;
Ereignis-Variable    ::= <Bezeichner>
```

Die Operation -> löst ein Event aus (B10). Im Beispiel 11.20 werden eine always- und eine initial-Anweisung gleichzeitig ausgeführt. Die always-Anweisung wird immer wieder ausgeführt und wartet durch die Bedingung

        @ (EVENT)

auf eine Änderung von EVENT. In diesem Fall wird die folgende $display-Anweisung ausgeführt, welche den aktuellen Simulationszeitpunkt in $time ausgibt. Innerhalb des initial-Blocks werden Events ausgelöst. Das erste wird zur Zeit 0 ausgelöst, das zweite und dritte zum Zeitpunkt 10.

Allerdings registriert die always-Wartebedingung von den zwei Events zur Zeit 10 nur eines. Auf diese Besonderheit wird bei der Erläuterung der

Zeitachse näher eingegangen (B23, Abschnitt 11.3). Das vierte Event wird zum
Zeitpunkt 20 ausgelöst; $finish beendet anschließend die Simulation.

```
module trigger_event;
event EVENT;

always @(EVENT)                         // auf das Ausloesen des Event warten
  $display ("EVENT wird ausgeloest bei %d", $time);
                                        // $time enthaelt die Simulationszeit

initial begin
  ->EVENT; #10;
  ->EVENT;                              // zwei Events fuer den gleichen
  ->EVENT; #10;                         // Simulationszeitpunkt
  ->EVENT; #10;
  $finish;                              // Simulationsende
end
endmodule
```
```
Highest level modules:
trigger_event

EVENT wird ausgeloest bei                        0
EVENT wird ausgeloest bei                       10
EVENT wird ausgeloest bei                       20
L16 "bsp18.v": $finish at simulation time 30
```

**Beispiel 11.20**  Auslösen eines Events

Events gibt es in C nicht.

```
┌────────────────────────────────────┐
│            B20   assign             │
└────────────────────────────────────┘
```

```
Continuous_Assignment   ::= assign <Linksausdruck> = <Ausdruck>;
Linksausdruck           ::= <Variable> <Bereich> | <Konkatenation>
```

Mit assign wird einer Variablen oder einem Teil einer Variablen ständig ein
Ausdruck auf der rechten Seite zugewiesen (Continuous Assignment). Die
linke Seite muß vom Typ wire sein. Sie wird stets neu berechnet, wenn sich die
rechte Seite ändert. Die ständige Zuweisung kann außer durch assign auch
implizit bei der Definition eines Wire wie im Beispiel 11.21 erfolgen.
REGISTER_VARIABLE wird implizit WIRE1 und explizit WIRE2 zugewiesen. Die
beiden always-Blöcke überwachen WIRE1 und WIRE2 und geben bei einer
Änderung die Simulationszeit und den aktuellen Wert aus. Die Änderungen
werden von dem initial-Block erzeugt.

```
module assign_test;
reg    REGISTER_VARIABLE;
wire   WIRE1 = REGISTER_VARIABLE;   // implizites Continuous Assignment
wire   WIRE2;
assign WIRE2 = REGISTER_VARIABLE;   // explizites Continuous Assignment

always @(WIRE1)
  $display ("Zeit = %d: WIRE1 = %d", $time, WIRE1);

always @(WIRE2)
  $display ("Zeit = %d: WIRE2 = %d", $time, WIRE2);

initial begin
  REGISTER_VARIABLE = 0; #10;
  REGISTER_VARIABLE = 1; #10;
  REGISTER_VARIABLE = 0;
  REGISTER_VARIABLE = 1; #10;
  $finish;
end
endmodule
```

```
Highest level modules:
assign_test

Zeit =                     0: WIRE1 = 0
Zeit =                     0: WIRE2 = 0
Zeit =                    10: WIRE1 = 1
Zeit =                    10: WIRE2 = 1
Zeit =                    20: WIRE1 = 1
L21 "bsp19.v": $finish at simulation time 30
```

**Beispiel 11.21** Ständige Zuweisung (Continuous Assignment)

Zu beachten ist, daß sich zur Zeit 20 REGISTER_VARIABLE zweimal ändert, dies aber nicht zu einer Änderung von WIRE1 bzw. WIRE2 führt, da der resultierende Zustand von REGISTER_VARIABLE am Ende den gleichen Wert wie am Anfang hat. Auf diese Besonderheit wird bei der Betrachtung der Zeitachse eingegangen (B23, Abschnitt 11.3).

Eine vergleichbare Anweisung existiert in C nicht.

```
                    B21    Zuweisung   =
```

```
Zuweisung       ::= <Linksausdruck> = <Kontrolle> <Ausdruck>;
Kontrolle       ::= | <Zeitverzoegerung> | <Ereignis-Kontrolle>
Linksausdruck   ::= <Variable> <Bereich> | <Konkatenation>
```

Durch die Zuweisung wird einer Variablen oder einem Teil davon auf der linken Seite einmalig der Ausdruck auf der rechten Seite zugewiesen. Die linke Seite muß vom Typ reg oder integer sein. Folgt hinter dem = eine

Zeitkontrolle (Zeitverzögerung oder Ereignis-Kontrolle), so werden der momentane Wert des Ausdrucks in einen temporären, transparenten Speicher kopiert und zunächst die angegebene Zeit bzw. das angegebene Ereignis abgewartet. Danach findet die eigentliche Zuweisung statt.

Die Zuweisung existiert natürlich auch in C.

B22   Präzedenzen

Abschließend gibt Tabelle 11.22 die Präzedenz von Operatoren der Höhe nach an.

```
    !    ~
    *    /    %
    +    -
    <<   >>
    <    <=   >    >=
    ==   !==  ===  !==
    &
    |
    &&
    ||
```

**Tabelle 11.22**  Präzedenzen

## 11.2.4 Programmsteuerung

B23  always

```
|   always-Definition        ::= always <Anweisung>;                    |
```

Ein always-Block führt die auf always folgende Anweisung immer wieder aus. Er wird gleichzeitig zu allen anderen always- und initial-Blöcken ausgeführt (B24). Daher arbeiten alle diese Anweisungen *parallel* (Abschnitt 11.3.1).

Die Anweisungen innerhalb eines always-Blockes werden *sequentiell ohne Unterbrechung* bearbeitet, bis eine Zeitkontrolle erreicht wird (Abschnitt 11.3.2).

Im Beispiel 11.23 geben die ersten beiden always-Blöcke Meldungen aus, wenn COUNTER sich ändert. Der dritte ändert COUNTER. Dazu wird mit if abgefragt, ob COUNTER noch nicht initialisiert wurde (dies ist beim ersten Durchlauf der Fall). Nötig ist der wörtliche Vergleich === statt des logischen ==. Ansonsten wird COUNTER erhöht, bis bei 10 die Simulation beendet wird.

@ (COUNTER) im ersten always-Block führt die folgende $display-Anweisung erst dann aus, wenn sich COUNTER geändert hat. Man hätte auch schreiben können:

```
always
begin
  @ (COUNTER);
  $display ("COUNTER hat sich geaendert");
end
```

```
module always_test;
reg [7:0] COUNTER;

always @ (COUNTER)
  $display ("COUNTER hat sich geaendert");

always @ (COUNTER) begin
  $display ("Zeit = %d", $time);
  $display ("COUNTER = %d", COUNTER);
end

always begin
  if (COUNTER === 8'bx)
    COUNTER = 0;                      // erster Durchlauf: Initialisierung
  else
    COUNTER = COUNTER + 1;
  if (COUNTER == 10)
    $finish;                         // Simulationsende nach 10 Laeufen
  #10;                               // 10 Zeiteinheiten warten
end

endmodule
```

```
Highest level modules:
always_test

Zeit =                   0
COUNTER =    0
COUNTER hat sich geaendert
COUNTER hat sich geaendert
Zeit =                  10
COUNTER =    1
Zeit =                  20
COUNTER =    2
COUNTER hat sich geaendert
COUNTER hat sich geaendert
Zeit =                  30
COUNTER =    3
Zeit =                  40
COUNTER =    4
COUNTER hat sich geaendert
COUNTER hat sich geaendert
Zeit =                  50
COUNTER =    5
```

```
Zeit =                        60
COUNTER =   6
COUNTER hat sich geaendert
COUNTER hat sich geaendert
Zeit =                        70
COUNTER =   7
Zeit =                        80
COUNTER =   8
COUNTER hat sich geaendert
COUNTER hat sich geaendert
Zeit =                        90
COUNTER =   9
L18 "bsp20.v": $finish at simulation time 100
```

**Beispiel 11.23**  Parallele always-Blöcke

Alle drei always-Blöcke arbeiten parallel in dem Sinne, daß zum gleichen
Simulationszeitpunkt die Reihenfolge ihrer Ausführung nicht festgelegt ist.
Unser Simulator wechselt übrigens aus nicht näher bekannten Gründen die
Bearbeitungsreihenfolge der ersten beiden always-Blöcke ab. Die Anweisungen innerhalb eines always-Blockes werden wie oben erwähnt sequentiell
ohne Unterbrechung bearbeitet bis zu einer Zeitkontrolle. Daher ist ein
Simulationsergebnis der Art

```
Zeit = 10
COUNTER hat sich geaendert
COUNTER = 1
```

nicht möglich, weil in diesem Fall der zweite always-Block durch den ersten
unterbrochen würde, im zweiten Block jedoch zwischen den beiden $display-
Anweisungen keine Zeitkontrolle ist. Würde am Ende des dritten always-
Blockes die Zeitkontrolle

```
#10
```

fehlen, so würde der dritte Block zehnmal direkt hintereinander ablaufen,
ohne die Kontrolle an einen der anderen Blöcke abzugeben. Einzelheiten finden
sich im Abschnitt 11.3.1.

Ein always-Konstrukt gibt es in C nicht, da C den Programmfluß nur sequentiell bearbeitet.

```
┌──────────────────────────────────────────────┐
│               B24   initial                  │
└──────────────────────────────────────────────┘
```

```
initial-Definition        ::= initial <Anweisung>;
```

Ein initial-Block führt die auf initial folgende Anweisung genau einmal aus. Er wird gleichzeitig zu allen anderen initial- und always-Blöcken ausgeführt (B23). Daher arbeiten alle diese Anweisungen *parallel* (Abschnitt 11.3.1).

Die Anweisungen innerhalb eines initial-Blockes werden *sequentiell ohne Unterbrechung* bearbeitet, bis eine Zeitkontrolle erreicht wird (Abschnitt 11.3.2).

Beispiel 11.24 zeigt zwei parallele initial-Blöcke. Ob der erste oder der zweite Block zuerst ausgeführt wird, ist nicht festgelegt.

```
module initial_test;
initial begin                        // initial-Block 1
   $display ("i1: a");
   $display ("i1: b");
   #10;
   $display ("i1: c");
end

initial begin                        // initial-Block 2
   $display ("i2: a");
   $display ("i2: b");
end
endmodule
```

**Beispiel 11.24**  Parallele initial-Blöcke

Ein mögliches Simulationsergebnis ist

```
i1: a
i1: b
i2: a
i2: b
i1: c
```

Hier wurde der erste Block zuerst ausgeführt, #10; unterbrach diese Ausführung, und dann wurde der zweite Block bearbeitet. Ein anderes mögliches Simulationsergebnis wäre

```
i2: a
i2: b
i1: a
i1: b
i1: c
```

Ein initial-Konstrukt gibt es in C nicht, da C den Programmfluß nur sequentiell bearbeitet.

---

| B25  at @ |
| --- |

```
Ereignis-Kontrolle      ::= @ <Ereignis-Variable> | @ (<Ereignis-Ausdruck>)
Ereignis-Variable       ::= <Bezeichner>
Ereignis-Ausdruck       ::= <Ausdruck> | posedge <Ausdruck> | negedge <Ausdruck>
                            | <Ereignis-Ausdruck> or <Ereignis-Ausdruck>
```

Die `Ereignis-Kontrolle` **wartet auf das Eintreten eines Ereignisses (ohne abschließendes Semikolon). Man wartet entweder auf ein neues Event einer Event-Variablen oder auf die Wertänderung eines** `Ereignis-Ausdruck`.

**Bei vorangestelltem** `posedge` **wird auf eine positive Flanke von** 0, x **oder** z **auf** 1 **gewartet. Entsprechend wartet** `negedge` **auf eine negative Flanke von** 1, x **oder** z **auf** 0.

**Soll auf mehrere Änderungen gewartet werden, so können diese mit** or **verknüpft werden.**

```
module events;
event EVENT1,
      EVENT2;
reg   CLOCK;

always @(posedge CLOCK)
  $display ("Zeit: %d: positive Flanke", $time);

always @(negedge CLOCK)
  $display ("Zeit: %d: negative Flanke", $time);

always @(EVENT1 or EVENT2)
  $display ("Zeit: %d: EVENT1 oder EVENT2", $time);

initial begin
  CLOCK = 0; #10;
  CLOCK = 1; #10;
  CLOCK = 0; #10;
  ->EVENT1; #10;
  ->EVENT2; #10;
  $finish;
end
endmodule
```

```
Highest level modules:
events

Zeit:                      0: negative Flanke
Zeit:                     10: positive Flanke
Zeit:                     20: negative Flanke
Zeit:                     30: EVENT1 oder EVENT2
Zeit:                     40: EVENT1 oder EVENT2
L26 "bsp22.v": $finish at simulation time 50
```

**Beispiel 11.25  Warten mit** @

Im Beispiel 11.25 wartet der erste `always`-Block auf eine positive Flanke von `CLOCK`, der zweite auf eine negative und der dritte auf `EVENT1` oder `EVENT2`.

Bereits zum Zeitpunkt 0 liegt eine negative Flanke für `CLOCK` vor, die sich von x auf 0 ändert. Zur Zeit 30 wird `EVENT1` ausgelöst, die Bedingung `@(EVENT1 or EVENT2)` ist daher erfüllt.

In C gibt es nichts vergleichbares.

```
                         B26  wait
```

```
wait-Anweisung            ::= wait ( <Ausdruck> );
                           | wait ( <Ausdruck> ) <Anweisung>;
```

Ein `wait` wartet, bis der `Ausdruck` wahr ist; es kann optional von einer weiteren `Anweisung` gefolgt sein. Ist der `Ausdruck` beim Erreichen des `wait` bereits erfüllt, wird die Bearbeitung der Anweisungen nicht unterbrochen.

Im Beispiel 11.26 gibt der erste `always`-Block den aktuellen Simulationszeitpunkt aus, falls `ENABLE` den Wert 1 hat. Dabei ist

```
    #1;
```

unbedingt notwendig, da die Schleife sonst endlos würde: das erste `always` würde die Kontrolle nicht mehr an die anderen `initial`- und `always`-Blöcke abgeben. Der zweite `always`-Block gibt jedesmal `ENABLE` bei dessen Änderung aus. Der `initial`-Block erzeugt das Freigabesignal.

```
module wait_test;
reg ENABLE;

always begin
  wait (ENABLE);
  $display ("Zeit: %d", $time);
  #1;
end

always @(ENABLE)
  $display ("ENABLE= %d", ENABLE);

initial begin
  ENABLE = 1; #5;
  ENABLE = 0; #5;
  ENABLE = 1; #5;
  $finish;
end
endmodule
```

```
Highest level modules:
wait_test

ENABLE= 1
Zeit:                        0
Zeit:                        1
Zeit:                        2
Zeit:                        3
Zeit:                        4
ENABLE= 0
ENABLE= 1
Zeit:                       10
Zeit:                       11
Zeit:                       12
Zeit:                       13
Zeit:                       14
L20 "bsp23.v": $finish at simulation time 15
```

**Beispiel 11.26**  Warten mit wait

Auch zu wait gibt es kein Äquivalent in C.

---

**B27   Warten  #**

| Zeitverzögerung | ::= # <Zahl> | # <Variable> | # ( <Ausdruck> ) |

---

```
module time_delay;
reg WIRE;

always @(WIRE)
  $display ("Zeit: %d, WIRE= %d", $time, WIRE);

initial begin
  WIRE = 0;
  #10;
  WIRE = #10 1;
  #10;
end
endmodule
```

```
Highest level modules:
time_delay

Zeit:                     0, WIRE= 0
Zeit:                    20, WIRE= 1
```

**Beispiel 11.27**  Warten mit #

Die Zeitverzögerung ist durch Zahl, Variable oder Ausdruck bestimmt; danach wird die Bearbeitung fortgesetzt. Die Zeitverzögerung endet nicht mit einem Semikolon.

Der always-Block im Beispiel 11.27 gibt Änderungen von WIRE aus. Der initial-Block enthält drei Zeitkontrollen; die mittlere befindet sich innerhalb einer Zuweisung. In diesem Fall verschiebt sie die Zuweisung von 1 an WIRE um 10 Zeiteinheiten, so daß sich WIRE erst zum Zeitpunkt 20 in 1 ändert. Auf den Unterschied zwischen der Anweisung

```
WIRE = #10 1;
```

hier und

```
#10;
WIRE = 1;
```

wird in Abschnitt 11.3.2 näher eingegangen.

Dieser Befehl entspricht sleep(<Sekunden>) in C.

```
                    B28  if, else
```

```
if-Anweisung             ::= if ( <Bedingung> ) <Anweisung_oder_Nichts>
                             <else-Teil>
Anweisung_oder_Nichts    ::= ; | <Anweisung>
else-Teil                ::= | else <Anweisung_oder_Nichts>
```

Ist die Bedingung der if-Anweisung **wahr (sie muß mindestens ein 1-Bit enthalten), wird die folgende (möglicherweise leere) Anweisung ausgeführt, andernfalls der** else-Teil. **Anders ausgedrückt wird der** if-Zweig **genau dann ausgeführt, wenn die Oder-Verknüpfung aller Bits der** Bedingung 1 ist.

Im ersten Fall des Beispiels 11.28 enthält die Bedingung kein 1-Bit, daher wird der else-Zweig ausgeführt. Im zweiten bis fünften Fall enthält die Bedingung mindestens ein 1-Bit. In den letzten beiden Fällen ist die Bedingung unbestimmt.

```
module if_test;
reg [7:0] WIRE;                       // Variable mit 8 Bit

always @(WIRE) begin
  $display ("Zeit: %d, WIRE= %b", $time, WIRE);
  if (WIRE)
    $display ("if-Teil");
  else
    $display ("else-Teil");
```

```
    $display;
  end

  initial begin
    WIRE = 0;                 #10;          // 1. Fall
    WIRE = 1;                 #10;          // 2. Fall
    WIRE = 100;               #10;          // 3. Fall
    WIRE = 8'b0000_001x;      #10;          // 4. Fall
    WIRE = 8'b1111_111z;      #10;          // 5. Fall
    WIRE = 8'bxxxx_xxxx;      #10;          // 6. Fall
    WIRE = 8'bzzzz_zzzz;      #10;          // 7. Fall
  end
endmodule
```

```
Highest level modules:
if_test

Zeit:                       0, WIRE= 00000000
else-Teil

Zeit:                      10, WIRE= 00000001
if-Teil

Zeit:                      20, WIRE= 01100100
if-Teil

Zeit:                      30, WIRE= 0000001x
if-Teil

Zeit:                      40, WIRE= 1111111z
if-Teil

Zeit:                      50, WIRE= xxxxxxxx
else-Teil

Zeit:                      60, WIRE= zzzzzzzz
else-Teil
```

**Beispiel 11.28** Alternative

In C existiert der gleiche Befehl.

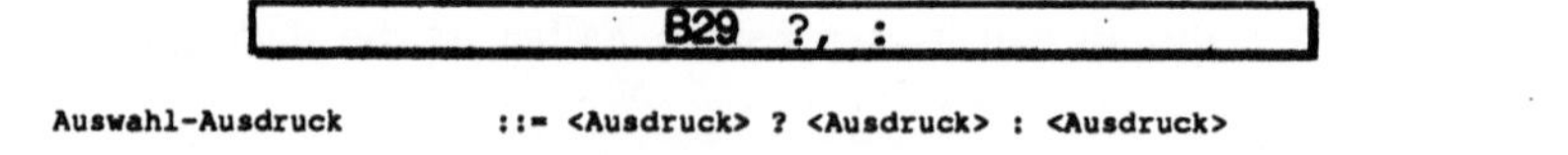


| Auswahl-Ausdruck | ::= <Ausdruck> ? <Ausdruck> : <Ausdruck> |
| --- | --- |

Ist der Ausdruck vor dem ? ungleich 0 (d.h. ist mindestens ein Bit dieses Ausdruck ein 1-Bit), so übernimmt die linke Seite den mittleren Ausdruck zwischen ? und :, andernfalls den letzten Ausdruck.

Im Beispiel 11.29 übernimmt RESULT den Wert von SOURCE, falls ENABLE mindestens ein 1-Bit besitzt, sonst 8'bx. Die Freigabeleitung ist hier nur zur Übung mehr als ein Bit breit.

```
module selection;
reg  [1:0] ENABLE;
reg  [7:0] SOURCE,
           RESULT;

always @(ENABLE or SOURCE) begin
  RESULT = ENABLE ? SOURCE : 8'bxxxx_xxxx;
  $display ("Zeit: %d, RESULT= %b", $time, RESULT);
end

initial begin
  SOURCE = 0;              #10;      // Aenderung von 8'bxxxx_xxxx auf 0
  ENABLE = 1;              #10;      // Aenderung von 2'bxx auf 2'b01
  SOURCE = 8'b0000_1010;   #10;
  ENABLE = 2'b0x;          #10;
  ENABLE = 2'b0z;          #10;
  ENABLE = 2'b1x;          #10;
  $finish;
end
endmodule
```

```
Highest level modules:
selection

Zeit:                    0, RESULT= xxxxxxxx
Zeit:                   10, RESULT= 00000000
Zeit:                   20, RESULT= 00001010
Zeit:                   30, RESULT= xxxxxxxx
Zeit:                   40, RESULT= xxxxxxxx
Zeit:                   50, RESULT= 00001010
L25 "bsp26.v": $finish at simulation time 60
```

**Beispiel 11.29**  Alternative mit ?

Bei 0 ändert sich SOURCE von 8'bxxxx_xxxx auf 8'b0000_0000, der always-
Block wird daher erreicht. Da ENABLE jedoch beim Simulationsstart x ist,
beginnt RESULT mit 8'bxxxx_xxxx. Zur Zeit 10 ändert sich ENABLE in 2'b01,
daher wird SOURCE in RESULT kopiert. Die Änderung von ENABLE in 2'b0x
und 2'b0z bewirkt eine erneute Ausführung des always-Blocks; da die Oder-
Verknüpfung aller Bits von ENABLE jedoch x ist, wird RESULT 8'bxxxx_xxxx.

In C existiert dieser Befehl ebenfalls.

```
                      B30   case, casez
```

```
case-Anweisung         ::= case ( <Ausdruck> ) <case-Faelle> endcase
casez-Anweisung        ::= casez ( <Ausdruck> ) <case-Faelle> endcase
case-Faelle            ::= <case-Fall> | <case-Fall> <case-Faelle>
case-Fall              ::= <Ausdrucksliste> : <Anweisung_oder_Nichts>
                           | default: <Anweisung_oder_Nichts>
Ausdrucksliste         ::= <Ausdruck> | <Ausdruck>, <Ausdrucksliste>
Anweisung_oder_Nichts  ::= ; | <Anweisung>
```

Bei der Fallunterscheidung mit case wird der Auswahlausdruck in
Klammern der Reihe nach mit jedem der case-Faelle bit-weise verglichen.
Ist ein Vergleich erfüllt, d.h. stimmen beide Ausdrücke an allen Bit-Stellen
wörtlich überein (Werte 0, 1, x bzw. z, B13), so wird die entsprechende
Anweisung ausgeführt. Danach wird hinter der case-Anweisung fortge-
fahren. Trifft kein Vergleich zu, wird, sofern vorhanden, die default-
Anweisung ausgeführt.

Bei casez dagegen sind alle z in allen Ausdrücken „don't care", d.h. ein
Vergleich mit z ist automatisch wahr. Bei case wäre dies nur der Fall, wenn
der andere Wert ebenfalls ein z ist.

Das Beispiel 11.30 verdeutlicht den Unterschied zwischen case und casez. Die
case- und die casez-Anweisung geben jeweils aus, welchen Fall von
SELECTION sie erkannt haben. Der initial-Block erzeugt die Änderungen
von SELECTION. Es sei wiederholt, daß ein ? synonym zu z verwendet werden
kann.

```
module case_and_casez;
reg [1:0] SELECTION;

always @(SELECTION) begin
  $display ("Zeit: %d, SELECTION= %b", $time, SELECTION);
  $display ("case:");
  case (SELECTION)
    2'b00:  $display ("2'b00");
    2'b01:  $display ("2'b01");
    2'b0x:  $display ("2'b0x");
    2'b0z:  $display ("2'b0z");
    default: $display ("nicht definiert");
  endcase
  $display ("casez:");
  casez (SELECTION)
    2'b00:  $display ("2'b00");
    2'b01:  $display ("2'b01");
    2'b0x:  $display ("2'b0x");
    2'b0z:  $display ("2'b0z");
    default: $display ("nicht definiert");
  endcase
  $display;
end

initial begin
  SELECTION = 2'b00; #10;
  SELECTION = 2'b0x; #10;
  SELECTION = 2'b0z; #10;
  SELECTION = 2'b??; #10;
end
endmodule
```

```
Highest level modules:
case_and_casez

Zeit:                            0, SELECTION= 00
case:
2'b00
casez:
2'b00

Zeit:                           10, SELECTION= 0x
case:
2'b0x
casez:
2'b0x

Zeit:                           20, SELECTION= 0z
case:
2'b0z
casez:
2'b00

Zeit:                           30, SELECTION= zz
case:
nicht definiert
casez:
2'b00
```

**Beispiel 11.30**  Fallunterscheidung mit `case` und `casez`

Zu den Zeitpunkten 0 und 10 stimmen die Ergebnisse überein. Zum Zeitpunkt
20 vergleicht die `casez`-Anweisung zuerst `SELECTION` (mit dem Wert `2'b0z`)
mit `2'b00`. Das Ergebnis ist positiv. Zum Zeitpunkt 30 paßt bei `case` kein Wert,
daher wird die `default`-Anweisung ausgeführt; bei `casez` paßt bereits der
erste Fall.

In C existiert `case` ebenfalls, `casez` natürlich nicht.

```
                         B31   while
```

| `while`-Anweisung        ::= `while ( <Bedingung> ) <Anweisung>;` |

Die `Anweisung` wird solange ausgeführt, bis in der `Bedingung` kein 1-Bit
mehr vorkommt. Ist dies schon bei der ersten Auswertung der Fall, so wird die
`Anweisung` gar nicht ausgeführt.

Beispiel 11.31 gibt die Zahlen 0 bis 10 aus. Der Vergleich

```
COUNTER <= 10
```

liefert `1'b1`, falls `COUNTER` kleiner oder gleich 10 ist, ansonsten `1'b0`.

```verilog
module while_loop;
reg [3:0] COUNTER;

initial begin
  COUNTER = 0;
  while (COUNTER <= 10) begin
    $display ("%d", COUNTER);
    COUNTER = COUNTER + 1;
  end
end
endmodule
```

**Beispiel 11.31**  Schleife mit `while`


In C existiert der gleiche Befehl.


**B32   forever**

```
forever-Anweisung       ::= forever <Anweisung>
```

`forever` entspricht einer `while`-Schleife ohne Abbruch. Beispiel 11.32 zeigt
eine zum `always`-Block äquivalente `initial`-`forever`-Schleife, deren vollständige Ausgabe nicht möglich ist.

```verilog
module forever_loop;
initial
  forever
    $display ("Endlosschleife");

always
  $display ("Endlosschleife");
endmodule
```

**Beispiel 11.32**  Schleife mit `forever`


Soll beispielsweise zum Simulationsstart ein Reset-Signal für kurze Zeit von 0
auf 1 gehen und danach ein kontinuierliches Clock-Signal gestartet werden, so
können der `initial`-Block und der `always`-Block folgendermaßen integriert
werden.

```verilog
initial
begin
  RESET = 1;
  CLOCK = 0;
  #10;
```

```
        RESET = 0;
        forever
        begin
          CLOCK = 1;
          #10;
          CLOCK = 0;
          #10;
        end
      end
```

**Ein Gegenstück gibt es in C nicht.**

---

| **B33    for** |
| --- |

```
for-Anweisung            ::= for ( <Zuweisung>; <Bedingung>; <Anweisung> )
                             <Anweisung>
```

**Zunächst wird die** Zuweisung **ausgeführt. Enthält danach die** Bedingung **mindestens ein 1-Bit, wird die zweite** Anweisung **ausgeführt. Danach wird die erste** Anweisung **bearbeitet. Es folgt ein neuer Zyklus mit der Auswertung der** Bedingung.

**Beispiel 11.33 gibt die Zahlen von 0 bis 10 aus.**

```
module for_loop;
reg [3:0] COUNTER;

initial
  for (COUNTER = 0; COUNTER <= 10; COUNTER = COUNTER + 1)
    $display ("%d", COUNTER);
endmodule
```

**Beispiel 11.33**  Schleife mit for

**In C existiert diese Anweisung ebenfalls.**

---

| **B34    fork, join** |
| --- |

```
fork-Anweisung         ::= fork <Anweisungen> join;
Anweisungen            ::= <Anweisung> | <Anweisung> <Anweisungen>
```

**Alle** Anweisungen **zwischen** fork **und** join **werden parallel ausgeführt. Der Befehl hinter** join **wird erst bearbeitet, wenn sämtliche parallelen Anweisun-**

gen beendet sind. Unter paralleler Bearbeitung wird wiederum eine beliebige Bearbeitungsreihenfolge verstanden (Abschnitt 11.3.1).

Das Beispiel 11.34 gibt zunächst Start aus. Danach werden in einem fork-join-Block drei parallele Anweisungen gestartet. Zunächst wird (zufällig) der erste Block bearbeitet, der eine Startmeldung ausgibt. Durch die Zeitverzögerung

```
#10;
```

wird die Ausführung zunächst gestoppt und Block 2 wird begonnen. Nach der Terminierung des zweiten Blocks wird der dritte bearbeitet. Zuletzt wird Block 1 wieder gestartet. Die letzte Anweisung des initial-Blocks wird erst zum Zeitpunkt 10 bearbeitet, da erst dann der fork-join-Block beendet ist.

```
module fork_join;

initial begin
  $display ("Zeit: %d, Start", $time);
  fork
  begin                          // Block 1
    $display ("B1-Start");
    #10;
    $display ("B1-Ende");
  end
  begin                          // Block 2
    $display ("B2-Start");
    $display ("B2-Ende");
  end
  begin                          // Block 3
    $display ("B3-Start");
    $display ("B3-Ende");
  end
  join
  $display ("Zeit: %d, Ende", $time);
end
endmodule


Highest level modules:
fork_join

Zeit:                     0, Start
B1-Start
B2-Start
B2-Ende
B3-Start
B3-Ende
B1-Ende
Zeit:                    10, Ende
```

**Beispiel 11.34  Paralleles fork-join**

Im sequentiellen C kann es keine parallele Klammer geben.

## 11.2.5 Sonstige Befehle

```
┌─────────────────────────────────────────────┐
│              B35  `define                    │
└─────────────────────────────────────────────┘
```

```
define-Anweisung        ::= `define <Zeichenkette1> <Zeichenkette2>
```

Dies ist keine Anweisung im eigentlichen Sinne. Wie `#define` in C ist sie eine Anweisung an einen Präprozessor, überall im folgenden Programmtext `Zeichenkette1` durch `Zeichenkette2` zu ersetzen. Den zu ersetzenden Zeichenketten ist ein ` voranzustellen. Dadurch lassen sich besser lesbare Programme schreiben. Unbedingt zu beachten ist, daß es keine *lokalen* `define`-Anweisungen gibt, die nur innerhalb eines Moduls gültig sind. Ein `define` gilt vielmehr immer bis zum Programmende. Werden mehrere Dateien hintereinander eingebunden, so gilt es bis zur letzten Datei. Auf diese Weise können bei einem größeren Projekt alle `define`-Anweisungen in einer einzigen Datei zusammengefaßt werden.

Das Beispiel 11.35 ruft sechsmal `Hallo`. Innerhalb von `modul2` werden `TIMES` und `TEXT` nicht durch ein zusätzliches `define` definiert.

```
module modul1;

`define TEXT "Hallo"
`define TIMES 3

reg [2:0] COUNTER;

initial
  for (COUNTER = 1; COUNTER <= `TIMES; COUNTER = COUNTER + 1)
    $display (`TEXT);
endmodule


module modul2;
reg [2:0] COUNTER;

initial
  for (COUNTER = 1; COUNTER <= `TIMES; COUNTER = COUNTER + 1)
    $display (`TEXT);
endmodule
```

**Beispiel 11.35** `define

---

B36   Kommentare //, /* ... */

```
Kommentarzeichen          ::= // | /* <Zeichenkette> */
```

Kommentare erfolgen auf zwei Arten. Hinter // ist der Rest der Zeile Kommentar. /* und */ klammern beliebig langen Kommentar, der natürlich kein weiteres */ enthalten darf.

In C gibt es /* und */.

## 11.2.6 Verilog-XL-Befehle

B37   $display, $write

```
display-Anweisung         ::= $display; | $display ( <Argumente> );
write-Anweisung           ::= $write; | $write ( <Argumente> );
Argumente                 ::= <Argument> | <Argument>, <Argumente>
Argument                  ::= "<Zeichenkette>" | <Ausdruck>
```

`$display` gibt seine Argumente auf dem Bildschirm aus und beginnt eine neue Zeile. Die Argumente bestehen entweder aus einer in Anführungszeichen eingeschlossenen Zeichenkette mit optionalen Formatierungsparametern oder aus Ausdrücken, welche gemäß den Formatierungsanweisungen ausgegeben werden. Als Formatierungsanweisungen sind die Zeichensequenzen der Tabelle 11.36 erlaubt.

| | |
|---|---|
| \n | neue Zeile |
| \t | Tabulator |
| \\ | das Zeichen \ |
| \" | Anführungszeichen |
| %% | das Zeichen % |
| %h, %H | Hexadezimalzahl |
| %d, %D | Dezimalzahl |
| %o, %O | Oktalzahl |
| %b, %B | Binärzahl |
| %f, %F | reelle Zahl |
| %c | einzelnes Zeichen |
| %s | Zeichenkette |
| %t | Zeit |
| %m | aktueller Modulname |

**Tabelle 11.36**   Formatierungsanweisungen

Bei der Ausgabe von Hexadezimal-, Oktal- oder Binärzahlen werden soviele Stellen ausgegeben, wie der Größe des Ausdrucks entspricht. Daher werden führende Nullen, falls vorhanden, ebenfalls ausgegeben. Sollen diese unterdrückt werden, so enthält die Formatierung zusätzlich eine 0 (z.B. %0b statt %b). Die $write-Anweisung besitzt die gleiche Funktionalität mit der Ausnahme, daß anschließend keine neue Zeile begonnen wird.

Das Beispiel 11.37 demonstriert einige Ausgaben. Bei der Zuweisung

```
STRINGVARIABLE = "Testtext";
```

wird Testtext in 8 Bit große Zeichen zerlegt, die der Reihe nach zugewiesen werden.

```
module display_write;
reg [71:0] STRINGVARIABLE;
reg  [7:0] VARIABLE;

initial begin
  $display ("Modulname: %m");
  STRINGVARIABLE = "Testtext";
  $display ("Dies ist ein %s", STRINGVARIABLE);
  VARIABLE = 100;
  $write ("100 als Dezimalzahl: %d, als Hexadezimalzahl: %H\n ",
    VARIABLE, VARIABLE);
  $display ("als Oktalzahl: %O, als Binaerzahl: %b", VARIABLE, VARIABLE);
  $display ("als Binaerzahl ohne fuehrende Nullen: %0b", VARIABLE);
end
endmodule
```

```
Highest level modules:
display_write

Modulname: display_write
Dies ist ein  Testtext
100 als Dezimalzahl: 100, als Hexadezimalzahl: 64
 als Oktalzahl: 144, als Binaerzahl: 01100100
als Binaerzahl ohne fuehrende Nullen: 1100100
```

**Beispiel 11.37**  Ausgabe mit $display und $write

Die $write-Anweisung ist äquivalent zu einer $display-Anweisung, wenn durch \n am Ende der Zeichenkette eine neue Zeile begonnen wird.

Dies entspricht printf in C.

```
                         B38   $finish
```

| finish-Anweisung          ::= $finish; |

$finish **beendet eine VERILOG-Simulation. Es kann an jeder Stelle im
Programm stehen. Es werden sofort alle noch aktiven Module sowie** initial-
**und** always-**Blöcke abgebrochen.**

**Eine** always-**Schleife ohne Ende kann wie im Beispiel 11.38 durch ein**
$finish **in einem separaten** initial-**Block gestoppt werden.**

```
  module finish;
  `define SIMULATIONTIME 4

  always begin
    $display ("arbeite");
    #1;
  end

  initial begin
    #`SIMULATIONTIME;
    $finish;
  end
  endmodule

  Highest level modules:
  finish

  arbeite
  arbeite
  arbeite
  arbeite
```

**Beispiel 11.38** Simulationsende mit $finish

**Ohne die Zeitkontrolle** #1; **würde zur Zeit 0 der** always-**Block nie die Kontrolle
abgeben.**

**Das Pendant in C ist** exit.

```
                         B39   $stop
```

| stop-Anweisung          ::= $stop; |

$stop **unterbricht die Simulation ebenfalls an beliebiger Stelle im Programm.
Es können dann für Debugging-Zwecke interaktiv VERILOG-Befehle zum
Auslesen bzw. Setzen von Variablen eingegeben werden.**

```
┌─────────────────────────────────────────┐
│  B40    $readmemh,  $readmemb           │
└─────────────────────────────────────────┘
```

```
readmemb-Anweisung      ::= $readmemb (<Dateiname>, <Variablenfeld>);
readmemh-Anweisung      ::= $readmemh (<Dateiname>, <Variablenfeld>);
Dateiname               ::= <Zeichenkette>
Variablenfeld           ::= <Bezeichner>
```

`$readmemb` sowie `$readmemh` lesen die Datei `Dateiname` in die Variable `Variablenfeld` ein, die ein Feld sein muß. Damit kann ein großes Feld bequem mit Werten einer Datei gefüllt werden. Die Datei darf lediglich Leerzeichen, Neue-Zeile-Zeichen, Tabulatoren, Kommentare sowie Binärzahlen (im Falle von `$readmemb`) bzw. Hexadezimalzahlen (im Falle von `$readmemh`) enthalten.

Beispiel 11.39 realisiert einen ROM-Speicher.

```
module memory (S_ADDRESS, S_DATA);
input    [3:0] S_ADDRESS;                 // Adresse
output   [7:0] S_DATA;                    // Ausgabedaten
reg      [7:0] MEMORY [15:0];             // 16 Worte je 8 Bit

assign         S_DATA = MEMORY [S_ADDRESS]; // staendige Zuweisung

initial
  $readmemb ("Speicherdaten", MEMORY);    // MEMORY initialisieren
endmodule
```

**Beispiel 11.39**  Einlesen eines Feldes

Wird eine Adresse an `S_ADDRESS` gelegt, so kann das Daten-Byte von `S_DATA` ausgelesen werden. Dabei wird zum Simulationsstart das Feld `MEMORY` mit dem Inhalt der Datei `Speicherdaten` geladen. Dieses könnte den Aufbau des Beispiels 11.40 besitzen.

```
// Daten fuer den Speicher
0000_0000 0000_0001 0000_0010 0000_0011
0000_0100 0000_0101 0000_0110 0000_0111
0000_1000 0000_1001 0000_1010 0000_1011
0000_1100 0000_1101 0000_1110 0000_1111
```

**Beispiel 11.40**  Musterdaten

Dabei wird die erste Binärzahl dem Element des Feldes zugewiesen, welches den kleinsten Index besitzt und so fort. Der Speicher wird in dem Beispiel mit den Werten 0 bis 15 initialisiert.

**Diese Anweisung entspricht in C**

```
fscanf (<Stream>, <Format>, <Variablenliste>)
```

**Dabei werden von einem** Stream, **der zunächst geöffnet werden muß, die durch das** Format **festgelegten Parameter in die** Variablenliste **eingelesen.**

```
┌─────────────────── B41   $gr_waves ───────────────────┐

  gr_waves-Anweisung      ::= $gr_waves ( <Argumente2> );
  Argumente2              ::= <Variablenname> | <Argumente2>, <Argumente2>
  Variablenname           ::= <Zeichenkette_mit_Formatierungsanweisung>,
                              <Variable>
```

$gr_waves **dient der grafischen Ausgabe. Alternativ kann auch ein Zustands-Zeit-Diagramm ausgegeben werden. Dabei legt diese Anweisung fest, welche Variablen gemäß der Formatierungsanweisung angezeigt werden sollen.**

```
$gr_waves("notRESET", nRESET);
```

**gibt** nRESET **benannt mit** notRESET **grafisch aus. Bei mehr als einem Bit kann die Basis angegeben werden; beispielsweise gibt**

```
$gr_waves ("notRESET", nRESET, "DATA %h", DATA_BUS);
```

nRESET **normal und** DATA_BUS **hexadezimal aus.**

```
┌─────────────── B42   $define_group_waves ───────────────┐

  define_group_waves-Anw  ::= $define_group_waves
                              ( <Gruppennummer>, <Gruppenname>, <Argumente3> );
  Gruppennummer           ::= <Zahl>
  Gruppenname             ::= <Zeichenkette>
  Argumente3              ::= <Variablenname2> | <Argumente3>, <Argumente3>
  Variablenname2          ::= <Zeichenkette_mit_Formatierungsanweisung>
```

**Hiermit lassen sich Variablen für eine grafische Ausgabe zusammenfassen.**

```
┌─────────────── B43   $gr_waves_memsize ───────────────┐

  gr_waves_memsize-Anweis ::= $gr_waves_memsize ( <Groesse> );
  Groesse                 ::= <Zahl>
```

**Hiermit kann die interne** Groesse **des Speichers bestimmt werden, in welchem während der Simulation die Zustände der Variablen gespeichert werden.**

# 11.3 Grundlegende Modellierungskonzepte

Neben den Befehlen selbst ist dieser Abschnitt besonders wesentlich.

## 11.3.1 Parallelität und Ereignissteuerung des Simulators

In „normalen" Programmiersprachen wie C werden die Anweisungen der Reihe nach bearbeitet. Ein Programmzähler PC zeigt auf die jeweils aktuelle Anweisung. Nach Ausführung dieser Anweisung wird der PC um 1 erhöht oder bei Verzweigungen, Schleifen und ähnlichem geeignet angepaßt. In jedem Fall gibt es nur *einen* Kontrollfluß.

In realen Schaltungen arbeiten alle Komponenten parallel, was sich in der Schaltungssimulation irgendwie niederschlagen muß. Beispielsweise kann eine Taktflanke an vielen Stellen zugleich Aktionen auslösen, oder es gibt parallel arbeitende always-Blöcke.

Insgesamt haben wir im vorigen Abschnitt folgende Möglichkeiten zur Modellierung der Parallelität in VERILOG kennengelernt.

1.  (Instanzen von) Modulen (B1),
2.  initial- und always-Blöcke (B23, B24),
3.  ständige Zuweisungen (Continuous Assignments) (B20),
4.  fork-join (B34) und
5.  Mischformen aus 1. bis 4.

Wir betrachten die hierbei verwendete ereignisgesteuerte Simulation zunächst etwas abstrakter. Eine globale Variable bestimmt den Simulationszeitpunkt. Zu jedem Zeitpunkt können ein oder mehrere Ereignisse zur parallelen Ausführung vorgesehen sein. Ein Ereignis-Scheduler eines VERILOG-Simulators übernimmt die Stelle des Programmzählers. Bild 11.41 zeigt die Simulationszeitachse mit mehreren, zu verschiedenen Zeitpunkten vorgesehenen Ereignissen.

Der Simulator führt alle Ereignisse aus, die zum gegenwärtigen Simulationszeitpunkt $t_1$ vorgesehen sind und entfernt sie aus der momentanen Ereignisliste (Ereignisse 1, 2 und 3). Dies geschieht nicht durch echte parallele Bearbeitung, sondern durch sequentielle Bearbeitung in zufällig ausgewählter Reihenfolge. Wenn keine weiteren Ereignisse zum gegenwärtigen Simulationszeitpunkt $t_1$ existieren, wird die Simulationszeit weitergeschaltet bis zum

Zeitpunkt $t_2$ eines nächsten vorgesehenen Ereignisses. Durch die Ausführung von Ereignissen werden oft neue Ereignisse für die Zukunft oder sogar für den jetzigen Zeitpunkt erzeugt. Beispielsweise könnte die Ausführung von Ereignis 3 ein Ereignis 7 für $t_3$ erzeugen, Ereignis 5 ein Ereignis 8 sogar zum gleichen Zeitpunkt $t_3$ usw.

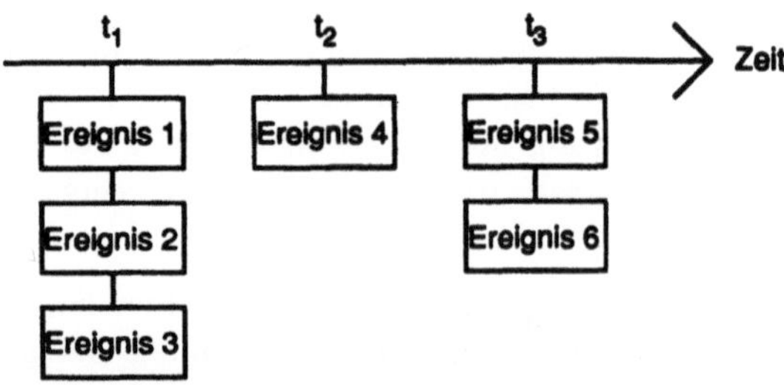


**Bild 11.41**   Zeit und Parallelität

*Die Reihenfolge der Bearbeitung der Ereignisse eines Simulationszeitpunktes ist im allgemeinen Fall unbestimmt.*

Man darf sich daher nicht auf eine bestimmte Reihenfolge verlassen. Auch kann sie von Simulator zu Simulator verschieden sein: VERILOG-XL beispielsweise ordnet anders als VeriWell, ohne daß einer von beiden gegen die Spielregeln verstößt.

```
module event_control;

reg[4:0] R;

initial begin
   $display ("erster initial-Block, Zeile 1");
   $display ("erster initial-Block, Zeile 2");
end

initial
   for (R=0; R<=3; R=R+1)
      $display ("R = %0b", R);

endmodule
```

**Beispiel 11.42**   Parallelität und Reihenfolge

Es ist jedoch sichergestellt, daß aufeinander folgender Code *ohne* Zeitkontroll-Anweisungen als einziges Ereignis ohne Unterbrechung bearbeitet wird. Beispiel 11.42 illustriert diesen Punkt. Außerdem ist sichergestellt, daß die Reihenfolge der Bearbeitung zwischen zwei gleichen Simulationsläufen gleich ist.

Die Ausführung des Moduls `event_control` produziert die Ergebnisse in Bild 11.43.

```
erster initial-Block, Zeile 1
erster initial-Block, Zeile 2
R = 0
R = 1
R = 10
R = 11
```

**Bild 11.43**  Simulationsergebnis zum Beispiel 11.42

Beide `initial`-Blöcke sind zum selben Simulationszeitpunkt 0 zur Bearbeitung vorgesehen. Ein anderer Simulator könnte daher

```
R = 0
R = 1
R = 10
R = 11
erster initial-Block, Zeile 1
erster initial-Block, Zeile 2
```

ausgeben. Dagegen mag das Ergebnis

```
erster initial-Block, Zeile 1
R = 0
R = 1
erster initial-Block, Zeile 2
R = 10
R = 11
```

in der Praxis zwar eine sinnvolle Möglichkeit darstellen, es ist hier aber unmöglich, da beide `initial`-Blöcke keine Zeitkontrollen enthalten.

*Noch einmal: die Reihenfolge der Bearbeitung der Ereignisse eines Simulationszeitpunktes ist im allgemeinen Fall unbestimmt.*

Leider verzweigt sich der Baum der möglichen Simulationszustände des Gesamtsystems in jedem Knoten mit dem Grade n zu jedem Zeitpunkt, zu dem n Ereignisse zur Bearbeitung anstehen. Der Simulationsbaum eines Systems kann daher im ungünstigen Fall extrem mächtig werden. Leider kann ein Simulator in diesem Baum nur *einen einzigen* Pfad auswählen.

Hierin liegt die große Crux des parallelen Modellierens. Denn *ein* richtiges Simulationsergebnis hat oft noch keine hohe Aussagekraft. Die Simulation des ganzen Baumes ist dagegen aus Komplexitätsgründen schlicht unmöglich.

Zwar können Theoretiker Eigenschaften für den ganzen Simulationsbaum nachweisen wie Verklemmungsfreiheit, Sicherheit oder die Church-Rosser-Eigenschaft. Dieser Nachweis ist aber ebenfalls meist zu rechenaufwendig und beantwortet darüber hinaus oft nicht die wirklich interessanten Fragen.

Als ein Hauptübel des sequentiellen Programmierens wurde einst das `go to` erkannt und verbannt. Leider entsprechen die genannten parallelen Kontroll-strukturen der Verwendung vieler `go to` gleichzeitig. Da der Mensch parallele Ereignisse schlecht überschaut, kann hier nur zu größter Sorgfalt und Vorsicht geraten werden.

Immer dann, wenn parallele Ereignisse nicht völlig unabhängig arbeiten, sondern mit Signalen oder gemeinsamen Daten kommunizieren, sollte im Zweifel lieber eine konservative Strategie angewendet werden. Dies kann synchron geschehen, indem Ereignisse für *verschiedene* Zeitpunkte vorge-sehen werden (vgl. #1); dies setzt allerdings den Überblick über die Simulati-onszeit voraus. Oder es kann asynchron mit einem Handshake-Mechanismus mit Events oder Synchronisationsregistern die Reihenfolge erzwungen werden.

Die Simulation endet

- explizit aufgrund von `$finish` oder `$stop` (B38, B39) oder

- sobald es keine Ereignisse mehr gibt.


## 11.3.2 Zeitkontrollen

Es existieren in VERILOG drei Zeitkontrollen:

- die Zeitverzögerung #,

- die Ereignis-Kontrolle @ und

- die Anweisung `wait`.

Alle drei Zeitkontrollen können die sequentielle und zusammenhängende Bearbeitung der Anweisungen in einem `initial`- oder `always`-Block unterbrechen. Bei der Zeitverzögerung und der Ereignis-Kontrolle ist dies stets der Fall, d.h. die unterbrochene Bearbeitung der Anweisungen wird zu einem späteren (oder im gleichen) Zeitpunkt wieder aufgenommen. Die `wait`-Anweisung unterbricht die Ausführung nur, falls die abzuwartende Bedingung nicht bereits erfüllt ist. Bei dem Block

```
$display ("Start des Blockes");
RESULT = IN1 + IN2;
#1;
$display ("Ende des Blockes");
```

werden die ersten beiden Anweisungen immer direkt hintereinander ausgeführt, d.h. es wird mit Sicherheit keine Anweisung eines weiteren `always`- oder `initial`-Blockes oder eines sonstigen parallelen Prozesses eingeschoben. So wie man zu Recht erwartet, daß die Summe aus `IN1` und `IN2` und die Zuweisung an `RESULT` ununterbrochen und als Ganzes bearbeitet werden, werden auch „Nebenrechnungen" aus mehreren Anweisungen ohne Zeitkontrolle als Einheit zu einem Simulationszeitpunkt bearbeitet.

Dagegen unterbricht die Zeitkontrolle

```
#1;
```

die Ausführung des Blockes zum aktuellen Zeitpunkt $t_1$, und es wird ein Ereignis für $t_2=t_1+1$ erzeugt, daß nämlich dann die Anweisungen hinter der Zeitkontrolle ausgeführt werden. Andere parallele und für $t_1$ geplante Ereignisse können jetzt bearbeitet werden. Andernfalls werden $t_1$ erhöht und die dann vorgesehenen Ereignisse bearbeitet. Hierzu gehören auch die Anweisungen hinter obiger Zeitkontrolle.

Liegt ein Block der Form

```
$display ("Start des Blockes");
RESULT = IN1 + IN2;
@ (EVENT);
$display ("Ende des Blockes");
```

vor, so wird beim Erreichen der Ereignis-Kontrolle

```
@ (EVENT);
```

die Ausführung gestoppt. Es wird ein Ereignis generiert, welches in dem Test von `EVENT` am Ende des aktuellen Simulationszeitpunktes $t_1$ besteht. Danach werden andere parallele Ereignisse bei $t_1$ bearbeitet. Bei der Überprüfung von

EVENT bei $t_1$ gibt es zwei Möglichkeiten: entweder ist EVENT eingetreten, dann wird (möglicherweise nach Bearbeitung anderer $t_1$-Ereignisse) noch bei $t_1$ hinter EVENT weitergemacht; oder es wird für das nächste $t_2 > t_1$ das Ereignis einer erneuten Überprüfung von EVENT vorgesehen. Dieses Verhalten wird durch das Beispiel 11.44 verdeutlicht.

```
module test_events;
event EVENT;

initial begin                        // Start bei Zeitpunkt 0
  $display ("Start bei %d", $time);
  @ (EVENT);
  $display ("EVENT bei %d", $time);
end

initial begin                        // Start bei Zeitpunkt 0
  #1;
  ->EVENT;
end
endmodule
```

**Beispiel 11.44**  Zeitkontrollen und Event

Beide `initial`-Blöcke beginnen zum Zeitpunkt 0, von denen der Simulator einen Block als ersten auswählt. Man darf sich nicht darauf verlassen, daß dies der erste Block ist. Wird jedoch beispielsweise der erste `initial`-Block zuerst gestartet, so gibt dieser den Text und den Simulationszeitpunkt 0 aus.

```
Highest level modules:
test_events

Start bei                   0
EVENT bei                   1
```

**Bild 11.45**  Simulationsausgabe zum Beispiel 11.44

**Dann unterbricht**

```
@ (EVENT);
```

die Bearbeitung, und es wird der zweite `initial`-Block gestartet, welcher zunächst durch

```
#1;
```

die weitere Ausführung auf den Zeitpunkt 1 verschiebt, jedoch *vor* den EVENT-Test im ersten `initial`-Block. Es wird EVENT ausgelöst. Im ersten Block wird daher bei t=1 erfolgreich EVENT überprüft, und die zweite `$display`-Anweisung wird ausgeführt. Die Simulationsausgabe in Bild 11.45 ist eindeutig.

Die Verzögerung `#1;` im zweiten Block ist bedeutsam. Ohne sie kommt es zu einem unerwünschten Nichtdeterminismus, indem die Simulationsausgabe davon abhängt, welchen `initial`-Block der Programmierer bzw. der Simulator zuerst zur Ausführung bringt! Wird (ohne `#1`) der erste Block zuerst bearbeitet, ist die Ausgabe

```
Start bei                    0
```

**andernfalls**

```
Start bei                    0
EVENT bei                    0
```

Die Zeitverzögerung sowie die Ereignis-Kontrolle können auch innerhalb von Zuweisungen verwendet werden, etwa

```
OUTPUT = #10 INPUT;
```

Dabei befindet sich die Zeitverzögerung (ohne abschließendes `;`) zwischen `=` und INPUT. Dadurch wird der bei t aktuelle Wert von INPUT temporär und für den Modellierer nicht sichtbar zwischengespeichert, um erst bei t+10 OUTPUT zugewiesen zu werden. Äquivalent wäre:

```
begin : block
   reg TEMP;
   TEMP = INPUT;
   #10;
   OUTPUT = TEMP;
end
```

Ändert sich INPUT nach t, so wirkt sich dies nicht mehr auf OUTPUT aus. Die vorige Anweisung ist zu unterscheiden von

```
#10 OUTPUT = INPUT;
```

**und**

```
OUTPUT = INPUT; #10;
```

Im ersten Fall vergehen zunächst 10 Zeiteinheiten, bis OUTPUT den Wert von INPUT bei t=10 erhält. Im zweiten Fall findet die Zuweisung gleich statt, und dann vergehen 10 Zeiteinheiten.

Analog kann auch eine Ereignis-Kontrolle innerhalb einer Zuweisung
auftreten:

```
OUTPUT = @(EVENT) INPUT;
```

Dies ist äquivalent zu

```
begin : block
   reg TEMP;
   TEMP = INPUT;
   @(EVENT);
   OUTPUT = TEMP;
end
```

Das Beispiel 11.46 demonstriert eine sinnvolle Anwendung einer Zeitverzögerung. Es soll eine Mini-Pipeline simuliert werden, welche aus zwei aufeinanderfolgenden Speicherelementen besteht. Daten am ersten Speichereingang
INPUT werden in der Pipeline um zwei Takte verzögert. Der erste Speicher-
ausgang MIDDLE ist mit dem zweiten Speichereingang identisch. Die beiden
Speichereingänge übernehmen anliegende Werte mit der positiven Flanke von
CP und setzen ihren Ausgang neu. Dies geschieht in den ersten beiden
always-Blöcken.

Die Funktionsfähigkeit des Beispiels steht und fällt mit der Zeitverzögerung
#1, die unten erläutert wird. Der dritte always-Block gibt die beiden Eingänge
und Ausgänge aus, falls sich einer der Werte ändert. Der vierte generiert
einen Takt mit der Periode 20. Der initial-Block erzeugt Testwerte, indem er
mit der negativen Flanke zu den Zeitpunkten 0, 20 und 40 neue Werte an INPUT
zuweist. Nach einer positiven Flanke erreicht dieser MIDDLE und nach einer
weiteren positiven Flanke OUTPUT.

```
module flipflop_chain;
`define WIDTH 8

reg              CP;
reg [`WIDTH-1:0] INPUT,
                 MIDDLE,
                 OUTPUT;

always @(posedge CP)
  MIDDLE = #1 INPUT;

always @(posedge CP)
  OUTPUT = #1 MIDDLE;

always @(INPUT or MIDDLE or OUTPUT)
  $display ("Zeit: %d, INPUT= %h MIDDLE= %h, OUTPUT= %h",
    $time, INPUT, MIDDLE, OUTPUT);
```

```
always begin
  CP = 0; #10;
  CP = 1; #10;
end

initial begin
  INPUT = 0;      #20;
  INPUT = 255;    #20;
  INPUT = 8'haa;  #20;
  $finish;
end
endmodule
```

```
Highest level modules:
flipflop_chain

Zeit:                      0, INPUT= 00 MIDDLE= xx, OUTPUT= xx
Zeit:                     11, INPUT= 00 MIDDLE= 00, OUTPUT= xx
Zeit:                     20, INPUT= ff MIDDLE= 00, OUTPUT= xx
Zeit:                     31, INPUT= ff MIDDLE= ff, OUTPUT= 00
Zeit:                     40, INPUT= aa MIDDLE= ff, OUTPUT= 00
Zeit:                     51, INPUT= aa MIDDLE= aa, OUTPUT= ff
L33 "bsp38.v": $finish at simulation time 60
```

**Beispiel 11.46** Flipflop-Kette

Ohne die Zeitverzögerungen #1 könnte bei einer positiven Flanke der Wert von INPUT an MIDDLE und zum gleichen Zeitpunkt an OUTPUT weitergegeben werden, quasi „durchrauschen". Mit der Zeitverzögerung wird der Wert von INPUT zunächst in einem unsichtbaren Zwischenspeicher gehalten bis der alte Wert von MIDDLE nach dem gleichen Schema gerettet wurde. (Auf die zweite Zeitverzögerung könnte sogar verzichtet werden, die zweite Pipeline-Stufe wäre dann aber nicht mehr erweiterbar.)

Statt des oben als bedeutsam erkannten, durch #1 herbeigeführten Prozeßwechsels wird in den großen TOOBSIE-Modellen ein #'DELTA verwendet, das klein ist im Vergleich zur Taktperiode (und i.a. auch 1 ist).

## 11.3.3 Hierarchien aus Modulen und Instanzen

Wie überall erfordern komplexe Systeme eine hierarchische Struktur; Zerlegungshierarchie, schrittweise Verfeinerung, Top-Down-, Bottom-Up- und Jojo-Entwurf sind einige typische Stichworte (Abschnitt 2.2). VERILOG unterstützt diese Ideen mit dem Modul-Konzept: ein Modul kann in verschiedene oder gleiche Untermodule zerlegt werden, etwa ein Modul Prozessor in ALU, Register usw., die ALU in Addierer und Multiplizierer und ein 4-Bit-

Addierer in vier 1-Bit-Addierer. *Alle Module arbeiten parallel* im bereits
erläuterten Sinne. Das Beispiel 11.47 zeigt einen 4-Bit-Addierer.

```
module four_bit_adder (A4, B4, SUM5, NULL_FLAG);
input          A4,
               B4;
output         SUM5,
               NULL_FLAG;

wire    [3:0] A4,
               B4;
wire    [4:0] SUM5;
wire    [2:0] CARRY;

one_bit_adder Bit0 (A4[0], B4[0],    1'b0, SUM5[0], CARRY[0]);
one_bit_adder Bit1 (A4[1], B4[1], CARRY[0], SUM5[1], CARRY[1]);
one_bit_adder Bit2 (A4[2], B4[2], CARRY[1], SUM5[2], CARRY[2]);
one_bit_adder Bit3 (A4[3], B4[3], CARRY[2], SUM5[3], SUM5 [4]);

nor nor_for_zeroflag
   (NULL_FLAG, SUM5[0], SUM5[1], SUM5[2], SUM5[3], SUM5[4]);
endmodule
```

**Beispiel 11.47   Strukturmodell eines 4-Bit-Addierers**

Dabei werden durch

```
one_bit_adder Bit0 (A4[0], B4[0], 1'b0, SUM5[0], CARRY[0]);
```

usw. vier Instanzen vom Modul `one_bit_adder` mit den individuellen
Instanzennamen `Bit0` usw. erzeugt sowie mit Leitungen des umgebenden
Moduls `four_bit_adder` untereinander und nach außen verdrahtet. Benötigt
wird natürlich auch die Deklaration des Modultyps `one_bit_adder` im
Beispiel 11.48.

```
module one_bit_adder (A, B, CARRY_IN, SUM, CARRY_OUT);
input          A,
               B,
               CARRY_IN;
output         SUM,
               CARRY_OUT;
reg            SUM,
               CARRY_OUT;

always @(A or B or CARRY_IN)
   {CARRY_OUT, SUM} = A + B + CARRY_IN;
endmodule
```

**Beispiel 11.48   Verhaltensmodell eines 1-Bit-Addierers**

Die Zusammenfassung der beiden Module ergibt ein Strukturmodell des 4-Bit-Volladdierers. Dieser Programmtext enthält lediglich einen `four_bit_adder` mit vier `one_bit_adder`-Instanzen, er enthält dagegen außerhalb des `four_bit_adder` keine zusätzliche `one_bit_adder`-Instanz. Sowohl die Deklaration (also die bloße Angabe des Typs) von `one_bit_adder` als auch die Definition (also Angabe des Typs sowie die Erzeugung einer Instanz) besitzen die gleiche Syntax, nämlich die `module`-Anweisung.

Woran kann VERILOG nun erkennen, ob es sich um die bloße Angabe des Typs (wie beim `one_bit_adder`) oder zusätzlich um die Erzeugung einer Instanz handelt? Die Antwort besteht darin, daß jeder aufgeführte Modul auch eine implizite Instanz erzeugt, sofern er in keinem anderen Modul instanziiert wird. Dieses gilt für den `four_bit_adder`, nicht jedoch für den `one_bit_adder`.

Durch die Instanziierung von Modulen entsteht eine hierarchische Enthalten-sein-Beziehung, welche sich über mehrere Module erstrecken kann.


## 11.3.4 Verhaltens- und Strukturmodelle

Eine Verhaltensbeschreibung wie der `one_bit_adder` im vorigen Abschnitt verwendet „klassische" Konstrukte wie sequentielle Folgen von Anweisungen, Schleifen und Fallunterscheidungen. Eine Strukturbeschreibung wie der `four_bit_adder` delegiert die Arbeit an eine Struktur aus Untermodulen (nach Abschnitt 11.3.6 hat die Zerlegung in Gruppen aus `always`- und `initial`-Blöcken ebenfalls einen starken Strukturcharakter).

Außerdem kann es beliebige Mischformen aus Verhalten und Struktur geben (Mixed-Mode). Abschnitt 2.2 behandelt den Unterschied zwischen dem Verhalten - was eine Schaltung leistet - und der Struktur - wie sie realisiert ist. Offen bleibt bei (irgend-)einer Verhaltensbeschreibung eines Addierers noch die spätere Realisierung durch Strukturen wie einen Carry-Look-Ahead-Addierer oder eine Manchester-Carry-Chain. Ein Strukturmodell spiegelt in der Regel die spätere Hardware mehr oder weniger wieder.

Beispiel 11.49 zeigt ein mögliches Verhaltensmodell des `four_bit_adder` aus dem vorigen Abschnitt.

```
module four_bit_adder (A4, B4, SUM5, NULL_FLAG);
input           A4,
                B4;
output          SUM5,
                NULL_FLAG;

wire    [3:0]   A4,
                B4;
reg             NULL_FLAG;
reg     [4:0]   SUM5;

always @(A4 or B4) begin
  SUM5 = A4 + B4;
  NULL_FLAG = SUM5 == 0;
end
endmodule
```

**Beispiel 11.49**   Verhaltensmodell des 4-Bit-Addierers

## 11.3.5 Felder von Variablen

Variablen können aus einem oder mehreren Bits bestehen. Zusätzlich gibt es
eindimensionale Felder von Variablen. Dies wurde bereits bei der Realisierung
eines Speichers mit 16 Speicherplätzen gezeigt. Ein Feld mit 1000 Variablen der
Breite 1 Bit vom Typ reg definieren

```
reg FIELD [1:1000];
```

oder

```
reg FIELD [1000:1];
```

Es sind auch andere Indexgrenzen zulässig. Auf die 500. Variable dieses
Feldes greift

```
RESULT = FIELD [500];
```

zu. Die Syntax entspricht der Auswahl des 500. Bits einer normalen Variablen.
Ein Feld mit 1000 Registern der Breite 16 Bit definiert

```
reg [16:1] FIELD [1:1000];
```

Soll das 8. Bit der 500. Variablen RESULT zugewiesen werden, so muß dies über
den Umweg eines Registers TEMP der Breite 16 erfolgen:

```
TEMP = FIELD [500];
RESULT = TEMP [8];
```

## 11.3.6 Module und Gruppen

Logisch zusammenhängende Teile oder spätere Hardware-Komponenten sollten als Module zusammengefaßt werden. Außerdem können Module an anderen Stellen erneut verwendet werden. In einem komplexen Programm wie dem Grobstrukturmodell des Prozessors TOOBSIE kann es jedoch relativ kleine logisch zusammenhängende Blöcke geben, deren Schnittstelle zur Umgebung aus relativ vielen Variablen besteht. Dann wäre ein eigener Modul zwar methodisch sinnvoll, würde jedoch den Programmtext sehr aufblähen und so seine Lesbarkeit erheblich verschlechtern. Denn die Variablen der Schnittstelle müssen oft dreimal am Anfang eines Moduls genannt werden:

* in der Parameterliste,
* in der Deklaration (`input`, `output` oder `inout`),
* in der Deklaration des Typs (`reg`, `wire`, ...).

In solchen Fällen bietet es sich an, statt mit Modulen mit *Gruppen* zu arbeiten. Mit diesem Begriff, der nicht zu VERILOG gehört, fassen wir auf der Kommentarebene einen oder mehrere benachbarte `always`-Blöcke zusammen und geben ihnen einen Namen.

## 11.3.7 Bidirektionale Kommunikation

Mit bidirektionalen Verbindungen können zwei oder mehr Module durch einen gemeinsamen Datenbus in beiden Richtungen kommunizieren. Diese Konstruktion als Modell für reale bidirektionale Tristate-Busse ist nicht ganz einfach zu verstehen, dieser Abschnitt ist jedoch von grundlegender Bedeutung.

Das Beispiel 11.51 (Bild 11.50) enthält zwei Instanzen `M1` und `M2` eines Untermoduls vom Typ `m`. In den Erläuterungen unterscheiden wir die beiden Instanzen durch den vorangestellten Instanzennamen, `M1.DATA` ist demnach der formale Parameter `DATA` von Instanz `M1`.

Die Schnittstelle jeder Instanz besteht aus einem Eingang `CLOCK` und einem bidirektionalen Port `DATA` (Zeile 2). Die beiden Takteingänge werden durch eine externe `GLOBAL_CLOCK` stimuliert, wobei listigerweise `M2` durch den invertierten gegenphasigen Takt gesteuert wird. Die beiden Datenanschlüsse sind durch den externen Wire `GLOBAL_DATA` verbunden (Zeilen 38-39).

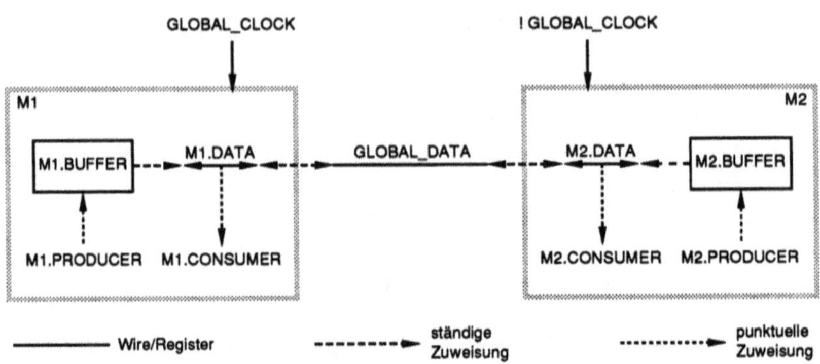


**Bild 11.50**   Bidirektionale Producer-Consumer

Innerhalb einer Instanz wird die Datenleitung in beiden Richtungen benutzt, das heißt es kann von innen nach außen geschrieben und von außen nach innen gelesen werden. Dazu ist zunächst in Zeile 5 eine ständige Verbindung (Continuous Assignment) geschaffen vom Register BUFFER zur Leitung DATA; demzufolge werden alle Werte von BUFFER und deren Änderungen auf den Bus M1.DATA bzw. M2.DATA und über die ständigen Verbindungen der Instanzenports auch auf die externe Leitung GLOBAL_DATA und damit auf M2.DATA bzw. M1.DATA weitergegeben. Die Gesamtleitung

```
M1.DATA - GLOBAL_DATA - M2.DATA
```

wird durch die *beiden* Quellen M1.BUFFER und M2.BUFFER getrieben. Sollten diese unterschiedliche 0-1-Werte haben, entsteht auf dem Datenbus der unbestimmte Zustand x. Stattdessen wird in Zeile 19 dafür gesorgt, daß während der jeweils zweiten lokalen Taktphase der BUFFER hochohmig gesetzt ist und damit auf der Datenleitung keinen Schaden anrichtet; da die beiden lokalen M1.CLOCK und M2.CLOCK gegenphasig arbeiten, kann hier kein Unglück passieren.

In jedem der beiden Untermodule gibt es einen CONSUMER, der ab Zeile 21 bei allen interessierenden Änderungen Werte vom Bus DATA abgreift. In diesem Fall ist der CONSUMER eine $display-Anweisung, es könnte genauso gut eine sich anschließende andere Datenverarbeitung sein. Bei jeder positiven lokalen Taktflanke schickt ein PRODUCER, in diesem Fall der COUNTER in Zeile 14, einen Wert an den BUFFER und damit auf die Datenfernleitung. Durch den Takt ist dafür gesorgt, daß dies immer dann geschieht, wenn der BUFFER nicht

**hochohmig ist; das Schreiben von z in den BUFFER ist eine weitere Funktion des PRODUCER.**

```
module m (CLOCK, DATA);                                                   //00
input       CLOCK;              // lokaler Takt                           //01
inout [7:0] DATA;              // bidirektionaler Daten-Port              //02
                                                                          //03
reg   [7:0] BUFFER;            // Ausgangstreiber                         //04
wire  [7:0] DATA = BUFFER;     // staendige Zuweisung                     //05
reg   [7:0] COUNTER;           // Zaehler                                 //06
                                                                          //07
parameter   Start = 0;                                                    //08
                                                                          //09
initial                                                                   //10
   COUNTER = Start;            // von aussen initialisierter Zaehler      //11
                                                                          //12
always @(posedge CLOCK) begin                                             //13
   BUFFER = COUNTER;           // PRODUCER (schreiben)                    //14
   COUNTER = COUNTER + 1;                                                 //15
end                                                                       //16
                                                                          //17
always @(negedge CLOCK)                                                   //18
   BUFFER = 8'bz;              // PRODUCER (Treiber hochohmig)            //19
                                                                          //20
always @(CLOCK or DATA)                                                   //21
   if (Start == 0)                                                        //22
      $display ("%3.0f        %d               %d", $time, CLOCK, DATA);  //23
   else                                                                   //24
      $display ("%3.0f              %d         %d",                       //25
         $time, CLOCK, DATA);  // CONSUMER (lesen und display)            //26
endmodule // m                                                            //27
                                                                          //28
                                                                          //29
                                                                          //30
module mainmodule;                                                        //31
wire [7:0] GLOBAL_DATA;        // Datenleitung zwischen Instanzen         //32
reg        GLOBAL_CLOCK;       // globaler Takt                           //33
                                                                          //34
defparam M1.Start =   0;       // Instanzen-Zaehler individuell           //35
defparam M2.Start = 100;       // initialisieren                          //36
                                                                          //37
m M1 ( GLOBAL_CLOCK, GLOBAL_DATA); // Instanz M1                          //38
m M2 (!GLOBAL_CLOCK, GLOBAL_DATA); // Instanz M2 mit invertiertem Takt    //39
                                                                          //40
initial begin                  // globaler Takt                           //41
   $display ("time   M1.CLOCK  M2.CLOCK  M1.DATA  M2.DATA");              //42
   #10;                                                                   //43
   GLOBAL_CLOCK = 1; #10; GLOBAL_CLOCK = 0; #10;                          //44
   GLOBAL_CLOCK = 1; #10; GLOBAL_CLOCK = 0; #10;                          //45
   GLOBAL_CLOCK = 1; #10; GLOBAL_CLOCK = 0; #10;                          //46
end                                                                       //47
endmodule // mainmodule                                                   //48
```

**Beispiel 11.51   Producer-Consumer-Kommunikation**

Die beiden Untermodule M1 und M2 vom Modultyp m sind nun zum einen durch ihren Instanzennamen personalisiert, zum anderen durch den in den Zeilen 35-36 unterschiedlich vereinbarten Startwert 0 bzw. 100 des COUNTER.

Damit spielen die beiden Instanzen Ping-Pong, indem beide ihren hochgezählten Startwert abwechselnd auf die Fernleitung schicken. Diese Nachricht wird vom Partnermodul verstanden und mit $display ausgegeben.

```
Highest level modules:
mainmodule

time   M1.CLOCK   M2.CLOCK   M1.DATA   M2.DATA
 10                  0                     x
 10       1                     x
 10                  0                     0
 10       1                     0
 20                  1                     0
 20       0                     0
 20       0                   100
 20                  1                   100
 30                  0                   100
 30       1                   100
 30                  0                     1
 30       1                     1
 40                  1                     1
 40       0                     1
 40       0                   101
 40                  1                   101
 50                  0                   101
 50       1                   101
 50                  0                     2
 50       1                     2
 60                  1                     2
 60       0                     2
 60       0                   102
 60                  1                   102
209 simulation events
```

**Bild 11.52**   Simulationsergebnis zum Beispiel 11.51

Das Simulationsergebnis in Bild 11.52 zeigt, daß der Datenbus ständig Werte
verschieden von x und z enthält. Außerdem erkennt man, daß beide Untermodule beide Zählerwerte abwechselnd ausgeben. Dieses Beispiel ist eine
mögliche Lösung des *Producer-Consumer-Problems*.

## 11.3.8 Einige praktische Richtlinien

In diesem Abschnitt sollen der VERILOG-Stil und Konventionen für ein
einheitliches Aussehen gestreift werden, wie sie bei den großen TOOBSIE-
Modellen (meist) eingehalten wurden.

* Identifier für `define werden vollständig groß geschrieben.

* Bezeichner von Registern, Wires, usw. werden ebenfalls vollständig groß
  geschrieben; die `define-Identifier unterscheiden sich von ihnen durch
  das führende Apostroph.

- Identifier für Module, Tasks, Funktionen und Parameter beginnen mit einem Großbuchstaben, sind ansonsten aber klein geschrieben. Um zwischen der Deklaration und der Instanz eines Moduls zu unterscheiden, wird der Modulname bei der Instanziierung mit einem Großbuchstaben begonnen und bei der Definition vollständig klein geschrieben.

- Auf Tabulatoren wird verzichtet; pro Ebene wird um zwei Leerzeichen eingerückt.

- Die Zeilenlänge ist maximal 80 Zeichen.

- In Tasks soll keine Zeit verbraucht werden.

# 11.4  Beispiele

Anhand von vier immer komplexeren Beispielen lernen wir vor allem das Pipeline-Konzept und den Unterschied zwischen Verhaltens- und Strukturbeschreibung kennen.

## 11.4.1 Eine einfache Pipeline

Das erste Beispiel besteht aus einer Pipeline mit vier Stufen aus je einem Master-Slave-Flipflop. Zwischen den Stufen befindet sich jeweils kombinatorische Logik, also eine Funktion ohne Speicher, die berechnet wird, wenn ein Datum in der Pipeline von links nach rechts läuft. Ein Master-Slave-Flipflop besteht aus dem Master- und dem Slave-Register wie in Bild 11.53.

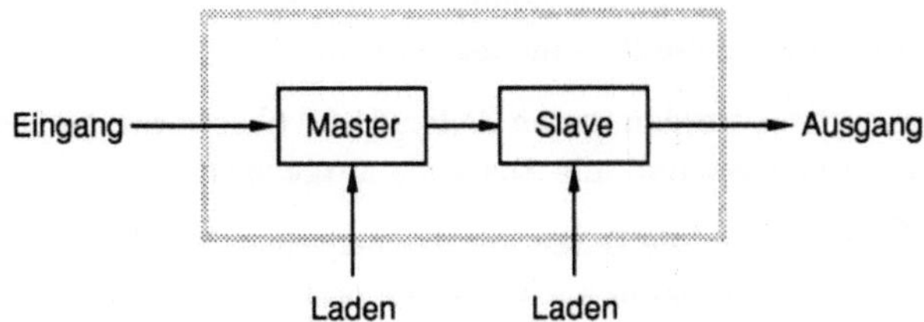


**Bild 11.53**  Master-Slave-Flipflop

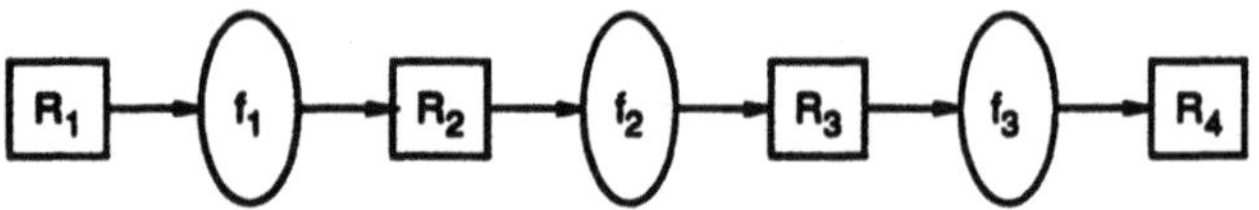

Bild 11.54   Pipeline aus Flipflops und kombinatorischer Logik

Alle vier Master-Register werden mit der positiven, die Slave-Register mit der
negativen Flanke des Taktes CP geladen. Der Ausgang ändert sich nur mit
dem Laden des Slave, nicht mit dem Laden des Master. In der Pipeline liegen
zwischen den vier Flipflops wie in Bild 11.54 drei kombinatorische Logiken f1
bis f3. Die Eingangsdaten gelangen in den ersten Master M1 und nach einer
Durchlaufverzögerung in den Slave S4 am rechten Ende. Die Funktion der
Pipeline ist

```
S4 = ((M1 * 2) + 5)^2
```

R1 bis R4 sind die Master-Slave-Flipflops, deren Element i aus dem Master Mi
und dem Slave Si besteht.

Die Zeilen 21-25 des Beispiels 11.55 sind das Herz der Pipeline. In ihnen wird
mit der positiven Flanke von CP jeweils ausgehend vom vorigen Slave eine neue
Funktion berechnet und im nächsten Master zwischengespeichert. Mit der
negativen Flanke erfolgt der Übertrag in den Slave. Wegen der abwechselnden
Flanken ist hier nicht zu befürchten, daß ein Datum durch die ganze Pipeline
rauscht.

Die kombinatorischen Logiken sind in den Zeilen 27-43 als Funktionen
definiert. Den Takt generieren die Zeilen 45-49. CP ist High Schritte lang gültig
und für Low Schritte 0.

In den Zeilen 59-67 werden nach Ausgabe einer Simulationskopfzeile Test-
stimuli synchron mit jeder steigenden CP-Flanke injiziert. Die for-Schleife
läßt am Ende lediglich die Pipeline leerlaufen.

CP und alle Register werden in den Zeilen 51-57 überwacht; bei jeder Änderung
werden Simulationszeit und alle Zustände ausgegeben.

Die Slaves übernehmen die Daten mit der negativen Flanke von CP. Alternativ
können die Slaves die Daten auch mit der positiven Flanke und einer zusätzlichen Zeitverzögerung übernehmen. Die Steuerung der Pipeline in den Zeilen

```
//-------------------------------------------------------------------    //00
//                                                                       //01
// Modell einer Ein-Phasen-Pipeline                                      //02
//                                                                       //03
//-------------------------------------------------------------------    //04
                                                                         //05
module pipeline;                                                         //06
                                                                         //07
parameter     High  = 10,             // Takt high                       //08
              Low   =  5;             // Takt low                        //09
                                                                         //10
reg           CP;                     // Takt                            //11
                                                                         //12
reg     [31:0] M1, S1,                // Master 1, Slave 1               //13
               M2, S2,                // Master 2, Slave 2               //14
               M3, S3,                // Master 3, Slave 3               //15
               M4, S4;                // Master 4, Slave 4               //16
                                                                         //17
integer       i;                      // Hilfsvariable                   //18
                                                                         //19
                                                                         //20
// Pipeline steuern und Funktionen berechnen                            //21
                              always @(negedge CP) S1 = M1;              //22
always @(posedge CP) M2 = f1(S1);   always @(negedge CP) S2 = M2;        //23
always @(posedge CP) M3 = f2(S2);   always @(negedge CP) S3 = M3;        //24
always @(posedge CP) M4 = f3(S3);   always @(negedge CP) S4 = M4;        //25
                                                                         //26
// Logik zwischen S1 und M2                                              //27
function [31:0] f1;                                                      //28
input  [31:0] IN;                                                        //29
  f1 = 2 * IN;                                                           //30
endfunction                                                              //31
                                                                         //32
// Logik zwischen S2 und M3                                              //33
function [31:0] f2;                                                      //34
input  [31:0] IN;                                                        //35
  f2 = IN + 5;                                                           //36
endfunction                                                              //37
                                                                         //38
// Logik zwischen S3 und M4                                              //39
function [31:0] f3;                                                      //40
input  [31:0] IN;                                                        //41
  f3 = IN * IN;                                                          //42
endfunction                                                             //43
                                                                         //44
// Ein-Phasen-Takt                                                       //45
always begin                                                             //46
  CP = 1; #High;                      // Takt high                       //47
  CP = 0; #Low;                       // Takt low                        //48
end                                                                      //49
                                                                         //50
// Ueberwachung von CP sowie aller Register                              //51
always @(CP or M1 or S1 or M2 or S2 or M3 or S3 or M4 or S4)            //52
begin                                                                    //53
  $write ("%5.0f  %5.0f  %3.0f  %3.0f  %3.0f  %3.0f  %3.0f  ",          //54
  $time, CP, M1, S1, M2, S2, M3);                                        //55
  $display ("%3.0f  %3.0f  %3.0f", S3, M4, S4);                          //56
end                                                                      //57
                                                                         //58
// Ausgabe, Testmuster                                                   //59
initial begin                                                            //60
  $write (" Time      CP    M1    S1    M2 ");                           //61
  $display ("   S2    M3    S3    M4    S4 ");                           //62
                                                                         //63
  @(posedge CP) M1 = 1;               // M1 eingeben                     //64
  @(posedge CP) M1 = 2;               // M1 eingeben                     //65
  @(posedge CP) M1 = 3;               // M1 eingeben                     //66
  @(posedge CP) M1 = 4;               // M1 eingeben                     //67
                                                                         //68
  for(i=1;i<=5;i=i+1)                 // Pipeline leeren                 //69
    @(negedge CP);                                                       //70
  $finish;                                                               //71
end                                                                      //72
                                                                         //73
endmodule // pipeline                                                    //74
```

```
Highest level modules:
pipeline

Time    CP   M1   S1   M2   S2   M3   S3   M4   S4
 10      0    0    0    0    0    0    0    0    0
 15      1    0    0    0    0    0    0    0    0
 15      1    1    0    0    0    0    0    0    0
 25      0    1    0    0    0    0    0    0    0
 25      0    1    1    0    0    0    0    0    0
 30      1    1    1    0    0    0    0    0    0
 30      1    2    1    2    0    0    0    0    0
 40      0    2    1    2    0    0    0    0    0
 40      0    2    2    2    2    0    0    0    0
 45      1    2    2    2    2    0    0    0    0
 45      1    3    2    4    2    7    0    0    0
 55      0    3    2    4    2    7    0    0    0
 55      0    3    3    4    4    7    7    0    0
 60      1    3    3    4    4    7    7    0    0
 60      1    4    3    6    4    9    7   49    0
 70      0    4    3    6    4    9    7   49    0
 70      0    4    4    6    6    9    9   49   49
 75      1    4    4    6    6    9    9   49   49
 75      1    4    4    8    6   11    9   81   49
 85      0    4    4    8    6   11    9   81   49
 85      0    4    4    8    8   11   11   81   81
 90      1    4    4    8    8   11   11   81   81
 90      1    4    4    8    8   13   11  121   81
100      0    4    4    8    8   13   11  121   81
100      0    4    4    8    8   13   13  121  121
105      1    4    4    8    8   13   13  121  121
105      1    4    4    8    8   13   13  169  121
115      0    4    4    8    8   13   13  169  121
115      0    4    4    8    8   13   13  169  169
120      1    4    4    8    8   13   13  169  169
130      0    4    4    8    8   13   13  169  169
L72 "bsp101.v": $finish at simulation time 130
488 simulation events
```

**Beispiel 11.55**  VERILOG-Modell der Pipeline

22-25 sähe dann wie folgt aus (falls die Slaves zwei Zeiteinheiten nach der positiven CP-Flanke die Werte der Master laden):

```
always @(posedge CP) begin
  #2;
  S1 = M1;
end

always @(posedge CP) begin
  M2 = f1(S1);
  #2;
  S2 = M2;
end
```

usw. Die Steuerung der Pipeline kann weiter vereinfacht werden:

```
always @(posedge CP) S1 = #2 M1;
always @(posedge CP) S2 = #2 f1(S1);
```

usw.

## 11.4.2 Eine komplexe Pipeline

Das Beispiel besteht aus einer Pipeline mit den drei Stufen Eingangs-FIFO, ALU und Ausgangs-FIFO.

Die Pipeline soll Daten lesen, welche eine Quelle unregelmäßig liefert. Die Schwankungen gleicht die Eingangs-FIFO aus, welche neue Quelldaten, sofern vorhanden, liest und an die ALU weitergibt, wenn diese frei ist. Die ALU manipuliert die Daten und reicht sie an die Ausgangs-FIFO weiter, welche sie für die Datensenke auf Abruf bereit hält.

Die Pipeline wird von einem globalen Ein-Phasen-Takt CP synchronisiert. Die beiden FIFOs sind baugleich. Die ALU beherrscht Addition, Subtraktion, Multiplikation und Division, jeweils mit zwei Operanden aus der Eingangs-FIFO. Dabei sollen Multiplikation und Division wie in der Realität länger dauern (im Beispiel 10 Takte) als Addition und Subtraktion (5 Takte). Da die ALU also nicht bei jedem CP neue Ergebnisse liefert, muß die Ausgangs-FIFO sich darauf einstellen. Andererseits darf die ALU keine Werte an eine volle Ausgangs-FIFO liefern, was diese daher zurückmelden muß (SPACELEFT_OUT bzw. SPACELEFT_IN). Wegen dieser Rückmeldungen handelt es sich nicht mehr um eine reine Pipeline.

### 11.4.2.1    Die Schnittstelle

Schnittstellen gibt es

- am Eingang der Eingangs-FIFO,
- zwischen Eingangs-FIFO und ALU,
- zwischen ALU und Ausgangs-FIFO und
- am Ausgang der Ausgangs-FIFO.

Bild 11.56 zeigt die gleich aufgebauten Ein- und Ausgänge der FIFO und der ALU.

Die Verarbeitung erfolgt von links nach rechts. Reset und Takt sind nicht eingezeichnet. Die Einheit ALU bzw. FIFO signalisiert der Vorgängerstufe mit SPACELEFT_OUT Lesebereitschaft. Dann darf der Vorgänger schreiben, indem er WORK_IN setzt und seine Daten an DATA_IN schreibt. Die Einheit liest während CP. Bei der negativen Flanke von CP wird WORK_IN zurückgesetzt. SPACELEFT_OUT ändert sich nur, während CP 0 ist.

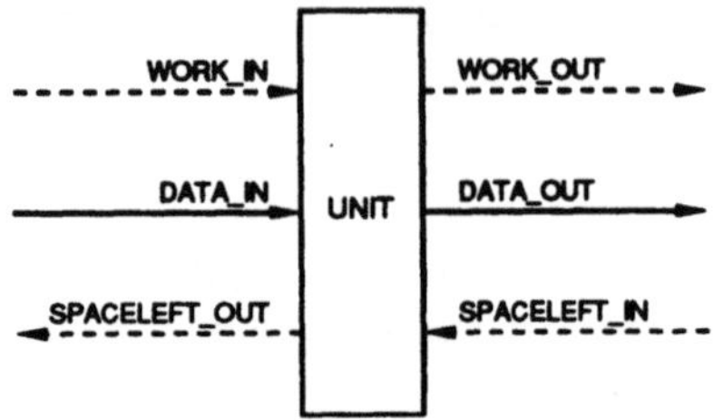


**Bild 11.56**  Schema einer Schnittstelle

Analog schreibt die Einheit nur an die nachfolgende Stufe, falls diese über SPACELEFT_IN Lesebereitschaft angezeigt hat.

## 11.4.2.2   Die FIFOs

Beide FIFOs unterscheiden sich nur in der Breite WIDTH der gespeicherten Datenwörter. Mit einer parameter-Anweisung läßt diese sich noch bei der Instanziierung der FIFOs anpassen (B2). Der Parameter WIDTH_LD_2 gibt die Adreßbreite der FIFO an, es können $2^{\wedge}$WIDTH_LD_2-1 FIFO-Plätze beschrieben und im Feld MEMORY gespeichert werden. HEAD zeigt auf das nächste beschreibbare Datenwort in MEMORY, TAIL auf das nächste auszulesende Wort. Alle drei Variablen bilden die Datenstruktur „Ringpuffer".

Statt $2^{\wedge}$WIDTH_LD_2 können nur $2^{\wedge}$WIDTH_LD_2-1 Worte gespeichert werden aus folgendem technischen Grund. Ist die FIFO leer, d.h. zeigen HEAD und TAIL auf das gleiche Datenwort, kann HEAD WIDTH_LD_2 verschiedene Positionen einnehmen. Eine davon ist dabei HEAD=TAIL. Die anderen WIDTH_LD_2-1 Positionen stehen zur Verfügung.

Die FIFO liest bei CP und gültigem WORK_IN Daten von DATA_IN. Danach wird die HEAD-Adresse erhöht; dies merkt sich die FIFO, indem sie READ auf 1 setzt. Bei der nächsten negativen Flanke von CP kann HEAD dann inkrementiert werden. HEAD kann nicht gleich während CP erhöht werden, da bei einer Änderung von DATA_IN im gleichen CP-Takt das neue Datum eingelesen und HEAD erneut erhöht würde.

Analog wird geschrieben. Sind noch Daten in der FIFO (HEAD!=TAIL) und ist die nächste Einheit nicht voll (SPACELEFT_IN), so wird ein Datum geschrieben; dies wird durch das Setzen von WRITE protokolliert, und bei der nächsten negativen CP-Flanke wird TAIL erhöht.


## 11.4.2.3 Die ALU

Die ALU besitzt grundsätzlich die gleiche Schnittstelle. DATA_IN besteht aus OPERAND1, OPERAND2 und OPERATION; letztere steuert bei aktivem WORK_IN die Berechnung, deren Ergebnis in TEMPMEMORY zwischengespeichert wird. CYCLES ist operationsabhängig 5 bzw. 10 Zyklen und wird pro Takt und bei aktivem NEW_RESULT um 1 dekrementiert.

Weiterhin darf die vorangehende Pipeline-Stufe keine neuen Daten liefern, während die ALU rechnet (CYCLES wird heruntergezählt). Daher wird SPACELEFT_OUT auf 0 gesetzt, übrigens auch dann, wenn SPACELEFT_IN von 1 auf 0 wechselt. In diesem Fall wird ein wieder aktives SPACELEFT_IN abgewartet. Da sich SPACELEFT_OUT jedoch nur bei CP==0 ändern darf, wird dies abgewartet.

Bei der negativen Flanke von CP wird zunächst WORK_OUT zurückgesetzt. CYCLES wird bei aktivem NEW_RESULT dekrementiert. Ist es bei 0 angekommen, wird NEW_RESULT gelöscht, und bei der nächsten positiven CP-Flanke wird das Ergebnis weitergereicht. SPACELEFT_IN braucht nicht geprüft zu werden, denn wäre die nächste Stufe nicht aufnahmebereit, so hätte sie bereits vor dem Beginn der ALU-Operation SPACELEFT_IN der ALU deaktiviert, und die ALU hätte dies ebenfalls dem Vorgänger gemeldet.


## 11.4.2.4 Der Testmodul

Der Modul test als Testumgebung stellt eine Datenquelle und -senke bereit und erzeugt CP und RESET. Er instanziiert die drei Pipeline-Stufen. Er legt mit defparam die Breite der Datenwörter der FIFOs fest. Die Breite des Eingangs-FIFOs beträgt wie der Datenbus DATA_FIFO1_ALU zur ALU 20 Bit (je acht für die Operanden und vier für die Operation). Das Ergebnis der ALU und der Datenbus zur Ausgangs-FIFO sind ebenso wie die Ausgangs-FIFO lediglich acht Bit breit. Bild 11.57 ordnet den Pipeline-Stufen Leitungsnamen zu.

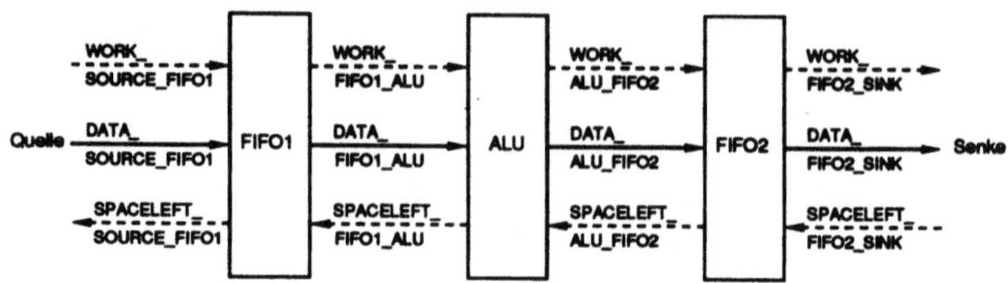


**Bild 11.57**  Die gesamte Pipeline

`DATA_FIFO1_ALU` gliedert sich wie folgt:

```
DATA_FIFO1_ALU [19:16]    Operationscode
DATA_FIFO1_ALU [15: 8]    erster Operand
DATA_FIFO1_ALU [ 7: 0]    zweiter Operand.
```

Im Modell (Beispiel 11.58) initialisiert der erste `initial`-Block CP und implementiert dann in einer Endlosschleife mit `forever` den globalen Takt. Die Task `Fifo1_write` als Datenquelle schreibt während CP und bei aktivem `SPACELEFT_QUELLE_FIFO1` ein Datum in die Eingangs-FIFO.

Der erste `always`-Block als Datensenke liest von FIFO2 ankommende Daten bei der positiven Flanke von `WORK_FIFO2_SINK` aus und zeigt sie an. Der nächste `initial`-Block definiert zunächst die grafisch darzustellenden Leitungen. Danach initialisiert er die Quelle und Senke und erzeugt das Reset-Signal für die Pipeline-Stufen.

`SPACELEFT_FIFO2_SINK` wird mit 0 initialisiert, d.h. die Senke kann keine Daten aufnehmen. Daher wird die Pipeline zunächst gefüllt. Da die Pipeline in beiden FIFOs insgesamt sechs Werte speichern kann, akzeptiert die Eingangs-FIFO zunächst sechs Werte, die von dem nächsten `initial`-Block erzeugt werden. Danach ist die Pipeline voll. Zum Zeitpunkt 5005 wird `SPACELEFT_FIFO2_SINK` dann auf 1 gesetzt, d.h. die Senke akzeptiert Daten. Offenbar gibt die Ausgangs-FIFO schneller Daten ab als die ALU liefern kann, sie leert sich also. Danach werden die Daten jeweils mit einem Takt Verzögerung von der ALU an die Senke weitergereicht, so daß die Ausgangs-FIFO nicht mehr benötigt wird.

Der letzte `initial`-Block erzeugt die Testmuster. Zunächst wird bis zum Ende der Rücksetzphase gewartet. Danach wird der Rechenauftrag `0+0` in die

Eingangs-FIFO geschrieben, dann $20+10$ usw. In einer `for`-Schleife werden dann Rechenaufträge der Form $I+10$ $(0 \leq I < 10)$ geschrieben. Zum Schluß wird $10000$ Zeiteinheiten gewartet, bis die Pipeline leergelaufen ist.

## 11.4.2.5 Das VERILOG-Modell

```
//------------------------------------------------------------      //000
//                                                                  //001
// Pipeline zur asynchronen Pufferung einer ALU                     //002
//                                                                  //003
//------------------------------------------------------------      //004
                                                                    //005
//------------------------------------------------------------      //006
//                                                                  //007
// Modul FIFO                                                       //008
//                                                                  //009
// Ein- und Ausgangspuffer der Pipeline                            //010
//                                                                  //011
//------------------------------------------------------------      //012
                                                                    //013
module fifo (CP, RESET, WORK_IN, DATA_IN, SPACELEFT_OUT,           //014
             WORK_OUT, DATA_OUT, SPACELEFT_IN);                    //015
                                                                    //016
parameter       WIDTH_LD_2 = 0;     // Speicherplaetze in FIFO - 1 //017
parameter       DATA_WIDTH = 0;     // Breite der Daten            //018
                                                                    //019
                                                                    //020
`define         WIDTH (1 << WIDTH_LD_2)                            //021
                                                                    //022
input           CP,                 // Takt                        //023
                RESET,              // Reset                       //024
                WORK_IN,            // Vorgaenger schreibt         //025
                DATA_IN,            // Daten vom Vorgaenger        //026
                SPACELEFT_IN;       // Nachfolger ist lesebereit   //027
                                                                    //028
output          WORK_OUT,           // FIFO schreibt an Nachfolger //029
                DATA_OUT,           // Daten an Nachfolger         //030
                SPACELEFT_OUT;      // FIFO ist lesebereit         //031
                                                                    //032
wire [DATA_WIDTH-1:0]                                              //033
                DATA_IN;            // Daten vom Vorgaenger        //034
                                                                    //035
reg             WORK_OUT,           // FIFO schreibt an Nachfolger //036
                SPACELEFT_OUT;      // FIFO ist lesebereit         //037
reg [DATA_WIDTH-1:0]                                              //038
                DATA_OUT;           // Daten an Nachfolger         //039
                                                                    //040
// interne Variable                                                //041
reg             READ,               // hat gelesen                 //042
                WRITE;              // hat geschrieben             //043
reg [WIDTH_LD_2 -1:0]                                             //044
                HEAD,               // Zeiger auf Datenanfang      //045
                TAIL;               // Zeiger auf Datenende        //046
reg [DATA_WIDTH-1:0]                                              //047
                MEMORY[0:`WIDTH-1]; // Speicher                    //048
                                                                    //049
//                                                                  //050
// Set_spaceleft setzt SPACELEFT_OUT, falls Platz in der FIFO       //051
//                                                                  //052
task Set_spaceleft;                                                //053
if ((HEAD + 1) % `WIDTH != TAIL)    // Ringpuffer                  //054
  SPACELEFT_OUT = 1;                                               //055
else                                                               //056
  SPACELEFT_OUT = 0;                                               //057
endtask // Set_spaceleft                                           //058
                                                                    //059
//                                                                  //060
// Initialisierung der FIFO                                         //061
//                                                                  //062
always @(posedge RESET) begin                                      //063
  HEAD = 0;                                                         //064
  TAIL = 0;                                                         //065
```

```
    SPACELEFT_OUT = 1;                                           //066
    WORK_OUT = 0;                                                //067
    READ = 0;                                                    //068
    WRITE = 0;                                                   //069
  end                                                            //070
                                                                 //071
  //                                                             //072
  // lesen                                                       //073
  //                                                             //074
  always @(CP or DATA_IN or WORK_IN)                             //075
    if (CP == 1 && WORK_IN == 1) begin                           //076
      MEMORY [HEAD] = DATA_IN;                                   //077
      READ = 1;                          // merken, dass gelesen wurde   //078
    end                                                          //079
                                                                 //080
  //                                                             //081
  // schreiben                                                   //082
  //                                                             //083
  always @(CP)                                                   //084
    if (CP == 1 && HEAD != TAIL && SPACELEFT_IN == 1)            //085
    begin                                                        //086
      DATA_OUT = MEMORY [TAIL];        // Daten an Nachfolger     //087
      WORK_OUT = 1;                    // Anzeige an Nachfolger   //088
      WRITE = 1;                       // merken, dass geschrieben wurde   //089
    end                                                          //090
                                                                 //091
  //                                                             //092
  // HEAD und TAIL erhoehen, SPACELEFT_OUT und WORK_OUT anpassen //093
  //                                                             //094
  always @(negedge CP) begin                                     //095
      if (READ == 1) begin           // falls gelesen wurde:      //096
        HEAD = (HEAD + 1) % `WIDTH;   // HEAD erhoehen (Ringpuffer)  //097
        READ = 0;                                                //098
      end                                                        //099
      if (WRITE == 1) begin          // falls geschrieben wurde:  //100
        TAIL = (TAIL + 1) % `WIDTH;   // TAIL erhoehen (Ringpuffer)  //101
        WRITE = 0;                                               //102
      end                                                        //103
      Set spaceleft;                 // SPACELEFT_OUT ggf. setzen //104
      WORK_OUT = 0;                                              //105
    end                                                          //106
endmodule // fifo                                                //107
                                                                 //108
                                                                 //109
  //---------------------------------------------------------------   //110
  //                                                             //111
  // Modul ALU                                                   //112
  //                                                             //113
  //---------------------------------------------------------------   //114
                                                                 //115
module alu (CP, RESET, WORK_IN, OPERAND1, OPERAND2, OPERATION,   //116
            SPACELEFT_OUT, RESULT, WORK_OUT, SPACELEFT_IN);      //117
                                                                 //118
  input          CP,                   // Takt                   //119
                 RESET,                // Reset                   //120
                 OPERAND1,             // Operanden ALU           //121
                 OPERAND2,                                        //122
                 OPERATION,            // Operation ALU           //123
                 WORK_IN,              // Vorgaenger schreibt      //124
                 SPACELEFT_IN;         // Nachfolger ist lesebereit   //125
                                                                 //126
  output         WORK_OUT,             // ALU schreibt an Nachfolger  //127
                 SPACELEFT_OUT,        // ALU ist lesebereit       //128
                 RESULT;               // Ergebnis ALU            //129
                                                                 //130
  wire    [3:0] OPERATION;             // Operation ALU           //131
  wire    [7:0] OPERAND1,              // Operanden ALU           //132
                OPERAND2;                                         //133
                                                                 //134
  reg     [7:0] RESULT,                // Ergebnis ALU            //135
                TEMPMEMORY;            // Ergebnis ALU (Zwischenspeicher)  //136
  reg           WORK_OUT,              // ALU schreibt an Nachfolger  //137
                NEW_RESULT,            // ALU rechnet             //138
                SPACELEFT_OUT;         // ALU ist lesebereit       //139
                                                                 //140
  integer       CYCLES;                // verbleibende Rechendauer //141
                                                                 //142
                                                                 //143
  `define       ADD 0                                            //144
  `define       SUB 1                                            //145
  `define       MUL 2                                            //146
  `define       DIV 3                                            //147
```

```verilog
    //                                                              //148
    //                                                              //149
    // Initialisierung der ALU                                     //150
    //                                                              //151
    always @(posedge RESET) begin                                  //152
      WORK_OUT = 0;                                                //153
      NEW_RESULT = 0;                                              //154
      SPACELEFT_OUT = 1;                                           //155
    end                                                            //156
                                                                   //157
    //                                                              //158
    // neue Berechnung der ALU                                     //159
    //                                                              //160
    always @(CP or WORK_IN or OPERAND1 or OPERAND2 or OPERATION)   //161
      if (CP == 1 && WORK_IN == 1) begin                           //162
        case (OPERATION)                                           //163
          `ADD: TEMPMEMORY = OPERAND1 + OPERAND2;                  //164
          `SUB: TEMPMEMORY = OPERAND1 - OPERAND2;                  //165
          `MUL: TEMPMEMORY = OPERAND1 * OPERAND2;                  //166
          `DIV: TEMPMEMORY = OPERAND1 / OPERAND2;                  //167
        endcase                                                    //168
        if (OPERATION > 1)                                         //169
          CYCLES = 10;                    // Multiplikation und Division  //170
        else                                                       //171
          CYCLES = 5;                     // Addition und Subtraktion     //172
        NEW_RESULT = 1;                   // ALU rechnet            //173
        SPACELEFT_OUT = 0;               // keine neuen ALU-Eingaben     //174
      end                                                          //175
                                                                   //176
    //                                                              //177
    // Lesesperre und Lesebereitschaft des Nachfolgers an den Vorgaenger //178
    // zurueckmelden                                               //179
    //                                                              //180
    always @(negedge SPACELEFT_IN) begin                           //181
      SPACELEFT_OUT = 0;                                           //182
      @(posedge SPACELEFT_IN);           // folgende Stufe wieder frei  //183
      wait (CP == 0);                    // warten                 //184
      SPACELEFT_OUT = 1;                                           //185
    end                                                            //186
                                                                   //187
    //                                                              //188
    // ggf. Arbeitsdauer CYCLES herunterzaehlen;                   //189
    // danach Ergebnis an Ausgang;                                 //190
    // Synchronisation mit voriger und folgender Pipeline-Stufe    //191
    //                                                              //192
    always @(negedge CP) begin                                     //193
      WORK_OUT = 0;                      // naechste Stufe deaktivieren  //194
      if (NEW_RESULT) begin              // ALU rechnet            //195
        CYCLES = CYCLES - 1;             // Arbeitsdauer simulieren  //196
        if (CYCLES == 0) begin                                     //197
          NEW_RESULT = 0;                // ALU rechnet nicht mehr  //198
          @(posedge CP);                 // warten                 //199
          RESULT = TEMPMEMORY;                                     //200
          WORK_OUT = 1;                  // naechste Stufe aktivieren  //201
          SPACELEFT_OUT = 1;             // ALU empfangsbereit      //202
        end                                                        //203
      end                                                          //204
    end                                                            //205
endmodule // alu                                                   //206
                                                                   //207
                                                                   //208
    //-------------------------------------------------------------  //209
    //                                                              //210
    // Testmodul                                                   //211
    //                                                              //212
    // Systemumgebung der Pipeline                                 //213
    //                                                              //214
    //-------------------------------------------------------------  //215
                                                                   //216
module test;                                                       //217
                                                                   //218
// Datenbreiten                                                    //219
`define       DATA_WIDTH_OPERAND 8                                 //220
`define       DATA_WIDTH_OPCODE  4                                 //221
`define    DATA_WIDTH_TOTAL (2*`DATA_WIDTH_OPERAND+`DATA_WIDTH_OPCODE) //222
                                                                   //223
// FIFO-Groessen                                                   //224
defparam      FIFO1.DATA_WIDTH = `DATA_WIDTH_TOTAL;                //225
defparam      FIFO1.WIDTH_LD_2 = 2;                                //226
defparam      FIFO2.DATA_WIDTH = `DATA_WIDTH_OPERAND;              //227
defparam      FIFO2.WIDTH_LD_2 = 2;                                //228
                                                                   //229
```

```
// Verbindungen zwischen Pipeline-Stufen                     //230
reg               WORK_SOURCE_FIFO1;       // Aktivierung FIFO1   //231
wire              WORK_FIFO1_ALU,          // Aktivierung ALU     //232
                  WORK_ALU_FIFO2,          // Aktivierung FIFO2   //233
                  WORK_FIFO2_SINK;         // Aktivierung Senke   //234
                                                                 //235
reg  [`DATA_WIDTH_TOTAL -1:0]                                    //236
                  DATA_SOURCE_FIFO1;       // Daten FIFO1         //237
wire [`DATA_WIDTH_TOTAL -1:0]                                    //238
                  DATA_FIFO1_ALU;          // Daten ALU           //239
wire [`DATA_WIDTH_OPERAND -1:0]                                  //240
                  DATA_ALU_FIFO2,          // Daten FIFO2         //241
                  DATA_FIFO2_SINK;         // Daten Senke         //242
                                                                 //243
wire              SPACELEFT_SOURCE_FIFO1,  // Platz in FIFO1      //244
                  SPACELEFT_FIFO1_ALU,     // Platz in ALU        //245
                  SPACELEFT_ALU_FIFO2;     // Platz in FIFO2      //246
reg               SPACELEFT_FIFO2_SINK;    // Platz in Senke      //247
                                                                 //248
// Sonstiges                                                     //249
reg               RESET,            // Reset                      //250
                  CP;               // globaler Takt              //251
reg [`DATA_WIDTH_OPERAND -1:0]                                   //252
                  I;                // Testmuster                 //253
                                                                 //254
//                                                               //255
// Instanzen                                                     //256
//                                                               //257
                                                                 //258
// erste FIFO                                                    //259
fifo FIFO1        (CP, RESET, WORK_SOURCE_FIFO1, DATA_SOURCE_FIFO1,  //260
                  SPACELEFT_SOURCE_FIFO1,                         //261
                  WORK_FIFO1_ALU, DATA_FIFO1_ALU, SPACELEFT_FIFO1_ALU);  //262
                                                                 //263
// ALU                                                           //264
alu ALU           (CP, RESET, WORK_FIFO1_ALU, DATA_FIFO1_ALU [15:8],  //265
                  DATA_FIFO1_ALU [7:0], DATA_FIFO1_ALU [19:16],  //266
                  SPACELEFT_FIFO1_ALU,                           //267
                  DATA_ALU_FIFO2, WORK_ALU_FIFO2, SPACELEFT_ALU_FIFO2);  //268
                                                                 //269
// zweite FIFO                                                   //270
fifo FIFO2        (CP, RESET, WORK_ALU_FIFO2, DATA_ALU_FIFO2,    //271
                  SPACELEFT_ALU_FIFO2, WORK_FIFO2_SINK,          //272
                  DATA_FIFO2_SINK, SPACELEFT_FIFO2_SINK);        //273
                                                                 //274
//                                                               //275
// globaler Takt                                                 //276
//                                                               //277
initial begin                                                    //278
  CP = 0;                                                        //279
  forever begin                                                  //280
    #100;                                                        //281
    CP = ~ CP;                                                   //282
  end                                                            //283
end                                                              //284
                                                                 //285
//                                                               //286
// Fifo1_write schreibt ein Datum in die FIFO, falls Platz       //287
//                                                               //288
task Fifo1_write;                                                //289
                                                                 //290
input [`DATA_WIDTH_TOTAL -1:0]                                   //291
                  DATA;             // ein Datum                 //292
                                                                 //293
reg               DONE;             // Schreiben beendet          //294
                                                                 //295
begin                                                            //296
  DONE = 0;                         // initialisieren            //297
  while (! DONE) begin              // Schreiben nicht beendet   //298
    @(posedge CP);                  // warten                    //299
    if (SPACELEFT_SOURCE_FIFO1==1)  // FIFO1 lesebereit          //300
    begin                                                        //301
      DATA_SOURCE_FIFO1 = DATA;                                  //302
      WORK_SOURCE_FIFO1 = 1;        // Arbeitsfreigabe           //303
      @(negedge CP);                                             //304
      WORK_SOURCE_FIFO1 = 0;                                     //305
      DONE = 1;                                                  //306
    end                                                          //307
  end                                                            //308
end                                                              //309
endtask // Fifo1_write                                           //310
                                                                 //311
```

```
//                                                                          //312
// Beobachtung der Schnittstellen                                           //313
//                                                                          //314
always @(DATA_SOURCE_FIFO1 or DATA_FIFO1_ALU or DATA_ALU_FIFO2 or           //315
  DATA_FIFO2_SINK)                                                          //316
  $display ("%5.0f       %h          %h            %h\t\t    %h",           //317
    $time, DATA_SOURCE_FIFO1, DATA_FIFO1_ALU, DATA_ALU_FIFO2,               //318
    DATA_FIFO2_SINK);                                                       //319
                                                                            //320
//                                                                          //321
// Initialisierung                                                          //322
//                                                                          //323
initial begin                                                              //324
  $display (" Zeit  SOURCE_FIFO1          FIFO1_ALU      ALU_FIFO2%s",       //325
    "      FIFO2_SINK");                                                    //326
  $gr_waves       ("CP", CP, "RESET", RESET,                                //327
            "1_WORK", WORK_SOURCE_FIFO1, "1_DATA",                          //328
            DATA_SOURCE_FIFO1, "1_SPAC", SPACELEFT_SOURCE_FIFO1,            //329
            "A_WORK", WORK_FIFO1_ALU, "A_DATA", DATA_FIFO1_ALU,             //330
            "A_SPAC", SPACELEFT_FIFO1_ALU,                                  //331
            "2_WORK", WORK_ALU_FIFO2, "2_DATA", DATA_ALU_FIFO2,             //332
            "2_SPAC", SPACELEFT_ALU_FIFO2,                                  //333
            "S_WORK", WORK_FIFO2_SINK, "S_DATA", DATA_FIFO2_SINK,           //334
            "S_SPAC", SPACELEFT_FIFO2_SINK);                                //335
  WORK_SOURCE_FIFO1 = 0;                                                    //336
  SPACELEFT_FIFO2_SINK = 0;                                                 //337
  RESET = 1;                                                                //338
  #5;                              // Reset fuer 5 Zeiteinheiten            //339
  RESET = 0;                                                                //340
  #5000;                          // 5000 Zeiteinheiten warten,             //341
  SPACELEFT_FIFO2_SINK = 1;       // dann FIFO2 freigeben,                  //342
                                  // dann fuellt sich die Pipeline          //343
end                                                                        //344
                                                                            //345
//                                                                          //346
// Testmuster erzeugen                                                      //347
//                                                                          //348
initial begin                                                              //349
  @(negedge RESET);                        // Reset beendet                 //350
  Fifo1_write ({4'd0, 8'd00, 8'd00});  // 0 +  0                            //351
  Fifo1_write ({4'd0, 8'd20, 8'd10});  // 20 + 10                           //352
  Fifo1_write ({4'd1, 8'd20, 8'd10});  // 20 - 10                           //353
  Fifo1_write ({4'd2, 8'd20, 8'd10});  // 20 * 10                           //354
  Fifo1_write ({4'd3, 8'd20, 8'd10});  // 20 / 10                           //355
                                                                            //356
  for (I=0; I<10; I = I+1) begin         // 0 bis 9 zu 10 addieren          //357
    #1;                                                                     //358
    Fifo1_write ({4'd0, I, 8'd10});                                         //359
  end                                                                       //360
  #10000;                                // warten, bis Pipeline leer       //361
  $finish;                                                                  //362
end                                                                        //363
endmodule // test                                                          //364
```

**Beispiel 11.58** VERILOG-Modell der ALU-Pipeline

## 11.4.2.6    Eine Simulationsausgabe

Beispielsweise erzeugt die Quelle im Bild 11.59 zur Zeit 1700 die Eingabe 3140a,
die sich zusammensetzt aus dem Opcode 3 für die Division, dem Dividenden 14
(20 dezimal) und dem Divisor 0a (10 dezimal). Wegen der erzwungenen
Blockierung der Senke erreicht der Auftrag erst zur Zeit 7500 die ALU. Der
Quotient 02 gelangt zur Zeit 9500 in die Ausgangs-FIFO.

Die graphische Ausgabe des Modells mit $gr_waves (Zeile 327) ist hier nicht
wiedergegeben. Sie entspricht Bild 4.62.

```
Highest level modules:
test

    Zeit  SOURCE_FIFO1      FIFO1_ALU    ALU_FIFO2        FIFO2_SINK
     100     00000            xxxxx          xx               xx
     300     0140a            xxxxx          xx               xx
     300     0140a            00000          xx               xx
     500     1140a            00000          xx               xx
     700     2140a            00000          xx               xx
    1300     2140a            00000          00               xx
    1500     2140a            0140a          00               xx
    1700     3140a            0140a          00               xx
    2500     3140a            0140a          1e               xx
    2700     3140a            1140a          1e               xx
    2900     0000a            1140a          1e               xx
    3700     0000a            1140a          0a               xx
    5100     0000a            1140a          0a               00
    5300     0000a            2140a          0a               1e
    5500     0010a            2140a          0a               1e
    5500     0010a            2140a          0a               0a
    7300     0010a            2140a          c8               0a
    7500     0010a            3140a          c8               c8
    7700     0020a            3140a          c8               c8
    9500     0020a            3140a          02               c8
    9700     0020a            0000a          02               02
    9900     0030a            0000a          02               02
   10700     0030a            0000a          0a               02
   10900     0030a            0010a          0a               0a
   11100     0040a            0010a          0a               0a
   11900     0040a            0010a          0b               0a
   12100     0040a            0020a          0b               0b
   12300     0050a            0020a          0b               0b
   13100     0050a            0020a          0c               0b
   13300     0050a            0030a          0c               0c
   13500     0060a            0030a          0c               0c
   14300     0060a            0030a          0d               0c
   14500     0060a            0040a          0d               0d
   14700     0070a            0040a          0d               0d
   15500     0070a            0040a          0e               0d
   15700     0070a            0050a          0e               0e
   15900     0080a            0050a          0e               0e
   16700     0080a            0050a          0f               0e
   16900     0080a            0060a          0f               0f
   17100     0090a            0060a          0f               0f
   17900     0090a            0060a          10               0f
   18100     0090a            0070a          10               10
   19100     0090a            0070a          11               10
   19300     0090a            0080a          11               11
   20300     0090a            0080a          12               11
   20500     0090a            0090a          12               12
   21500     0090a            0090a          13               12
   21700     0090a            0090a          13               13
L362 "bsp102.v": $finish at simulation time 27200
11692 simulation events
```

**Bild 11.59**  Simulationsausgabe zum Beispiel 11.58

## 11.4.3 Verhaltensmodell eines SISC-Prozessors

Implementiert werden soll ein 32-Bit-Prozessor SISC mit eingeschränktem Befehlssatz (Simple Instruction Set Computer). Wir definieren zunächst ein Verhaltensmodell. Der Prozessor besitzt keine Register, sondern liest Operanden aus dem Speicher und schreibt die Ergebnisse direkt dorthin. So können die Befehle in diesem Übungsbeispiel einfach implementiert werden. Ein Befehl wird in drei sequentiellen Phasen ausgeführt:

1. Holen des Opcodes aus dem Speicher (Fetch-Phase);

2. Dekodieren und ggf. holen eines Operanden aus dem Speicher; Ergebnis berechnen (Execute-Phase);

3. Schreiben des Ergebnisses in den Speicher (Write-Result-Phase).

Es werden je eine Speicheradresse für den Operanden und das Ergebnis benötigt. Es werden nur Operationen mit einem Operanden realisiert. Man kann jedoch zu einem Speicherwort eine Konstante als Teil des Opcodes addieren.

### 11.4.3.1   Befehle

Der Prozessor besitzt die Befehle der Tabelle 11.60.

| Befehl | Beschreibung | Ziel | Quelle1 | Quelle2 | Flags |
|--------|--------------|------|---------|---------|-------|
| NOP | No Operation | - | - | - | nein |
| HLT | Halt | - | - | - | ja |
| BRA | Sprung | - | - | DST | nein |
| STR | Speichern | MEM[DST] | SRC | - | ja |
| STR | Speichern | MEM[DST] | MEM[SRC] | - | ja |
| CPL | Komplement | MEM[DST] | SRC | - | ja |
| CPL | Komplement | MEM[DST] | MEM[SRC] | - | ja |
| ADD | Addition | MEM[DST] | SRC | MEM[DST] | ja |
| MUL | Multiplikation | MEM[DST] | SRC | MEM[DST] | ja |
| SHF | Shift | MEM[DST] | SRC | MEM[DST] | ja |

**Tabelle 11.60**  Befehle des SISC-Prozessors

Die Spalte „Ziel" gibt ggf. die Schreibadresse im Speicher an, „Quelle1" den ersten Operanden. MEM[SRC] ist der Speicherplatz mit der Adresse SRC. Letzteres kann auch als direkter Operand verwendet werden. Entsprechend ist die Spalte „Quelle2" zu verstehen. Die letzte Spalte gibt an, ob der Befehl die Flags verändert.

NOP ist der übliche Wartebefehl. HLT hält den Prozessor bis zum nächsten Reset an. Mit BRA wird flag-abhängig gesprungen, mit branch always auch unbedingt. STR schreibt in der ersten Form eine Konstante, in der zweiten Form kopiert es Platz SRC nach Platz DST.

CPL adressiert wie STR, invertiert jedoch zusätzlich bit-weise. Die Befehle ADD und MUL führen die bekannten arithmetischen Funktionen aus, SHF schiebt MEM[DST] um SRC[10:0] Stellen in die durch SRC[11] bestimmte Richtung. SRC als Konstante ist auf 12 Bit beschränkt (IR[23:12]). Ein Teil der Befehle ändert die Flags der Tabelle 11.61.

| Name | Bedeutung |
|------|-----------|
| EVEN | Ergebnis ist gerade (Bit 0 = 0) |
| PARITY | Ergebnis hat eine gerade Anzahl von 1-Bits |
| ZERO | Ergebnis ist 0 |
| NEGATIVE | höchstwertiges Bit des Ergebnisses ist gesetzt |
| CARRY | Überlauf |

**Tabelle 11.61** Flags

Werden die Flags geändert, so werden sie bei HLT und STR gelöscht, bei allen anderen Befehlen entsprechend dem ALU-Ergebnis gesetzt.

## 11.4.3.2   Das VERILOG-Modell

Der Quelltext (Beispiel 11.63) besteht aus einem einzigen Modul system. Er implementiert den Prozessor und den Hauptspeicher, der mit festen Werten initialisiert wird und erzeugt das RESET.

Die Deklaration globaler Variablen beginnt mit dem Haupspeicher MEM als Feld mit 2^12 Speicherplätzen der Breite 32 Bit. Folglich ist der Programmzähler PC 12 Bit breit. Die `define-Anweisungen in den Zeilen 33-39 kürzen Schreibweisen für häufig benutzte Teile des Instruktionswortes ab (Tabelle 11.62).

In den Zeilen 41-49 werden die Bit-Muster der Befehle definiert, dann die des Statuswortes mit den Flags. Die für Sprünge sinnvolle Funktion checkcond

| Bit-Nummer | 31:28 | 27:24/27 | 23:12 | 11:0 |
|---|---|---|---|---|
| Bezeichnung | Opcode | CCODE/SRCTYPE | SRC | DST |

**Tabelle 11.62**  Aufbau einer Instruktion

überprüft die übergebene Bedingung. Die Task setcondcode setzt in Abhängigkeit vom Ergebnis einer Operation die Flags neu. Sie wird lediglich aufgerufen, wenn der aktuelle Befehl die Flags verändert. Die Task fetch stellt die Fetch-Phase dar. Zunächst wird das Speicherwort mit der Adresse PC gelesen. Anschließend wird der PC erhöht.

In der Execute-Phase (Task execute) wird ein Befehl durch ein case dekodiert. Eine Abfrage der Form:

```
if (`SRCTYPE)
  RESULT = `SRC ;
else
  RESULT = MEM[`SRC] ;
```

unterscheidet die beiden möglichen Adressierungsarten der Befehle STR und CPL. Da SRC mittels `define eingeführt wurde, muß ein ` vorangestellt werden. Der Übersichtlichkeit halber werden bei Befehlen mit zwei Operanden diese zunächst in SRC1 und SRC2 bereitgestellt. Das Ergebnis wird in RESULT abgelegt. Die Task write_result schreibt das Ergebnis ggf. in den Speicher zurück. Dies unterscheidet die (allerdings codierungsabhängige) Realisierung

```
if ((`OPCODE >= `STR) && (`OPCODE < `HLT))
```

Die Task apply_reset erzeugt zu Beginn das Reset-Signal und initialisiert den Programmzähler. Der initial-Block initialisiert den Hauptspeicher MEM durch Laden der Datei rsisc_mod.prog mit dem auszuführenden Maschinenprogramm. Weiterhin werden die Kopfzeile der Simulationsausgabe ausgegeben und die Task apply_reset aufgerufen. Der always-Block überwacht PC, `OPCODE sowie MEM[8], in der sich nach der Simulation das Ergebnis befindet. Der letzte always-Block führt hintereinander die drei Phasen aus, sofern das Rücksetzsignal nicht gültig ist.

```
//-------------------------------------------------------------------   //000
//                                                                      //001
// Verhaltensmodell eines SISC-Prozessors                              //002
//                                                                      //003
//-------------------------------------------------------------------   //004
                                                                        //005
```

```verilog
module system ;                                                        //006
                                                                      //007
// Deklarieren der Parameter                                          //008
parameter        Cycle = 10 ;          // Dauer eines Befehlszyklus    //009
parameter        Width = 32 ;          // Datenbusbreite               //010
parameter        Addrsize = 12 ;       // Adressbusbreite              //011
parameter        Memsize = (2<<Addrsize);                             //012
                                       // max. Adressspeicherplatz +1  //013
parameter        Sbits = 5 ;           // Anzahl der Status-Bits       //014
                                                                      //015
reg [Width-1:0]  MEM[0:Memsize-1],     // Speicher                     //016
                 IR,                   // Instruktionsregister         //017
                 SRC1,                 // ALU-Operandenregister 1      //018
                 SRC2 ;                // ALU-Operandenregister 2      //019
                                                                      //020
reg [Width:0]    RESULT ;              // ALU-Ergebnisregister         //021
                                                                      //022
reg [Sbits-1:0]  PSR ;                 // Prozessorstatusregister      //023
                                                                      //024
reg [Addrsize-1:0]                                                    //025
                 PC ;                  // Programmzaehler              //026
reg              DIR ;                 // Schiebrichtung bei shift     //027
reg              RESET ;               // Reset                        //028
                                                                      //029
integer          I ;                   // Hilfsvariable beim Shift     //030
reg      [31:0]  OPCODENAME;           // Hilfsvariable des Monitors   //031
                                                                      //032
// Definition des Instruktionsfeldes                                  //033
`define OPCODE   IR[31:28]             // Opcode                       //034
`define SRC      IR[23:12]             // Quelloperand                 //035
`define DST      IR[11:0]              // Zieloperand                  //036
`define SRCTYPE  IR[27]                // Quelloperandentyp, 0=reg     //037
                                       // (mem fuer LOA), 1=unmittelbar //038
`define CCODE    IR[27:24]             // Condition-Codes              //039
                                                                      //040
// Definition der Opcodes                                             //041
`define NOP      4'b0000               // keine Operation              //042
`define BRA      4'b0001               // bedingter Sprung             //043
`define STR      4'b0011               // Store                        //044
`define ADD      4'b0100               // Addition                     //045
`define MUL      4'b0101               // Multiplikation               //046
`define CPL      4'b0110               // binaeres Komplement          //047
`define SHF      4'b0111               // Links-/Rechts-Shift          //048
`define HLT      4'b1001               // Halt                         //049
                                                                      //050
// Definition der PSR-Positionen der Condition-Codes                  //051
`define CARRY    PSR[0]                // Ueberlauf                    //052
`define EVEN     PSR[1]                // gerade                       //053
`define PARITY   PSR[2]                // Paritaet                     //054
`define ZERO     PSR[3]                // null                         //055
`define NEG      PSR[4]                // negativ                      //056
                                                                      //057
// Definition der Condition-Codes                                     //058
`define CCA      0                     // immer                        //059
`define CCC      1                     // Ueberlauf                    //060
`define CCE      2                     // gerade                       //061
`define CCP      3                     // Paritaet                     //062
`define CCZ      4                     // null                         //063
`define CCN      5                     // negativ                      //064
                                                                      //065
                                                                      //066
//                                                                    //067
// Auswertung der richtigen Sprungbedingung                           //068
//                                                                    //069
function checkcond;                                                   //070
input [4:0] CCOND;                                                    //071
case (CCOND)                                                          //072
  `CCA: checkcond = 1;                                               //073
  `CCE: checkcond = `EVEN ;                                          //074
  `CCP: checkcond = `PARITY;                                         //075
  `CCZ: checkcond = `ZERO ;                                          //076
  `CCN: checkcond = `NEG ;                                           //077
  `CCC: checkcond = `CARRY;                                          //078
  default: $display("Error : Wrong condition code ...") ;             //079
endcase                                                               //080
endfunction // checkcond                                              //081
                                                                      //082
                                                                      //083
//                                                                    //084
// Flags neu setzen                                                   //085
//                                                                    //086
task setcondcode;                                                     //087
```

```verilog
    input [Width:0] RES;                                             //088
    begin                                                           //089
      `CARRY = RES[Width] ;                                         //090
      `EVEN  = ~RES[0] ;                                            //091
      `PARITY = ^RES ;                                              //092
      `ZERO  = ~(|RES) ;                                            //093
      `NEG = RES[Width-1] ;                                         //094
    end                                                             //095
    endtask // setcondcode                                          //096
                                                                    //097
                                                                    //098
    //                                                              //099
    // Hauptprozeduren: Befehl holen (fetch), ausfuehren (execute)  //100
    // und Ergebnis zurueckschreiben (write_result)                 //101
    //                                                              //102
                                                                    //103
    task fetch;                                                     //104
    begin                                                           //105
      IR = MEM[PC] ;                    // Befehl aus Speicher holen //106
      PC = PC + 1 ;                     // Programmzaehler erhoehen  //107
    end                                                             //108
    endtask                                                         //109
                                                                    //110
                                                                    //111
    task execute ;                                                  //112
    case (`OPCODE)                                                  //113
      `NOP: ;                                                       //114
      `BRA: if (checkcond(`CCODE) == 1)// Sprungbedingung erfuellt ? //115
               PC = `DST ;                                          //116
      `STR: begin                                                   //117
               if (`SRCTYPE)                                        //118
                 RESULT = `SRC ;        // unmittelbarer Wert       //119
               else                                                 //120
                 RESULT = MEM[`SRC] ;   // Speicherplatz kopieren   //121
               setcondcode(0) ;                                     //122
            end                                                     //123
      `ADD: begin                                                   //124
               SRC1 = `SRC ;            // unmittelbaren Wert addieren //125
               SRC2 = MEM[`DST] ;                                   //126
               RESULT = SRC1 + SRC2 ;                               //127
               setcondcode(RESULT) ;                                //128
            end                                                     //129
      `MUL: begin                                                   //130
               SRC1 = `SRC ;            // unmittelbaren Wert multiplizieren //131
               SRC2 = MEM[`DST] ;                                   //132
               RESULT = SRC1 * SRC2 ;                               //133
               setcondcode(RESULT) ;                                //134
            end                                                     //135
      `CPL: begin                                                   //136
               if (`SRCTYPE)            // Komplement:              //137
                 SRC1 = `SRC ;          // unmittelbarer Wert       //138
               else                                                 //139
                 SRC1 = MEM[`SRC] ;     // Wert aus dem Speicher    //140
               RESULT = ~SRC1 ;                                     //141
               setcondcode(RESULT) ;                                //142
            end                                                     //143
      `SHF: begin                                                   //144
               SRC1 = `SRC ;                                        //145
               SRC2 = MEM [`DST] ;                                  //146
               I = SRC1[Addrsize-2:0] ; // I enthaelt Anzahl der Positionen //147
               RESULT = (SRC1[Addrsize-1]) ? (SRC2 << I) : (SRC2 >> I); //148
               setcondcode(RESULT) ;                                //149
            end                                                     //150
      `HLT: begin                                                   //151
               setcondcode(0);                                      //152
               $finish ;                                            //153
            end                                                     //154
      default: $display("Error : Wrong Opcode in instruction.") ;   //155
    endcase                                                         //156
    endtask                                                         //157
                                                                    //158
                                                                    //159
    task write_result ;                                            //160
    if ((`OPCODE >= `STR) && (`OPCODE < `HLT))                     //161
      MEM[`DST] = RESULT ;                                         //162
    endtask                                                        //163
                                                                    //164
                                                                    //165
    //                                                              //166
    // Reset                                                        //167
    //                                                              //168
    task apply_reset ;                                             //169
```

```verilog
  begin                                                         //170
    RESET = 1 ;                                                 //171
    #Cycle                                                      //172
    RESET = 0 ;                                                 //173
    PC = 0 ;                                                    //174
  end                                                           //175
  endtask                                                       //176
                                                                //177
                                                                //178
                                                                //179
  //                                                            //180
  // Programm laden, Ueberschrift                               //181
  //                                                            //182
  initial begin : prog_load                                    //183
    $readmemb("rsisc_mod.prog",MEM) ; // Programm in Datenspeicher lesen  //183
    $display("                  Zeit   PC  Opcode   Ergebnis\n");  //184
    apply_reset ;                                               //185
  end                                                           //186
                                                                //187
                                                                //188
  //                                                            //189
  // Monitor                                                    //190
  //                                                            //191
  always @(PC or `OPCODE or MEM[8])                            //192
  begin                                                         //193
    case (`OPCODE)                       // Name des Opcode     //194
      `NOP: OPCODENAME = "NOP";                                 //195
      `BRA: OPCODENAME = "BRA";                                 //196
      `STR: OPCODENAME = "STR";                                 //197
      `ADD: OPCODENAME = "ADD";                                 //198
      `MUL: OPCODENAME = "MUL";                                 //199
      `CPL: OPCODENAME = "CPL";                                 //200
      `SHF: OPCODENAME = "SHF";                                 //201
      `HLT: OPCODENAME = "HLT";                                 //202
      default: OPCODENAME = "???";                              //203
    endcase                                                     //204
    $display ("%d %d   %s      %h", $time, PC, OPCODENAME, MEM[8]) ;  //205
  end                                                           //206
                                                                //207
                                                                //208
  //                                                            //209
  // Hauptschleife                                              //209
  //                                                            //210
  always                                                        //211
    if (!RESET) begin                                           //212
      #Cycle fetch ;                                            //213
      #Cycle execute ;                                          //214
      #Cycle write_result ;                                     //215
    end                                                         //216
    else                                                        //217
      #Cycle ;                                                  //218
                                                                //219
  endmodule // system                                           //220
```

**Beispiel 11.63**   Verhaltensmodell des SISC-Prozessors


## 11.4.3.3   Eine Simulationsausgabe


Das Programm in Beispiel 11.64 aus der Startdatei `rsisc_mod.prog` zählt in einer gegebenen Variablen NMBR die Anzahl der 1-Bits (Adresse 7 des Hauptspeichers). Das Ergebnis liefert Adresse 8 (RSLT). Ist in der bei STRT beginnenden Schleife das unterste Bit gesetzt, wird RSLT inkrementiert, andernfalls wird zu L1 gesprungen. Danach wird NMBR um 1 nach rechts verschoben. Bis das Ergebnis 0 ist, wird die Schleife wiederholt. Bild 11.65 zeigt die zugehörige Simulationsausgabe.

```
//    Program to count number of 1's in a given
//    binary number.
//
//    %W%   %G%
//
0100_1000_0000_0000_0000_0000_0000_0111 // 48000007 0          ADD NMBR, #0
0001_0010_0000_0000_0000_0000_0000_0011 // 12000003 1 STRT : BRA L1, EVEN
0100_1000_0000_0000_0001_0000_0000_1000 // 48001008 2          ADD RSLT, #1
0111_1000_0000_0000_0001_0000_0000_0111 // 78001007 3 L1   : SHF NMBR, #1
0001_0100_0000_0000_0000_0000_0000_0110 // 14000006 4          BRA L2, ZERO
0001_0000_0000_0000_0000_0000_0000_0001 // 10000001 5          BRA STRT, ALW
1001_1111_1111_1111_1111_1111_1111_1111 // 9fffffff 6 L2   : HLT
0000_0000_0000_0000_0010_0100_0101_0010 // 00002452 7 NMBR : DATA 00002452
0000_0000_0000_0000_0000_0000_0000_0000 // 00000000 8 RSLT : DATA 00000000
```

**Beispiel 11.64  Ein Maschinenprogramm für den SISC**

```
Highest level modules:
system
```

| Zeit | PC | Opcode | Ergebnis |
|---|---|---|---|
| 10 | 0 | ??? | 00000000 |
| 20 | 1 | ADD | 00000000 |
| 50 | 2 | BRA | 00000000 |
| 60 | 3 | BRA | 00000000 |
| 80 | 4 | SHF | 00000000 |
| 100 | 4 | SHF | 00000000 |
| 110 | 5 | BRA | 00000000 |
| 140 | 6 | BRA | 00000000 |
| 150 | 1 | BRA | 00000000 |
| 170 | 2 | BRA | 00000000 |
| 200 | 3 | ADD | 00000000 |
| 220 | 3 | ADD | 00000001 |
| 230 | 4 | SHF | 00000001 |
| 250 | 4 | SHF | 00000001 |
| 260 | 5 | BRA | 00000001 |
| 290 | 6 | BRA | 00000001 |
| 300 | 1 | BRA | 00000001 |
| 320 | 2 | BRA | 00000001 |
| 330 | 3 | BRA | 00000001 |
| 350 | 4 | SHF | 00000001 |
| 370 | 4 | SHF | 00000001 |
| 380 | 5 | BRA | 00000001 |
| 410 | 6 | BRA | 00000001 |
| 420 | 1 | BRA | 00000001 |
| 440 | 2 | BRA | 00000001 |
| 450 | 3 | BRA | 00000001 |
| 470 | 4 | SHF | 00000001 |
| 490 | 4 | SHF | 00000001 |
| 500 | 5 | BRA | 00000001 |
| 530 | 6 | BRA | 00000001 |
| 540 | 1 | BRA | 00000001 |
| 560 | 2 | BRA | 00000001 |
| 590 | 3 | ADD | 00000001 |
| 610 | 3 | ADD | 00000002 |
| 620 | 4 | SHF | 00000002 |
| 640 | 4 | SHF | 00000002 |
| 650 | 5 | BRA | 00000002 |
| 680 | 6 | BRA | 00000002 |
| 690 | 1 | BRA | 00000002 |
| 710 | 2 | BRA | 00000002 |
| 720 | 3 | BRA | 00000002 |
| 740 | 4 | SHF | 00000002 |
| 760 | 4 | SHF | 00000002 |
| 770 | 5 | BRA | 00000002 |
| 800 | 6 | BRA | 00000002 |
| 810 | 1 | BRA | 00000002 |
| 830 | 2 | BRA | 00000002 |
| 860 | 3 | ADD | 00000002 |
| 880 | 3 | ADD | 00000003 |
| 890 | 4 | SHF | 00000003 |
| 910 | 4 | SHF | 00000003 |
| 920 | 5 | BRA | 00000003 |
| 950 | 6 | BRA | 00000003 |
| 960 | 1 | BRA | 00000003 |

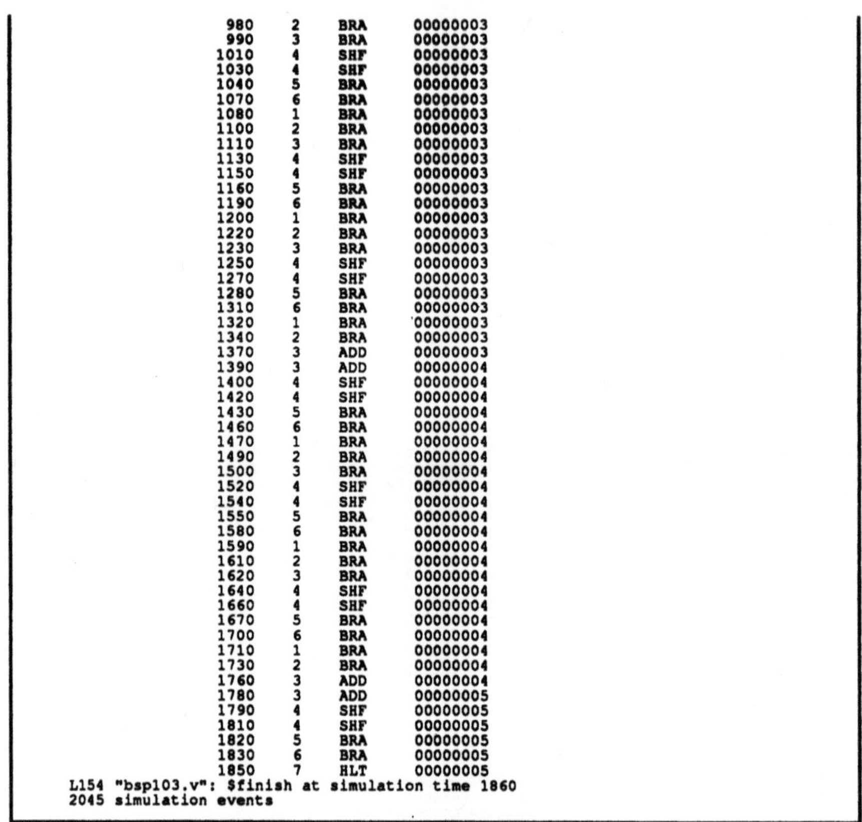

```
 980   2   BRA   00000003
 990   3   BRA   00000003
1010   4   SHF   00000003
1030   4   SHF   00000003
1040   5   BRA   00000003
1070   6   BRA   00000003
1080   1   BRA   00000003
1100   2   BRA   00000003
1110   3   BRA   00000003
1130   4   SHF   00000003
1150   4   SHF   00000003
1160   5   BRA   00000003
1190   6   BRA   00000003
1200   1   BRA   00000003
1220   2   BRA   00000003
1230   3   BRA   00000003
1250   4   SHF   00000003
1270   4   SHF   00000003
1280   5   BRA   00000003
1310   6   BRA   00000003
1320   1   BRA   00000003
1340   2   BRA   00000003
1370   3   ADD   00000003
1390   3   ADD   00000004
1400   4   SHF   00000004
1420   4   SHF   00000004
1430   5   BRA   00000004
1460   6   BRA   00000004
1470   1   BRA   00000004
1490   2   BRA   00000004
1500   3   BRA   00000004
1520   4   SHF   00000004
1540   4   SHF   00000004
1550   5   BRA   00000004
1580   6   BRA   00000004
1590   1   BRA   00000004
1610   2   BRA   00000004
1620   3   BRA   00000004
1640   4   SHF   00000004
1660   4   SHF   00000004
1670   5   BRA   00000004
1700   6   BRA   00000004
1710   1   BRA   00000004
1730   2   BRA   00000004
1760   3   ADD   00000004
1780   3   ADD   00000005
1790   4   SHF   00000005
1810   4   SHF   00000005
1820   5   BRA   00000005
1830   6   BRA   00000005
1850   7   HLT   00000005
L154 "bsp103.v": $finish at simulation time 1860
2045 simulation events
```

**Bild 11.65**　Simulationsausgabe zu den Beispielen 11.63 und 11.64

## 11.4.4 Strukturmodell des SISC-Prozessors

Das Strukturmodell hat das gleiche Verhalten wie das Verhaltensmodell. Es interessiert jetzt eine Aufteilung des Modells in hardware-orientierte Komponenten (Bild 11.66):

- der Controller steuert das Zusammenspiel der anderen Komponenten;

- im Hauptspeicher Memory befinden sich das Maschinenprogramm, die Daten und die Operanden;

- **die ALU führt arithmetisch-logische Operationen aus;**

- **es gibt das Instruktionsregister Ir, den Programmzähler Pc und das Prozessorstatusregister Psr mit den Flags.**

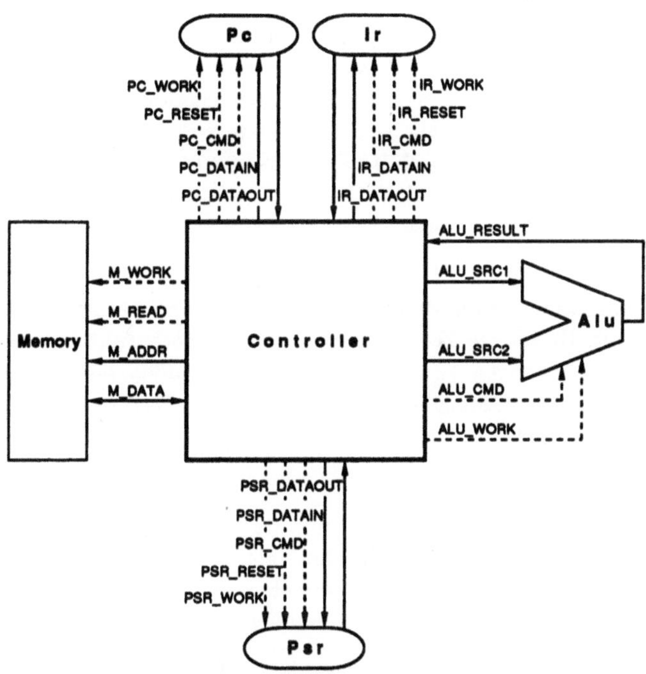


**Bild 11.66**　Struktur des SISC

## 11.4.4.1　Der Modul memory

In diesem Teil des Strukturmodells vom SISC (Beispiel 11.67) werden der Hauptspeicher mit dem Maschinenprogramm und seinen Daten realisiert, der mit seiner Umwelt über vier Variablen kommuniziert:

M_WORK　　　aktiviert den Modul für Lese- und Schreibzugriffe;

M_READ　　　unterscheidet Lesen und Schreiben;

M_ADDR　　　enthält die Adresse fürs Lesen und Schreiben;

M_DATA　　　dient dem Datenaustausch in beiden Richtungen.

Bei einem Schreibzugriff wird in einen Zwischenspeicher übernommen und erst nach `Write_access` Zeiteinheiten in den Speicher übernommen. Bei einem Lesezugriff sind die Daten erst nach `Read_access` Zeiteinheiten gültig.

```
#1;
```

dient dem Fall, wo von einem Lese- auf einen Schreibvorgang umgeschaltet wird. `DATA` enthält das zuletzt gelesene Datum. Beim Umschalten auf den Schreibzugriff wird der `else`-Teil der `if`-Anweisung durchlaufen. Dabei wird zunächst `DATA` auf hochohmig geschaltet. Dies wirkt sich aber nicht sofort auf `M_DATA` aus, obwohl es durch `assign` mit `DATA` verbunden wurde. Diese `assign`-Anweisung wird erst als letztes Ereignis des aktuellen Zeitpunktes ausgeführt. Ohne die Zeitverzögerung würde bei der Zuweisung

```
RAM_DATA[M_ADDR] = #Write_access M_DATA;
```

`M_DATA` unbestimmt sein, da es Daten einerseits von `DATA`, andererseits von außen erhält. Durch die Zeitverzögerung wird jedoch zunächst das `assign` durchgeführt, wodurch `M_DATA` auf den von außen ankommenden Wert gesetzt wird. Die Zuweisung liest jetzt den korrekten Wert in `RAM_DATA` ein.

### 11.4.4.2   Der Modul `regcntr`

Dieser Modul mit Doppelfunktion kann als Register jederzeit auf 0 zurückgesetzt, gelöscht und geladen werden, als Zähler kann er inkrementiert werden. Die Registerbreite ist ein Parameter. Im Modell ist sie zunächst 0, da sie erst bei einer Instanziierung individuell belegt wird. Die Schnittstelle enthält fünf Elemente:

`WORK`       aktiviert den Modul (Reset ist jedoch immer möglich);

`RESET`      initialisiert jederzeit das Register;

`CMD`        wählt aus: Löschen, Halten des Wertes, Einlesen eines neuen Wertes und Inkrementieren;

`DATAIN`     enthält den neuen gelesenen Wert;

`DATAOUT`    enthält den aktuellen Registerwert.

### 11.4.4.3   Der Modul `alu`

An arithmetisch-logischen Operationen sind Addition, Multiplikation, Shift und Komplement möglich. Der Modul hat folgende Schnittstelle:

`ALU_WORK`      aktiviert die ALU;

| | |
|---|---|
| `ALU_CMD` | bestimmt die auszuführende Operation; |
| `ALU_SRC1` | ist der erste Operand; |
| `ALU_SRC2` | ist der zweite Operand; |
| `ALU_RESULT` | enthält das Ergebnis der Operation. |

Beim Shift wird `ALU_SRC2` um `ALU_SRC1[10:0]` Positionen verschoben in Richtung `ALU_SRC1[11]`. Das Komplement wird von `ALU_SRC1` gebildet.


## 11.4.4.4 Der Modul `controller`

Der Controller setzt die Arbeitsfreigaben sowie die Steuer- und Datenleitungen der anderen Komponenten. Die drei Phasen Fetch, Execute und Write-Result werden im `always`-Block ab Zeile 634 angestoßen. Bei einem Reset werden alle Phasen deaktiviert, und es wird einen Zyklus gewartet.

Die Fetch-Phase beginnt in Zeile 486. Der Block wartet mit

```
@(FETCH or M_DATA or PC_DATAOUT)
```

da sich während der Fetch-Phase `M_DATA` oder `PC_DATAOUT` ändern können. Es wird der Opcode aus dem Speicherplatz gelesen, auf den der Programmzähler zeigt. Dieser wird daher auf „Wert halten" geschaltet und mit `PC_WORK` aktiviert.

Weiterhin werden der Hauptspeicher zum „Lesen" aktiviert und das Treiberregister `M_DATA_REG` auf Tristate gesetzt, damit es zu keiner Kollision mit den Speicherdaten kommt. `M_DATA_REG` ist nur dann nicht Tristate, wenn ein Datum in den Speicher geschrieben werden soll. Dann wird die Leseadresse vom Programmzähler angegeben (vgl. Abschnitt 11.3.7).

Das Instruktionsregister `Ir` soll einen Befehl für die Execute-Phase aufnehmen. Mit „Wert laden" wird er aus dem Speicher geholt. Dieser Wert ist beim Start der Fetch-Phase noch nicht endgültig, da der Speicher eine gewisse Zugriffszeit besitzt (`Write_access`). Falls sich `M_DATA` nach Ablauf der Zugriffszeit ändert, wird daher die `always`-Schleife erneut durchlaufen.

Die Execute-Phase beginnt in Zeile 507. Das Instruktionsregister erhält das Kommando, den aktuellen Wert zu speichern. In der Fallunterscheidung `case` wird der Opcode aus `Ir` dekodiert (``IR_OPCODE` ist als ein Teil von `IR_DATAOUT` definiert). Im Falle eines genommenen Sprunges werden die ALU abgeschaltet und der `Pc` mit der Zieladresse geladen; wird der Sprung nicht genommen, wird lediglich der PC inkrementiert. Bei einem HLT werden die ALU abgeschaltet und der PC erhöht.

In der Write-Result-Phase findet der Abbruch der Simulation statt. Beim Speicherbefehl STR müssen die beiden Adressierungsarten unterschieden werden, bei denen SRC entweder ein unmittelbares Datum ist oder die Speicheradresse, von der geladen wird.

Im ersten Fall wird RESULT lediglich mit `IR_SRC als Teil von IR_DATAOUT beschrieben. RESULT wird in der Write-Result-Phase in den Speicher zurückgeschrieben. Im zweiten Fall muß der Operand aus dem Speicher geladen werden. Dazu werden der Speicher aktiviert und die Adresse aus `IR_SRC angelegt. Auch in diesem Fall wird der Speicher den Operanden erst nach der Zugriffszeit liefern, daher erfolgt die Zuweisung

```
RESULT = M_DATA;
```

am Anfang der Execute-Phase noch nicht mit dem endgültigen Wert. Aber auch in diesem Fall wird durch die Wartebedingung am Anfang der always-Schleife auf eine Änderung von M_DATA gewartet. Bei allen anderen Operationen wird per default die ALU eingeschaltet. Die Operation wird der ALU in ALU_CMD zur Verfügung gestellt. CPL besitzt als einzige Operation mit ALU-Beteiligung zwei Adressierungsarten: auch hier kann SRC direkt oder als Adresse verwendet werden. Diese Unterscheidung wird durch

```
if (`IR_SRC_TYP != `IMMTYPE && `IR_OPCODE == `CPL)
   ALU_SRC1 = M_DATA;
else
   ALU_SRC1 = `IR_SRC;
```

getroffen. Auch hier wird zum Schluß der PC erhöht.

Bei neuen Flags soll das Prozessorstatusregister die Operation „Wert laden" ausführen. Die Daten für das Psr stammen nicht direkt von RESULT, da im Falle von STR und HLT das Psr gelöscht und nicht mit einer ALU-Operation generiert wird. Daher wird das Psr mit EVALUATOR beschrieben. Die richtige Quelle, d.h. 0 oder ALU_RESULT, wird in den Zeilen 626-632 ausgewählt.

Die Write-Result-Phase beginnt in Zeile 597. Zunächst werden PC und Psr abgeschaltet. Danach wird im Falle von HLT die Simulation beendet. Soll ein Ergebnis der ALU in den Speicher geschrieben werden (ADD, MUL, SHF und CPL), so werden der Speicher aktiviert, auf „Schreiben" geschaltet und ALU_RESULT angelegt. Bei einem STR wird stattdessen RESULT geschrieben.

Die Funktion `checkcond` entscheidet in Abhängigkeit von der Sprungbedingung, ob ein Sprung genommen werden soll.

## 11.4.4.5 Der Modul `system`

Der Modul instanziiert und verdrahtet die Untermodule. Der `initial`-Block gibt die Kopfzeile für das Simulationsergebnis aus. Danach werden das Reset-Signal erzeugt, eine Zeit `Simtime` gewartet und die Simulation beendet.

## 11.4.4.6 Das VERILOG-Modell

```
//------------------------------------------------------------    //000
//                                                                //001
// Strukturmodell eines SISC-Prozessors                           //002
//                                                                //003
//------------------------------------------------------------    //004
                                                                  //005
//------------------------------------------------------------    //006
//                                                                //007
// Modul system                                                   //008
//                                                                //009
// Prozessor und Hauptspeicher                                    //010
//                                                                //011
//------------------------------------------------------------    //012
                                                                  //013
module system ;                                                   //014
                                                                  //015
parameter     Addrsize     = 12,    // Adressbusbreite            //016
              Width        = 32,    // Datenbusbreite             //017
              Simtime      = 5000; // Simulationszeit (maximal)   //018
                                                                  //019
defparam      Memory.Words = 4096, // Anzahl Speicherworte im RAM //020
              Psr.Width    = 5,     // Breite des Statusregisters  //021
              Pc.Width     = Addrsize,                            //022
                                    // Breite des Programmzaehlers //023
              Ir.Width     = Width;// Breite des Instruktionsregisters //024
                                                                  //025
`define       RESET_LOW_DELAY  1;  // Zeit bis Reset              //026
`define       RESET_HIGH_DELAY 1;  // Reset-Dauer                 //027
                                                                  //028
// Definition der Opcodes                                         //029
`define       NOP          4'h0  // keine Operation               //030
`define       BRA          4'h1  // Sprung                        //031
`define       STR          4'h3  // Speichern                     //032
`define       ADD          4'h4  // Addition                      //033
`define       MUL          4'h5  // Multiplikation                //034
`define       CPL          4'h6  // Komplement                    //035
`define       SHF          4'h7  // Shift                         //036
`define       HLT          4'h9  // Halt                          //037
                                                                  //038
`define       CLEAR_REG    2'h0  // Opcodes des                   //039
`define       HOLD_VAL     2'h1  // Register-Zaehlers             //040
`define       LOAD_REG     2'h2                                   //041
`define       COUNT_UP     2'h3                                   //042
                                                                  //043
reg     [31:0] OPCODENAME;         // Hilfsvariable des Monitors   //044
                                                                  //045
//                                                                //046
// Erlaeuterungen der folgenden Wires siehe unten                 //047
//                                                                //048
                                                                  //049
wire          M_READ,                                             //050
              M_WORK,                                             //051
```

```
                    IR_WORK,                                                    //052
                    PC_WORK,                                                    //053
                    PSR_WORK,                                                   //054
                    ALU_WORK;                                                   //055
                                                                               //056
    wire    [1:0] IR_CMD,                                                       //057
                    PC_CMD,                                                     //058
                    PSR_CMD;                                                    //059
                                                                               //060
    wire    [3:0] ALU_CMD;                                                      //061
                                                                               //062
    wire    [4:0] PSR_DATAOUT,                                                  //063
                    PSR_DATAIN;                                                 //064
                                                                               //065
    wire [Addrsize-1:0]                                                         //066
                    PC_DATAOUT,                                                 //067
                    PC_DATAIN,                                                  //068
                    M_ADDR;                                                     //069
                                                                               //070
    wire [Width-1:0]                                                            //071
                    M_DATA,                                                     //072
                    IR_DATAOUT,                                                 //073
                    IR_DATAIN,                                                  //074
                    ALU_SRC1,                                                   //075
                    ALU_SRC2;                                                   //076
                                                                               //077
    wire [Width:0]                                                             //078
                    ALU_RESULT;                                                 //079
                                                                               //080
    reg         HLT,                                                           //081
                    RESET;                                                      //082
                                                                               //083
                                                                               //084
    //                                                                         //085
    // Instanzen                                                               //086
    //                                                                         //087
                                                                               //088
    // Hauptpeicher                                                            //089
    memory Memory (                                                            //090
                    M_WORK,            // Speicher aktiv                       //091
                    M_READ,            // lesen/nicht schreiben                //092
                    M_ADDR,            // Adresse                             //093
                    M_DATA);           // Ein-/Ausgabedaten                    //094
                                                                               //095
    // Programmzaehler                                                         //096
    regcntr Pc    (PC_WORK,            // Aktivierung PC                        //097
                    RESET,             // Reset                                //098
                    PC_CMD,            // Operation PC                         //099
                    PC_DATAIN,         // Eingangsdaten PC                     //100
                    PC_DATAOUT);       // Ausgangsdaten PC                     //101
                                                                               //102
    // Instruktionsregister                                                    //103
    regcntr Ir    (IR_WORK,            // Aktivierung IR                        //104
                    RESET,             // Reset                                //105
                    IR_CMD,            // Operation IR                         //106
                    IR_DATAIN,         // Eingangsdaten IR                     //107
                    IR_DATAOUT);       // Ausgangsdaten IR                     //108
                                                                               //109
    // Prozessorstatusregister                                                 //110
    regcntr Psr   (PSR_WORK,           //. Aktivierung PSR                      //111
                    RESET,             // Reset                                //112
                    PSR_CMD,           // Operation PSR                        //113
                    PSR_DATAIN,        // Eingangsdaten PSR                    //114
                    PSR_DATAOUT);      // Ausgangsdaten PSR                    //115
                                                                               //116
    // ALU                                                                     //117
    alu Alu       (ALU_WORK,           // Aktivierung ALU                       //118
                    ALU_CMD,           // Operation ALU                        //119
                    ALU_SRC1,          // Operand 1 ALU                        //120
                    ALU_SRC2,          // Operand 2 ALU                        //121
                    ALU_RESULT);       // Ergebnis ALU                         //122
                                                                               //123
    // Controller                                                              //124
    controller Controller (                                                    //125
                    RESET,             // Reset                                //126
                    HLT,               // Halt                                 //127
                                                                               //128
                    M_WORK,            // Aktivierung Speicher                 //129
                    M_READ,            // Speicher lesen/nicht schreiben       //130
                    M_ADDR,            // Adresse Speicher                     //131
                    M_DATA,            // Daten Speicher                       //132
                                                                               //133
```

```verilog
            PC_WORK,               // Aktivierung PC           //134
            PC_CMD,                // Operation PC             //135
            PC_DATAOUT,            // Ausgangsdaten PC         //136
            PC_DATAIN,             // Eingangsdaten PC         //137
                                                              //138
            IR_WORK,               // Aktivierung IR           //139
            IR_CMD,                // Operation IR             //140
            IR_DATAOUT,            // Ausgangsdaten IR         //141
            IR_DATAIN,             // Eingangsdaten IR         //142
                                                              //143
            PSR_WORK,              // Aktivierung PSR          //144
            PSR_CMD,               // Operation PSR            //145
            PSR_DATAOUT,           // Ausgangsdaten PSR        //146
            PSR_DATAIN,            // Eingangsdaten PSR        //147
                                                              //148
            ALU_WORK,              // Aktivierung ALU          //149
            ALU_CMD,               // Operation ALU            //150
            ALU_RESULT,            // Ergebnis ALU             //151
            ALU_SRC1,              // Operand 1 ALU            //152
            ALU_SRC2);             // Operand 2 ALU            //153
                                                              //154
                                                              //155
//                                                            //156
// Ueberschrift, Initialisierung, Reset, Simulationsdauer     //157
//                                                            //158
initial begin                                                 //159
  $display                                                    //160
    ("Zeit    PC      Opcode          NMBR        RSLT\n");    //161
  RESET = 0;                       // initialisieren           //162
  HLT  = 0;                                                   //163
  #'RESET_LOW_DELAY                                           //164
  RESET = 1;                       // Reset-Anfang             //165
  #'RESET_HIGH_DELAY                                          //166
  RESET = 0;                       // Reset-Ende               //167
  #Simtime                                                    //168
  $finish;                                                    //169
end                                                           //170
                                                              //171
//                                                            //172
// Monitor                                                    //173
//                                                            //174
always @(PC_DATAOUT or IR_DATAOUT[31:28] or Memory.RAM_DATA[7] or  //175
  Memory.RAM_DATA[8])                                         //176
begin                                                         //177
  case (IR_DATAOUT[31:28])         // Name des Opcode          //178
    'NOP: OPCODENAME = "NOP";                                 //179
    'BRA: OPCODENAME = "BRA";                                 //180
    'STR: OPCODENAME = "STR";                                 //181
    'ADD: OPCODENAME = "ADD";                                 //182
    'MUL: OPCODENAME = "MUL";                                 //183
    'CPL: OPCODENAME = "CPL";                                 //184
    'SHF: OPCODENAME = "SHF";                                 //185
    'HLT: OPCODENAME = "HLT";                                 //186
    default: OPCODENAME = "???";                              //187
  endcase                                                     //188
  $display("%4.0f %d       %s              %h    %h", $time, PC_DATAOUT,  //189
    OPCODENAME, Memory.RAM_DATA[7],Memory.RAM_DATA[8]);       //190
end                                                           //191
                                                              //192
endmodule // system                                           //193
                                                              //194
//----------------------------------------------------------- //195
//                                                            //196
// Modul memory                                                //197
//                                                            //198
// Hauptspeicher                                               //199
//                                                            //200
//----------------------------------------------------------- //201
                                                              //202
module memory (                                               //203
            M_WORK,                // Aktivierung Speicher     //204
            M_READ,                // lesen/nicht schreiben    //205
            M_ADDR,                // Adresse Speicher         //206
            M_DATA);               // Ein-/Ausgabedaten Speicher //207
                                                              //208
parameter   Words = 0,             // Anzahl der Speicherworte //209
            Write_access = 1,      // Schreibverzoegerung      //210
            Read_access  = 3;      // Leseverzoegerung         //211
                                                              //212
input       M_WORK,                // Speicher aktiv           //213
            M_READ;                // lesen/nicht beschreiben  //214
input  [11:0] M_ADDR;              // Adresse                  //215
```

```verilog
inout   [31:0] M_DATA;                // Ein-/Ausgabedaten              //216
                                                                        //217
reg     [31:0] DATA,                  // Ausgaberegister                //218
               RAM_DATA [0:Words-1];// Speicher                         //219
                                                                        //220
assign         M_DATA = DATA;         // staendige Zuweisung            //221
                                                                        //222
//                                                                      //223
// Maschinenprogramm einlesen                                           //224
//                                                                      //225
initial                                                                 //226
  $readmemb ("rsisc_mod.prog", RAM_DATA);                               //227
                                                                        //228
//                                                                      //229
// lesen oder schreiben                                                 //230
//                                                                      //231
always @(M_WORK or M_ADDR or M_READ or M_DATA)                          //232
  if (M_WORK)                                                           //233
    if (M_READ)                                                         //234
      DATA = #Read_access                                               //235
        RAM_DATA[M_ADDR];             // lesen                          //236
    else begin                                                          //237
      DATA = 32'bz;                   // Ausgangspuffer abschalten      //238
      #1;                             // damit M_DATA umschalten kann   //239
      RAM_DATA[M_ADDR] =                                                //240
        #Write_access M_DATA;         // schreiben                      //241
    end                                                                 //242
                                                                        //243
endmodule // memory                                                     //244
                                                                        //245
                                                                        //246
//--------------------------------------------------------------------  //247
//                                                                      //248
// Modul regcntr                                                        //249
//                                                                      //250
// Kombination aus Register und Zaehler                                 //251
//                                                                      //252
//--------------------------------------------------------------------  //253
                                                                        //254
module regcntr (                                                        //255
                WORK,                 // Aktivierung regcntr            //256
                RESET,                // Reset                          //257
                CMD,                  // Operation regcntr              //258
                DATAIN,               // Eingangsdaten regcntr          //259
                DATAOUT);             // Ausgangsdaten regcntr          //260
                                                                        //261
parameter       Width = 0;                                              //262
                                                                        //263
input           WORK,                 // Aktivierung regcntr            //264
                RESET;                // Reset                          //265
input   [1:0] CMD;                    // Operation regcntr              //266
input [Width-1:0]                                                       //267
                DATAIN;               // Eingangsdaten regcntr          //268
                                                                        //269
output [Width-1:0]                                                      //270
                DATAOUT;              // Ausgangsdaten regcntr          //271
                                                                        //272
reg [Width-1:0]                                                         //273
                DATAOUT;                                                //274
                                                                        //275
//                                                                      //276
// Reset                                                                //277
//                                                                      //278
always @(posedge RESET)                                                 //279
  DATAOUT = 0;                                                          //280
                                                                        //281
//                                                                      //282
// Operation ausfuehren                                                 //283
//                                                                      //284
always @(WORK or CMD or RESET or DATAIN)                                //285
  if (!RESET && WORK)                                                   //286
    case (CMD)                                                          //287
      `CLEAR_REG: DATAOUT = 0;                                          //288
      `HOLD_VAL : ;                                                     //289
      `LOAD_REG : DATAOUT = DATAIN;                                     //290
      `COUNT_UP : DATAOUT = DATAOUT + 1;                                //291
      default:    $display                                             //292
              ("Illegal command for Register (%m,CMD=$%h).\n",CMD);     //293
    endcase                                                             //294
                                                                        //295
endmodule // regcntr                                                    //296
                                                                        //297
```

```
//-------------------------------------------------------------------   //298
//                                                                      //299
//                                                                      //300
// Modul ALU                                                            //301
//                                                                      //302
// Addition, Multiplikation, Shift, Komplement                          //303
//                                                                      //304
//-------------------------------------------------------------------   //305
                                                                        //306
module alu      (ALU_WORK,            // Aktivierung ALU                //307
                 ALU_CMD,             // Operation ALU                  //308
                 ALU_SRC1,            // Operand 1 ALU                  //309
                 ALU_SRC2,            // Operand 2 ALU                  //310
                 ALU_RESULT);         // Ergebnis ALU                   //311
                                                                        //312
input           ALU_WORK;             // Aktivierung ALU                //313
input   [3:0]   ALU_CMD;              // Operation ALU                  //314
input   [31:0]  ALU_SRC1,             // Operand 1 ALU                  //315
                ALU_SRC2;             // Operand 2 ALU                  //316
                                                                        //317
output [32:0]   ALU_RESULT;           // Ergebnis ALU                   //318
                                                                        //319
reg    [32:0]   ALU_RESULT;           // Ergebnis ALU                   //320
                                                                        //321
integer     i;                        // Hilfsvariable                  //322
                                                                        //323
//                                                                      //324
// Operation ausfuehren                                                 //325
//                                                                      //326
always @(ALU_WORK or ALU_CMD or ALU_SRC1 or ALU_SRC2)                   //327
  if (ALU_WORK)                                                         //328
    case (ALU_CMD)                                                      //329
      `ADD: ALU_RESULT = ALU_SRC1 + ALU_SRC2;                           //330
      `MUL: ALU_RESULT = ALU_SRC1 * ALU_SRC2;                           //331
      `SHF: begin                     // Shift                          //332
              i = ALU_SRC1[10:0];                                       //333
              ALU_RESULT = (ALU_SRC1[11]) ?                             //334
                (ALU_SRC2 << i)                                         //335
              :                                                         //336
                (ALU_SRC2 >> i);                                        //337
            end                                                         //338
      `CPL: ALU_RESULT = ~ALU_SRC1; // Komplement                       //339
      default: $display("Illegal instruction (=$%h) for ALU.\n",        //340
        ALU_CMD);                                                       //341
    endcase                                                             //342
                                                                        //343
endmodule // alu                                                        //344
                                                                        //345
                                                                        //346
//-------------------------------------------------------------------   //347
//                                                                      //348
// Modul controller                                                     //349
//                                                                      //350
// Controller fuer alle Komponenten                                     //351
//                                                                      //352
//-------------------------------------------------------------------   //353
                                                                        //354
module controller (                                                     //355
                RESET,                // Reset                          //356
                HLT,                  // Halt                           //357
                                                                        //358
                M_WORK,               // Aktivierung Speicher           //359
                M_READ,               // Speicher lesen/nicht schreiben //360
                M_ADDR,               // Adresse Speicher               //361
                M_DATA,               // Daten Speicher                 //362
                                                                        //363
                PC_WORK,              // Aktivierung PC                 //364
                PC_CMD,               // Operation PC                   //365
                PC_DATAOUT,           // Ausgangsdaten PC               //366
                PC_DATAIN,            // Eingangsdaten PC               //367
                                                                        //368
                IR_WORK,              // Aktivierung IR                 //369
                IR_CMD,               // Operation IR                   //370
                IR_DATAOUT,           // Ausgangsdaten IR               //371
                IR_DATAIN,            // Eingangsdaten IR               //372
                                                                        //373
                PSR_WORK,             // Aktivierung PSR                //374
                PSR_CMD,              // Operation PSR                  //375
                PSR_DATAOUT,          // Ausgangsdaten PSR              //376
                PSR_DATAIN,           // Eingangsdaten PSR              //377
                                                                        //378
                ALU_WORK,             // Aktivierung ALU                //379
```

```
                ALU_CMD,              // Operation ALU                      //380
                ALU_RESULT,           // Ergebnis ALU                       //381
                ALU_SRC1,             // Operand 1 ALU                      //382
                ALU_SRC2);            // Operand 2 ALU                      //383
                                                                            //384
    parameter       Cycle = 10;                                             //385
                                                                            //386
    input           RESET,            // Reset                              //387
                    HLT;              // Halt                               //388
                                                                            //389
    output          M_WORK,           // Aktivierung Speicher               //390
                    M_READ;           // Speicher lesen/nicht schreiben     //391
    output  [11:0]  M_ADDR;           // Adresse Speicher                   //392
    inout   [31:0]  M_DATA;           // Daten Speicher                     //393
                                                                            //394
    output          PC_WORK;          // Aktivierung PC                     //395
    output   [1:0]  PC_CMD;           // Operation PC                       //396
    input   [11:0]  PC_DATAOUT;       // Ausgangsdaten PC                   //397
    output  [11:0]  PC_DATAIN;        // Eingangsdaten PC                   //398
                                                                            //399
    output          IR_WORK;          // Aktivierung IR                     //400
    output   [1:0]  IR_CMD;           // Operation IR                       //401
    input   [31:0]  IR_DATAOUT;       // Ausgangsdaten IR                   //402
    output  [31:0]  IR_DATAIN;        // Eingangsdaten IR                   //403
                                                                            //404
    output          PSR_WORK;         // Aktivierung PSR                    //405
    output   [1:0]  PSR_CMD;          // Operation PSR                      //406
    input    [4:0]  PSR_DATAOUT;      // Ausgangsdaten PSR                  //407
    output   [4:0]  PSR_DATAIN;       // Eingangsdaten PSR                  //408
                                                                            //409
    output          ALU_WORK;         // Aktivierung ALU                    //410
    output   [3:0]  ALU_CMD;          // Operation ALU                      //411
    input   [32:0]  ALU_RESULT;       // Ergebnis ALU                       //412
    output  [31:0]  ALU_SRC1,         // Operand 1 ALU                      //413
                    ALU_SRC2;         // Operand 2 ALU                      //414
                                                                            //415
                                                                            //416
    reg             M_WORK,                                                 //417
                    M_READ,                                                 //418
                    ALU_WORK,                                               //419
                    IR_WORK,                                                //420
                    PC_WORK,                                                //421
                    PSR_WORK;                                               //422
    reg      [1:0]  IR_CMD,                                                 //423
                    PC_CMD,                                                 //424
                    PSR_CMD;                                                //425
    reg      [3:0]  ALU_CMD;                                                //426
    reg      [4:0]  PSR_DATAIN;                                             //427
    reg     [11:0]  M_ADDR,                                                 //428
                    PC_DATAIN;                                              //429
                                                                            //430
    reg     [31:0]  ALU_SRC1,                                               //431
                    ALU_SRC2,                                               //432
                    IR_DATAIN;                                              //433
                                                                            //434
    // lokale Register und Wires                                            //435
    reg             FETCH,            // Aktivierung der                    //436
                    EXECUTE,          // drei Phasen                        //437
                    WRITE_RESULT;                                           //438
    reg     [31:0]  M_DATA_REG;       // Ausgangstreiber                    //439
    reg     [31:0]  RESULT;           // Ergebnis fuer STR                  //440
    reg     [32:0]  EVALUATOR;        // Register, aus dem die Flags        //441
                                      // im PSR bestimmt werden             //442
    wire    [31:0]  M_DATA = M_DATA_REG; // staendige Zuweisung             //443
                                                                            //444
                                                                            //445
    // Definition des Instruktionsfeldes                                    //446
    `define         IR_OPCODE   IR_DATAOUT[31:28] // Opcode                 //447
    `define         IR_CCODE    IR_DATAOUT[27:24] // Condition-Code         //448
    `define         IR_SRC_TYP  IR_DATAOUT[27]    // Quelltyp, 0=reg, 1=unmit. //449
    `define         IR_SRC      IR_DATAOUT[23:12] // Quelloperand          //450
    `define         IR_DST      IR_DATAOUT[11:0]  // Zieloperand           //451
    `define         IMMTYPE     1                 // Operand ist unmittelbar //452
                                                                            //453
    // Definition der Condition-Codes                                       //454
    `define         CCA         0     // immer                              //455
    `define         CCC         1     // Ueberlauf                          //456
    `define         CCE         2     // gerade                             //457
    `define         CCP         3     // Paritaet                           //458
    `define         CCZ         4     // null                               //459
    `define         CCN         5     // negativ                            //460
                                                                            //461
```

```verilog
// Definition der PSR-Positionen der Condition-Codes          //462
`define CARRY     PSR_DATAOUT[0]    // Ueberlauf               //463
`define EVEN      PSR_DATAOUT[1]    // gerade                  //464
`define PARITY    PSR_DATAOUT[2]    // Paritaet                //465
`define ZERO      PSR_DATAOUT[3]    // null                    //466
`define NEG       PSR_DATAOUT[4]    // negativ                 //467
                                                               //468
//                                                             //469
// Auswertung der richtigen Sprungbedingung                    //470
//                                                             //471
function checkcond;                                            //472
input [4:0] CCOND;                                             //473
case (CCOND)                                                   //474
  `CCA: checkcond = 1;                                         //475
  `CCC: checkcond = `CARRY;                                    //476
  `CCE: checkcond = `EVEN;                                     //477
  `CCP: checkcond = `PARITY;                                   //478
  `CCZ: checkcond = `ZERO;                                     //479
  `CCN: checkcond = `NEG;                                      //480
  default: $display("Error : Wrong condition code ...") ;      //481
endcase                                                        //482
endfunction                                                    //483
                                                               //484
                                                               //485
//                                                             //486
// Fetch-Phase                                                 //487
//                                                             //488
always @(FETCH or M_DATA or PC_DATAOUT)                        //489
if (FETCH) begin                                               //490
  PC_CMD = `HOLD_VAL;            // Programmzaehler soll Wert halten //491
  PC_WORK = 1;                   // Programmzaehler aktivieren  //492
                                                               //493
  M_READ = 1;                    // Speicher soll lesen         //494
  M_WORK = 1;                    // Speicher aktivieren         //495
  M_DATA_REG = 32'hz;            // Datenausgabe auf Tristate   //496
  M_ADDR = PC_DATAOUT;           // Adresse an den Speicher     //497
                                                               //498
  IR_WORK = 1;                   // Instruktionsregister aktivieren //499
  IR_CMD = `LOAD_REG;            // Instruktionsregister soll laden //500
  IR_DATAIN = M_DATA;            // Daten vom Speicher zum IR   //501
                                                               //502
  PSR_WORK = 0;                  // PSR deaktivieren            //503
end                                                            //504
                                                               //505
                                                               //506
//                                                             //507
// Execute-Phase                                               //508
//                                                             //509
always @(EXECUTE or M_DATA or EVALUATOR or IR_DATAOUT)         //510
if (EXECUTE) begin                                            //511
  IR_WORK = 0;                   // IR deaktivieren             //512
  IR_CMD  = `HOLD_VAL;           // IR soll Wert halten         //513
                                                               //514
  PC_WORK = 1;                   // PC aktivieren               //515
                                 //                             //516
                                 // Befehl ausfuehren           //517
                                 //                             //518
  case (`IR_OPCODE)                                            //519
    `BRA:begin                                                 //520
        PSR_WORK = 1;            // PSR aktivieren              //521
        #1;                                                    //522
        if (checkcond(`IR_CCODE))                              //523
        begin                    // Sprungbedingung?           //524
          ALU_WORK = 0;          // ALU deaktivieren            //525
          PC_CMD = `LOAD_REG;    // PC mit Zieladresse laden    //526
          PC_DATAIN = `IR_DST;   // neues Sprungziel an PC      //527
        end                                                    //528
        else                                                   //529
          PC_CMD = `COUNT_UP;    // PC erhoehen                 //530
        end                                                    //531
                                                               //532
    `HLT:begin                                                 //533
        ALU_WORK = 0;            // ALU deaktivieren            //534
        PC_CMD = `COUNT_UP;      // PC erhoehen                 //535
        end                                                    //536
                                                               //537
    `STR:begin                                                 //538
        PC_CMD = `COUNT_UP;      // PC erhoehen                 //539
        ALU_WORK = 0;            // ALU deaktivieren            //540
        M_READ = 1;              // Speicher soll lesen         //541
        if (`IR_SRC_TYP)                                       //542
        begin                    // Quelle unmittelbar          //543
```

```verilog
            M_WORK = 0;              // Speicher deaktivieren           //544
            RESULT = `IR_SRC;        // fuer Write_Result-Phase         //545
          end                                                          //546
          else                                                         //547
          begin                      // Quelle Speicher                //548
            M_WORK = 1;              // Speicher aktivieren             //549
            M_ADDR = `IR_SRC;        // Speicheradresse                //550
            M_DATA_REG = 32'bz;      // Treiber im Speicher hochohmig   //551
            RESULT = M_DATA;         // fuer Write_Result-Phase         //552
          end                                                          //553
        end                                                            //554
                                                                       //555
    `NOP:begin                                                         //556
         ALU_WORK = 0;               // ALU deaktivieren                //557
         PC_CMD = `COUNT_UP;         // PC erhoehen                     //558
         end                                                           //559
                                                                       //560
    default:                                                           //561
         begin                       // ADD, MUL, CPL, SHF             //562
           M_WORK = 1;               // Speicher aktivieren             //563
           M_DATA_REG = 32'bz;       // Treiber im Speicher hochohmig   //564
           ALU_WORK = 1;             // ALU aktivieren                  //565
           ALU_CMD = `IR_OPCODE;     // ALU-Operationscode              //566
           if (`IR_SRC_TYP != `IMMTYPE && `IR_OPCODE == `CPL)          //567
             ALU_SRC1 = M_DATA;                                        //568
           else                                                        //569
             ALU_SRC1 = `IR_SRC;                                       //570
           if (`IR_OPCODE == `CPL)                                     //571
             M_ADDR = `IR_SRC;                                         //572
           else                                                        //573
             M_ADDR = `IR_DST;                                         //574
           ALU_SRC2 = M_DATA;                                          //575
           PC_CMD = `COUNT_UP;       // PC erhoehen                     //576
         end                                                           //577
    endcase                                                            //578
                                                                       //579
    // Flags setzen                                                    //580
    if (`IR_OPCODE != `NOP && `IR_OPCODE)                              //581
    begin                                                              //582
      PSR_WORK = 1;                  // PSR aktivieren                  //583
      PSR_CMD = `LOAD_REG;           // PSR soll Wert laden             //584
      PSR_DATAIN =                                                     //585
      {                              // Flags berechnen, an PSR         //586
        EVALUATOR[31],                                                 //587
        ~(|EVALUATOR[31:0]),                                           //588
        ^(EVALUATOR[31:0]),                                            //589
        ~(EVALUATOR[0]),                                               //590
        EVALUATOR[32]                                                  //591
      };                                                               //592
    end                                                                //593
end                                                                    //594
                                                                       //595
                                                                       //596
//                                                                     //597
// Write_Result-Phase                                                  //598
//                                                                     //599
always @(WRITE_RESULT or ALU_RESULT or RESULT)                         //600
if (WRITE_RESULT) begin                                                //601
  PC_WORK = 0;                       // PC deaktivieren                 //602
  PSR_WORK = 0;                      // PSR deaktivieren                //603
                                                                       //604·
  if (`IR_OPCODE == `HLT)            // Halt?                           //605
    $finish;                                                           //606
                                                                       //607
  if (`IR_OPCODE >= `ADD && `IR_OPCODE <= `SHF)                        //608
    begin                                                              //609
      M_READ = 0;                    // Speicher soll schreiben         //610
      M_WORK = 1;                    // Speicher aktivieren             //611
      M_ADDR = `IR_DST;              // Speicheradresse                 //612
      M_DATA_REG = ALU_RESULT;       // Daten von ALU an Speicher       //613
    end                                                                //614
                                                                       //615
  if (`IR_OPCODE == `STR) begin                                        //616
      M_READ = 0;                    // Speicher soll schreiben         //617
      M_WORK = 1;                    // Speicher aktivieren             //618
      M_ADDR = `IR_DST;              // Speicheradresse                 //619
      M_DATA_REG = RESULT;           // Daten von ALU an Speicher       //620
    end                                                                //621
end                                                                    //622
                                                                       //623
// Quelle der Flags berechnen                                          //624
// bei STR oder HLT wird das PSR geloescht                             //625
```

```
always @(`IR_OPCODE or ALU_RESULT)                              //626
   case (`IR_OPCODE)                                            //627
      `STR: EVALUATOR = 33'h0;        // loeschen, falls STR    //628
      `HLT: EVALUATOR = 33'h0;        // oder HLT               //629
      default:                                                  //630
            EVALUATOR = ALU_RESULT;                             //631
   endcase                                                      //632
                                                                //633
// Ablaufsteuerung von Fetch, Execute, Write_Result            //634
always begin                                                    //635
   if (!RESET) begin               // Fetch-Phase               //636
     WRITE_RESULT = 0;                                          //637
     FETCH = 1;                                                 //638
     #Cycle;                                                    //639
   end                                                          //640
                                                                //641
   if (!RESET) begin               // Execute-Phase             //642
     FETCH = 0;                                                 //643
     EXECUTE = 1;                                               //644
     #Cycle;                                                    //645
   end                                                          //646
                                                                //647
   if (!RESET) begin               // Write_Result-Phase        //648
     EXECUTE = 0;                                               //649
     WRITE_RESULT = 1;                                          //650
     #Cycle;                                                    //651
   end                                                          //652
                                                                //653
   if (RESET !== 0) begin          // bei Reset alle Phasen stoppen //654
     FETCH = 0;                                                 //655
     EXECUTE = 0;                                               //656
     WRITE_RESULT = 0;                                          //657
     #Cycle;                                                    //658
   end                                                          //659
end                                                             //660
                                                                //661
endmodule // controller                                         //662
```

**Beispiel 11.67** Strukturmodell des SISC

## 11.4.4.7 Eine Simulationsausgabe

**Das bearbeitete Maschinenprogramm ist das gleiche wie beim Verhaltensmodell und liefert daher im Bild 11.68 eine entsprechende Simulationsausgabe.**

```
Highest level modules:
system

Zeit      PC    Opcode        NMBR          RSLT

    1      0    NOP         00002452      00000000
   10      0    ???         00002452      00000000
   13      0    ADD         00002452      00000000
   20      1    ADD         00002452      00000000
   40      1    NOP         00002452      00000000
   40      1    ???         00002452      00000000
   43      1    BRA         00002452      00000000
   51      3    BRA         00002452      00000000
   73      3    SHF         00002452      00000000
   80      4    SHF         00002452      00000000
   92      4    SHF         00001229      00000000
  100      4    NOP         00001229      00000000
  100      4    ???         00001229      00000000
  103      4    BRA         00001229      00000000
  111      5    BRA         00001229      00000000
  133      5    BRA         00001229      00000000
  141      1    BRA         00001229      00000000
  163      1    BRA         00001229      00000000
  171      2    BRA         00001229      00000000
  193      2    ADD         00001229      00000000
```

| | | | | |
|---|---|---|---|---|
| 200 | 3 | ADD | 00001229 | 00000000 |
| 212 | 3 | ADD | 00001229 | 00000001 |
| 220 | 3 | NOP | 00001229 | 00000001 |
| 220 | 3 | ??? | 00001229 | 00000001 |
| 223 | 3 | SHF | 00001229 | 00000001 |
| 230 | 4 | SHF | 00001229 | 00000001 |
| 242 | 4 | SHF | 00000914 | 00000001 |
| 250 | 4 | NOP | 00000914 | 00000001 |
| 250 | 4 | ??? | 00000914 | 00000001 |
| 253 | 4 | BRA | 00000914 | 00000001 |
| 261 | 5 | BRA | 00000914 | 00000001 |
| 283 | 5 | BRA | 00000914 | 00000001 |
| 291 | 1 | BRA | 00000914 | 00000001 |
| 313 | 1 | BRA | 00000914 | 00000001 |
| 321 | 3 | BRA | 00000914 | 00000001 |
| 343 | 3 | SHF | 00000914 | 00000001 |
| 350 | 4 | SHF | 00000914 | 00000001 |
| 362 | 4 | SHF | 0000048a | 00000001 |
| 370 | 4 | NOP | 0000048a | 00000001 |
| 370 | 4 | ??? | 0000048a | 00000001 |
| 373 | 4 | BRA | 0000048a | 00000001 |
| 381 | 5 | BRA | 0000048a | 00000001 |
| 403 | 5 | BRA | 0000048a | 00000001 |
| 411 | 1 | BRA | 0000048a | 00000001 |
| 433 | 1 | BRA | 0000048a | 00000001 |
| 441 | 3 | BRA | 0000048a | 00000001 |
| 463 | 3 | SHF | 0000048a | 00000001 |
| 470 | 4 | SHF | 0000048a | 00000001 |
| 482 | 4 | SHF | 00000245 | 00000001 |
| 490 | 4 | NOP | 00000245 | 00000001 |
| 490 | 4 | ??? | 00000245 | 00000001 |
| 493 | 4 | BRA | 00000245 | 00000001 |
| 501 | 5 | BRA | 00000245 | 00000001 |
| 523 | 5 | BRA | 00000245 | 00000001 |
| 531 | 1 | BRA | 00000245 | 00000001 |
| 553 | 1 | BRA | 00000245 | 00000001 |
| 561 | 2 | BRA | 00000245 | 00000001 |
| 583 | 2 | ADD | 00000245 | 00000001 |
| 590 | 3 | ADD | 00000245 | 00000001 |
| 602 | 3 | ADD | 00000245 | 00000002 |
| 610 | 3 | NOP | 00000245 | 00000002 |
| 610 | 3 | ??? | 00000245 | 00000002 |
| 613 | 3 | SHF | 00000245 | 00000002 |
| 620 | 4 | SHF | 00000245 | 00000002 |
| 632 | 4 | SHF | 00000122 | 00000002 |
| 640 | 4 | NOP | 00000122 | 00000002 |
| 640 | 4 | ??? | 00000122 | 00000002 |
| 643 | 4 | BRA | 00000122 | 00000002 |
| 651 | 5 | BRA | 00000122 | 00000002 |
| 673 | 5 | BRA | 00000122 | 00000002 |
| 681 | 1 | BRA | 00000122 | 00000002 |
| 703 | 1 | BRA | 00000122 | 00000002 |
| 711 | 3 | BRA | 00000122 | 00000002 |
| 733 | 3 | SHF | 00000122 | 00000002 |
| 740 | 4 | SHF | 00000122 | 00000002 |
| 752 | 4 | SHF | 00000091 | 00000002 |
| 760 | 4 | NOP | 00000091 | 00000002 |
| 760 | 4 | ??? | 00000091 | 00000002 |
| 763 | 4 | BRA | 00000091 | 00000002 |
| 771 | 5 | BRA | 00000091 | 00000002 |
| 793 | 5 | BRA | 00000091 | 00000002 |
| 801 | 1 | BRA | 00000091 | 00000002 |
| 823 | 1 | BRA | 00000091 | 00000002 |
| 831 | 2 | BRA | 00000091 | 00000002 |
| 853 | 2 | ADD | 00000091 | 00000002 |
| 860 | 3 | ADD | 00000091 | 00000002 |
| 872 | 3 | ADD | 00000091 | 00000003 |
| 880 | 3 | NOP | 00000091 | 00000003 |
| 880 | 3 | ??? | 00000091 | 00000003 |
| 883 | 3 | SHF | 00000091 | 00000003 |
| 890 | 4 | SHF | 00000091 | 00000003 |
| 902 | 4 | SHF | 00000048 | 00000003 |
| 910 | 4 | NOP | 00000048 | 00000003 |
| 910 | 4 | ??? | 00000048 | 00000003 |
| 913 | 4 | BRA | 00000048 | 00000003 |
| 921 | 5 | BRA | 00000048 | 00000003 |
| 943 | 5 | BRA | 00000048 | 00000003 |
| 951 | 1 | BRA | 00000048 | 00000003 |
| 973 | 1 | BRA | 00000048 | 00000003 |
| 981 | 3 | BRA | 00000048 | 00000003 |
| 1003 | 3 | SHF | 00000048 | 00000003 |
| 1010 | 4 | SHF | 00000048 | 00000003 |

| | | | | |
|---|---|---|---|---|
| 1022 | 4 | SHF | 00000024 | 00000003 |
| 1030 | 4 | NOP | 00000024 | 00000003 |
| 1030 | 4 | ??? | 00000024 | 00000003 |
| 1033 | 4 | BRA | 00000024 | 00000003 |
| 1041 | 5 | BRA | 00000024 | 00000003 |
| 1063 | 5 | BRA | 00000024 | 00000003 |
| 1071 | 1 | BRA | 00000024 | 00000003 |
| 1093 | 1 | BRA | 00000024 | 00000003 |
| 1101 | 3 | BRA | 00000024 | 00000003 |
| 1123 | 3 | SHF | 00000024 | 00000003 |
| 1130 | 4 | SHF | 00000024 | 00000003 |
| 1142 | 4 | SHF | 00000012 | 00000003 |
| 1150 | 4 | NOP | 00000012 | 00000003 |
| 1150 | 4 | ??? | 00000012 | 00000003 |
| 1153 | 4 | BRA | 00000012 | 00000003 |
| 1161 | 5 | BRA | 00000012 | 00000003 |
| 1183 | 5 | BRA | 00000012 | 00000003 |
| 1191 | 1 | BRA | 00000012 | 00000003 |
| 1213 | 1 | BRA | 00000012 | 00000003 |
| 1221 | 3 | BRA | 00000012 | 00000003 |
| 1243 | 3 | SHF | 00000012 | 00000003 |
| 1250 | 4 | SHF | 00000012 | 00000003 |
| 1262 | 4 | SHF | 00000009 | 00000003 |
| 1270 | 4 | NOP | 00000009 | 00000003 |
| 1270 | 4 | ??? | 00000009 | 00000003 |
| 1273 | 4 | BRA | 00000009 | 00000003 |
| 1281 | 5 | BRA | 00000009 | 00000003 |
| 1303 | 5 | BRA | 00000009 | 00000003 |
| 1311 | 1 | BRA | 00000009 | 00000003 |
| 1333 | 1 | BRA | 00000009 | 00000003 |
| 1341 | 2 | BRA | 00000009 | 00000003 |
| 1363 | 2 | ADD | 00000009 | 00000003 |
| 1370 | 3 | ADD | 00000009 | 00000003 |
| 1382 | 3 | ADD | 00000009 | 00000004 |
| 1390 | 3 | NOP | 00000009 | 00000004 |
| 1390 | 3 | ??? | 00000009 | 00000004 |
| 1393 | 3 | SHF | 00000009 | 00000004 |
| 1400 | 4 | SHF | 00000009 | 00000004 |
| 1412 | 4 | SHF | 00000004 | 00000004 |
| 1420 | 4 | NOP | 00000004 | 00000004 |
| 1420 | 4 | ??? | 00000004 | 00000004 |
| 1423 | 4 | BRA | 00000004 | 00000004 |
| 1431 | 5 | BRA | 00000004 | 00000004 |
| 1453 | 5 | BRA | 00000004 | 00000004 |
| 1461 | 1 | BRA | 00000004 | 00000004 |
| 1483 | 1 | BRA | 00000004 | 00000004 |
| 1491 | 3 | BRA | 00000004 | 00000004 |
| 1513 | 3 | SHF | 00000004 | 00000004 |
| 1520 | 4 | SHF | 00000004 | 00000004 |
| 1532 | 4 | SHF | 00000002 | 00000004 |
| 1540 | 4 | NOP | 00000002 | 00000004 |
| 1540 | 4 | ??? | 00000002 | 00000004 |
| 1543 | 4 | BRA | 00000002 | 00000004 |
| 1551 | 5 | BRA | 00000002 | 00000004 |
| 1573 | 5 | BRA | 00000002 | 00000004 |
| 1581 | 1 | BRA | 00000002 | 00000004 |
| 1603 | 1 | BRA | 00000002 | 00000004 |
| 1611 | 3 | BRA | 00000002 | 00000004 |
| 1633 | 3 | SHF | 00000002 | 00000004 |
| 1640 | 4 | SHF | 00000002 | 00000004 |
| 1652 | 4 | SHF | 00000001 | 00000004 |
| 1660 | 4 | NOP | 00000001 | 00000004 |
| 1660 | 4 | ??? | 00000001 | 00000004 |
| 1663 | 4 | BRA | 00000001 | 00000004 |
| 1671 | 5 | BRA | 00000001 | 00000004 |
| 1693 | 5 | BRA | 00000001 | 00000004 |
| 1701 | 1 | BRA | 00000001 | 00000004 |
| 1723 | 1 | BRA | 00000001 | 00000004 |
| 1731 | 2 | BRA | 00000001 | 00000004 |
| 1753 | 2 | ADD | 00000001 | 00000004 |
| 1760 | 3 | ADD | 00000001 | 00000004 |
| 1772 | 3 | ADD | 00000001 | 00000005 |
| 1780 | 3 | NOP | 00000001 | 00000005 |
| 1780 | 3 | ??? | 00000001 | 00000005 |
| 1783 | 3 | SHF | 00000001 | 00000005 |
| 1790 | 4 | SHF | 00000001 | 00000005 |
| 1802 | 4 | SHF | 00000000 | 00000005 |
| 1810 | 4 | NOP | 00000000 | 00000005 |
| 1810 | 4 | ??? | 00000000 | 00000005 |
| 1813 | 4 | BRA | 00000000 | 00000005 |
| 1821 | 6 | BRA | 00000000 | 00000005 |
| 1843 | 6 | HLT | 00000000 | 00000005 |

```
1850     7       HLT        00000000      00000005
L607 "bsp104.v": $finish at simulation time 1860
15746 simulation events
```

**Bild 11.68**  Simulationsausgabe zum Beispiel 11.67

# 11.5  Die EBNF-Syntax der Befehle

Es folgt die EBNF-Grammatik der Befehle (Abschnitte 11.1 und 11.2). Die
folgenden Zeilen sind alphabetisch sortiert. Ein vollständiges VERILOG-
Programm wird durch `VERILOG-Programm` in der folgenden Auflistung
dargestellt.

```
always-Definition        ::= always <Anweisung>;
Anweisung                ::= <Ausloesen> | <Ereignis-Kontrolle> ;
                             | <Verbundanweisung> | <case-Anweisung>
                             | <casez-Anweisung> | <define_group_waves-Anw>
                             | <display-Anweisung> | <finish-Anweisung>
                             | <for-Anweisung> | <forever-Anweisung>
                             | <fork-Anweisung> | <gr_waves-Anweisung>
                             | <gr_waves_memsize-Anweis> | <if-Anweisung>
                             | <readmemb-Anweisung> | <readmemh-Anweisung>
                             | | <stop-Anweisung> | <wait-Anweisung>
                             | <while-Anweisung> | <write-Anweisung>
                             | <Zeitverzoegerung> ; | <Zuweisung> ;
                             | <Prozeduraufruf>
Anweisungen              ::= <Anweisung> | <Anweisung> <Anweisungen>
Anweisung_oder_Nichts    ::= ; | <Anweisung>
Argument                 ::= "<Zeichenkette>" | <Ausdruck>
Argumente                ::= <Argument> | <Argument>, <Argumente>
Argumente2               ::= <Variablenname> | <Argumente2>, <Argumente2>
Argumente3               ::= <Variablenname2> | <Argumente3>, <Argumente3>
Argumente_oder_Nichts    ::= | <Argumente>
Ausdruck                 ::= <Ausdruck1> | <Ausdruck2> | <Ausdruck3>
                             | <Ausdruck4> | <Ausdruck5> | <Ausdruck6>
                             | <Ausdruck7> | <Auswahl-Ausdruck>
                             | <Funktionsaufruf> | <Shiften>
Ausdruck1                ::= <Ausdruck> <Grundrechenart-Operator> <Ausdruck>
Ausdruck2                ::= <Vorzeichen> <Ausdruck>
Ausdruck3                ::= <Ausdruck> <logischer-Op-zweistellig> <Ausdruck>
Ausdruck4                ::= <logischer-Op-einstellig> <Ausdruck>
Ausdruck5                ::= <Ausdruck> <bitweiser-Op-zweistellig> <Ausdruck>
Ausdruck6                ::= <bitweiser-Op-einstellig> <Ausdruck>
Ausdruck7                ::= <Ausdruck> <Vergleichs-Operator> <Ausdruck>
Ausdruckliste            ::= <Ausdruck> | <Ausdruck> , <Ausdruckliste>
Ausdrucksliste           ::= <Ausdruck> | <Ausdruck>, <Ausdrucksliste>
Ausgangsdeklaration      ::= output <Bereich> <Variablenliste>;
Ausloesen                ::= -> <Ereignis-Variable>;
Auswahl-Ausdruck         ::= <Ausdruck> ? <Ausdruck> : <Ausdruck>
Basis                    ::= | 'b | 'B | 'o | 'O | 'd | 'D | 'h | 'H
Bedingung                ::= <Ausdruck>
benannte_Verbundanweis   ::= begin : <Blockname> <Anweisungen> end
Bereich                  ::= | [<Ausdruck> : <Ausdruck>]
Bezeichner               ::= <Buchstabe_oder__> <Bezeichner2>
Bezeichner2              ::= <Buchstabe_oder__> | <Dezimalziffer>
                             | <Bezeichner2> <Bezeichner2>
```

```
Bidirekt-Deklaration      ::= inout <Bereich> <Variablenliste>;
bitweiser-Op-einstellig   ::= ~
bitweiser-Op-zweistellig  ::= & | |
Blockname                 ::= <Bezeichner>
Breite                    ::= | <Dezimalzahl>
Buchstabe_oder__          ::= a | b | c | d | e | f | g | h | i | j | k | l | m |
                              n | o | p | q | r | s | t | u | v | w | x | y | z |
                              A | B | C | D | E | F | G | H | I | J | K | L | M |
                              N | O | P | Q | R | S | T | U | V | W | X | Y | Z
                              | _
case-Anweisung            ::= case ( <Ausdruck> ) <case-Faelle> endcase
case-Faelle               ::= <case-Fall> | <case-Fall> <case-Faelle>
case-Fall                 ::= <Ausdrucksliste> : <Anweisung_oder_Nichts>
                              | default: <Anweisung_oder_Nichts>
casez-Anweisung           ::= casez ( <Ausdruck> ) <case-Faelle> endcase
Continuous_Assignment     ::= assign <Linksausdruck> = <Ausdruck>;
Dateiname                 ::= <Zeichenkette>
define-Anweisung          ::= `define <Zeichenkette1> <Zeichenkette2>
define_group_waves-Anw    ::= $define_group_waves
                              ( <Gruppennummer>, <Gruppenname>, <Argumente3> );
Dezimalzahl               ::= <Dezimalziffer> | <Dezimalziffer> <Dezimalzahl>
Dezimalziffer             ::= 0 | 1 | 2 | 3 | 4 | 5 | 6 | 7 | 8 | 9
display-Anweisung         ::= $display; | $display ( <Argumente> );
Eingangsdeklaration       ::= input <Bereich> <Variablenliste>;
else-Teil                 ::= | else <Anweisung_oder_Nichts>
Ereignis-Ausdruck         ::= <Ausdruck> | posedge <Ausdruck> | negedge <Ausdruck>
                              | <Ereignis-Ausdruck> or <Ereignis-Ausdruck>
Ereignis-Kontrolle        ::= @ <Ereignis-Variable> | @ (<Ereignis-Ausdruck>)
Ereignis-Variable         ::= <Bezeichner>
Event-Deklaration         ::= event <Variablenliste>;
finish-Anweisung          ::= $finish;
for-Anweisung             ::= for ( <Zuweisung>; <Bedingung>; <Anweisung> )
                              <Anweisung>
forever-Anweisung         ::= forever <Anweisung>
fork-Anweisung            ::= fork <Anweisungen> join;
Funktion                  ::= function <Bereich> <Funktionsname>;
                              <Prozedur-Funktion-Deklar> <Anweisungen>
                              endfunction
Funktionsaufruf           ::= <Bezeichner> ( <Argumente_oder_Nichts> );
Funktionsname             ::= <Bezeichner>
Gatter-Definition         ::= <Gattertyp> <Instanzenname> ( <Argumente> );
Gattertyp                 ::= <Bezeichner>
Groesse                   ::= <Zahl>
Grundrechenart-Operator   ::= + | - | * | / | %
Gruppenname               ::= <Zeichenkette>
Gruppennummer             ::= <Zahl>
gr_waves-Anweisung        ::= $gr_waves ( <Argumente2> );
gr_waves_memsize-Anweis   ::= $gr_waves_memsize ( <Groesse> );
Hexadezimalziffer         ::= a | A | b | B | c | C | d | D | e | E | f | F
if-Anweisung              ::= if ( <Bedingung> ) <Anweisung_oder_Nichts>
                              <else-Teil>
initial-Definition        ::= initial <Anweisung>;
Instanzenname             ::= <Bezeichner>
Integer-Deklaration       ::= integer <Bereich> <Variablenliste>;
Kommentarzeichen          ::= // | /* <Zeichenkette> */
Konkatenation             ::= { <Ausdruckliste> }
Konstante                 ::= <optionales-Vorzeichen> <Breite> <Basis> <Mantisse>
Kontrolle                 ::= | <Zeitverzoegerung> | <Ereignis-Kontrolle>
Linksausdruck             ::= <Variable> <Bereich> | <Konkatenation>
Liste                     ::= <Bezeichner> | <Liste> , <Liste>
logischer-Op-einstellig   ::= !
logischer-Op-zweistellig  ::= && | ||
Mantisse                  ::= <Mantissenziffer> | <Mantissenziffer> <Mantisse>
Mantissenziffer           ::= <Dezimalziffer> | <Hexadezimalziffer>
                              | x | X | z | Z | ? | _
Modul                     ::= module <Modul_Name> <Parameterliste>; <Modul_Rumpf>
```

```
                                 endmodule
Modul_Name                ::= <Bezeichner>
Modul_Rumpf               ::= <Parameter-Deklaration> | <Eingangsdeklaration>
                              | <Ausgangsdeklaration>
                              | <Bidirekt-Deklaration>
                              | <Register-Deklaration> | <Integer-Deklaration>
                              | <Wire-Deklaration> | <Event-Deklaration>
                              | <Gatter-Definition> | <Modul-Definition>
                              | <always-Definition> | <initial-Definition>
                              | <Continuous_Assignment> | <Funktion> | <Prozedur>
                              | <Modul_Rumpf> <Modul_Rumpf>
optionales-Vorzeichen     ::= | + | -
Parameter-Deklaration     ::= parameter <Bereich> <Zuweisungsliste>;
Parameter-Zuweisung       ::= <Linksausdruck> = <Ausdruck>
Parameterliste            ::= | ( <Liste> )
Prozedur                  ::= task <Prozedurname>; <Prozedur-Funktion-Deklar>
                              <Anweisungen> endtask
Prozedur-Funktion-Deklar  ::= <Parameter-Deklaration> | <Register-Deklaration>
                              | <Integer-Deklaration>
Prozeduraufruf            ::= <Bezeichner> | <Bezeichner> ( <Argumente> );
Prozedurname              ::= <Bezeichner>
readmemb-Anweisung        ::= $readmemb (<Dateiname>, <Variablenfeld>);
readmemh-Anweisung        ::= $readmemh (<Dateiname>, <Variablenfeld>);
Register-Deklaration      ::= reg <Bereich> <Variablenliste>;
Shiften                   ::= <Ausdruck> <Shiftoperator> <Ausdruck>
Shiftoperator             ::= << | >>
stop-Anweisung            ::= $stop;
unbenannte_Verbundanweis  ::= begin <Anweisungen> end
Variable                  ::= <Bezeichner>
Variablenfeld             ::= <Bezeichner>
Variablenliste            ::= <Variable> | <Variable>, <Variablenliste>
Variablenname             ::= <Zeichenkette_mit_Formatierungsanweisung>,
                              <Variable>
Variablenname2            ::= <Zeichenkette_mit_Formatierungsanweisung>
Verbundanweisung          ::= <benannte_Verbundanweis>
                              | <unbenannte_Verbundanweis>
Vergleichs-Operator       ::= == | != | === | !== | < | > | <= | >=
VERILOG-Programm          ::= <Modul> | <Modul> <Modul>
Vorzeichen                ::= + | -
wait-Anweisung            ::= wait ( <Ausdruck> );
                              | wait ( <Ausdruck> ) <Anweisung>;
while-Anweisung           ::= while ( <Bedingung> ) <Anweisung>;
Wiederholung              ::= ( <Ausdruck> ( <Ausdruckliste> } )
Wire-Deklaration          ::= wire <Bereich> <Variablenliste>;
write-Anweisung           ::= $write; | $write ( <Argumente> );
Zahl                      ::= <Konstante>
Zeitverzoegerung          ::= # <Zahl> | # <Variable> | # ( <Ausdruck> )
Zuweisung                 ::= <Linksausdruck> = <Kontrolle> <Ausdruck>;
Zuweisungsliste           ::= <Parameter-Zuweisung>
                              | <Parameter-Zuweisung> , <Zuweisungsliste>
```

**Raum für Notizen:**

**Raum für Notizen:**

# Literatur

[Ackad 1994] Ackad, C., VLSI-Entwurf eines großen realen RISC-Prozessors: kritische Analyse und Korrektur der Projektdokumentation und gründliche Einführung in die verwendete Hardware-Beschreibungssprache VERILOG, Diplomarbeit, Abteilung E.I.S., Technische Universität Braunschweig.

[AM29000 1988] Advanced Micro Devices, AM29000 - 32-bit streamlined instruction processor, Users Manual.

[Armstrong 1993] Armstrong, J.R., Hierarchical test generation: where we are, and where we should be going, Proc. European Design Automation Conference, Hamburg, S. 434-439.

[Blinzer 1994] Blinzer, P., Der Produktionsendtest des RISC-Prozessors TOOBSIE2, Diplomarbeit, Abteilung E.I.S., Technische Universität Braunschweig.

[Bode 1990] Bode, A., RISC-Architekturen, Wissenschaftsverlag, Mannheim.

[Bray, Flynn 1991] Bray, B.K., Flynn, M.J., Strategies for branch target buffers, Proc. 24th Annual International Symposium on Microarchitecture, Albuquerque, New Mexiko, S. 42-50.

[Chakraborty, Ghosh 1988] Chakraborty, T., Ghosh, S., On behavior fault modelling for combinational digital designs, Proc. International Test Conference, Washington, DC, S. 593-600.

[Chao, Gray 1988] Chao, C.H., Gray, F.G., Micro-operation perturbations in chip level fault modeling, Proc. 25th Design Automation Conference, Anaheim, California, S. 579-582.

[Cochlovius 1994] Cochlovius, E., Spezifikation, Analyse und Simulation großer VLSI-Entwürfe mit Statecharts und Activitycharts, Dissertation, Abteilung E.I.S., Technische Universität Braunschweig.

[Cochlovius etal. 1993] Cochlovius, E., Golze, U., Schäfers, M., Wachsmann, K.-P., Experiences with an HDL-based design method for complex architectures, Proc. 6th IEEE International ASIC Conference, Rochester, New York, S. 297-300.

[Cochlovius, Golze 1994] Cochlovius, E., Golze, U., Analyzing STATEMATE-models of large pipeline architectures, Proc. Second Asia Pacific Conference on Hardware Description Languages APCHDL '94, Toyohashi.

[Courtois 1993] Courtois, B., CAD and testing of ICs and systems: where are we going?, TIMA Techniques of Informatics and Microelectronics for Computer Architecture, INPG, Grenoble.

[Cragon 1992] Cragon, H.G., Branch taxonomy and performance models, IEEE Computer Society Press, Los Alamitos.

[Davidson, Lewandowski 1986] Davidson, S., Lewandowski, J., ESIM/AFS - a concurrent architectural level fault simulator, Proc. International Test Conference, Washington, DC, S. 375-377.

[Dubey, Flynn 1991] Dubey, P.K., Flynn, M.J., Branch strategies: modelling and optimization, IEEE Transactions on Computers, 14, S. 1159-1167.

[Elektronik 1991] Ein Markt im Umbruch, Elektronik, 21, S. 20-22.

[Eschermann 1993] Eschermann, B., Funktionaler Entwurf digitaler Schaltungen, Springer, Berlin.

[Eveking 1991] Eveking, H., Verifikation digitaler Systeme, Teubner, Stuttgart.

[Fabricius 1990] Fabricius, E.D., Introduction to VLSI design, McGraw-Hill, New York.

[Fenton 1991] Fenton, N.E., Software metrics - a rigorous approach, Chapman & Hall, London.

[Furbach 1993] Furbach, U., Formal specification methods for reactive systems, Journal of Systems and Software, 21, S. 129-139.

[Furber 1989] Furber, S.B., VLSI RISC architecture and organization, Marcel Dekker, New York.

[Gajski etal. 1992] Gajski, D., Dutt, N., Wu, A., Lim, S., High-level synthesis, Kluwer, Boston.

[Gummert 1994] Gummert, M., Die Modellierung des TOOBSIE-Prozessors als Beispiel eines großen STATEMATE-Modells - Teil I: Dokumentation, Entwurfsentscheidungen und Alternativen, Studienarbeit, Abteilung E.I.S., Technische Universität Braunschweig.

[Halliger 1994] Halliger, M., Die Modellierung des TOOBSIE-Prozessors als Beispiel eines großen STATEMATE-Modells - Teil II: Simulation, Analyse und Architektur-Experimente, Studienarbeit, Abteilung E.I.S., Technische Universität Braunschweig.

[Halstead 1977] Halstead, M.H., Elements of software science, North-Holland, Amsterdam.

[Harel 1987] Harel, D., Statecharts - a visual formalism for complex systems, Science of Computer Programming, 8, S. 231-274.

[Harel etal. 1990] Harel, D., Lachover, H., Naamad, A., Pnueli, A., Politi, M., Sherman, R., Shtull-Trauring, A., Trakhtenbrot, M., Statemate - a working environment for the development of complex reactive systems, IEEE Transactions on Software Engineering, 10, S. 403-414.

[Hartenstein 1987] Hartenstein, R.W., Hardware description languages, Elsevier Science, Amsterdam.

[Hennessy, Patterson 1990] Hennessy, J.L., Patterson, D.A., Computer architecture - a quantitative approach, Morgan Kaufmann, Palo Alto.

[Hennessy, Patterson 1994] Hennessy, J.L., Patterson, D.A., Rechnerarchitektur, Vieweg.

[Hill etal. 1986] Hill, M., Eggers, S. etal., Design decisions in SPUR, IEEE Computer, 11, S. 8-22.

[Huck, Flynn 1989] Huck, J.C., Flynn, M.J., Analyzing computer architectures, IEEE Society Press, Washington, DC.

[Huizing 1991] Huizing, C., Semantics of reactive systems - comparison and full abstraction, Institut für Mathematik und Informatik, Technische Universität Eindhoven.

[Jove, Cortadella 1989] Jove, T., Cortadella, J., Reduced instruction buffer for RISC architectures, Proc. 15th Euromicro Conference, Köln, S. 87-94.

[Kane 1987] Kane, G., MIPS R2000 RISC architecture, Prentice-Hall, Englewood Cliffs, New Jersey.

[Katevenis 1985] Katevenis, M.G., Reduced instruction set computer architectures for VLSI, MIT Press, Cambridge, Massachusetts.

[Kemper, Meyer 1989] Kemper, A., Meyer, M., Entwurf von Semicustom-Schaltungen, Springer, Berlin.

[Lee, Smith 1984] Lee, J.K.F., Smith, A.J., Branch prediction strategies and branch target buffer design, IEEE Computer, 17, S. 6-12.

[LSI 1989] LSI Logic Corporation, Logic design manual for ASICs.

[Mansfeld 1993] Mansfeld, M., Über Eigenschaften von Kontroll-Transfer-Instruktionen in Prozessoren und Optimierungstechniken unter besonderer Berücksichtigung von Branch-Target-Caches und Instruktions-Schedulern, Diplomarbeit, Abteilung E.I.S., Technische Universität Braunschweig.

[Mansfeld, Schäfers 1993] Mansfeld, M., Schäfers, M., Branch-Target-Caches für RISC-Prozessoren, 6. E.I.S.-Workshop, Tübingen, S. 67-76.

[Mead, Conway 1980] Mead, C., Conway, L., Introduction to VLSI systems, Addison-Wesley, Reading, Massachusetts.

[Mierse 1994] Mierse, G., Ein konfigurierbarer Assembler für RISC-Prozessoren, Studienarbeit, Abteilung E.I.S., Technische Universität Braunschweig.

[Mukherjee 1986] Mukherjee, A., Introduction to nMOS and CMOS VLSI systems design, Prentice-Hall, Englewood Cliffs, New Jersey.

[O'Neil etal. 1990] O'Neil, M.D., Jani, D.D., Cho, C.H., Armstrong, J.R., BTG: a behavioral test generator, Proc. 9th International Symposium on Computer Hardware Description Languages and their Applications, Washington, DC, S. 347-360.

[Patterson, Hennessy 1994] Patterson, D.A., Hennessy, J.L., Computer organization and design: the hardware software interface, Morgan Kaufmann, San Mateo.

[Quammen etal. 1989] Quammen, D.J., Miller, D.R., Tabak, D., Register window management for a real-time multi-tasking RISC, Proc. 22nd Hawaian International Conference on System Science HICSS, S. 230-237.

[Rammig 1989] Rammig, F.J., Systematischer Entwurf digitaler Systeme, Teubner, Stuttgart.

[Rao etal. 1993] Rao, S.R., Pan, B.-Y., Armstrong, J.R., Hierarchical test generation for VHDL behavioral models, Proc. European Conference on Design Automation, Paris, S. 175-179.

[Reitner 1994] Reitner, J., Komplexitätsmaße für VERILOG-Programme und deren praktische Anwendung, Diplomarbeit, Abteilung E.I.S., Technische Universität Braunschweig.

[Rosenstiel, Camposano 1989] Rosenstiel, W., Camposano, R., Rechnergestützter Entwurf hochintegrierter MOS-Schaltungen, Springer, Berlin.

[Rosenthal, Wachsmann 1994] Rosenthal, T., Wachsmann, K.-P., Fault simulation of Verilog models above the gate level, Proc. 5th EUROCHIP Workshop, Dresden, S. 146-151.

[Schäfers 1993] Schäfers, M., Branch optimization of the TOOBSIE2 RISC-processor and classification, Proc. 19th Euromicro Conference, Barcelona, S. 141-147.

[Schäfers 1994] Schäfers, M., Effizienter Entwurf großer RISC-Rechner, Dissertation, Abteilung E.I.S., Technische Universität Braunschweig.

[Schäfers etal. 1993] Schäfers, M., Golze, U., Cochlovius E., VERILOG HDL models of a large RISC processor, Proc. 4th EUROCHIP Workshop, Toledo, S. 242-246.

[Schäfers etal. 1994] Schäfers, M., Blinzer, P., Reitner, J., Complexity measures for Verilog-HDL models, Proc. 5th EUROCHIP Workshop, Dresden S. 38-43.

[Scholz, Schäfers 1995] Scholz, T., Schäfers, M., An improved dynamic register array concept for high-performance RISC processors, Proc. 28th Hawaian International Conference on System Sciences HICSS.

[Smith 1982] Smith, A.J., Cache memories, ACM Computing Surveys, 14, S. 473-530.

[Sternheim etal. 1993] Sternheim, E., Singh, R., Trivedi, Y., Digital design and synthesis with VERILOG® HDL, Automata Publishing Company, Cupertino.

[Stuckenberg 1992] Stuckenberg, H., Entwurf und Implementierung eines Testboards für den RISC-Prozessor, Studienarbeit, Abteilung E.I.S., Technische Universität Braunschweig.

[Telkamp 1994] Telkamp, G., Entwurf und Implementierung eines Testboards für den RISC-Prozessor, Diplomarbeit, Abteilung E.I.S., Technische Universität Braunschweig.

[Thomas, Moorby 1991] Thomas, D.E., Moorby, P., The Verilog hardware description language, Kluwer, Boston.

[Wachsmann 1994] Wachsmann, K.-P., Fehlermodelle für höhere Hardware-Beschreibungen beim Entwurf großer VLSI-Chips, Dissertation, Abteilung E.I.S., Technische Universität Braunschweig.

[Ward, Armstrong 1990] Ward, P. C., Armstrong, J. R., Behavioural fault simulation in VHDL, Proc. 27th Design Automation Conference, Orlando, Florida, S. 587-593.

[Wodtke 1994] Wodtke, D., Das dynamische Test-Tool in Statemate - Anwendung, Beispiele und Bewertung, Diplomarbeit, Abteilung E.I.S., Technische Universität Braunschweig.

[Wojtkowiak 1988] Wojtkowiak, H., Test und Testbarkeit digitaler Schaltungen, Teubner, Stuttgart.

[Wolf 1994] Wolf, W., Modern VLSI Design, Prentice-Hall, Englewood Cliffs, New Jersey.

[Zuse 1991] Zuse, H., Software complexity - measures and methods, de Gruyter, New York.

## Namen und Abkürzungen

# VERILOG-Begriffe

## Befehle des Prozessors TOOBSIE

## Komponenten des Grobstrukturmodells

# Der RISC-Prozessor TOOBSIE

von Ulrich Golze

*1995. Ca. 550 Seiten. Gebunden.*
*ISBN 3-528-05417-4*

*Aus dem Inhalt:* VLSI-Entwurf – RISC-Prozessor – Pipeline-Architektur – Hardware-Beschreibungssprache (HDL) – Einführung in VERILOG HDL – Verhalten und Struktur – Interpreter – Grobstrukturmodell – Gattermodell – Test.

Der Hintergrundband gibt dem Entwurfsspezialisten Gelegenheit, den großen Entwurf des RISC-Prozessors TOOBSIE an beliebiger Stelle „bis ins letzte Bit" zu untersuchen oder den Entwurf als Ganzes für eigene Experimente oder die Entwicklung eigener CAD-Werkzeuge zu übernehmen. Hierzu gehören neben einer detaillierten Dokumentation des Befehlssatzes und den vollständigen ablauffähigen VERILOG-Modellen auch die umfangreiche graphische Gatternetzliste. Gerade die vollständige Offenlegung aller Einzelheiten dürfte das Werk von anderen Büchern, aber auch von anderen großen kommerziellen Entwürfen unterscheiden.

*Über den Autor:* Prof. Dr. Ulrich Golze ist Professor für den Entwurf integrierter Schaltungen an der TU Braunschweig.

Verlag Vieweg   Postfach 58 29 · 65048 Wiesbaden

# Rechnerarchitektur

von John L. Hennessy und David A. Patterson

Aus dem Amerikanischen übersetzt und bearbeitet von Dieter Jungmann.

*1994. XXVIII, 746 Seiten. Kartoniert.*
*ISBN 3-528-05173-6*

Das Buch macht den Leser mit den wichtigsten „Werkzeugen" zur Analyse moderner Computersysteme vertraut. Es verdeutlicht, wie sich Technologien mit der Zeit verändern und stellt die wesentlichen Grundlagen heraus, die bei der Entwicklung von Rechnersystemen erforderlich sind. Für den Vergleich und die Analyse von Computersystemen haben die Autoren ein Bewertungsraster erarbeitet, das schlüssige Aussagen über die Leistungsfähigkeit unterschiedlicher Rechnerklassen zuläßt. Hierbei werden insbesondere die wichtigsten Computersysteme einer speziellen Klasse vorgestellt: Für den Großrechnerbereich die IBM 360, für den Bereich der Minicomputer die DEC VAX und für den Bereich der Mikro- bzw. Personalcomputer die 80 x 86-Architektur. Auf dieser Grundlage zeigen die Autoren die Konzepte zukünftiger Technologien wie die der Parallelprozessoren auf. Das Buch richtet sich an alle diejenigen, die mit der Konzeption und Entwicklung von Hardware, einschließlich Chipkonstruktion und Systementwicklung zu tun haben. Es ist auch für solche Softwareentwickler ausgesprochen wichtig, die Programme für moderne Rechnerkategorien schreiben.

*Über die Autoren:* David A. Patterson hat für verschiedene Firmen gearbeitet und ist an der University of Berkeley tätig, wo er u.a. die Entwicklung und Implementierung von RISC I leitete. Seit 15 Jahren hält er Vorlesungen über Rechnerarchitektur.

John L. Hennessy ist Direktor des Computer Systems Laboratory der Stanford University. Der Schwerpunkt seine Arbeit ist die Entwicklung und optimale Ausnutzung von Multiprozessoren. Professor Dieter Jungmann lehrt an der TU Dresden mit Schwerpunkt Rechnerarchitektur und steht mit den Autoren in direktem Kontakt.

Verlag Vieweg · Postfach 58 29 · 65048 Wiesbaden

# Die UNIX-Trilogie

## UNIX-Werkzeuge

von Klaus Kannemann

*1994. XVI, 465 Seiten. Gebunden.*
*ISBN 3-528-05383-6*

## UNIX – Das Betriebssystem und die Shells

von Klaus Kannemann

*1992. XVI, 471 Seiten. Gebunden.*
*ISBN 3-528-05198-1*

## C unter UNIX

von Klaus Kannemann

*1992. XII, 500 Seiten. Gebunden.*
*ISBN 3-528-05251-1*

Verlag Vieweg · Postfach 58 29 · 65048 Wiesbaden

MIX
Papier aus verantwortungsvollen Quellen
Paper from responsible sources
**FSC® C105338**

FSC
www.fsc.org

If you have any concerns about our products,
you can contact us on
**ProductSafety@springernature.com**

In case Publisher is established outside the EU,
the EU authorized representative is:
**Springer Nature Customer Service Center GmbH
Europaplatz 3, 69115 Heidelberg, Germany**

Printed by Libri Plureos GmbH
in Hamburg, Germany